올림포스 유형편

수학 I

정답과 풀이는 EBS*i* 사이트(www.ebs*i*.co.kr)에서 다운로드 받으실 수 있습니다.

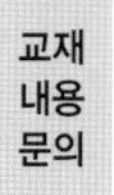

올림포스

유형편

수학 I

구성과 특징

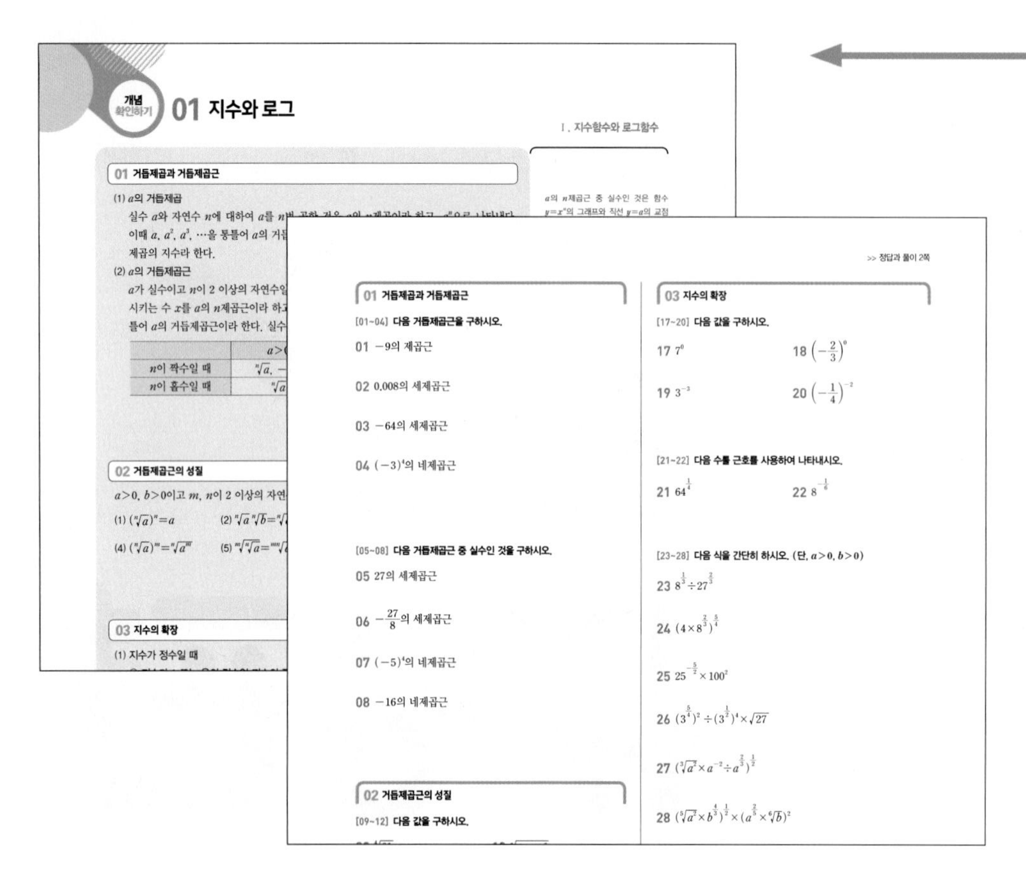

개념 확인하기

핵심 개념 정리

교과서의 내용을 철저히 분석하여 핵심 개념만을 꼼꼼하게 정리하고, 설명, 참고, 예 등의 추가 자료를 제시하였습니다.

개념 확인 문제

학습한 내용을 바로 적용하여 풀 수 있는 기본적인 문제를 제시하여 핵심 개념을 제대로 파악했는지 확인할 수 있도록 구성하였습니다.

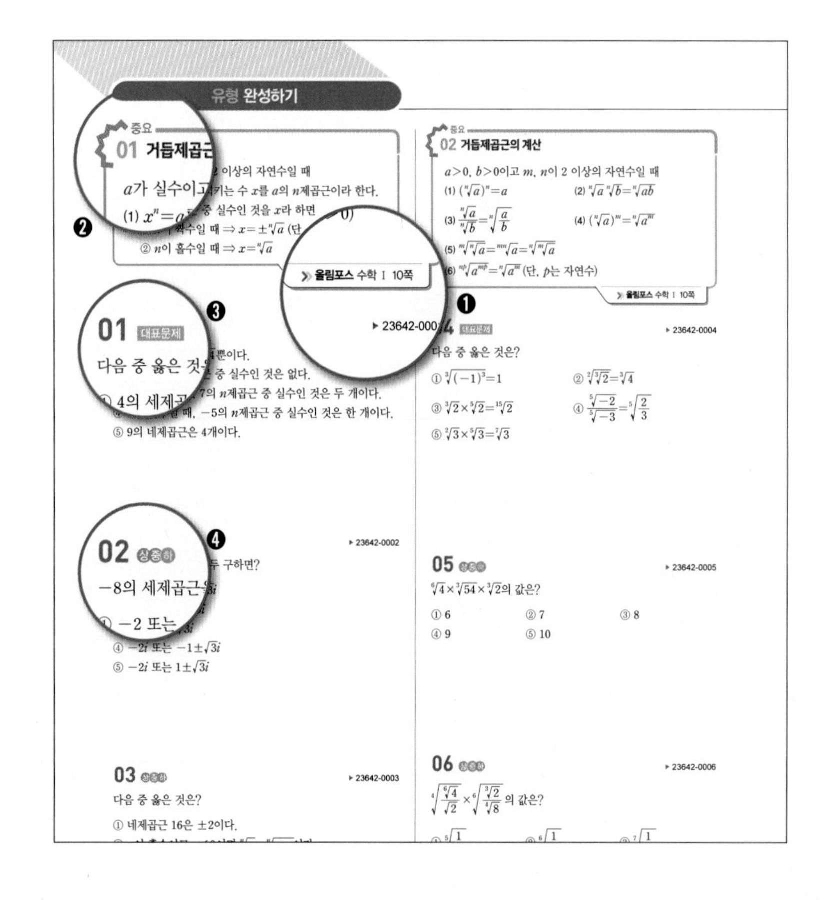

유형 완성하기

핵심 유형 정리

각 유형에 따른 핵심 개념 및 해결 전략을 제시하여 해당 유형을 완벽히 학습할 수 있도록 하였습니다.

❶ 올림포스 수학 I 10쪽

올림포스의 기본 유형 익히기 쪽수를 제시하였습니다.

❷ 중요

세분화된 유형 중 시험 출제율이 70% 이상인 유형으로 중요 유형은 반드시 익히도록 해야 합니다.

❸ 대표문제

각 유형에서 가장 자주 출제되는 문제를 대표문제로 선정하였습니다.

❹ 

각 문제마다 상, 중, 하 3단계로 난이도를 표시하였습니다.

>> 올림포스 수학 I 18쪽

서술형 완성하기

>> 정답과 풀이 15쪽

01 ▸ 23642-0097

이차방정식 $x^2-x+k=0$의 서로 다른 두 실근이 α, β이고

$$\frac{\alpha^{-3}-\beta^{-3}}{\alpha^{-1}-\beta^{-1}}=2$$

를 만족시킬 때, k^2의 값을 구하시오. (단, k는 상수이다.)

02 ▸ 23642-0098

$5^{\frac{1}{1+\sqrt{2}}}\times5^{\frac{1}{\sqrt{2}+\sqrt{3}}}\times5^{\frac{1}{\sqrt{3}+\sqrt{4}}}\times\cdots\times5^{\frac{1}{\sqrt{15}+4}}$의 값을 구하시오.

03 내신기출 ▸ 23642-0099

어떤 그림을 같은 비율로 7번 축소 복사하였더니 축소된 그림의 넓이가 처음 그림의 넓이의 $\frac{1}{2}$이 되었다. 같은 비율로 n번 축소 복사한 도형의 한 변의 길이가 처음 도형의 한 변의 길이의 $\frac{1}{32}$이 되었을 때, n의 값을 구하시오.

04 ▸ 23642-0100

$\log 2=a$, $\log 3=b$일 때, $\log_6 \frac{9}{125}$를 a, b에 대한 식으로 나타내시오.

05 ▸ 23642-0101

1000의 모든 양의 약수를 작은 수부터 차례대로 a_1, a_2, a_3, $\cdots$, a_n이라 할 때, $\log a_1+\log a_2+\log a_3+\cdots+\log a_n$의 값을 구하시오.

06 ▸ 23642-0102

전력의 최대 공급량에서 최대 수요량을 뺀 양을 예비 전력이라 한다. 여름철에 맑은 날의 예비 전력은 전날에 비해 20% 감소하고, 흐린 날의 예비 전력은 전날에 비해 20% 증가한다고 한다. 8월 18일의 예비 전력이 8월 1일의 예비 전력과 동일하였다면 8월 2일부터 8월 18일까지 맑은 날은 며칠인지 구하시오. (단, $\log 2=0.3$, $\log 3=0.47$로 계산하고, 날씨는 맑은 날과 흐린 날뿐이라고 가정한다.)

서술형 완성하기

시험에서 비중이 높아지는 서술형 문제를 제시하였습니다. 실제 시험과 유사한 형태의 서술형 문제로 시험을 더욱 완벽하게 대비할 수 있습니다.

▶ >> **올림포스** 수학 I 18쪽

올림포스의 서술형 연습장 쪽수를 제시하였습니다.

▶ 내신기출

학교시험에서 출제되고 있는 실제 시험 문제를 엿볼 수 있습니다.

>> 올림포스 수학 I 19쪽

내신 + 수능 고난도 도전

>> 정답과 풀이 16쪽

01 ▸ 23642-0103

$x=\frac{1}{2}\left(\sqrt[5]{2}-\frac{1}{\sqrt[5]{2}}\right)$일 때, $4\{(x+\sqrt{1+x^2})^{10}+(x-\sqrt{1+x^2})^{10}\}$의 값은?

① 8 ② 11 ③ 14 ④ 17 ⑤ 20

02 ▸ 23642-0104

1보다 큰 두 자연수 a, b가 다음 조건을 만족시키도록 하는 모든 a, b의 순서쌍 (a, b)의 개수를 구하시오.

(가) $a^2\times b^{11}=2^{2022}$
(나) $a^2<b^4$

03 ▸ 23642-0105

1이 아닌 세 양수 a, b, c가 다음 조건을 만족시킬 때, $\log_a 2bc+\log_b 2ca+\log_c 2ab$의 값은?

(가) $\log_3 3a+\log_3 6b+\log_3 9c=10$
(나) $\log_a 3+\log_b 3+\log_c 3=5$

① 19 ② 21 ③ 23 ④ 25 ⑤ 27

04 ▸ 23642-0106

자연수 n의 양의 약수의 개수를 $f(n)$이라 하고, 36의 모든 양의 약수를 a_1, a_2, a_3, $\cdots$, a_9라 하자.

$$(-1)^{f(a_1)}\times\log a_1+(-1)^{f(a_2)}\times\log a_2+\cdots+(-1)^{f(a_9)}\times\log a_9=\log M$$

일 때, M의 값은?

내신+수능 고난도 도전

수학적 사고력과 문제 해결 능력을 함양할 수 있는 난이도 높은 문제를 풀어 봄으로써 실전에 대비할 수 있습니다.

▶ >> **올림포스** 수학 I 19쪽

올림포스의 고난도 문항 쪽수를 제시하였습니다.

차례

수학 I

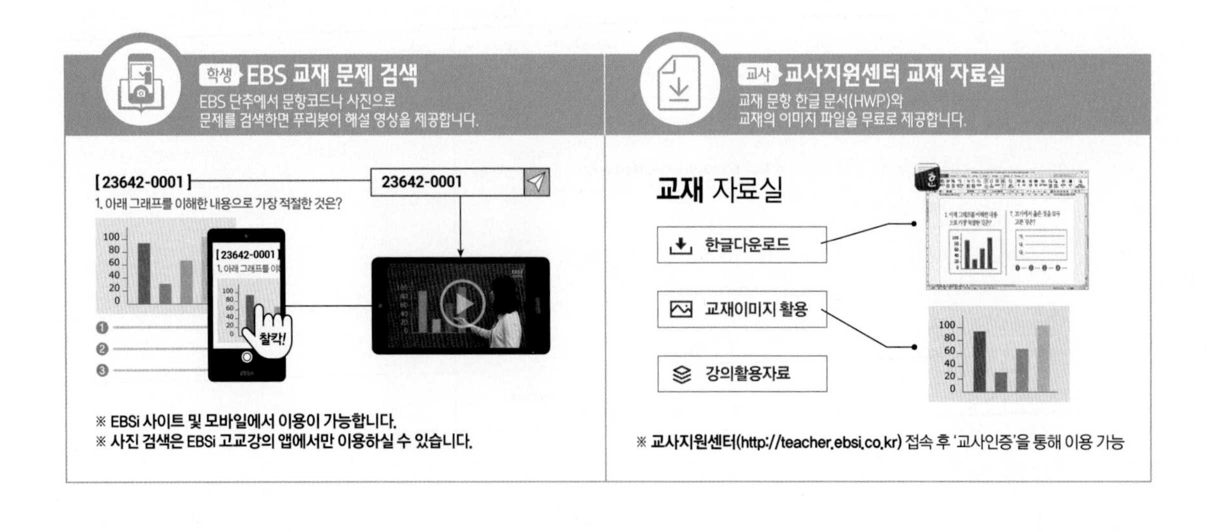

학생 EBS 교재 문제 검색
EBS 단추에서 문항코드나 사진으로
문제를 검색하면 푸리봇이 해설 영상을 제공합니다.
[23642-0001]
1. 아래 그래프를 이해한 내용으로 가장 적절한 것은?
23642-0001
찰칵!
※ EBSi 사이트 및 모바일에서 이용이 가능합니다.
※ 사진 검색은 EBSi 고교강의 앱에서만 이용하실 수 있습니다.
교사 교사지원센터 교재 자료실
교재 문항 한글 문서(HWP)와
교재의 이미지 파일을 무료로 제공합니다.
교재 자료실
한글다운로드
교재이미지 활용
강의활용자료
※ 교사지원센터(http://teacher.ebsi.co.kr) 접속 후 '교사인증'을 통해 이용 가능

지수함수와 로그함수

개념 확인하기

01 지수와 로그

01 거듭제곱과 거듭제곱근

(1) a의 거듭제곱

실수 a와 자연수 n에 대하여 a를 n번 곱한 것을 a의 n제곱이라 하고, a^n으로 나타낸다. 이때 a, a^2, a^3, …을 통틀어 a의 거듭제곱이라 하고, a^n에서 a를 거듭제곱의 밑, n을 거듭제곱의 지수라 한다.

(2) a의 거듭제곱근

a가 실수이고 n이 2 이상의 자연수일 때 n제곱하여 a가 되는 수, 즉 방정식 $x^n=a$를 만족시키는 수 x를 a의 n제곱근이라 하고, a의 제곱근, a의 세제곱근, a의 네제곱근, …을 통틀어 a의 거듭제곱근이라 한다. 실수 a의 n제곱근 중 실수인 것은 다음과 같다.

	$a>0$	$a=0$	$a<0$
n이 짝수일 때	$\sqrt[n]{a}$, $-\sqrt[n]{a}$	0	없다.
n이 홀수일 때	$\sqrt[n]{a}$	0	$\sqrt[n]{a}$

a의 n제곱근 중 실수인 것은 함수 $y=x^n$의 그래프와 직선 $y=a$의 교점의 x좌표와 같다.

① n이 짝수일 때

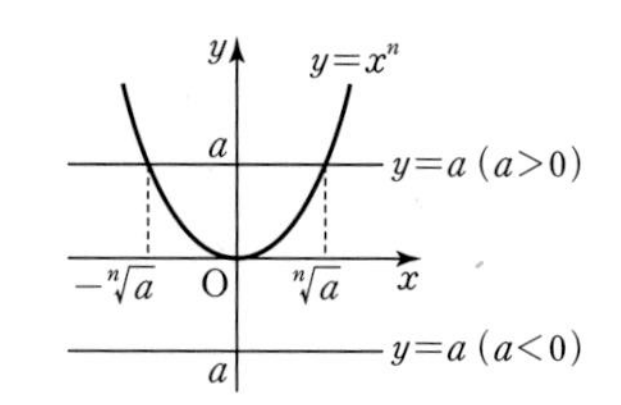

② n이 홀수일 때

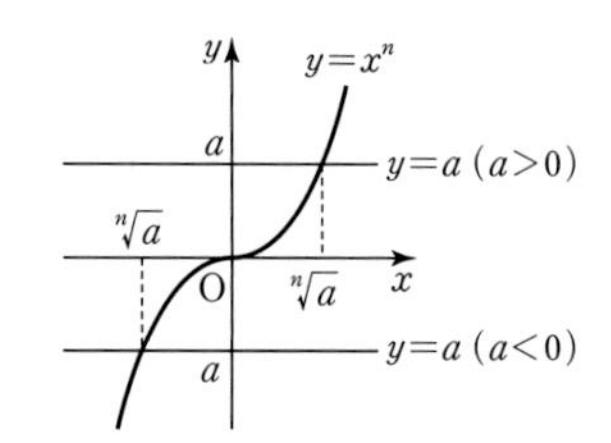

02 거듭제곱근의 성질

$a>0$, $b>0$이고 m, n이 2 이상의 자연수일 때

(1) $(\sqrt[n]{a})^n=a$ (2) $\sqrt[n]{a}\sqrt[n]{b}=\sqrt[n]{ab}$ (3) $\dfrac{\sqrt[n]{a}}{\sqrt[n]{b}}=\sqrt[n]{\dfrac{a}{b}}$

(4) $(\sqrt[n]{a})^m=\sqrt[n]{a^m}$ (5) $\sqrt[m]{\sqrt[n]{a}}=\sqrt[mn]{a}=\sqrt[n]{\sqrt[m]{a}}$ (6) $\sqrt[np]{a^{mp}}=\sqrt[n]{a^m}$ (단, p는 자연수)

03 지수의 확장

(1) 지수가 정수일 때

① 지수가 0 또는 음의 정수인 지수의 정의

$a\neq0$이고 n이 양의 정수일 때, $a^0=1$, $a^{-n}=\dfrac{1}{a^n}$

② 지수가 정수일 때의 지수법칙

$a\neq0$, $b\neq0$이고 m, n이 정수일 때

㉠ $a^ma^n=a^{m+n}$ ㉡ $a^m\div a^n=a^{m-n}$ ㉢ $(a^m)^n=a^{mn}$ ㉣ $(ab)^n=a^nb^n$

0^0은 정의하지 않는다.

(2) 지수가 유리수일 때

① $a>0$이고 m, $n(n\geq2)$이 정수인 지수의 정의

$a^{\frac{1}{n}}=\sqrt[n]{a}$, $a^{\frac{m}{n}}=\sqrt[n]{a^m}$

② 지수가 유리수일 때의 지수법칙

$a>0$, $b>0$이고 r, s가 유리수일 때

㉠ $a^ra^s=a^{r+s}$ ㉡ $a^r\div a^s=a^{r-s}$ ㉢ $(a^r)^s=a^{rs}$ ㉣ $(ab)^r=a^rb^r$

(3) 지수가 실수일 때의 지수법칙

$a>0$, $b>0$이고 x, y가 실수일 때

① $a^xa^y=a^{x+y}$ ② $a^x\div a^y=a^{x-y}$ ③ $(a^x)^y=a^{xy}$ ④ $(ab)^x=a^xb^x$

지수가 정수가 아닌 유리수인 경우 밑이 음수이면 지수법칙을 이용할 수 없다.

$\{(-2)^6\}^{\frac{1}{2}}\neq(-2)^3$

$\{(-2)^6\}^{\frac{1}{2}}=(2^6)^{\frac{1}{2}}=2^3$

지수 x의 값의 범위에 따라 a^x을 정의하기 위한 밑 a의 조건은 다음과 같다.

x	a
정수	$a\neq0$
유리수	$a>0$
실수	$a>0$

01 거듭제곱과 거듭제곱근

[01~04] 다음 거듭제곱근을 구하시오.

01 -9의 제곱근

02 0.008의 세제곱근

03 -64의 세제곱근

04 $(-3)^4$의 네제곱근

[05~08] 다음 거듭제곱근 중 실수인 것을 구하시오.

05 27의 세제곱근

06 $-\frac{27}{8}$의 세제곱근

07 $(-5)^4$의 네제곱근

08 -16의 네제곱근

02 거듭제곱근의 성질

[09~12] 다음 값을 구하시오.

09 $\sqrt[4]{81}$

10 $\sqrt[6]{(-2)^6}$

11 $\sqrt[7]{(-4)^7}$

12 $\sqrt[3]{0.008}$

[13~16] 다음 값을 구하시오.

13 $\{\sqrt[5]{(-3)^3}\}^5$

14 $(\sqrt[6]{8})^2$

15 $\sqrt[9]{9^3}\times\sqrt[6]{3^2}$

16 $\sqrt[3]{\sqrt{64}}$

03 지수의 확장

[17~20] 다음 값을 구하시오.

17 7^0

18 $\left(-\frac{2}{3}\right)^0$

19 3^{-3}

20 $\left(-\frac{1}{4}\right)^{-2}$

[21~22] 다음 수를 근호를 사용하여 나타내시오.

21 $64^{\frac{1}{4}}$

22 $8^{-\frac{1}{6}}$

[23~28] 다음 식을 간단히 하시오. (단, $a>0$, $b>0$)

23 $8^{\frac{1}{3}}\div 27^{\frac{2}{3}}$

24 $(4\times 8^{\frac{2}{3}})^{\frac{5}{4}}$

25 $25^{-\frac{5}{2}}\times 100^2$

26 $(3^{\frac{5}{4}})^2\div(3^{\frac{1}{2}})^4\times\sqrt{27}$

27 $(\sqrt[3]{a^2}\times a^{-2}\div a^{\frac{2}{3}})^{\frac{1}{2}}$

28 $(\sqrt[5]{a^2}\times b^{\frac{4}{3}})^{\frac{1}{2}}\times(a^{\frac{2}{5}}\times\sqrt[6]{b})^2$

[29~33] 다음 식을 간단히 하시오. (단, $a>0$, $b>0$)

29 $(5^{\sqrt{2}})^{\sqrt{8}}$

30 $3^{\sqrt{12}}\times 3^{\sqrt{3}}$

31 $2^{\sqrt{32}}\times 2^{\sqrt{2}}\div 2^{\sqrt{18}}$

32 $(a^{3\sqrt{2}})^{\sqrt{8}}$

33 $(a^{\frac{1}{\sqrt{5}}}\times b^{\sqrt{\frac{3}{10}}})^{\sqrt{20}}$

04 로그의 뜻

(1) 로그의 뜻

$a>0$, $a\neq1$, $N>0$일 때, $a^x=N$을 만족시키는 실수 x를 $\log_a N$으로 나타내고 a를 밑으로 하는 N의 로그라 한다.

$a^x=N \Longleftrightarrow x=\log_a N$

(2) 로그의 밑과 진수의 조건

$\log_a N$이 정의되려면 밑 a는 $a>0$, $a\neq1$이고 진수 N은 $N>0$이어야 한다.

$\log_a N$에서 a를 밑, N을 진수라 하고, $\log_a N$을 a를 밑으로 하는 N의 로그라고 한다.

05 로그의 성질

(1) 로그의 성질

$a>0$, $a\neq1$, $M>0$, $N>0$일 때

① $\log_a 1=0$, $\log_a a=1$

② $\log_a MN=\log_a M+\log_a N$

③ $\log_a \frac{M}{N}=\log_a M-\log_a N$

④ $\log_a M^k=k\log_a M$ (단, k는 실수)

(2) 로그의 밑의 변환

$a>0$, $a\neq1$, $b>0$일 때

① $\log_a b=\frac{\log_c b}{\log_c a}$ (단, $c>0$, $c\neq1$)

② $\log_a b=\frac{1}{\log_b a}$ (단, $b\neq1$)

(3) 로그의 밑의 변환 공식의 활용

$a>0$, $a\neq1$, $b>0$일 때

① $\log_a b\times\log_b a=1$, $\log_a b\times\log_b c=\log_a c$ (단, $b\neq1$, $c>0$)

② $a^{\log_c b}=b^{\log_c a}$ (단, $c>0$, $c\neq1$)

③ $a^{\log_a b}=b$

④ $\log_{a^m} b^n=\frac{n}{m}\log_a b$ (단, $m\neq0$)

$a>0$, $a\neq1$, $N>0$일 때

① $\log_a \frac{1}{N}=-\log_a N$

② $\log_a a^k=k$

06 상용로그

(1) 상용로그의 뜻

양수 N에 대하여 $\log_{10} N$과 같이 10을 밑으로 하는 로그를 상용로그라 하고, 보통 밑 10을 생략하여 $\log N$으로 나타낸다.

(2) 상용로그표

0.01의 간격으로 1.00에서 9.99까지의 수에 대한 상용로그의 값을 소수 다섯째 자리에서 반올림하여 소수 넷째 자리까지 나타낸 표이다.

참고 일반적으로 임의의 양수 N은 $N=a\times10^n$ ($1\le a<10$, n은 정수)의 꼴로 나타낼 수 있다.
따라서 $\log N=\log(a\times10^n)=\log a+\log 10^n=n+\log a$
즉, 임의의 양수 N의 상용로그는 $\log N=n+\log a$ ($1\le a<10$, n은 정수)로 나타낼 수 있다.

04 로그의 뜻

[34~37] 다음 등식을 $x=\log_a N$의 꼴로 나타내시오.

34 $5^2=25$

35 $(0.2)^{-3}=125$

36 $64^{\frac{1}{2}}=8$

37 $3^0=1$

[38~41] 다음 식을 만족시키는 x의 값을 구하시오.

38 $\log_3 x=27$

39 $\log_4 x=-2$

40 $\log_x 9=2$

41 $\log_x 3=5$

[42~45] 다음이 정의되도록 하는 실수 x의 값의 범위를 구하시오.

42 $\log_2(x-1)$

43 $\log_{x+3} 5$

44 $\log_5(-x^2+2x)$

45 $\log_x(-2x+4)$

05 로그의 성질

[46~49] 다음 값을 구하시오.

46 $\log_4 16-\log_3 1$

47 $2\log_3 9+\log_5 25-\log_2 4$

48 $\log_3 6+\frac{1}{2}\log_3 \frac{9}{4}$

49 $\log_{10} \sqrt[5]{100}+2\log_3 \sqrt[4]{3}$

[50~53] $\log_5 2=a$, $\log_5 3=b$일 때, 다음을 a, b로 나타내시오.

50 $\log_5 18$

51 $\log_5 \frac{8}{9}$

52 $\log_2 18$

53 $\log_{12} 4$

[54~60] 다음 값을 구하시오.

54 $\log_5 4\times\log_8 25$

55 $\log_2 3\times\log_9 7\times\log_7 4$

56 $\log_{\frac{1}{10}} \sqrt[5]{100}$

57 $2^{\log_2 5}+3^{\log_3 2}$

58 $2^{\log_4 3}+3^{\log_3 \sqrt{3}}$

59 $2^{\log_2 4+\log_2 5}$

60 $(2^{\log_3 4+\log_3 2})^{\log_2 3}$

06 상용로그

[61~66] 다음 상용로그의 값을 구하시오.

61 $\log 10000$

62 $\log \sqrt[4]{1000}$

63 $\log 0.01$

64 $\log 5+\log 2$

65 $\log 50+\log 20$

66 $\log \frac{1}{5}-\log 2$

[67~70] $\log 5.31=0.7251$일 때, 다음 값을 구하시오.

67 $\log 53.1$

68 $\log 531$

69 $\log 0.531$

70 $\log 0.0531$

유형 완성하기

중요

01 거듭제곱근의 뜻

a가 실수이고 n이 2 이상의 자연수일 때

(1) $x^n=a$를 만족시키는 수 x를 a의 n제곱근이라 한다.

(2) a의 n제곱근 중 실수인 것을 x라 하면

① n이 짝수일 때 $\Rightarrow x=\pm\sqrt[n]{a}$ (단, $a>0$)

② n이 홀수일 때 $\Rightarrow x=\sqrt[n]{a}$

≫ 올림포스 수학 I 10쪽

01 대표문제 ▸ 23642-0001

다음 중 옳은 것은?

① 4의 세제곱근은 $\sqrt[3]{4}$뿐이다.

② $-\sqrt{64}$의 세제곱근 중 실수인 것은 없다.

③ n이 홀수일 때, 7의 n제곱근 중 실수인 것은 두 개이다.

④ n이 짝수일 때, -5의 n제곱근 중 실수인 것은 한 개이다.

⑤ 9의 네제곱근은 4개이다.

02 상중하 ▸ 23642-0002

-8의 세제곱근을 모두 구하면?

① -2 또는 $-1\pm\sqrt{3}i$

② -2 또는 $1\pm\sqrt{3}i$

③ 2 또는 $1\pm\sqrt{3}i$

④ $-2i$ 또는 $-1\pm\sqrt{3}i$

⑤ $-2i$ 또는 $1\pm\sqrt{3}i$

03 상중하 ▸ 23642-0003

다음 중 옳은 것은?

① 네제곱근 16은 ±2이다.

② n이 홀수이고 $a<0$이면 $\sqrt[n]{a}=\sqrt[n]{-a}$이다.

③ -3의 세제곱근 중 실수인 것은 없다.

④ n이 짝수일 때, 양수 a에 대하여 $x^n=a$인 실수 x는 2개이다.

⑤ $\sqrt{(-10)^2}$의 제곱근은 ±10이다.

중요

02 거듭제곱근의 계산

$a>0$, $b>0$이고 m, n이 2 이상의 자연수일 때

(1) $(\sqrt[n]{a})^n=a$

(2) $\sqrt[n]{a}\sqrt[n]{b}=\sqrt[n]{ab}$

(3) $\dfrac{\sqrt[n]{a}}{\sqrt[n]{b}}=\sqrt[n]{\dfrac{a}{b}}$

(4) $(\sqrt[n]{a})^m=\sqrt[n]{a^m}$

(5) $\sqrt[m]{\sqrt[n]{a}}=\sqrt[mn]{a}=\sqrt[n]{\sqrt[m]{a}}$

(6) $\sqrt[np]{a^{mp}}=\sqrt[n]{a^m}$ (단, p는 자연수)

≫ 올림포스 수학 I 10쪽

04 대표문제 ▸ 23642-0004

다음 중 옳은 것은?

① $\sqrt[3]{(-1)^3}=1$

② $\sqrt[2]{\sqrt[3]{2}}=\sqrt[3]{4}$

③ $\sqrt[3]{2}\times\sqrt[5]{2}=\sqrt[15]{2}$

④ $\dfrac{\sqrt[5]{-2}}{\sqrt[5]{-3}}=\sqrt[5]{\dfrac{2}{3}}$

⑤ $\sqrt[2]{3}\times\sqrt[5]{3}=\sqrt[7]{3}$

05 상중하 ▸ 23642-0005

$\sqrt[6]{4}\times\sqrt[3]{54}\times\sqrt[3]{2}$의 값은?

① 6 ② 7 ③ 8 ④ 9 ⑤ 10

06 상중하 ▸ 23642-0006

$\sqrt[4]{\dfrac{\sqrt[6]{4}}{\sqrt{2}}}\times\sqrt[6]{\dfrac{\sqrt[3]{2}}{\sqrt[4]{8}}}$ 의 값은?

① $\sqrt[5]{\dfrac{1}{2}}$ ② $\sqrt[6]{\dfrac{1}{2}}$ ③ $\sqrt[7]{\dfrac{1}{2}}$ ④ $\sqrt[8]{\dfrac{1}{2}}$ ⑤ $\sqrt[9]{\dfrac{1}{2}}$

07 상중하

▸ 23642-0007

a가 $\sqrt[5]{a^3}=\sqrt{\sqrt[3]{a\sqrt{a^{n+1}}}}$을 만족시킬 때, 상수 n의 값은?

(단, $a>0$, $a\neq1$)

① 4 ② $\frac{21}{5}$ ③ $\frac{22}{5}$
④ $\frac{23}{5}$ ⑤ $\frac{24}{5}$

08 상중하

▸ 23642-0008

$\sqrt[3]{a^3b}\div\sqrt{\frac{a^4}{b^3}}\times\sqrt[6]{b}$를 간단히 하면? (단, $a>0$, $b>0$)

① ab ② ab^2 ③ a^2b
④ $\frac{b}{a}$ ⑤ $\frac{b^2}{a}$

09 상중하

▸ 23642-0009

두 자연수 m, n에 대하여 $\dfrac{\sqrt[3]{a\sqrt[5]{a\sqrt[4]{a^4}}}}{\sqrt[5]{a\sqrt[3]{a\sqrt{a^2}}}}=\sqrt[m]{a^n}$일 때, mn의 값은? (단, $a>0$, $a\neq1$이고, m과 n은 서로소이다.)

① 60 ② 45 ③ 30
④ 15 ⑤ 10

03 거듭제곱근의 대소 비교

(1) 주어진 수를 같은 n제곱근의 형태로 통일한다.
(2) 밑을 다음과 같이 비교한다.
$a>0$, $b>0$이고 n이 2 이상의 자연수일 때
① $a<b$이면 $\sqrt[n]{a}<\sqrt[n]{b}$
② $\sqrt[n]{a}<\sqrt[n]{b}$이면 $a<b$

10 대표문제

▸ 23642-0010

$A=\sqrt[3]{2}$, $B=\sqrt[4]{3}$, $C=\sqrt[6]{5}$일 때, 세 수 A, B, C의 대소 관계를 바르게 나타낸 것은?

① $A<B<C$ ② $A<C<B$ ③ $B<A<C$
④ $B<C<A$ ⑤ $C<A<B$

11 상중하

▸ 23642-0011

$A=\sqrt[3]{\sqrt{20}}$, $B=\sqrt{2\sqrt[3]{3}}$, $C=\sqrt[4]{\sqrt[3]{625}}$일 때, 세 수 A, B, C의 대소 관계를 바르게 나타낸 것은?

① $A<B<C$ ② $A<C<B$ ③ $B<A<C$
④ $B<C<A$ ⑤ $C<A<B$

12 상중하

▸ 23642-0012

부등식 $\sqrt{2}<\sqrt[6]{2n}<\sqrt[4]{7}$이 성립하도록 하는 자연수 n의 개수는?

① 1 ② 2 ③ 3
④ 4 ⑤ 5

중요

04 지수가 정수인 식의 계산

(1) 지수가 0 또는 음의 정수인 지수의 정의

$a \neq 0$이고 n이 양의 정수일 때, $a^0=1$, $a^{-n}=\frac{1}{a^n}$

(2) 지수가 정수일 때의 지수법칙

$a \neq 0$, $b \neq 0$이고 m, n이 정수일 때

① $a^m a^n = a^{m+n}$　② $a^m \div a^n = a^{m-n}$

③ $(a^m)^n = a^{mn}$　④ $(ab)^n = a^n b^n$

» 올림포스 수학 I 11쪽

13 대표문제 ▸ 23642-0013

$a \neq 0$, $a \neq 1$이고 $a^6 \times (a^2)^{-4} \div a^{-5} = a^m$일 때, 정수 m의 값을 구하시오.

14 상중하 ▸ 23642-0014

$\{(-2)^3\}^5 \times 2^{-2} \div \left\{\left(\frac{1}{2}\right)^2\right\}^{-6}$의 값은?

① -4　② -2　③ 2
④ 4　⑤ 8

15 상중하 ▸ 23642-0015

0이 아닌 두 실수 a, b가 $(a^n)^{-3} \times \left(\frac{a}{b}\right)^{-6} \div (a^{-2}b^3)^2 = 1$을 만족시키는 n의 값은? (단, $a \neq 1$)

① $-\frac{2}{3}$　② $-\frac{1}{3}$　③ $\frac{1}{3}$
④ $\frac{2}{3}$　⑤ 1

중요

05 유리수인 지수로 나타내기

(1) $a>0$이고 m, n $(n \geq 2)$이 정수인 지수의 정의

$a^{\frac{1}{n}} = \sqrt[n]{a}$, $a^{\frac{m}{n}} = \sqrt[n]{a^m}$

(2) 지수가 유리수일 때의 지수법칙

$a>0$, $b>0$이고 r, s가 유리수일 때

① $a^r a^s = a^{r+s}$　② $a^r \div a^s = a^{r-s}$

③ $(a^r)^s = a^{rs}$　④ $(ab)^r = a^r b^r$

» 올림포스 수학 I 11쪽

16 대표문제 ▸ 23642-0016

다음 중 옳지 않은 것은? (단, $a>0$)

① $5^{\frac{1}{3}} \times 5^{\frac{1}{6}} = \sqrt{5}$

② $\left(\frac{4}{125}\right)^2 \times \left(\frac{4}{625}\right)^{-2} = 25$

③ $3^{\frac{3}{4}} \times 3^{-\frac{1}{2}} \div 3^{\frac{1}{4}} = 1$

④ $\sqrt{\sqrt[3]{a}} \div \sqrt[6]{\frac{1}{a^5}} = a$

⑤ $a^{\frac{3}{4}} \div a^{1.5} \times \frac{1}{\sqrt[4]{a}} = a$

17 상중하 ▸ 23642-0017

$\sqrt{5} \times \sqrt[3]{10} \times \sqrt[6]{80}$의 값은?

① $2\sqrt{5}$　② 10　③ $5\sqrt{5}$
④ $10\sqrt{2}$　⑤ 20

18 상중하 ▸ 23642-0018

$a = 5^{\frac{1}{3}} \times 5^{\frac{1}{4}} \times 5^{\frac{1}{9}} \times 5^{\frac{1}{18}}$일 때, $\sqrt[3]{a^4}$의 값은?

① 1　② 5　③ 10
④ 25　⑤ 125

19 상중하

▸ 23642-0019

$2\le n\le 100$인 자연수 n에 대하여 $(\sqrt[3]{4^2})^{\frac{1}{6}}$이 어떤 자연수의 n제곱근일 때, 가능한 n의 개수는?

① 8 ② 9 ③ 10
④ 11 ⑤ 12

20 상중하

▸ 23642-0020

$a>0$, $a\ne 1$, $m>1$일 때, $\sqrt{\frac{\sqrt[3]{a^m}}{\sqrt{a}}}\div\sqrt[3]{\frac{\sqrt{a}}{\sqrt[m]{a}}}=\sqrt[12]{a}$를 만족시키는 자연수 m의 값은?

① 2 ② 3 ③ 4
④ 5 ⑤ 6

21 상중하

▸ 23642-0021

1이 아닌 세 양수 x, y, z가 다음 조건을 만족시킬 때, $xy=z^{\frac{n}{m}}$이다. $m+n$의 값은? (단, m과 n은 서로소인 자연수이다.)

> (가) x^3은 z의 네제곱근이다.
> (나) $y^{\frac{1}{6}}$은 x의 세제곱근이다.

① 3 ② 4 ③ 5
④ 6 ⑤ 7

06 지수가 실수인 식의 계산

$a>0$, $b>0$이고 x, y가 실수일 때

(1) $a^xa^y=a^{x+y}$ (2) $a^x\div a^y=a^{x-y}$
(3) $(a^x)^y=a^{xy}$ (4) $(ab)^x=a^xb^x$

>> 올림포스 수학 Ⅰ 11쪽

22 대표문제

▸ 23642-0022

다음 중 옳은 것은? (단, $a>0$)

① $(2^{-\sqrt{3}})^{\frac{1}{\sqrt{3}}}=-2$

② $(\sqrt{5})^{3\sqrt{2}}=(3\sqrt{5})^{\sqrt{2}}$

③ $(2^{\sqrt{2}}\times 9^{-\frac{\sqrt{2}}{4}})^{2\sqrt{2}}=\frac{4}{3}$

④ $(2^{\sqrt{2}-2}\times 4^{\sqrt{2}+1})^{\sqrt{2}}=32$

⑤ $(a^{\sqrt{2}})^{\sqrt{18}-1}\times a^{\sqrt{2}-3}=a^3$

23 상중하

▸ 23642-0023

$5^x=3$, $3^{-y}=16$일 때, $9^{\frac{1}{x}}+\left(\frac{1}{16}\right)^{\frac{1}{y}}$의 값은?

① 28 ② 25 ③ 22
④ 19 ⑤ 16

24 상중하

▸ 23642-0024

0이 아닌 세 실수 x, y, z에 대하여 $2^x=6^y=54^z$이 성립할 때, z를 x, y로 나타낸 것은?

① $\frac{xy}{x-y}$ ② $\frac{xy}{x-2y}$ ③ $\frac{xy}{2x-3y}$
④ $\frac{xy}{3x-y}$ ⑤ $\frac{xy}{3x-2y}$

07 a^r이 자연수가 되도록 하는 미지수 구하기

a가 소수인 자연수이고 $r=\frac{n}{m}$ (m, n은 자연수)일 때

(1) a^r이 자연수 $\Longleftrightarrow$ m이 n의 약수

(2) a^{-r}이 자연수 $\Longleftrightarrow$ $-m$이 n의 약수

25 대표문제
▶ 23642-0025

$(5^{-\frac{1}{n}})^{30}$이 자연수가 되기 위한 정수 n의 개수는?

① 8　② 9　③ 10　④ 11　⑤ 12

26 상중하
▶ 23642-0026

$4^{-\frac{4}{n}}$과 $\left(\frac{1}{81}\right)^{\frac{3}{n}}$이 모두 자연수가 되기 위한 모든 정수 n의 값의 합은?

① -3　② -5　③ -7　④ -9　⑤ -11

27 상중하
▶ 23642-0027

$1\le m\le 81$, $1\le n\le 4$인 두 자연수 m, n에 대하여 $\sqrt[4]{m^n}$이 자연수가 되기 위한 순서쌍 (m, n)의 개수는?

① 27　② 64　③ 81　④ 96　⑤ 108

08 지수법칙과 곱셈공식

$a>0$, $b>0$이고 x, y가 실수일 때

(1) $(a^x+b^y)(a^x-b^y)=a^{2x}-b^{2y}$

(2) $(a^x+b^y)^2=a^{2x}+2a^xb^y+b^{2y}$

(3) $(a^x+b^y)^3=a^{3x}+3a^{2x}b^y+3a^xb^{2y}+b^{3y}$

(4) $(a^x+b^y)(a^{2x}-a^xb^y+b^{2y})=a^{3x}+b^{3y}$

(5) $(a^x-b^y)(a^{2x}+a^xb^y+b^{2y})=a^{3x}-b^{3y}$

28 대표문제
▶ 23642-0028

양수 x에 대하여 $x^{\frac{1}{2}}+x^{-\frac{1}{2}}=\sqrt{5}$일 때, x^2+x^{-2}의 값은?

① 5　② 6　③ 7　④ 8　⑤ 9

29 상중하
▶ 23642-0029

다음 중 옳지 않은 것은? (단, $a>0$, $b>0$)

① $(a^{\frac{1}{2}}+b^{\frac{1}{2}})(a^{\frac{1}{2}}-b^{\frac{1}{2}})=a-b$

② $(\sqrt[3]{2}-1)(\sqrt[3]{4}+\sqrt[3]{2}+1)=3$

③ $(a^{\frac{1}{3}}-b^{\frac{1}{3}})(a^{\frac{2}{3}}+a^{\frac{1}{3}}b^{\frac{1}{3}}+b^{\frac{2}{3}})=a-b$

④ $(a^{\frac{1}{2}}+a^{-\frac{1}{2}})^2-(a^{\frac{1}{2}}-a^{-\frac{1}{2}})^2=4$

⑤ $(3^{\frac{1}{4}}-3^{-\frac{1}{4}})(3^{\frac{1}{4}}+3^{-\frac{1}{4}})(3^{\frac{1}{2}}+3^{-\frac{1}{2}})=\frac{8}{3}$

30 상중하
▶ 23642-0030

$a>0$이고 $a+a^{-1}=3$일 때, a^3+a^{-3}의 값은?

① 9　② 18　③ 27　④ 36　⑤ 45

31 상중하

▶ 23642-0031

두 실수 x, y에 대하여 $3^{\frac{x}{2}}+3^{\frac{y}{2}}=6$, $x+y=2$일 때, 3^x+3^y의 값은?

① 10 ② 15 ③ 20 ④ 25 ⑤ 30

32 상중하

▶ 23642-0032

$x>0$이고 $\sqrt{x}+\frac{1}{\sqrt{x}}=3$일 때, $\frac{x^3+x^{-3}}{x^2+x^{-2}-1}$의 값은?

① 7 ② 6 ③ 5 ④ 4 ⑤ 3

33 상중하

▶ 23642-0033

$x=\sqrt[3]{10+6\sqrt{3}}$, $y=\sqrt[3]{10-6\sqrt{3}}$일 때, $x+y$의 값은?

① 1 ② 2 ③ 3 ④ 4 ⑤ 5

09 a^x+a^{-x} 꼴의 식의 값 구하기

$a>0$이고 a^{-x}, a^{-2x}을 포함한 분수식의 계산

⇨ 분모, 분자에 a^x, a^{2x}을 곱하여 식을 정리한다.

34 대표문제

▶ 23642-0034

$a>0$이고 $a^{2x}=3$일 때, $\frac{a^x+a^{-x}}{a^x-a^{-x}}$의 값은?

① 2 ② 3 ③ 4 ④ 5 ⑤ 6

35 상중하

▶ 23642-0035

$5^{4x}=2$일 때, $\frac{5^{6x}+5^{-2x}}{5^{2x}-5^{-6x}}$의 값은?

① $\frac{4}{3}$ ② 2 ③ $\frac{8}{3}$ ④ $\frac{10}{3}$ ⑤ 4

36 상중하

▶ 23642-0036

함수 $f(x)=\frac{a^x+a^{-x}}{a^x-a^{-x}}$에 대하여 $f(p)=2$, $f(q)=\frac{3}{2}$일 때, $f(p+q)$의 값은? (단, $a>0$)

① $\frac{4}{7}$ ② $\frac{5}{7}$ ③ $\frac{6}{7}$ ④ 1 ⑤ $\frac{8}{7}$

10 밑이 다른 식의 값 구하기 (1)

$a>0,\ x\neq0,\ a^x=k$일 때

$a=k^{\frac{1}{x}}$

37 대표문제

▶ 23642-0037

두 실수 $x,\ y$에 대하여 $40^x=4,\ 5^y=8$일 때, $\frac{2}{x}-\frac{3}{y}$의 값은?

① -3　② -1　③ 1
④ 3　⑤ 5

38 상중하

▶ 23642-0038

두 실수 $x,\ y$에 대하여 $3^x=16,\ 24^y=\frac{1}{32}$일 때, $\frac{4}{x}+\frac{5}{y}$의 값은?

① 1　② -1　③ -3
④ -5　⑤ -7

39 상중하

▶ 23642-0039

세 실수 $x,\ y,\ z$에 대하여 $4^x=5,\ 20^y=\frac{1}{25},\ \frac{1}{p^z}=125$이고 $\frac{1}{x}+\frac{2}{y}+\frac{3}{z}=-2$일 때, 양수 p의 값을 구하시오.

11 밑이 다른 식의 값 구하기 (2)

$a>0,\ b>0,\ xy\neq0,\ a^x=b^y$일 때

$a^x=b^y=k \Longleftrightarrow a=k^{\frac{1}{x}},\ b=k^{\frac{1}{y}}$

40 대표문제

▶ 23642-0040

두 실수 $x,\ y$에 대하여 $2^x=5^{3y}=10$일 때, $\frac{1}{x}+\frac{1}{3y}$의 값은?

① $\frac{1}{100}$　② $\frac{1}{10}$　③ 1
④ 10　⑤ 100

41 상중하

▶ 23642-0041

세 실수 $x,\ y,\ z$가 $4^x=27^y=6^z$과 $\frac{1}{x}+\frac{p}{y}=\frac{2}{z}$를 만족시킬 때, 실수 p의 값을 구하시오. (단, $xyz\neq0$)

42 상중하

▶ 23642-0042

세 실수 $x,\ y,\ z$가 $3^x=15^y=5^z,\ (x-7)(z-7)=49$를 만족시킬 때, y의 값은? (단, $xyz\neq0$)

① 3　② 4　③ 5
④ 6　⑤ 7

12 지수의 실생활에의 활용

(1) 조건을 만족시키는 식을 세운 후 지수법칙을 이용한다.
(2) 단위를 변환할 때 지수법칙을 이용한다.
예 $1\,\text{m}=10^2\,\text{cm}$이므로
$1000\,\text{m}=10^3\,\text{m}=10^3\times10^2\,\text{cm}=10^5\,\text{cm}$

43 대표문제 ▸ 23642-0043

행성 주위에 행성의 중력이 태양의 인력보다 더 큰 공간을 이 행성의 중력장이라고 한다. 행성의 질량을 M_a, 태양의 질량을 M_s, 행성에서 태양까지의 거리를 D라 할 때, 중력장의 반지름의 길이 r는 $r=D\times\left(\frac{M_a}{M_s}\right)^{\frac{2}{5}}$이라고 한다. $M_s=3^{100}M_a$이고 $D=3^{50}$인 소행성의 중력장의 반지름의 길이는?

① 3^5 ② 3^{10} ③ 3^{15}
④ 3^{20} ⑤ 3^{25}

44 상중하 ▸ 23642-0044

식품 부패정도를 나타내는 식품손상지수 K와 상대습도 $H(\%)$, 기온 $T(℃)$ 사이에는 다음과 같은 관계가 성립한다.

$$K=\frac{H-65}{14}\times1.05^T$$

상대습도가 77%, 기온이 $43℃$일 때의 식품손상지수를 K_1, 상대습도가 74%, 기온이 $20℃$일 때의 식품손상지수를 K_2라고 할 때, $\frac{K_1}{K_2}$의 값을 구하시오. (단, $1.05^{23}=3$으로 계산한다.)

45 상중하 ▸ 23642-0045

매분 일정한 비율로 개수가 증가하는 박테리아를 배양하는 실험실에서 해당 박테리아 500개를 배양한지 30분 후 박테리아의 총 개수가 108000이 되었다고 한다. 이 박테리아 1000개를 20분 배양하였을 때 생기는 박테리아의 개수는?

① 6000 ② 12000 ③ 18000
④ 36000 ⑤ 72000

46 상중하 ▸ 23642-0046

다음 정육면체의 부피가 16이고 색칠한 정삼각형의 넓이가 $\sqrt{3}\times2^{\frac{q}{p}}$일 때, $p+q$의 값을 구하시오.
(단, p와 q는 서로소인 자연수이다.)

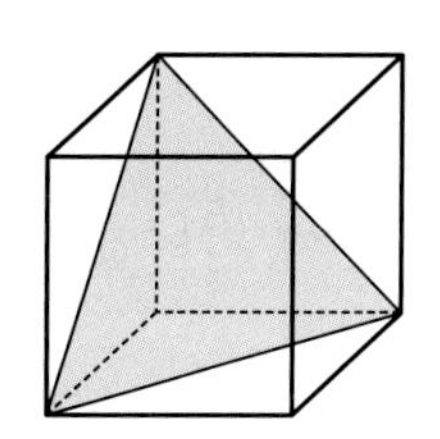

47 상중하 ▸ 23642-0047

지면으로부터 H_1인 높이에서 풍속이 V_1이고 지면으로부터 H_2인 높이에서 풍속이 V_2일 때, 대기 안정도 계수 k는 다음 식을 만족시킨다.

$$V_2=V_1\times\left(\frac{H_2}{H_1}\right)^{\frac{2}{2-k}}$$

(단, $H_1<H_2$이고, 높이의 단위는 m, 풍속의 단위는 m/s이다.)
A지역에서 지면으로부터 10 m와 40 m인 높이에서 풍속이 각각 3 m/s와 9 m/s이고, B지역에서 지면으로부터 30 m와 60 m인 높이에서 풍속이 각각 a m/s와 b m/s일 때, 두 지역의 대기 안정도 계수 k가 서로 같았다. $\frac{b}{a}$의 값을 구하시오.
(단, a, b는 양수이다.)

48 상중하 ▸ 23642-0048

겉넓이가 $\sqrt{3}\times2^{\frac{4}{5}}$인 정사면체가 있다. 이 정사면체의 부피는?

① $\frac{\sqrt{2}}{12}\times2^{\frac{1}{5}}$ ② $\frac{\sqrt{2}}{6}\times2^{\frac{1}{5}}$ ③ $\frac{\sqrt{2}}{12}\times2^{\frac{2}{5}}$
④ $\frac{\sqrt{2}}{12}\times2^{\frac{4}{5}}$ ⑤ $\frac{\sqrt{2}}{6}\times2^{\frac{2}{5}}$

중요
13 로그의 뜻

$a>0$, $a\neq1$, $N>0$일 때
$a^x=N \Longleftrightarrow x=\log_a N$

» 올림포스 수학 I 12쪽

49 대표문제 ▸ 23642-0049

$\log_{\sqrt{3}} a=4$, $\log_b 6=\frac{1}{2}$일 때, $\frac{b}{a}$의 값은?

① $\frac{1}{4}$ ② $\frac{1}{2}$ ③ 2
④ 4 ⑤ 6

50 상중하 ▸ 23642-0050

$x=\log_5(4-\sqrt{15})$일 때, 5^x+5^{-x}의 값을 구하시오.

51 상중하 ▸ 23642-0051

$\log_5[\log_4\{\log_3(\log_2 x)\}]=0$일 때, x의 값은?

① 4 ② 27 ③ 81
④ 2^{81} ⑤ 5^{81}

중요
14 로그의 밑과 진수 조건

$\log_a N$이 정의되려면
(1) 밑의 조건: $a>0$, $a\neq1$
(2) 진수의 조건: $N>0$

» 올림포스 수학 I 12쪽

52 대표문제 ▸ 23642-0052

$\log_{x+3}(-x^2-5x+6)$이 정의되기 위한 정수 x의 개수를 구하시오.

53 상중하 ▸ 23642-0053

모든 실수 x에 대하여 $\log_{a-3}(x^2+2ax+8a)$가 정의되도록 하는 모든 정수 a의 값의 합은?

① 6 ② 9 ③ 12
④ 15 ⑤ 18

54 상중하 ▸ 23642-0054

$\log_{|x-3|}(12+4x-x^2)$이 정의되기 위한 정수 x의 개수를 구하시오.

중요

15 로그의 성질

$a>0$, $a\neq1$, $M>0$, $N>0$일 때

(1) $\log_a 1=0$, $\log_a a=1$

(2) $\log_a MN=\log_a M+\log_a N$

(3) $\log_a \frac{M}{N}=\log_a M-\log_a N$

(4) $\log_a M^k=k\log_a M$ (단, k는 실수)

>> 올림포스 수학 I 12쪽

55 대표문제

▸ 23642-0055

$8\log_3 \sqrt[4]{2}+\log_3 \sqrt{6}-\frac{1}{2}\log_3 32$의 값은?

① 4 ② 2 ③ 1
④ $\frac{1}{2}$ ⑤ $\frac{1}{4}$

56 상중하

▸ 23642-0056

세 양수 a, b, c에 대하여 $\log_{15} a+\log_{15} 3b+\log_{15} 5c=\frac{3}{2}$일 때, abc의 값은?

① $\sqrt{15}$ ② $\sqrt{30}$ ③ 10
④ 15 ⑤ 30

57 상중하

▸ 23642-0057

$\log_3 \left(1-\frac{1}{2}\right)+\log_3 \left(1-\frac{1}{3}\right)+\log_3 \left(1-\frac{1}{4}\right)+\cdots+\log_3 \left(1-\frac{1}{27}\right)$

의 값을 구하시오.

58 상중하

▸ 23642-0058

삼각형 ABC의 세 변의 길이가 a, b, c일 때, $\log_a (b+c)+\log_a (b-c)=2$가 성립한다. 삼각형 ABC는 어떤 삼각형인가? (단, $a\neq1$)

① $b=c$인 이등변삼각형
② 가장 긴 변의 길이가 a인 둔각삼각형
③ 빗변의 길이가 b인 직각삼각형
④ 빗변의 길이가 a인 직각삼각형
⑤ 정삼각형

59 상중하

▸ 23642-0059

900의 양의 약수를 작은 수부터 차례대로 x_1, x_2, x_3, $\cdots$, x_{27}이라 할 때, $\log_{30} x_1+\log_{30} x_2+\log_{30} x_3+\cdots+\log_{30} x_{27}$의 값은?

① 3 ② 9 ③ 18
④ 27 ⑤ 54

60 상중하

▸ 23642-0060

두 양수 x, y에 대하여 $\frac{y}{x}=27$, $y^{\log_3 x}=\sqrt[9]{9}$일 때, $(\log_3 x)^3-(\log_3 y)^3$의 값을 구하시오.

16 로그의 밑의 변환

$a>0$, $a\neq1$, $b>0$일 때

(1) $\log_a b=\dfrac{\log_c b}{\log_c a}$ (단, $c>0$, $c\neq1$)

(2) $\log_a b=\dfrac{1}{\log_b a}$ (단, $b\neq1$)

» 올림포스 수학 I 13쪽

61 대표문제 ▸ 23642-0061

$\log_2 3\times\log_3 5\times\log_5 7\times\log_7 8$의 값은?

① 3 ② 5 ③ 7
④ 9 ⑤ 11

62 상중하 ▸ 23642-0062

$\log_5 2=a$, $\log_5 3=b$일 때, $\log_2 15$를 a, b에 대한 식으로 나타내시오.

63 상중하 ▸ 23642-0063

$a\neq1$, $a\neq\dfrac{1}{2}$인 양수 a에 대하여

$\log_7 3\times\log_a 2a\times\log_{2a} 8a=\log_7 27$일 때, a의 값은?

① $\sqrt{2}$ ② $2\sqrt{2}$ ③ $2\sqrt{3}$
④ $3\sqrt{2}$ ⑤ $3\sqrt{3}$

17 로그의 여러 가지 성질

$a>0$, $a\neq1$, $b>0$일 때

(1) $\log_a b\times\log_b a=1$ (단, $b\neq1$)

$\log_a b\times\log_b c=\log_a c$ (단, $b\neq1$, $c>0$)

(2) $a^{\log_c b}=b^{\log_c a}$ (단, $c>0$, $c\neq1$)

(3) $a^{\log_a b}=b$

(4) $\log_{a^m} b^n=\dfrac{n}{m}\log_a b$ (단, $m\neq0$)

» 올림포스 수학 I 13쪽

64 대표문제 ▸ 23642-0064

$a=\log_3 5$일 때, 9^a의 값은?

① 25 ② 20 ③ 15
④ 10 ⑤ 5

65 상중하 ▸ 23642-0065

$\log_3 16+\log_9 8-\log_{\frac{1}{3}} 4=a\log_3 2$일 때, a의 값은?

① 7 ② $\dfrac{15}{2}$ ③ 8
④ $\dfrac{17}{2}$ ⑤ 9

66 상중하 ▸ 23642-0066

$25^{2\log_5 3-2\log_{\frac{1}{5}} 2-\log_5 6}$의 값은?

① 6 ② 12 ③ 18
④ 27 ⑤ 36

67 상중하

▸ 23642-0067

$\log_2(\log_3 4)+\log_2(\log_4 5)+\log_2(\log_5 6)+\cdots+\log_2(\log_{80} 81)$

의 값은?

① $\frac{1}{4}$　② $\frac{1}{2}$　③ 1

④ 2　⑤ 4

68 상중하

▸ 23642-0068

$(3^{\log_2 5+\log_2 3})^{\log_3 2}-2^{(\log_3 2+\log_3 4)\times\log_2 3}$의 값은?

① 7　② 5　③ 3

④ 1　⑤ -1

69 상중하

▸ 23642-0069

좌표평면 위의 두 점 $(2, \log_3 a)$, $(5, \log_9 b)$를 지나는 직선이 원점을 지날 때, $\log_a b$의 값을 구하시오.

(단, $a>0$, $b>0$, $a\neq1$)

18 로그의 성질의 활용

(1) 로그의 밑이 같을 경우 로그의 성질을 이용한다.

(2) 로그의 밑이 다를 경우 밑을 통일한 후 로그의 성질을 이용한다.

>> 올림포스 수학 I 13쪽

70 대표문제

▸ 23642-0070

$\log_3 5=a$, $\log_5 2=b$일 때, $\log_{10} 24$를 a, b에 대한 식으로 나타내시오.

71 상중하

▸ 23642-0071

$7^x=4$, $7^y=27$일 때, $\log_{12} 36$을 x, y에 대한 식으로 나타낸 것은?

① $\frac{x+y}{3x+y}$　② $\frac{3x+y}{x+y}$　③ $\frac{3x+2y}{3x+y}$

④ $\frac{3x+y}{3x+2y}$　⑤ $\frac{3x+3y}{3x+2y}$

72 상중하

▸ 23642-0072

두 양수 a, b에 대하여 $a^x=b^y=7$일 때, $\log_{a^2b} b^3$을 x, y에 대한 식으로 나타내시오. (단, $a^2b\neq1$)

19 로그를 이용하여 식의 값 구하기

로그의 정의를 이용하거나 식의 양변에 적절한 밑의 로그를 취하여 식의 값을 구한다.

≫ 올림포스 수학 Ⅰ 13쪽

73 대표문제
▸ 23642-0073

$40^x=4$, $5^y=32$일 때, $\frac{2}{x}-\frac{5}{y}$의 값은?

① 6　② 5　③ 4　④ 3　⑤ 2

74 상중하
▸ 23642-0074

두 양수 a, b에 대하여 $a^2b^5=1$일 때, $\log_b a^4b^3$의 값을 구하시오. (단, $b\neq1$)

75 상중하
▸ 23642-0075

$\log_a b+\log_{a^3} b^4=14$일 때, $\dfrac{a^8b+\dfrac{3b^3}{a^4}}{5a^{14}-3a^2b^2}$의 값은?

(단, $a\neq1$, $a>0$, $b>0$)

① 1　② 2　③ 3　④ 4　⑤ 5

76 상중하
▸ 23642-0076

1이 아닌 세 양수 a, b, c에 대하여

$\log_a b : \log_b c=\log_b c : \log_c a=5 : 2$일 때,

$\log_a b+\log_b c+\log_c a=\frac{q}{p}$이다. $p+q$의 값을 구하시오.

(단, p와 q는 서로소인 자연수이다.)

77 상중하
▸ 23642-0077

1이 아닌 세 양수 x, y, z에 대하여 $x^2=y^3=z^4$일 때,

$\log_{xy} z+\log_{yz} x+\log_{zx} y=\frac{q}{p}$이다. $p+q$의 값을 구하시오.

(단, p와 q는 서로소인 자연수이다.)

78 상중하
▸ 23642-0078

1이 아닌 세 양수 a, b, c가 다음 조건을 만족시킬 때,

$(\log_a b)^2+(\log_b c)^2+(\log_c a)^2$의 값은?

(가) $\log_a b^3+\log_b c^3+\log_c a^3=15$
(나) $\log_b \sqrt{a}+\log_c \sqrt{b}+\log_a \sqrt{c}=3$

① 9　② 10　③ 11　④ 12　⑤ 13

20 로그와 이차방정식

이차방정식 $ax^2+bx+c=0$의 두 근이 $\log_k p$, $\log_k q$일 때 $(k>0,\ k\neq1,\ p>0,\ q>0)$

(1) $\log_k p+\log_k q=\log_k pq=-\dfrac{b}{a}$

(2) $\log_k p\times\log_k q=\dfrac{c}{a}$

79 대표문제

▸ 23642-0079

이차방정식 $x^2-6x+2=0$의 두 근을 $\log_5 a$, $\log_5 b$라 할 때, $\log_a b+\log_b a$의 값은?

① 14 ② 15 ③ 16
④ 17 ⑤ 18

80 상중하

▸ 23642-0080

이차방정식 $x^2-6x+7=0$의 두 근을 α, β라 할 때, $\log_2(\alpha-1)+\log_2(\beta-1)$의 값은?

① 1 ② 2 ③ 3
④ 4 ⑤ 5

81 상중하

▸ 23642-0081

방정식 $(\log_3\sqrt{x})^2-3\log_3\sqrt[3]{x}-5=0$의 두 근의 곱은?

① 243 ② 81 ③ 27
④ 9 ⑤ 3

21 로그의 대소 관계

로그의 성질을 이용하여 주어진 로그를 최대한 간단하게 정리하여 대소 관계를 구한다.

82 대표문제

▸ 23642-0082

세 수 $A=\log_{\sqrt{2}}4$, $B=\log_{\frac{1}{3}}\dfrac{1}{\sqrt{3^5}}$, $C=5^{\log_{\sqrt{5}}\frac{3}{2}}$의 대소 관계를 바르게 나타낸 것은?

① $C<A<B$ ② $A<C<B$ ③ $B<C<A$
④ $C<B<A$ ⑤ $A<B<C$

83 상중하

▸ 23642-0083

세 수 $A=5^{\log_5 3}$, $B=\dfrac{1}{\log_4 2}+\dfrac{1}{\log_6 5}$, $C=\dfrac{\log_3 50}{\log_3 5}$의 대소 관계를 바르게 나타낸 것은?

① $C<A<B$ ② $A<C<B$ ③ $B<C<A$
④ $C<B<A$ ⑤ $A<B<C$

84 상중하

▸ 23642-0084

세 수 $A=\sqrt[3]{67}$, $B=\log_{10}1234$, $C=3^{\log_3 5}$의 대소 관계를 바르게 나타낸 것은?

① $C<A<B$ ② $B<A<C$ ③ $B<C<A$
④ $C<B<A$ ⑤ $A<B<C$

22 로그의 정수 부분과 소수 부분

$a>0$, $a\neq1$, $N>0$이고 어떤 정수 n에 대하여
$n\leq\log_a N<n+1$일 때
(1) $\log_a N$의 정수 부분: n
(2) $\log_a N$의 소수 부분: $\log_a N-n$

85 대표문제
▸ 23642-0085

$\log_2 9$의 정수 부분을 a, 소수 부분을 b라 할 때, $2^a\times2^b$의 값은?

① 1 ② 3 ③ 5
④ 7 ⑤ 9

86 상중하
▸ 23642-0086

$\log_5 16$의 정수 부분을 a, 소수 부분을 b라 할 때, $5(4^a+5^b)$의 값을 구하시오.

87 상중하
▸ 23642-0087

$\log_3 5$의 정수 부분을 a, 소수 부분을 b라 할 때, $\dfrac{3^b+3^{-b}}{3^a+3^{-a}}$의 값을 구하시오.

23 로그의 값이 정수가 되는 조건

주어진 조건을 만족시키는 로그의 값의 범위를 구하고 가능한 정수의 경우를 구하여 계산한다.

88 대표문제
▸ 23642-0088

$1<x<27$일 때, $\log_3 x^2-\log_3\sqrt[3]{x}$의 값이 정수가 되도록 하는 모든 x의 값의 곱은?

① 3^6 ② 3^7 ③ 3^8
④ 3^9 ⑤ 3^{10}

89 상중하
▸ 23642-0089

2 이상의 자연수 n에 대하여 $7\log_n 2$의 값이 자연수가 되도록 하는 모든 n의 값의 합을 구하시오.

90 상중하
▸ 23642-0090

$\dfrac{1}{2}<\log_{10} a<\dfrac{9}{2}$일 때, $\dfrac{1}{4}+\log_{10}\sqrt{a}$의 값이 자연수가 되도록 하는 모든 a의 값의 곱은?

① 10^3 ② 10^4 ③ 10^5
④ 10^6 ⑤ 10^7

24 상용로그의 값

(1) $\log 5=\log \frac{10}{2}=\log 10-\log 2=1-\log 2$

$\log 2=\log \frac{10}{5}=\log 10-\log 5=1-\log 5$

(2) 조건으로 주어진 로그의 진수에 10^n (n은 정수)를 곱하여 구하고자 하는 로그의 값을 계산한다.

≫ 올림포스 수학 Ⅰ 13쪽

91 대표문제

▸ 23642-0091

$\log 2=0.3010$, $\log 3=0.4771$일 때, $\log 25-\log 12$의 값은?

① 0.1582　② 0.3189　③ 0.3343
④ 0.5562　⑤ 0.7781

92 상중하

▸ 23642-0092

$\log 1.45=0.1614$일 때, $\log x=-2.8386$을 만족시키는 x의 값을 구하시오.

93 상중하

▸ 23642-0093

$\log 2.71=0.4330$일 때, 다음 중 옳지 않은 것은?

① $\log 27.1=1.4330$
② $\log 271=2.4330$
③ $\log 0.271=-0.4330$
④ $\log 0.0271=-1.5670$
⑤ $\log 27100=4.4330$

25 상용로그의 실생활에의 활용

올해의 양이 S일 때, 매년 a %의 비율로 증가할 경우 n년 후의 양

⇨ $S\left(1+\frac{a}{100}\right)^n$

94 대표문제

▸ 23642-0094

어떤 회사가 초기 자본금 2억 원으로 시작하여 1년 후부터 매년 자본금의 20 %의 이익을 창출하고, 이익의 5 %를 세금으로 낸다. 10년 후 세금을 납부하고 난 이 회사의 자본금을 구하시오.

(단, $\log 1.19=0.0755$, $\log 5.69=0.7550$으로 계산한다.)

95 상중하

▸ 23642-0095

어느 해상에서 태풍의 최대 풍속은 중심 기압에 따라 변한다. 태풍의 중심 기압이 P(hPa)일 때, 최대 풍속 V(m/초)는 다음 식을 만족시킨다고 한다.

$V=4.86\times(1010-P)^{0.5}$

이 해상에서 태풍의 중심 기압이 810(hPa)과 930(hPa)일 때의 최대 풍속이 각각 V_A(m/초), V_B(m/초)일 때, $\frac{V_A}{V_B}$의 값은?

(단, $\log 2=0.3010$, $\log 1.58=0.1990$으로 계산한다.)

① 1.58　② 2　③ 3.16
④ 10.58　⑤ 20

96 상중하

▸ 23642-0096

2022년 우리나라 교육예산은 GDP의 4.9 %라고 한다. 2022년부터 2027년까지 우리나라의 GDP 성장률이 매년 3 %라고 가정할 때, 2027년에 교육예산이 GDP의 6 %가 되려면 앞으로 5년 동안 교육예산을 매년 x %씩 증가시켜야 한다. x의 값을 구하시오. (단, $\log 4.9=0.6902$, $\log 6=0.7782$, $\log 1.03=0.0128$, $\log 1.073=0.0304$로 계산한다.)

서술형 완성하기

>> 정답과 풀이 15쪽

01

▸ 23642-0097

이차방정식 $x^2-x+k=0$의 서로 다른 두 실근이 α, β이고

$$\frac{\alpha^{-3}-\beta^{-3}}{\alpha^{-1}-\beta^{-1}}=2$$

를 만족시킬 때, k^2의 값을 구하시오. (단, k는 상수이다.)

02

▸ 23642-0098

$5^{\frac{1}{1+\sqrt{2}}}\times5^{\frac{1}{\sqrt{2}+\sqrt{3}}}\times5^{\frac{1}{\sqrt{3}+\sqrt{4}}}\times\cdots\times5^{\frac{1}{\sqrt{15}+4}}$의 값을 구하시오.

03 내신기출

▸ 23642-0099

어떤 그림을 같은 비율로 7번 축소 복사하였더니 축소된 그림의 넓이가 처음 그림의 넓이의 $\frac{1}{2}$이 되었다. 같은 비율로 n번 축소 복사한 도형의 한 변의 길이가 처음 도형의 한 변의 길이의 $\frac{1}{32}$이 되었을 때, n의 값을 구하시오.

04

▸ 23642-0100

$\log 2=a$, $\log 3=b$일 때, $\log_6 \frac{9}{125}$를 a, b에 대한 식으로 나타내시오.

05

▸ 23642-0101

1000의 모든 양의 약수를 작은 수부터 차례대로 a_1, a_2, a_3, $\cdots$, a_n이라 할 때, $\log a_1+\log a_2+\log a_3+\cdots+\log a_n$의 값을 구하시오.

06

▸ 23642-0102

전력의 최대 공급량에서 최대 수요량을 뺀 양을 예비 전력이라 한다. 여름철에 맑은 날의 예비 전력은 전날에 비해 20 % 감소하고, 흐린 날의 예비 전력은 전날에 비해 20 % 증가한다고 한다. 8월 18일의 예비 전력이 8월 1일의 예비 전력과 동일하였다면 8월 2일부터 8월 18일까지 맑은 날은 며칠인지 구하시오. (단, $\log 2=0.3$, $\log 3=0.47$로 계산하고, 날씨는 맑은 날과 흐린 날뿐이라고 가정한다.)

내신 + 수능 고난도 도전

>> 정답과 풀이 16쪽

▶ 23642-0103

01 $x=\frac{1}{2}\left(\sqrt[5]{2}-\frac{1}{\sqrt[5]{2}}\right)$일 때, $4\{(x+\sqrt{1+x^2})^{10}+(x-\sqrt{1+x^2})^{10}\}$의 값은?

① 8 ② 11 ③ 14 ④ 17 ⑤ 20

▶ 23642-0104

02 1보다 큰 두 자연수 a, b가 다음 조건을 만족시키도록 하는 모든 a, b의 순서쌍 (a, b)의 개수를 구하시오.

(가) $a^2\times b^{11}=2^{2022}$
(나) $a^2<b^4$

▶ 23642-0105

03 1이 아닌 세 양수 a, b, c가 다음 조건을 만족시킬 때, $\log_a 2bc+\log_b 2ca+\log_c 2ab$의 값은?

(가) $\log_3 3a+\log_3 6b+\log_3 9c=10$
(나) $\log_a 3+\log_b 3+\log_c 3=5$

① 19 ② 21 ③ 23 ④ 25 ⑤ 27

▶ 23642-0106

04 자연수 n의 양의 약수의 개수를 $f(n)$이라 하고, 36의 모든 양의 약수를 a_1, a_2, a_3, $\cdots$, a_9라 하자.

$$(-1)^{f(a_1)}\times\log a_1+(-1)^{f(a_2)}\times\log a_2+\cdots+(-1)^{f(a_9)}\times\log a_9=\log M$$

일 때, M의 값은?

① 6 ② 12 ③ 18 ④ 36 ⑤ 42

02 지수함수와 로그함수

01 지수함수의 뜻과 그래프

(1) 지수함수의 뜻

a가 1이 아닌 양수일 때, 임의의 실수 x에 대하여 a^x을 대응시키면 x의 값에 따라 a^x의 값이 오직 하나 정해지므로

$y=a^x\,(a>0,\ a\neq1)$

은 x에 대한 함수이다. 이 함수를 a를 밑으로 하는 지수함수라 한다.

(2) 지수함수 $y=a^x\,(a>0,\ a\neq1)$의 그래프

① $a>1$일 때

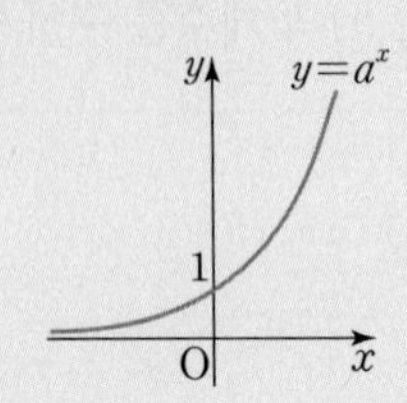

② $0<a<1$일 때

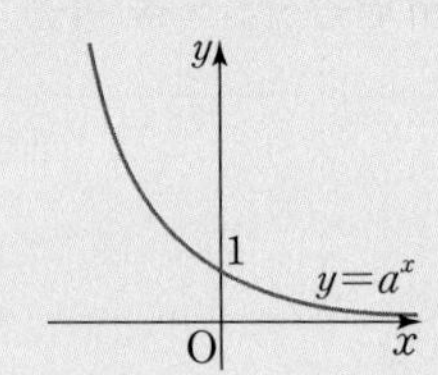

두 함수 $y=2^x$, $y=\left(\frac{1}{3}\right)^x$은 모두 지수함수이다.

주의

① 두 함수 $y=x^2$, $y=\left(\frac{1}{x}\right)^2$은 지수함수가 아니다.

② 함수 $y=a^x$에서 $a=1$이면 모든 실수 x에 대하여 $y=1^x=1$이므로 상수함수가 되어 $a=1$인 경우는 지수함수에서 제외한다.

02 지수함수 $y=a^x\,(a>0,\ a\neq1)$의 성질과 그래프의 이동

(1) 지수함수 $y=a^x\,(a>0,\ a\neq1)$의 성질

① 정의역은 실수 전체의 집합이고, 치역은 양의 실수 전체의 집합이다.

② $a>1$일 때, x의 값이 증가하면 y의 값도 증가한다.
$0<a<1$일 때, x의 값이 증가하면 y의 값은 감소한다.

③ 그래프는 점 $(0,\ 1)$을 항상 지난다.

④ x축 (직선 $y=0$)을 점근선으로 한다.

(2) 지수함수의 그래프의 평행이동과 대칭이동

지수함수 $y=a^x\,(a>0,\ a\neq1)$의 그래프를

① x축의 방향으로 m만큼, y축의 방향으로 n만큼 평행이동한 그래프의 방정식
⇨ $y=a^{x-m}+n$

② x축에 대하여 대칭이동한 그래프의 방정식
⇨ $-y=a^x$, 즉 $y=-a^x$

③ y축에 대하여 대칭이동한 그래프의 방정식
⇨ $y=a^{-x}$, 즉 $y=\left(\frac{1}{a}\right)^x$

④ 원점에 대하여 대칭이동한 그래프의 방정식
⇨ $-y=a^{-x}$, 즉 $y=-\left(\frac{1}{a}\right)^x$

$a>1$일 때, 함수 $y=a^x$의 그래프는 x의 값이 작아지면 y의 값은 양수이면서 0에 한없이 가까워진다. 또한 $0<a<1$일 때, 함수 $y=a^x$의 그래프는 x의 값이 커지면 y의 값은 양수이면서 0에 한없이 가까워진다.
따라서 지수함수 $y=a^x\,(a>0,\ a\neq1)$의 그래프는 x축 (직선 $y=0$)을 점근선으로 한다.

① 함수 $y=2^{x-1}+2$의 그래프는 함수 $y=2^x$의 그래프를 x축의 방향으로 1만큼, y축의 방향으로 2만큼 평행이동한 것과 같다.

② 함수 $y=\left(\frac{1}{2}\right)^x$의 그래프는
$y=\left(\frac{1}{2}\right)^x=(2^{-1})^x=2^{-x}$
이므로 함수 $y=2^x$의 그래프를 y축에 대하여 대칭이동한 것과 같다.

01 지수함수의 뜻과 그래프

01 다음 **보기**에서 지수함수를 있는 대로 고르시오.

보기

ㄱ. $y=x^4$　ㄴ. $y=0.3^x$　ㄷ. $y=\left(-\frac{1}{2}\right)^x$

ㄹ. $y=3^{-x}$　ㅁ. $y=\left(\frac{1}{x}\right)^2$

[02~07] 지수함수 $f(x)=2^x$에 대하여 다음을 구하시오.

02 $f(1)$

03 $f(0)$

04 $f\left(\frac{1}{2}\right)$

05 $f(-3)$

06 $f(3)f(-5)$

07 $\frac{f(2)}{f(-1)}$

[08~13] 지수함수 $f(x)=0.2^x$에 대하여 다음을 구하시오.

08 $f(2)$

09 $f(0)$

10 $f(-1)$

11 $f(-2)$

12 $f(2)f(-3)$

13 $\frac{f(1)}{f(3)}$

02 지수함수 $y=a^x\ (a>0,\ a\neq1)$의 성질과 그래프의 이동

[14~17] 다음 지수함수의 그래프를 그리고 점근선의 방정식을 구하시오.

14 $y=3^x$

15 $y=\left(\frac{1}{5}\right)^x$

16 $y=3^{x-2}$

17 $y=-\left(\frac{1}{2}\right)^{-x}+1$

[18~22] 다음 수의 대소 관계를 구하시오.

18 $5^{\frac{2}{3}}$, 5^2

19 $0.3^{\frac{1}{2}}$, 0.3^{-1}

20 $\sqrt[3]{4}$, $\sqrt[4]{8}$

21 $\left(\frac{1}{7}\right)^{0.1}$, $\left(\frac{1}{7}\right)^{0.2}$

22 $0.5^{2\sqrt{2}}$, $\left(\frac{1}{2}\right)^3$

[23~27] 지수함수 $y=3^x$의 그래프를 다음과 같이 이동한 그래프의 식을 구하시오.

23 x축의 방향으로 2만큼 평행이동

24 y축의 방향으로 1만큼 평행이동

25 x축에 대하여 대칭이동

26 y축에 대하여 대칭이동

27 원점에 대하여 대칭이동

[28~31] 다음 함수의 치역과 점근선의 방정식을 구하시오.

28 $y=2^x+2$

29 $y=-2^{x-3}$

30 $y=\left(\frac{1}{2}\right)^{-x+1}-\frac{1}{2}$

31 $y=-\left(\frac{1}{2}\right)^x+\frac{1}{2}$

[32~35] 다음 함수의 최댓값과 최솟값을 구하시오.

32 $y=5^x\quad(-1\leq x\leq2)$

33 $y=\left(\frac{1}{3}\right)^x\quad(-2\leq x\leq3)$

34 $y=2^{-x+1}\quad(-1\leq x\leq3)$

35 $y=-\frac{1}{3^x}+1\quad(-2\leq x\leq1)$

02 지수함수와 로그함수

03 로그함수의 뜻과 그래프

(1) 로그함수의 뜻

지수함수 $y=a^x$ $(a>0,\ a\neq1)$은 실수 전체의 집합을 정의역으로 하고, 양의 실수 전체의 집합을 치역으로 하는 일대일대응이므로 역함수가 존재한다. 즉, 지수함수 $y=a^x$에서 로그의 정의에 의하여

$$x=\log_a y\ (a>0,\ a\neq1)$$

이고, 이 등식에서 x와 y를 서로 바꾸면 지수함수 $y=a^x$ $(a>0,\ a\neq1)$의 역함수

$$y=\log_a x\ (a>0,\ a\neq1)$$

을 얻을 수 있다. 이 함수를 a를 밑으로 하는 로그함수라 한다.

(2) 로그함수 $y=\log_a x$ $(a>0,\ a\neq1)$의 그래프

① $a>1$일 때

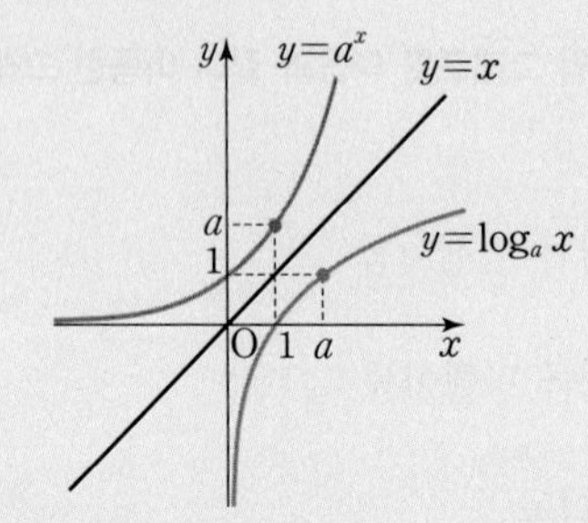

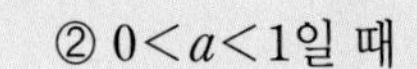

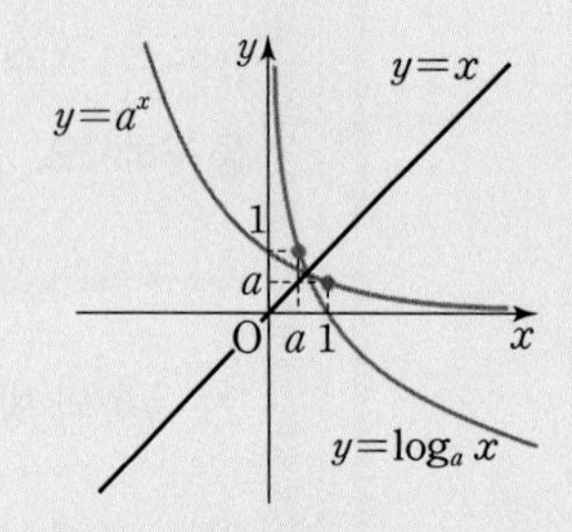

두 함수 $y=\log_2 x$, $y=\log_{\frac{1}{3}} x$는 모두 로그함수이다.

$y=2^x$의 역함수는 $y=\log_2 x$이므로 함수 $y=2^x$의 그래프와 함수 $y=\log_2 x$의 그래프는 직선 $y=x$에 대하여 대칭이다. 즉, 함수 $y=\log_2 x$의 그래프는 함수 $y=2^x$의 그래프를 직선 $y=x$에 대하여 대칭이동하여 그릴 수 있다.

주의

두 함수 $y=(\log_2 3)x$, $y=\dfrac{\log_2 3}{x}$은 로그함수가 아니다.

04 로그함수 $y=\log_a x$ $(a>0,\ a\neq1)$의 성질과 그래프의 이동

(1) 로그함수 $y=\log_a x$ $(a>0,\ a\neq1)$의 성질

① 정의역은 양의 실수 전체의 집합이고, 치역은 실수 전체의 집합이다.

② $a>1$일 때, x의 값이 증가하면 y의 값도 증가한다.
$0<a<1$일 때, x의 값이 증가하면 y의 값은 감소한다.

③ 그래프는 점 $(1,\ 0)$을 항상 지난다.

④ y축 (직선 $x=0$)을 점근선으로 한다.

(2) 로그함수의 그래프의 평행이동과 대칭이동

로그함수 $y=\log_a x$ $(a>0,\ a\neq1)$의 그래프를

① x축의 방향으로 m만큼, y축의 방향으로 n만큼 평행이동한 그래프의 방정식
⇨ $y=\log_a(x-m)+n$

② x축에 대하여 대칭이동한 그래프의 방정식
⇨ $-y=\log_a x$, 즉 $y=-\log_a x$

③ y축에 대하여 대칭이동한 그래프의 방정식
⇨ $y=\log_a(-x)$

④ 원점에 대하여 대칭이동한 그래프의 방정식
⇨ $-y=\log_a(-x)$, 즉 $y=-\log_a(-x)$

⑤ 직선 $y=x$에 대하여 대칭이동한 그래프의 방정식
⇨ $y=a^x$

$a>0$, $a\neq1$일 때, $\log_a 1=0$이므로 로그함수 $y=\log_a x$의 그래프는 a의 값에 관계없이 점 $(1,\ 0)$을 항상 지난다.

① 함수 $y=\log_2(x+1)-2$의 그래프는 함수 $y=\log_2 x$의 그래프를 x축의 방향으로 -1만큼, y축의 방향으로 -2만큼 평행이동한 것과 같다.

② 함수 $y=\log_{\frac{1}{2}} x$의 그래프는
$y=\log_{\frac{1}{2}} x=\log_{2^{-1}} x=-\log_2 x$
이므로 함수 $y=\log_2 x$의 그래프를 x축에 대하여 대칭이동한 것과 같다.

03 로그함수의 뜻과 그래프

[36~37] 다음 함수의 정의역을 구하시오.

36 $y=\log_2(x+3)$

37 $y=\log_{0.4}(2x-1)$

[38~41] 다음 함수의 역함수를 구하시오.

38 $y=3^x$

39 $y=2^{-x+2}$

40 $y=\log_5 2x$

41 $y=\log_{\frac{1}{2}}(x-1)$

[42~47] 로그함수 $f(x)=\log_3 x$에 대하여 다음을 구하시오.

42 $f(3)$

43 $f(9)$

44 $f(1)$

45 $f\left(\frac{1}{27}\right)$

46 $f(15)+f\left(\frac{1}{5}\right)$

47 $f(12)-f(4)$

[48~53] 로그함수 $f(x)=\log_{\frac{1}{2}} x$에 대하여 다음을 구하시오.

48 $f(2)$

49 $f(4)$

50 $f(1)$

51 $f\left(\frac{1}{8}\right)$

52 $f(20)+f(0.1)$

53 $f(5)-f(20)$

04 로그함수 $y=\log_a x$ $(a>0, a\neq 1)$의 성질과 그래프의 이동

[54~57] 다음 로그함수의 그래프를 그리고 점근선의 방정식을 구하시오.

54 $y=\log_2 x$

55 $y=\log_{\frac{1}{4}} x$

56 $y=\log_5(x-2)$

57 $y=-\log_2(-x)$

[58~61] 다음 수의 대소 관계를 구하시오.

58 $\log_2 20$, $2\log_2 5$

59 $\log_{\frac{1}{3}} 7$, $3\log_{\frac{1}{3}} 2$

60 $\log_5 0.1$, -1

61 $\log_2 5$, $\log_4 16$

[62~65] 다음 함수의 정의역과 점근선의 방정식을 구하시오.

62 $y=\log_2(x+2)$

63 $y=\log_{\frac{1}{3}}(2x+1)$

64 $y=-\log_2 3x$

65 $y=-\log_{\frac{1}{3}}(-x+1)$

[66~69] 다음 함수의 최댓값과 최솟값을 구하시오.

66 $y=\log_2 x$ $(1\leq x\leq 32)$

67 $y=\log_{\frac{1}{3}} x$ $(3\leq x\leq 27)$

68 $y=-\log_2(x+3)$ $(-2\leq x\leq 5)$

69 $y=-\log_{\frac{1}{3}}(-x+1)$ $\left(-2\leq x\leq \frac{8}{9}\right)$

05 지수함수의 활용

(1) 지수에 미지수를 포함한 방정식

$a>0$, $a\neq1$일 때

① 방정식 $a^{f(x)}=b\ (b>0)$의 풀이

로그의 정의를 이용하여 방정식 $f(x)=\log_a b$를 만족시키는 x의 값을 구한다.

② 방정식 $a^{f(x)}=a^{g(x)}$의 풀이

방정식 $f(x)=g(x)$를 만족시키는 x의 값을 구한다.

(2) 지수에 미지수를 포함한 부등식

$a>0$, $a\neq1$일 때

① 부등식 $a^{f(x)}<b\ (b>0)$의 풀이

$a>1$일 때, 부등식 $f(x)<\log_a b$로 변형하여 x의 값의 범위를 구한다.

$0<a<1$일 때, 부등식 $f(x)>\log_a b$로 변형하여 x의 값의 범위를 구한다.

② 부등식 $a^{f(x)}<a^{g(x)}$의 풀이

$a>1$일 때, 부등식 $f(x)<g(x)$로 변형하여 x의 값의 범위를 구한다.

$0<a<1$일 때, 부등식 $f(x)>g(x)$로 변형하여 x의 값의 범위를 구한다.

① $a>1$일 때

$a^{x_1}<a^{x_2} \Longleftrightarrow x_1<x_2$

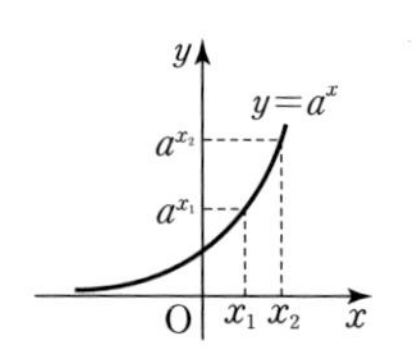

② $0<a<1$일 때

$a^{x_1}<a^{x_2} \Longleftrightarrow x_1>x_2$

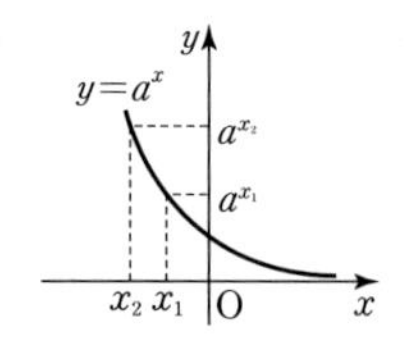

06 로그함수의 활용

(1) 로그의 진수에 미지수를 포함한 방정식

$a>0$, $a\neq1$일 때

① 방정식 $\log_a f(x)=b$의 풀이

로그의 정의와 진수의 성질을 이용하여 방정식 $f(x)=a^b$과 부등식 $f(x)>0$을 모두 만족시키는 x의 값을 구한다.

② 방정식 $\log_a f(x)=\log_a g(x)$의 풀이

방정식 $f(x)=g(x)$와 두 부등식 $f(x)>0$, $g(x)>0$을 모두 만족시키는 x의 값을 구한다.

(2) 로그의 진수에 미지수를 포함한 부등식

$a>0$, $a\neq1$일 때

① 부등식 $\log_a f(x)<b$의 풀이

$a>1$일 때, 부등식 $0<f(x)<a^b$으로 변형하여 x의 값의 범위를 구한다.

$0<a<1$일 때, 부등식 $f(x)>a^b$으로 변형하여 x의 값의 범위를 구한다.

② 부등식 $\log_a f(x)<\log_a g(x)$의 풀이

$a>1$일 때, 부등식 $0<f(x)<g(x)$로 변형하여 x의 값의 범위를 구한다.

$0<a<1$일 때, 부등식 $f(x)>g(x)>0$으로 변형하여 x의 값의 범위를 구한다.

주의

로그의 진수에 미지수를 포함하고 있는 방정식과 부등식을 풀 때는 로그의 진수가 양수임에 유의해야 한다.

① $a>1$일 때

$\log_a x_1<\log_a x_2 \Longleftrightarrow x_1<x_2$

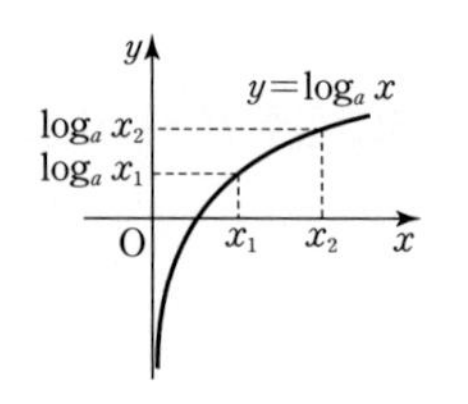

② $0<a<1$일 때

$\log_a x_1<\log_a x_2 \Longleftrightarrow x_1>x_2$

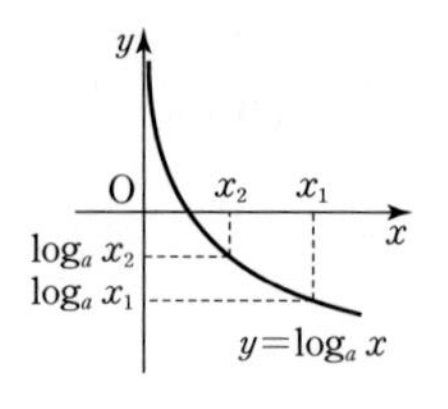

05 지수함수의 활용

[70~73] 다음 방정식을 푸시오.

70 $2^{3x}=64$

71 $\left(\frac{1}{3}\right)^{2-x}=\sqrt[3]{9}$

72 $7\times\left(\frac{1}{5}\right)^{2x+1}=35$

73 $3^{1-2x}=\frac{1}{3\sqrt{3}}$

[74~77] 다음 방정식을 푸시오.

74 $2^{2x}-6\times2^{x}+8=0$

75 $\left(\frac{1}{3}\right)^{2x}-10\times\left(\frac{1}{3}\right)^{x}+9=0$

76 $3^{2x-1}=4^{2x-1}$

77 $x^{x+2}=2^{x+2}$

[78~81] 다음 부등식을 푸시오.

78 $3^{2x}<\frac{1}{9}$

79 $\left(\frac{1}{2}\right)^{x}\geq\left(\frac{1}{2}\right)^{2x+2}$

80 $3^{x-1}\geq27^{2x}$

81 $\left(\frac{2}{3}\right)^{x^2}>\left(\frac{3}{2}\right)^{-3x+2}$

[82~85] 다음 부등식을 푸시오.

82 $4^{x}-10\times2^{x}+16\leq0$

83 $\left(\frac{1}{3}\right)^{2x}-12\times\left(\frac{1}{3}\right)^{x}+27<0$

84 $3^{2x-1}<27<3^{x+2}$

85 $\left(\frac{1}{2}\right)^{2x+3}<\left(\frac{1}{2}\right)^{x^2}<\left(\frac{1}{2}\right)^{3x-2}$

06 로그함수의 활용

[86~89] 다음 방정식을 푸시오.

86 $\log_3(2x-4)=1$

87 $\log_{\frac{1}{2}}(x-3)=-1$

88 $\log_{\frac{1}{2}}(x+2)=\log_{\frac{1}{4}}(2x+4)$

89 $2\log_{\frac{1}{3}}(x+2)=\log_{\frac{1}{3}}(2x+7)$

[90~93] 다음 방정식을 푸시오.

90 $(\log_3 x)^2-3\log_3 x+2=0$

91 $(\log_2 x)^2+\log_2 x^3=0$

92 $\log_5(x-2)=\log_3(x-2)$

93 $\log_{x+1}(x+2)=\log_{2x-3}(x+2)$

[94~97] 다음 부등식을 푸시오.

94 $\log_3(2x+1)>2$

95 $\log_{\frac{1}{5}}x<-1$

96 $\log_3(2x+1)\geq\log_3(3x-1)$

97 $\log_{\frac{1}{2}}2x<\log_{\frac{1}{2}}(3x-1)$

[98~101] 다음 부등식을 푸시오.

98 $(\log_2 x)^2-\log_2 x<6$

99 $(\log_3 x)^2-3\log_3 x+2\geq0$

100 $\log_2 x+\log_2(5-x)>2$

101 $\log_{\frac{1}{3}}x+\log_{\frac{1}{3}}(4-x)<-1$

유형 완성하기

중요
01 지수함수의 성질

지수함수 $y=a^x$ $(a>0,\ a\neq1)$에 대하여

(1) 정의역: 실수 전체의 집합
　치역: 양의 실수 전체의 집합

(2) $a>1$일 때, x의 값 증가 ⇨ y의 값 증가
　$0<a<1$일 때, x의 값 증가 ⇨ y의 값 감소

(3) 점근선의 방정식: x축 (직선 $y=0$)

≫ 올림포스 수학 I 23쪽

01 대표문제
▸ 23642-0107

함수 $y=a^x$ $(a>0,\ a\neq1)$에 대한 설명 중 옳은 것은?

① 그래프가 항상 원점을 지난다.
② x의 값이 증가하면 y의 값도 증가한다.
③ 정의역은 양의 실수 전체의 집합이다.
④ 그래프의 점근선의 방정식은 $y=0$이다.
⑤ 역함수는 $y=a^{-x}$이다.

02 상중하
▸ 23642-0108

함수 $f(x)=a^x$ $(a>0,\ a\neq1)$에 대한 설명 중 옳은 것만을 **보기**에서 있는 대로 고른 것은?

보기
ㄱ. $f(-x)=\dfrac{1}{f(x)}$
ㄴ. $f(x)=\sqrt[3]{f(3x)}$
ㄷ. $f(x^5)=\{f(x)\}^5$

① ㄱ　② ㄴ　③ ㄱ, ㄴ
④ ㄴ, ㄷ　⑤ ㄱ, ㄴ, ㄷ

03 상중하
▸ 23642-0109

함수 $y=(a^2-3a+3)^x$이 x의 값이 증가할 때 y의 값은 감소하도록 하는 상수 a의 값의 범위를 구하시오.

중요
02 지수함수의 그래프의 평행이동과 대칭이동

지수함수 $y=a^x$ $(a>0,\ a\neq1)$의 그래프를

(1) x축의 방향으로 m만큼, y축의 방향으로 n만큼 평행이동 ⇨ $y=a^{x-m}+n$

(2) x축에 대하여 대칭이동 ⇨ $y=-a^x$

(3) y축에 대하여 대칭이동 ⇨ $y=\left(\dfrac{1}{a}\right)^x$

(4) 원점에 대하여 대칭이동 ⇨ $y=-\left(\dfrac{1}{a}\right)^x$

≫ 올림포스 수학 I 23쪽

04 대표문제
▸ 23642-0110

함수 $y=5^{3x}$의 그래프를 x축의 방향으로 m만큼, y축의 방향으로 n만큼 평행이동하였더니 함수 $y=25\times5^{3x}+6$의 그래프가 되었다. mn의 값을 구하시오.

05 상중하
▸ 23642-0111

함수 $y=3^x$의 그래프를 평행이동 또는 대칭이동하여 겹칠 수 있는 그래프의 식을 **보기**에서 있는 대로 고른 것은?

보기
ㄱ. $y=\sqrt{3}\times3^{x-1}$
ㄴ. $y=\dfrac{9^x}{3}+1$
ㄷ. $y=-9\times3^{-x+2}-1$
ㄹ. $y=\dfrac{3^{2x-1}}{9}$

① ㄱ, ㄴ　② ㄱ, ㄷ　③ ㄴ, ㄷ
④ ㄱ, ㄷ, ㄹ　⑤ ㄴ, ㄷ, ㄹ

06 상중하
▸ 23642-0112

함수 $y=4\times2^{x+2}-3$의 그래프는 함수 $y=2^x$의 그래프를 x축의 방향으로 m만큼, y축의 방향으로 n만큼 평행이동한 것이다. $m+n$의 값은?

① -1　② -3　③ -5
④ -7　⑤ -9

07 상중하

▸ 23642-0113

지수함수의 그래프에 대한 설명 중 옳은 것만을 **보기**에서 있는 대로 고른 것은?

보기

ㄱ. 함수 $y=\left(\frac{1}{9}\right)^x$의 그래프를 x축에 대하여 대칭이동한 그래프의 식은 $y=9^x$이다.

ㄴ. 함수 $y=5^x$의 그래프를 x축의 방향으로 2만큼 평행이동하면 함수 $y=5^x$의 그래프보다 아래에 놓인다.

ㄷ. 함수 $y=-3^{-(x-1)}+2$의 그래프의 점근선의 방정식은 $y=-2$이다.

① ㄴ ② ㄷ ③ ㄱ, ㄴ
④ ㄱ, ㄷ ⑤ ㄴ, ㄷ

08 상중하

▸ 23642-0114

함수 $y=3^x$의 그래프를 y축에 대하여 대칭이동한 후 x축의 방향으로 m만큼, y축의 방향으로 n만큼 평행이동한 그래프가 그림과 같다. $m+n$의 값을 구하시오.

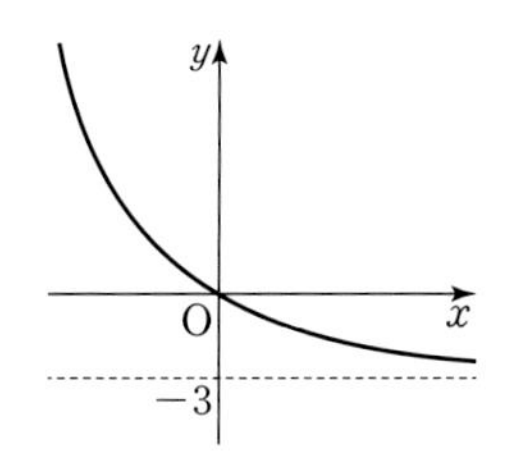

09 상중하

▸ 23642-0115

함수 $y=3^x$의 그래프를 x축의 방향으로 m만큼, y축의 방향으로 n만큼 평행이동시킨 그래프가 두 점 $(1, -6)$, $(2, 12)$를 지날 때, mn의 값은?

① -15 ② -5 ③ $\frac{1}{5}$
④ 5 ⑤ 15

중요

03 지수함수의 그래프를 이용한 값 구하기

지수함수 $y=a^x$ $(a>0,\ a\neq1)$의 그래프 위의 점 $(m,\ n)$이 주어질 경우 이를 대입하여 $a^m=n$으로 놓고 지수의 성질을 이용하여 구하려는 값을 계산한다.

>> 올림포스 수학 I 23쪽

10 대표문제

▸ 23642-0116

두 함수 $y=3^x$, $y=9^x$의 그래프가 직선 $y=27$과 만나는 점을 각각 P, Q라 할 때, 삼각형 OPQ의 넓이를 구하시오.

(단, O는 원점이다.)

11 상중하

▸ 23642-0117

함수 $y=10^x$의 그래프가 그림과 같을 때, $4a-b+2c$의 값은?

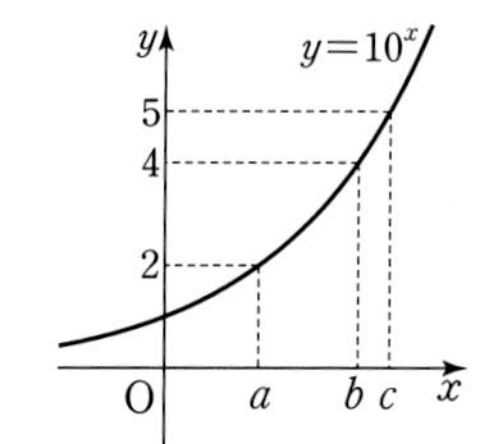

① 1 ② 2
③ 3 ④ 4
⑤ 5

12 상중하

▸ 23642-0118

두 함수 $y=3^x$, $y=27^x$의 그래프가 그림과 같다. $\overline{AB}=24$일 때, a의 값은?

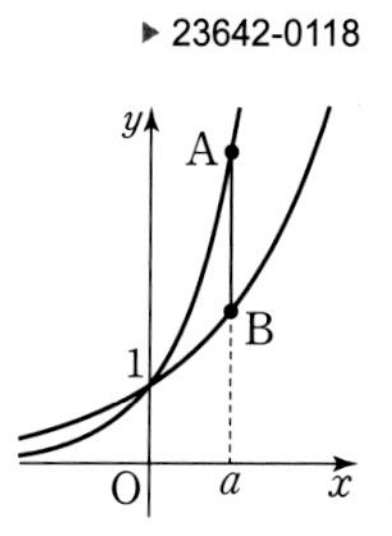

① 1 ② 2
③ 3 ④ 4
⑤ 5

04 지수함수를 이용한 대소 비교

지수함수 $y=a^x$ $(a>0,\ a\neq1)$에 대하여
(1) $a>1$일 때, x의 값이 증가하면 y의 값도 증가한다.
(2) $0<a<1$일 때, x의 값이 증가하면 y의 값은 감소한다.

13 대표문제 ▸ 23642-0119

세 수 $A=\sqrt{5^3}$, $B=\left(\frac{1}{5}\right)^{-1}$, $C=\sqrt[3]{25}$의 대소 관계를 바르게 나타낸 것은?

① $A<B<C$ ② $A<C<B$ ③ $B<A<C$
④ $B<C<A$ ⑤ $C<B<A$

14 상중하 ▸ 23642-0120

$a>1$이고 n이 자연수일 때, 세 수 $A=a$, $B=a^{\frac{n+1}{n}}$, $C=a^{\frac{n+2}{n+1}}$의 대소 관계를 바르게 나타낸 것은?

① $A<B<C$ ② $A<C<B$ ③ $B<A<C$
④ $B<C<A$ ⑤ $C<B<A$

15 상중하 ▸ 23642-0121

$0<a<1$일 때, 네 수 a, $a^{0.5a}$, a^a, a^{a^a}의 대소 관계를 구하시오.

05 지수함수의 역함수

함수 $y=f(x)$의 역함수가 $y=g(x)$이고 $f(a)=b$일 때 $g(b)=a$이다.

16 대표문제 ▸ 23642-0122

지수함수 $f(x)=2^x$의 역함수를 $g(x)$라 할 때, $g(4)+g\left(\frac{1}{2}\right)$의 값은?

① 1 ② 2 ③ 3
④ 4 ⑤ 5

17 상중하 ▸ 23642-0123

함수 $f(x)=a^x$ $(a>0,\ a\neq1)$의 역함수가 $g(x)$이고 $f(p)=q$일 때, $g(\sqrt[3]{q})$의 값을 p에 대한 식으로 나타내시오.

18 상중하 ▸ 23642-0124

지수함수 $y=a^{2x+k}$ $(a>1)$의 그래프와 역함수의 그래프가 x좌표가 $\frac{1}{2}$, 1인 두 점에서 만날 때, ak의 값은?

(단, a, k는 상수이다.)

① -1 ② -2 ③ -3
④ -4 ⑤ -5

06 지수함수의 최대·최소 (1)

$m \le x \le n$일 때, $f(x)=a^{px+q}+r$ $(p>0)$에 대하여
(1) $a>1$이면 최댓값은 $f(n)$, 최솟값은 $f(m)$이다.
(2) $0<a<1$이면 최댓값은 $f(m)$, 최솟값은 $f(n)$이다.

>> 올림포스 수학 I 23쪽

19 대표문제 ▸ 23642-0125

$-1 \le x \le 2$에서 함수 $y=\left(\frac{1}{2}\right)^x+2$의 최댓값을 M, 최솟값을 m이라 할 때, Mm의 값은?

① 1 ② 3 ③ 9
④ 16 ⑤ 32

20 상중하 ▸ 23642-0126

$-2 \le x \le 1$에서 함수 $y=2^{x+k} \times 3^{-x}$의 최댓값이 9일 때, 상수 k의 값은?

① -2 ② -1 ③ 0
④ 1 ⑤ 2

21 상중하 ▸ 23642-0127

$2 \le x \le 4$에서 함수 $f(x)=a^{x-1}$의 최댓값이 최솟값의 25배일 때, 가능한 모든 양수 a의 값의 곱을 구하시오.

07 지수함수의 최대·최소 (2)

지수함수가 $y=a^{f(x)}$의 꼴인 경우에 대하여
(1) $a>1$이면 최댓값은 $f(x)$가 최대일 때, 최솟값은 $f(x)$가 최소일 때이다.
(2) $0<a<1$이면 최댓값은 $f(x)$가 최소일 때, 최솟값은 $f(x)$가 최대일 때이다.

22 대표문제 ▸ 23642-0128

$-1 \le x \le 2$에서 함수 $y=2^{-x^2+2x-3}$의 최댓값을 M, 최솟값을 m이라 할 때, $\frac{M}{m}$의 값은?

① 2 ② 4 ③ 8
④ 16 ⑤ 32

23 상중하 ▸ 23642-0129

$0 \le x \le 3$에서 함수 $y=a^{x^2-4x+2}$의 최댓값이 9일 때, 최솟값을 구하시오. (단, $0<a<1$)

24 상중하 ▸ 23642-0130

$-1 \le x \le 2$에서 함수 $y=a^{-x^2+2x+b}$의 최댓값이 32, 최솟값이 2일 때, $a+b$의 값은? (단, $a>1$)

① 2 ② 6 ③ 10
④ 14 ⑤ 18

08 지수함수의 최대·최소 (3)

$y=a^{2x}+pa^{x}+q$의 꼴인 경우에는 $a^{x}=t$ $(t>0)$으로 치환하여 최댓값과 최솟값을 구한다. x의 값의 범위에 따라 t의 값의 범위가 정해짐에 유의한다.

25 대표문제 ▸ 23642-0131

$-2\leq x\leq 1$에서 함수 $y=9^{x}-3^{x}+1$의 최댓값과 최솟값의 합이 $\frac{q}{p}$일 때, $p+q$의 값은? (단, p와 q는 서로소인 자연수이다.)

① 15　② 25　③ 35　④ 45　⑤ 55

26 상중하 ▸ 23642-0132

$-1\leq x\leq 2$일 때 함수 $y=4^{-x}-2^{1-x}+3$은 $x=a$에서 최댓값 b, $x=c$에서 최솟값 d를 갖는다. $a+b+c+d$의 값을 구하시오.

27 상중하 ▸ 23642-0133

$2\leq x\leq 3$에서 함수 $y=4^{x}-2^{x+2}+k$의 최댓값이 36일 때, 최솟값은? (단, k는 상수이다.)

① 4　② 5　③ 6　④ 7　⑤ 8

09 지수함수의 최대·최소 (4)

a^{x}과 a^{-x}이 포함된 함수인 경우에는
$y=a^{x}$ $(a>0,\ a\neq 1)$일 때 $a^{x}>0,\ a^{-x}>0$이므로 산술평균과 기하평균의 관계를 이용할 수 있다.
$a^{x}+a^{-x}\geq 2\sqrt{a^{x}a^{-x}}=2$ (등호는 $x=0$일 때 성립한다.)

28 대표문제 ▸ 23642-0134

함수 $y=3^{x}+\left(\frac{1}{3}\right)^{x}+2$가 $x=p$에서 최솟값 q를 가질 때, $p+q$의 값은?

① 1　② 2　③ 3　④ 4　⑤ 5

29 상중하 ▸ 23642-0135

함수 $y=2^{x}+2^{-x+4}$이 $x=p$에서 최솟값 q를 가질 때, $p+q$의 값은?

① 2　② 4　③ 6　④ 8　⑤ 10

30 상중하 ▸ 23642-0136

함수 $y=6(2^{x}+2^{-x})-3(4^{x}+4^{-x})$의 최댓값을 구하시오.

중요
10 로그함수의 성질

로그함수 $y=\log_a x\ (a>0,\ a\neq1)$에 대하여
(1) 정의역: 양의 실수 전체의 집합
치역: 실수 전체의 집합
(2) $a>1$일 때, x의 값 증가 ⇨ y의 값 증가
$0<a<1$일 때, x의 값 증가 ⇨ y의 값 감소
(3) 점근선의 방정식: y축 (직선 $x=0$)

>> 올림포스 수학 I 24쪽

31 대표문제
▶ 23642-0137

함수 $y=\log_a x\ (a>0,\ a\neq1)$에 대한 설명으로 옳지 않은 것은?

① 그래프는 점 $(1,\ 0)$을 지난다.
② 그래프의 점근선의 방정식은 $x=0$이다.
③ 함수 $y=\log_{\frac{1}{a}}\frac{1}{x}$의 그래프와 y축에 대하여 대칭이다.
④ $a>1$일 때 x의 값이 증가하면 y의 값도 증가한다.
⑤ 정의역은 양의 실수 전체의 집합이다.

32 상중하
▶ 23642-0138

함수 $f(x)=\log_{\frac{1}{3}}\sqrt{x}$에 대하여 $f(9)-f(27)$의 값은?

① $\frac{1}{2}$ ② 1 ③ $\frac{3}{2}$
④ 2 ⑤ $\frac{5}{2}$

33 상중하
▶ 23642-0139

두 함수 $y=\log_a x$, $y=a^x\ (a>0,\ a\neq1)$의 그래프가 그림과 같을 때, **보기**에서 옳은 것만을 있는 대로 고르시오.

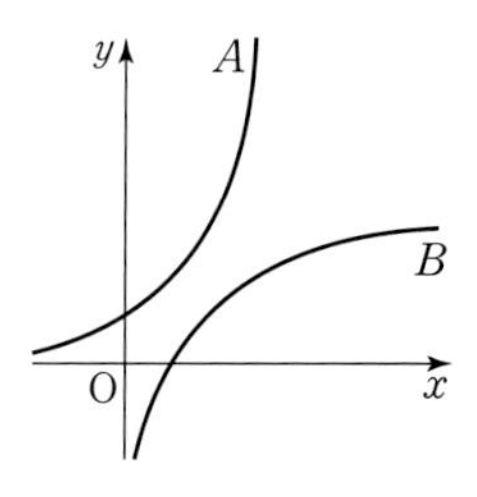

보기
ㄱ. a의 값의 범위는 $0<a<1$이다.
ㄴ. 두 함수의 그래프는 직선 $y=x$에 대하여 대칭이다.
ㄷ. A는 함수 $y=\log_a x$의 그래프이고, B는 함수 $y=a^x$의 그래프이다.
ㄹ. 두 함수의 그래프는 모두 점 $(1,\ 1)$을 지난다.

중요
11 로그함수의 그래프의 평행이동과 대칭이동

로그함수 $y=\log_a x\ (a>0,\ a\neq1)$의 그래프를
(1) x축의 방향으로 m만큼, y축의 방향으로 n만큼 평행이동 ⇨ $y=\log_a(x-m)+n$
(2) x축에 대하여 대칭이동 ⇨ $y=-\log_a x$
(3) y축에 대하여 대칭이동 ⇨ $y=\log_a(-x)$
(4) 원점에 대하여 대칭이동 ⇨ $y=-\log_a(-x)$
(5) 직선 $y=x$에 대하여 대칭이동 ⇨ $y=a^x$

>> 올림포스 수학 I 24쪽

34 대표문제
▶ 23642-0140

다음 함수의 그래프 중 함수 $y=\log_3 x$의 그래프를 평행이동 또는 대칭이동하여 겹칠 수 없는 것은?

① $y=\log_{\frac{1}{3}}\frac{1}{x-2}$ ② $y=\log_3(4x+5)$
③ $y=3^{x+2}$ ④ $y=\log_3\sqrt[3]{x}$
⑤ $y=\log_{\sqrt{3}}\sqrt{3x-2}$

35 상중하
▶ 23642-0141

로그함수 $y=\log_{0.5}(x+2)-3$에 대하여 **보기**에서 옳은 것만을 있는 대로 고른 것은?

보기
ㄱ. x의 값이 증가하면 y의 값도 증가한다.
ㄴ. 정의역은 $\{x|x>-2\}$이다.
ㄷ. 그래프를 평행이동과 대칭이동하면 함수 $y=\log_2 x$와 겹쳐진다.
ㄹ. 그래프는 점 $(1,\ 0)$을 지난다.

① ㄱ, ㄴ ② ㄱ, ㄷ ③ ㄴ, ㄷ
④ ㄴ, ㄹ ⑤ ㄷ, ㄹ

36 상중하
▶ 23642-0142

함수 $y=\log_3 x$의 그래프를 x축의 방향으로 a만큼 평행이동한 그래프가 함수 $y=\log_b x$의 그래프와 점 $(16,\ 2)$에서 만날 때, $a+b$의 값을 구하시오. (단, $b>0$, $b\neq1$)

37 상중하

▶ 23642-0143

두 함수 $y=\log_4 x$, $y=\log_4(x+8)$의 그래프가 그림과 같다. 함수 $y=\log_4(x+8)$의 그래프와 y축의 교점인 점 A를 지나면서 x축에 평행한 직선이 함수 $y=\log_4 x$의 그래프와 만나는 점을 B, 점 B를 지나면서 y축에 평행한 직선이 함수 $y=\log_4(x+8)$의 그래프와 만나는 점을 C, 점 C를 지나면서 x축에 평행한 직선이 함수 $y=\log_4 x$의 그래프와 만나는 점을 D라 할 때, 두 선분 AB, CD와 두 곡선으로 둘러싸인 부분의 넓이는?

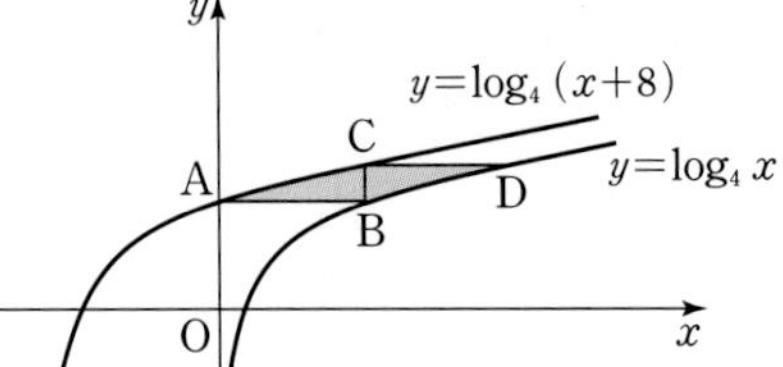

① 1　② 2　③ 3
④ 4　⑤ 5

38 상중하

▶ 23642-0144

함수 $y=\log_2 x$의 그래프를 평행이동 또는 대칭이동하여 겹칠 수 있는 그래프의 식을 **보기**에서 있는 대로 고르시오.

보기

ㄱ. $y=\log_4 x^2+3\ (x>0)$　ㄴ. $y=\log_{\frac{1}{2}} 2x$

ㄷ. $y=2^{2x}-3$　ㄹ. $y=3\times 2^{x+1}-2$

ㅁ. $y=\left(\frac{1}{2}\right)^x+1$　ㅂ. $y=\log_2\sqrt{x-1}$

39 상중하

▶ 23642-0145

두 함수 $y=\log_3(x+3)$, $y=\log_3(x+3)+2$의 그래프가 그림과 같을 때, 두 곡선과 두 직선 $x=0$, $x=6$으로 둘러싸인 부분의 넓이를 구하시오.

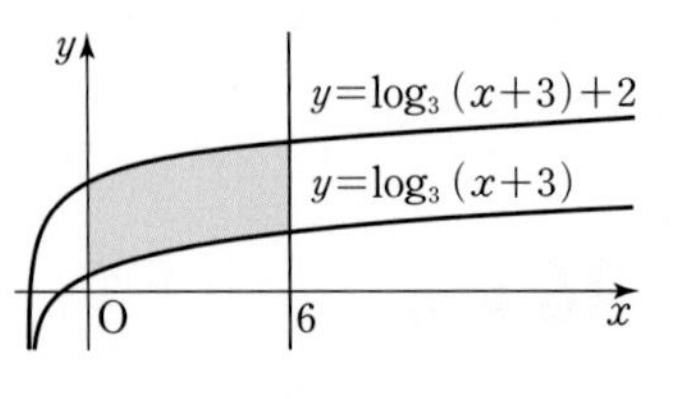

중요

12 로그함수의 그래프를 이용한 값 구하기

로그함수 $y=\log_a x\ (a>0,\ a\neq 1)$의 그래프 위의 점 $(m,\ n)$이 주어질 경우 이를 대입하여 $n=\log_a m$, $a^n=m$임을 이용한다.

≫ 올림포스 수학Ⅰ 24쪽

40 대표문제

▶ 23642-0146

함수 $y=\log_2 x$의 그래프와 직선 $y=x$가 그림과 같을 때, $a+b$의 값을 구하시오. (단, 점선은 x축 또는 y축에 평행하다.)

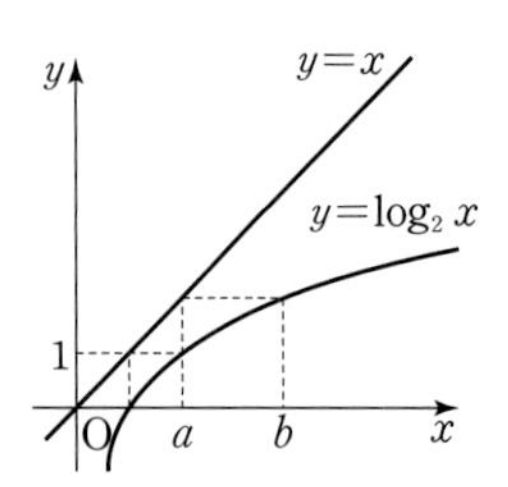

41 상중하

▶ 23642-0147

함수 $y=\log_2 x$의 그래프가 그림과 같을 때, 점 C는 선분 AB를 1 : 2로 내분한다. a의 값은? (단, 점선은 x축 또는 y축에 평행하다.)

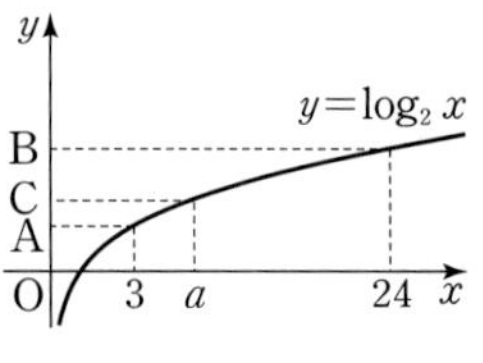

① 2　② 3　③ 4
④ 5　⑤ 6

42 상중하

▶ 23642-0148

그림과 같이 x축 위의 한 점 A를 지나는 직선이 곡선 $y=\log_a x^5\ (a>1)$과 서로 다른 두 점 B, C에서 만난다. 두 점 B, C에서 x축에 내린 수선의 발을 각각 D, E라 하고 선분 BD, CE와 곡선 $y=\log_a x^2$의 교점을 각각 F, G라 하자. $\overline{AD}:\overline{DE}=1:2$이고 사각형 FDEG의 넓이가 32일 때, 삼각형 ADB의 넓이를 구하시오. (단, 점 A의 x좌표는 음수이다.)

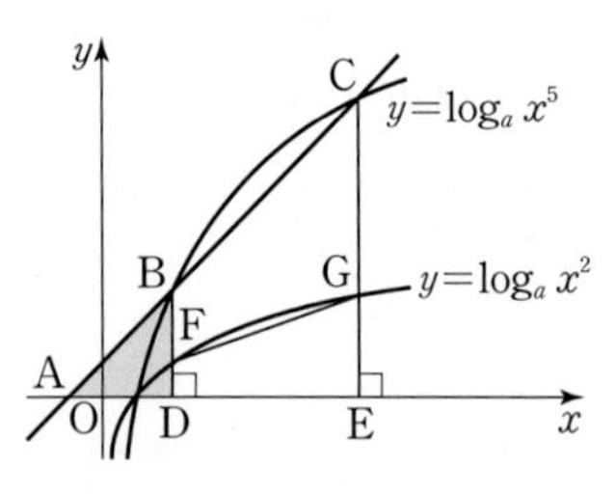

13 로그함수를 이용한 대소 비교

로그함수 $y=\log_a x\ (a>0,\ a\neq1)$에 대하여
(1) $a>1$일 때, x의 값이 증가하면 y의 값도 증가한다.
(2) $0<a<1$일 때, x의 값이 증가하면 y의 값은 감소한다.

>> 올림포스 수학 I 24쪽

43 대표문제 ▶ 23642-0149

다음 세 수 A, B, C의 대소 관계를 바르게 나타낸 것은?

$$A=-2\log_2\frac{1}{5},\quad B=2+\log_2 5,\quad C=2+2\log_2 3$$

① $A<B<C$ ② $A<C<B$ ③ $B<A<C$
④ $B<C<A$ ⑤ $C<B<A$

44 상중하 ▶ 23642-0150

$1<x<5$일 때, 다음 세 수 A, B, C의 대소 관계를 바르게 나타낸 것은?

$$A=\log_5 x,\quad B=(\log_5 x)^2,\quad C=\log_5(\log_5 x)$$

① $A<B<C$ ② $A<C<B$ ③ $B<A<C$
④ $B<C<A$ ⑤ $C<B<A$

45 상중하 ▶ 23642-0151

서로 다른 세 양수 a, b, c에 대하여 부등식

$$\log_3 a-\log_3 b>\log_3 b-\log_3 c>\log_3 c-\log_3 a$$

가 성립할 때, **보기**에서 항상 성립하는 것만을 있는 대로 고른 것은?

보기
ㄱ. $a>b$ ㄴ. $b>c$ ㄷ. $c>a$

① ㄱ ② ㄴ ③ ㄷ
④ ㄱ, ㄴ ⑤ ㄴ, ㄷ

14 로그함수의 역함수

로그함수 $f(x)=\log_a x\ (a>0,\ a\neq1)$의 역함수 $g(x)$가 존재하고, 이때 $g(x)=a^x$이다.

46 대표문제 ▶ 23642-0152

함수 $y=\log_9(x+1)-2$의 역함수가 $y=a^{2(x+b)}+c$일 때, 상수 a, b, c에 대하여 abc의 값은?

① -6 ② -3 ③ 1
④ 3 ⑤ 6

47 상중하 ▶ 23642-0153

함수 $y=2^x$과 그 역함수 $y=g(x)$의 그래프가 그림과 같다. 함수 $y=g(x)$의 그래프 위의 점 A의 좌표가 (a, b)일 때, $\log_4 ab$의 값은?
(단, 점선은 x축 또는 y축에 평행하다.)

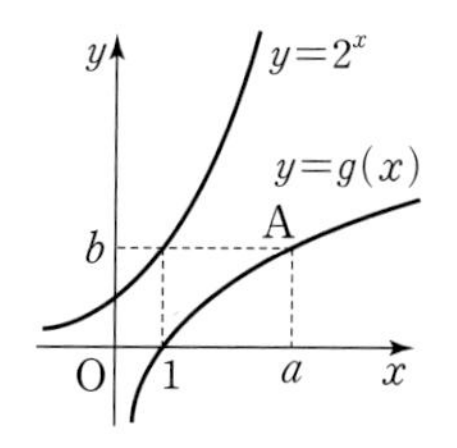

① 1 ② $\frac{3}{2}$ ③ 2
④ $\frac{5}{2}$ ⑤ 3

48 상중하 ▶ 23642-0154

함수 $f(x)=\log_{\frac{1}{3}} x-2$의 역함수를 $g(x)$라 할 때, 다음 중 함수 $f(x-1)$의 역함수는?

① $g(x)-1$ ② $g(x-1)$
③ $g(x)+1$ ④ $g(x+1)$
⑤ $g(x-1)+1$

15 로그함수의 최대·최소 (1)

$m \le x \le n$일 때, $f(x)=\log_a(px+q)+r\ (p>0)$에 대하여

(1) $a>1$이면 최댓값은 $f(n)$, 최솟값은 $f(m)$이다.

(2) $0<a<1$이면 최댓값은 $f(m)$, 최솟값은 $f(n)$이다.

» 올림포스 수학 I 24쪽

49 대표문제 ▸ 23642-0155

$-1 \le x \le 2$에서 함수 $y=\log_2(2x+4)-1$의 최댓값을 M, 최솟값을 m이라 할 때, $M+m$의 값은?

① 1　② 2　③ 3　④ 4　⑤ 5

50 상중하 ▸ 23642-0156

$0 \le x \le 3$에서 함수 $y=\log_{\frac{1}{3}}(2x+3)+1$의 최댓값을 M, 최솟값을 m이라 할 때, $M+m$의 값은?

① 2　② 1　③ 0　④ -1　⑤ -2

51 상중하 ▸ 23642-0157

$0 \le x \le 3$에서 함수 $y=\log_{\frac{1}{4}}(x-k)+1$의 최솟값이 0일 때, 최댓값을 구하시오. (단, k는 상수이다.)

16 로그함수의 최대·최소 (2)

로그함수가 $y=\log_a f(x)$의 꼴인 경우에 대하여

(1) $a>1$이면 최댓값은 $f(x)$가 최대일 때, 최솟값은 $f(x)$가 최소일 때이다.

(2) $0<a<1$이면 최댓값은 $f(x)$가 최소일 때, 최솟값은 $f(x)$가 최대일 때이다.

52 대표문제 ▸ 23642-0158

$0 \le x \le 3$에서 함수 $y=\log_2(x^2-2x+5)$의 최댓값을 M, 최솟값을 m이라 할 때, $M+m$의 값은?

① 1　② 2　③ 3　④ 4　⑤ 5

53 상중하 ▸ 23642-0159

함수 $y=\log_{\frac{1}{4}}(x+3)+\log_{\frac{1}{4}}(5-x)$의 최솟값을 구하시오.

54 상중하 ▸ 23642-0160

두 함수 $f(x)$, $g(x)$는 $f(x)=x^2-6x+11$, $g(x)=\log_a x\ (a>0,\ a\ne1)$이다. $1 \le x \le 4$에서 함수 $(g\circ f)(x)$의 최댓값이 1일 때, 최솟값을 구하시오.

(단, a는 상수이다.)

17 로그함수의 최대·최소 (3)

$\log_a x$에 대한 이차식이 주어진 경우에는 $\log_a x=t$로 치환한 후 t의 값의 범위에서 최댓값과 최솟값을 구한다.

55 대표문제 ▸ 23642-0161

$1\le x\le 27$에서 함수 $y=(\log_3 x)^2-2\log_3 x+3$의 최댓값을 M, 최솟값을 m이라 할 때, $M+m$의 값을 구하시오.

56 상중하 ▸ 23642-0162

함수 $y=(\log_5 x)^2+a\log_{\frac{1}{5}} x+b$가 $x=5$에서 최솟값 2를 가질 때, ab의 값은? (단, a, b는 상수이다.)

① 6 ② 5 ③ 4 ④ 3 ⑤ 2

57 상중하 ▸ 23642-0163

$x>3$일 때, 함수 $y=-2^{\log_3 x}\times x^{\log_3 2}+8\times 2^{\log_3 x}$은 $x=a$에서 최댓값 b를 갖는다. $a+b$의 값을 구하시오.

18 로그함수의 최대·최소 (4)

로그의 합 또는 곱이 일정한 경우에는 산술평균과 기하평균의 관계를 이용하여 최댓값과 최솟값을 구한다.

58 대표문제 ▸ 23642-0164

$x>1$일 때, 함수 $y=\log_5 x^2+\log_{\sqrt{x}} 625$의 최솟값은?

① 0 ② 2 ③ 4 ④ 6 ⑤ 8

59 상중하 ▸ 23642-0165

$a>1$, $b>1$일 때, $\log_{a^5} b^4+\log_{b^2} a^{10}$의 최솟값을 구하시오.

60 상중하 ▸ 23642-0166

$x>0$, $y>0$일 때, $\log_4\left(x+\frac{1}{y}\right)+\log_4\left(y+\frac{9}{x}\right)$의 최솟값은?

① 5 ② 4 ③ 3 ④ 2 ⑤ 1

중요

19 지수에 미지수를 포함한 방정식 (1)

밑을 같게 할 수 있는 경우에는 지수의 성질을 이용하여 밑을 같게 한 후 $a^{f(x)}=a^{g(x)}$의 꼴로 변형하여 $f(x)=g(x)$임을 이용한다. (단, $a>0$, $a\neq1$)

61 대표문제

▸ 23642-0167

방정식 $8^{2x+1}=\sqrt[3]{2}$의 해는?

① $x=-\frac{4}{3}$　② $x=-\frac{10}{9}$　③ $x=-\frac{8}{9}$
④ $x=-\frac{2}{3}$　⑤ $x=-\frac{4}{9}$

62 상중하

▸ 23642-0168

방정식 $\frac{25^{x^2-1}}{5^x}=625$를 만족시키는 모든 실근의 곱은?

① 0　② -1　③ -2
④ -3　⑤ -4

63 상중하

▸ 23642-0169

방정식 $5^{x^2-3x}-25^{2x-a}=0$의 한 근이 3일 때, 다른 한 근은?
(단, a는 상수이다.)

① -4　② -2　③ 0
④ 2　⑤ 4

20 지수에 미지수를 포함한 방정식 (2)

a^x ($a>0$, $a\neq1$)의 꼴이 반복되는 경우에는 $a^x=t$ ($t>0$)으로 치환한 후 t의 값의 범위에서 방정식의 해를 구한다.

» 올림포스 수학 I 25쪽

64 대표문제

▸ 23642-0170

방정식 $3^{x+1}+3^{2-x}=28$의 두 근을 α, β라 할 때, $\alpha+\beta$의 값은?

① 1　② 2　③ 3
④ 4　⑤ 5

65 상중하

▸ 23642-0171

방정식 $3^{2x}-3^{x+1}+k=0$이 서로 다른 두 개의 양의 실근을 갖도록 하는 상수 k의 값의 범위는 $\alpha<k<\beta$이다. $\alpha\beta$의 값은?

① 5　② $\frac{9}{2}$　③ 4
④ $\frac{7}{2}$　⑤ 3

66 상중하

▸ 23642-0172

방정식 $a^{2x}+2a^x=8$의 한 근이 $\frac{1}{3}$일 때, 실수 a의 값을 구하시오. (단, $a>0$, $a\neq1$)

>> 정답과 풀이 31쪽

21 지수에 미지수를 포함한 방정식 (3)

밑에 미지수가 포함된 경우에 대하여

(1) $p(x)^{f(x)}=q(x)^{f(x)}$의 꼴: $p(x)=q(x)$ 또는 $f(x)=0$

(2) $f(x)^{p(x)}=f(x)^{q(x)}$의 꼴 ($f(x)>0$): $p(x)=q(x)$ 또는 $f(x)=1$

67 대표문제 ▸ 23642-0173

방정식 $\frac{x^x}{x^6}=x^{x^2-4x}$의 모든 근의 합은? (단, $x>0$)

① 2 ② 4 ③ 6 ④ 8 ⑤ 10

68 상중하 ▸ 23642-0174

방정식 $(x^2-5x+3)^{x-2}=1$을 만족시키는 모든 실근의 합은? (단, $x^2-5x+3>0$)

① 9 ② 5 ③ 4 ④ 3 ⑤ 1

69 상중하 ▸ 23642-0175

방정식 $(\sqrt{x-1})^{2x+6}=(x-1)^{x^2-x-5}$을 만족시키는 모든 실근의 합은? (단, $x>1$)

① 2 ② 4 ③ 6 ④ 8 ⑤ 10

22 지수에 미지수를 포함한 방정식 (4)

a^x, b^x ($a>0$, $b>0$, $a\neq1$, $b\neq1$)이 포함된 방정식의 풀이

⇨ $a^x=A$ ($A>0$), $b^x=B$ ($B>0$)으로 치환한 후 A, B의 값의 범위에서 방정식의 해를 구한다.

70 대표문제 ▸ 23642-0176

연립방정식 $\begin{cases} 3\times2^x-2\times3^y=6 \\ 2^{x-2}-3^{y-1}=0 \end{cases}$의 해를 $x=\alpha$, $y=\beta$라 할 때, $\alpha+\beta$의 값은?

① 6 ② 5 ③ 4 ④ 3 ⑤ 2

71 상중하 ▸ 23642-0177

방정식 $4^x-2^{x+4}+16=0$의 두 근을 α, β라 할 때, $\alpha+\beta$의 값은?

① 2 ② 4 ③ 6 ④ 8 ⑤ 10

72 상중하 ▸ 23642-0178

방정식 $9^x-2\times3^{x+1}+7=0$의 두 근을 α, β라 할 때, $9^\alpha+9^\beta$의 값을 구하시오.

23 지수에 미지수를 포함한 방정식의 활용

(1) 조건을 만족시키는 식을 세운 후 $a^x=t\ (t>0)$으로 치환한 후 t의 값의 범위에서 방정식을 만족시키는 해를 구한다.

(2) 단위를 변환할 때 지수법칙을 이용한다.

예 $1\,\text{m}=10^2\,\text{cm}$이므로
$1000\,\text{m}=10^3\,\text{m}=10^3\times10^2\,\text{cm}=10^5\,\text{cm}$

73 대표문제
▸ 23642-0179

어떤 방사성 동위원소는 2500년마다 그 양이 $\frac{1}{5}$로 줄어든다고 한다. 즉, 처음의 양이 Ag일 때 x년 후에 남아 있는 양을 $f(x)$ g이라 하면 다음 식이 성립한다.

$$f(x)=A\times\left(\frac{1}{5}\right)^{\frac{x}{2500}}$$

어떤 유물을 조사하였더니 처음의 양이 1kg인 이 방사성 동위원소가 현재 8g 남아있었을 때, 이 유물은 몇 년 전의 것인가?

① 2500년 전 ② 5000년 전 ③ 7500년 전
④ 10000년 전 ⑤ 12500년 전

74 상중하
▸ 23642-0180

최대 충전 용량이 $Q_0\ (Q_0>0)$인 어떤 배터리를 완전히 방전시킨 후 t시간 동안 충전한 배터리의 충전 용량을 $Q(t)$라 할 때, 다음 식이 성립한다.

$$Q(t)=Q_0(1-2^{-\frac{t}{a}})\ (\text{단, } a\text{는 양의 상수})$$

$\frac{Q(4)}{Q(2)}=\frac{5}{4}$일 때, a의 값을 구하시오.

75 상중하
▸ 23642-0181

어떤 박테리아 1 g이 x시간 후에 a^x g $(a>0)$으로 증식된다고 한다. 처음 2g이었던 박테리아가 2시간 후에 6g이 되었을 때, 3g이었던 박테리아가 729g이 되는 것은 증식을 시작한 지 몇 시간 후인지 구하시오.

중요

24 지수에 미지수를 포함한 부등식 (1)

밑을 같게 할 수 있는 경우에는 지수법칙을 이용하여 밑을 같게 한 후 $a^{f(x)}<a^{g(x)}$의 꼴로 변형한 후 다음을 이용하여 계산한다.

(1) $a>1$일 때, $a^{f(x)}<a^{g(x)} \Longleftrightarrow f(x)<g(x)$

(2) $0<a<1$일 때, $a^{f(x)}<a^{g(x)} \Longleftrightarrow f(x)>g(x)$

» 올림포스 수학 I 25쪽

76 대표문제
▸ 23642-0182

부등식 $2^{x-2}>\left(\frac{1}{4}\right)^{x-2}$을 만족시키는 x의 값의 범위를 구하시오.

77 상중하
▸ 23642-0183

부등식 $\left(\frac{1}{5}\right)^{x^2-5}>(\sqrt{5})^{-4x+4}$을 만족시키는 정수 x의 개수는?

① 1 ② 2 ③ 3
④ 4 ⑤ 5

78 상중하
▸ 23642-0184

부등식 $\left(\frac{1}{2}\right)^{x+4}\le2^{x^2-2}\le\left(\frac{1}{4}\right)^{x-3}$을 만족시키는 x의 값의 범위를 구하시오.

25 지수에 미지수를 포함한 부등식 (2)

$a^x\ (a>0,\ a\neq1)$의 꼴이 반복되는 경우에는 $a^x=t\ (t>0)$으로 치환한 후 t의 값의 범위에서 부등식의 해를 구한다.

79 대표문제 ▸ 23642-0185

부등식 $9^x-105\times3^x+500<0$을 만족시키는 모든 정수 x의 값의 합은?

① 5 ② 7 ③ 9
④ 11 ⑤ 13

80 상중하 ▸ 23642-0186

부등식 $\left(\frac{1}{36}\right)^x-a\left(\frac{1}{6}\right)^x+b<0$의 해가 $-2<x<0$일 때, $a-b$의 값은? (단, a, b는 상수이다.)

① 1 ② 2 ③ 3
④ 4 ⑤ 5

81 상중하 ▸ 23642-0187

부등식 $\left(\frac{1}{16}\right)^x-36\times\left(\frac{1}{4}\right)^x+128\leq0$을 만족시키는 x의 최댓값을 M, 최솟값을 m이라 할 때, $M-m$의 값을 구하시오.

26 지수에 미지수를 포함한 부등식 (3)

$f(x)^{p(x)}<f(x)^{q(x)}\ (f(x)>0)$의 꼴인 경우에는
(i) $0<f(x)<1$ (ii) $f(x)=1$ (iii) $f(x)>1$
의 세 가지 경우로 나누어 구한다.

82 대표문제 ▸ 23642-0188

부등식 $x^{4x+3}>x^{x-3}$을 만족시키는 x의 값의 범위는? (단, $x>0$)

① $x>0$ ② $x>1$ ③ $0<x<1$
④ $0<x<2$ ⑤ $1\leq x<2$

83 상중하 ▸ 23642-0189

부등식 $x^{x-5}>x^{2+7x-x^2}$을 만족시키는 x의 값의 범위는? (단, $x>0$)

① $x>1$ ② $x>6$
③ $0<x<1$ 또는 $x>6$ ④ $0<x<1$ 또는 $x>7$
⑤ $0<x<7$

84 상중하 ▸ 23642-0190

부등식 $(x^2-4x+1)^{x-2}<1$을 만족시키는 x의 값의 범위를 구하시오. (단, $x^2-4x+1>0$)

27 지수에 미지수를 포함한 부등식 (4)

(1) a^x을 포함한 부등식이 항상 성립할 조건
$a^x=t\ (t>0)$으로 치환한 후 t의 값의 범위에서 부등식이 항상 성립할 조건을 이용한다.

(2) 지수에 미지수를 포함한 부등식의 활용
조건을 만족시키는 식을 세운 후 $a^x=t\ (t>0)$으로 치환하여 t의 값의 범위에서 부등식을 만족시키는 해를 구한다.

85 대표문제 ▸ 23642-0191

모든 실수 x에 대하여 부등식 $9^x-3^{x+1}+a>0$이 성립하도록 하는 실수 a의 값의 범위는?

① $a>1$ ② $a>2$ ③ $a>\frac{9}{4}$
④ $0<a<1$ ⑤ $0<a<3$

86 상중하 ▸ 23642-0192

$x\le-1$인 모든 실수 x에 대하여 부등식
$\left(\frac{1}{4}\right)^{x+1}+\left(\frac{1}{2}\right)^x+k\ge0$이 성립하도록 하는 실수 k의 최솟값은?

① 1 ② 0 ③ -1
④ -2 ⑤ -3

87 상중하 ▸ 23642-0193

어떤 자외선 차단 필름 한 장을 창문에 붙이면 80 %의 자외선 차단 효과가 있다고 한다. 이 자외선 차단 필름을 최소 몇 장 붙였을 때 자외선을 99.9 % 이상 차단할 수 있는지 구하시오.

중요

28 로그의 진수에 미지수를 포함한 방정식 (1)

(1) 밑을 같게 할 수 있는 경우에는 밑을 변환하여 밑을 같게 하여 계산한다.

(2) 진수를 같게 할 수 있는 경우에는 진수를 같게 한 후 진수가 1이거나 밑이 같음을 이용하여 계산한다.

» 올림포스 수학 I 25쪽

88 대표문제 ▸ 23642-0194

방정식 $2\log_3(x+2)=\log_3(2x+7)$의 해는?

① $x=-1$ ② $x=1$
③ $x=3$ ④ $x=-3$ 또는 $x=-1$
⑤ $x=-3$ 또는 $x=1$

89 상중하 ▸ 23642-0195

방정식 $\log_{x^2-2x}(x-2)=\log_{2x-3}(x-2)$의 해는?

① $x=1$ ② $x=3$
③ $x=1$ 또는 $x=3$ ④ $x=3$ 또는 $x=4$
⑤ $x=4$ 또는 $x=5$

90 상중하 ▸ 23642-0196

x에 대한 방정식 $\log x+\log(2-x)=\log(x+k)$가 서로 다른 두 실근을 가질 때, 실수 k의 값의 범위를 구하시오.

29 로그의 진수에 미지수를 포함한 방정식 (2)

$\log_a x$ $(a>0,\ a\neq1)$의 꼴이 반복되는 경우에는 $\log_a x=t$로 치환한 후 방정식의 해를 구한다.

91 대표문제
▸ 23642-0197

방정식 $(\log_2 x)^2-5\log_2 x+4=0$의 두 근의 합은?

① 10　② 12　③ 14
④ 16　⑤ 18

92 상중하
▸ 23642-0198

방정식 $\log_{25} x^2+\log_x 625-5=0$의 두 근의 곱은?

① 5^4　② 5^5　③ 5^6
④ 5^7　⑤ 5^8

93 상중하
▸ 23642-0199

방정식 $\left(\log_3 \frac{x}{9}\right)^2-16\log_9 x+23=0$의 두 근의 곱은?

① 2　② 3　③ 3^3
④ 3^{12}　⑤ 3^{15}

30 로그의 진수에 미지수를 포함한 방정식 (3)

지수에 로그가 있는 경우에는 양변에 로그를 취하여 계산한다.

94 대표문제
▸ 23642-0200

방정식 $x^{\log_3 x}=9x$의 두 근의 곱은?

① 1　② 2　③ 3
④ 4　⑤ 5

95 상중하
▸ 23642-0201

방정식 $x^{2-\log x}=\frac{1000}{x^2}$의 해는?

① $x=10$ 또는 $x=1000$　② $x=1$ 또는 $x=1000$
③ $x=10$ 또는 $x=100$　④ $x=10$
⑤ $x=100$

96 상중하
▸ 23642-0202

방정식 $(2x)^{\log 2}-(3x)^{\log 3}=0$의 해를 구하시오. (단, $x>0$)

31 로그의 진수에 미지수를 포함한 방정식 (4)

$\log_a x$, $\log_b y$ ($a>0$, $b>0$, $a\neq1$, $b\neq1$)이 포함된 연립방정식의 풀이

⇨ $\log_a x=X$, $\log_b y=Y$로 치환하여 계산한다.

97 대표문제

▸ 23642-0203

연립방정식 $\begin{cases} \log_2 x^2+\log_3 y=9 \\ \log_2 x-\log_3 y=3 \end{cases}$의 해가 $x=\alpha$, $y=\beta$일 때, $\alpha+\beta$의 값은?

① 20　② 19　③ 18　④ 17　⑤ 16

98 상중하

▸ 23642-0204

연립방정식 $\begin{cases} \log_2 x-\log_3 y=-4 \\ \log_3 x\times\log_2 y=5 \end{cases}$의 해가 $x=\alpha$, $y=\beta$일 때, $\alpha+\beta$의 값을 구하시오. (단, $\alpha>1$)

99 상중하

▸ 23642-0205

연립방정식 $\begin{cases} x^2+y^2=9 \\ \log_2 x+\log_2 y=(\log_2 xy)^2 \end{cases}$의 해의 개수는?

① 1　② 2　③ 3　④ 4　⑤ 5

32 로그의 진수에 미지수를 포함한 방정식의 활용

세 상수 A, B, C에 대하여

$A(\log_a x)^2+B\log_a x+C=0$ ($a>0$, $a\neq1$)의 두 근이 α, β일 때

(1) $\log_a \alpha+\log_a \beta=\log_a \alpha\beta=-\dfrac{B}{A}$ (단, $A\neq0$)

(2) $\log_a \alpha\times\log_a \beta=\dfrac{C}{A}$ (단, $A\neq0$)

100 대표문제

▸ 23642-0206

방정식 $(\log_2 x)^2-k\log_2 x+5=0$의 두 근의 곱이 4일 때, 상수 k의 값은?

① 2　② 3　③ 4　④ 5　⑤ 6

101 상중하

▸ 23642-0207

방정식 $x^{\log_2 x}=16x^2$의 두 실근을 α, β라 할 때, $\alpha\beta$의 값은?

① 6　② 5　③ 4　④ 3　⑤ 2

102 상중하

▸ 23642-0208

이차방정식 $(1-\log_2 k)x^2+2(\log_2 k-1)x-1=0$이 중근을 갖기 위한 양수 k의 값을 구하시오.

중요

33 로그의 진수에 미지수를 포함한 부등식 (1)

밑을 같게 할 수 있는 경우에는 로그의 성질을 이용하여 밑을 같게 하여 $\log_a f(x) < \log_a g(x)$ ($a>0$, $a\neq1$)의 꼴로 변형한 후 다음을 이용하여 계산한다.

(1) $a>1$일 때
$\log_a f(x) < \log_a g(x) \Longleftrightarrow f(x) < g(x)$

(2) $0<a<1$일 때
$\log_a f(x) < \log_a g(x) \Longleftrightarrow f(x) > g(x)$

(3) 구한 x의 값의 범위에서 $f(x)>0$, $g(x)>0$인지 확인한다.

>> 올림포스 수학 I 25쪽

103 대표문제

▸ 23642-0209

부등식 $\log_3(x-1)-\log_3\left(\frac{2}{3}x-1\right)-1>0$의 해가 $\alpha<x<\beta$일 때, $\alpha\beta$의 값은?

① 2 ② 3 ③ 4
④ 5 ⑤ 6

104 상중하

▸ 23642-0210

부등식 $2\log_3 \frac{1}{x-1} < \log_{\frac{1}{3}}(7-x)$를 만족시키는 모든 정수 x의 값의 합은?

① 6 ② 9 ③ 12
④ 15 ⑤ 18

105 상중하

▸ 23642-0211

부등식 $\log_2(\log_3 x)\leq 2$의 해를 구하시오.

34 로그의 진수에 미지수를 포함한 부등식 (2)

$\log_a x$ ($a>0$, $a\neq1$)의 꼴이 반복되는 경우에는 $\log_a x=t$로 치환한 후 부등식의 해를 구한다.

106 대표문제

▸ 23642-0212

부등식 $(\log_{\frac{1}{2}} x)^2-\log_{\frac{1}{2}} x^3\geq 0$의 해를 구하시오.

107 상중하

▸ 23642-0213

부등식 $\log_{\frac{1}{9}} x \times \log_3 \frac{x}{9} \geq a$의 해가 $\frac{1}{9}\leq x\leq 81$일 때, 상수 a의 값은?

① -4 ② -3 ③ -2
④ -1 ⑤ 0

108 상중하

▸ 23642-0214

부등식 $(\log_3 3x)(\log_3 9x)<6$의 해가 $\alpha<x<\beta$일 때, $\alpha\beta$의 값은?

① 27 ② 9 ③ 3
④ $\frac{1}{9}$ ⑤ $\frac{1}{27}$

35 로그의 진수에 미지수를 포함한 부등식 (3)

지수에 로그가 있는 경우에는 양변에 로그를 취하여 계산한다.

109 대표문제

▶ 23642-0215

부등식 $x^{\log_2 x} < 8x^2$을 만족시키는 모든 정수 x의 개수는?

① 5 ② 6 ③ 7
④ 8 ⑤ 9

110 상중하

▶ 23642-0216

부등식 $x^{\log_5 x+3} \geq 625$의 해를 구하시오.

111 상중하

▶ 23642-0217

부등식 $2^{\log_5 x} \times x^{\log_5 2} \geq 6 \times 2^{\log_5 x} - 8$의 해는?

① $0 < x \leq 25$ ② $0 < x \leq 5$ 또는 $x \geq 25$
③ $x \leq 5$ ④ $x \leq 5$ 또는 $x \geq 25$
⑤ $x \geq 5$

36 로그의 진수에 미지수를 포함한 부등식 (4)

(1) 로그가 포함된 연립부등식의 풀이
진수의 범위에서 주어진 부등식의 해를 구한 후, 연립하여 해를 구한다.
(2) 모든 실수 x에 대하여 이차부등식 $ax^2+bx+c>0$이 성립할 조건
$a>0$이고 $D=b^2-4ac<0$

112 대표문제

▶ 23642-0218

연립부등식 $\begin{cases} \log_{x-1}(x^2+x-6) > 2 \\ \log_5(x-1) < 1 \end{cases}$의 해가 $\alpha < x < \beta$일 때, $\alpha\beta$의 값을 구하시오.

113 상중하

▶ 23642-0219

모든 양수 x에 대하여 부등식 $(\log x)^2 + \log 10x + k \geq 0$이 성립하도록 하는 실수 k의 값의 범위는?

① $k < -\frac{3}{4}$ ② $k > -\frac{3}{4}$ ③ $k \geq -\frac{3}{4}$
④ $k \geq -\frac{5}{4}$ ⑤ $k > -\frac{5}{4}$

114 상중하

▶ 23642-0220

모든 실수 x에 대하여 부등식 $x^2 - 2(2+\log_2 k)x - \log_2 k > 0$이 성립하도록 하는 실수 k의 값의 범위는?

① $\frac{1}{32} < k < \frac{1}{2}$ ② $\frac{1}{16} < k < \frac{1}{2}$
③ $\frac{1}{8} < k < 1$ ④ $\frac{1}{8} < k < 2$
⑤ $\frac{1}{4} < k < 1$

서술형 완성하기

>> 정답과 풀이 37쪽

01

▸ 23642-0221

정의역이 $\{x|-1\le x\le 3\}$인 두 함수 $f(x)=8^x$, $g(x)=\left(\frac{1}{4}\right)^x$에 대하여 $f(x)$의 최댓값을 M, $g(x)$의 최솟값을 m이라 할 때, Mm의 값을 구하시오.

02

▸ 23642-0222

함수 $f(x)=5^x$에 대하여 함수 $y=f(x)$의 그래프와 직선 $y=\sqrt{3}-\sqrt{2}$가 만나는 점의 x좌표가 $2a$일 때, $\dfrac{f(a)+f(-a)}{f(3a)+f(-3a)}$의 값을 구하시오.

03

▸ 23642-0223

그림과 같이 함수 $y=f(x)$의 그래프는 점 $(-1, 12)$를 지나고, 점근선의 방정식이 $y=3$인 함수 $y=3^{x+a}+b$의 그래프를 y축에 대하여 대칭이동한 그래프와 같다. 두 상수 a, b의 값을 각각 구하시오.

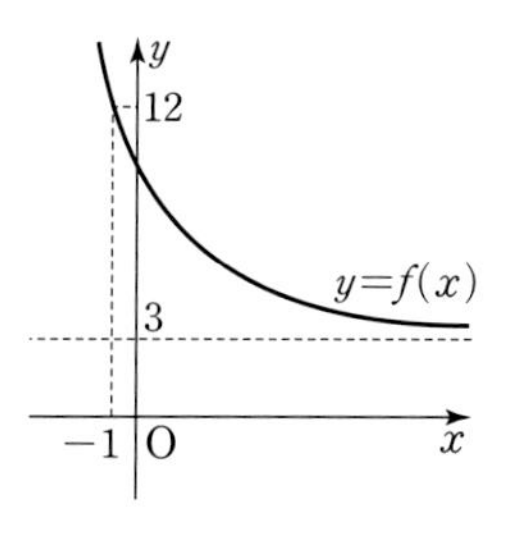

04

▸ 23642-0224

등식

$$\log(11-2x)-\log(6-x)=\log(5-y)-\log(4-y)$$

를 만족시키는 두 정수 x, y의 값을 각각 구하시오.

05

▸ 23642-0225

그림과 같이 기울기가 양수이고 점 $\mathrm{C}(3, 0)$을 지나는 직선 l이 함수 $y=\log_5 x$의 그래프와 만나는 두 점을 A, B라 할 때, 점 C는 선분 AB의 중점이다. 점 B의 x좌표를 구하시오. (단, 점 B는 제4사분면 위의 점이다.)

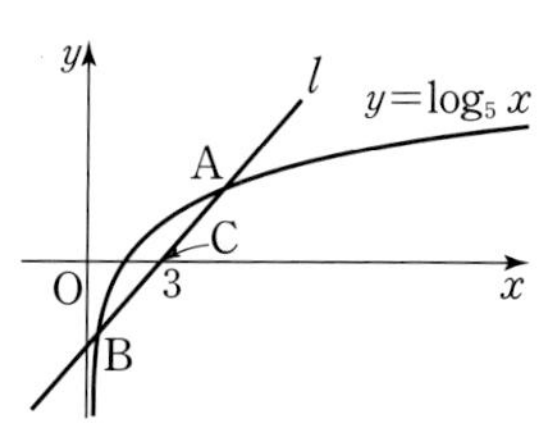

06 내신기출

▸ 23642-0226

x에 대한 부등식 $x^2-4(2+\log_3 k)x+16-4(\log_3 k)^2>0$이 항상 성립하도록 하는 실수 k의 값의 범위를 구하시오.

내신 + 수능 고난도 도전

>> 정답과 풀이 39쪽

▶ 23642-0227

01 부등식 $(x-1)\left(\frac{1}{4}\times 2^x-32\right)<0$을 만족시키는 모든 정수 x의 개수는?

① 1 ② 2 ③ 3 ④ 4 ⑤ 5

▶ 23642-0228

02 실수 a에 대하여 방정식 $\log_5 |x-a|=\log_{25}(x-4)$를 만족시키는 실근 x의 개수를 $f(a)$라 할 때, $f(2)+f(3)+f(4)+f(5)+f(6)$의 값은?

① 4 ② 5 ③ 6 ④ 7 ⑤ 8

▶ 23642-0229

03 함수 $f(x)=\frac{4^x}{4^x+2}$에 대하여 $f(x)+f(1-x)$가 상수함수일 때, $f\left(\frac{1}{51}\right)+f\left(\frac{2}{51}\right)+f\left(\frac{3}{51}\right)+\cdots+f\left(\frac{50}{51}\right)$의 값을 구하시오.

▶ 23642-0230

04 그림과 같이 직선 $x=2$가 두 곡선 $y=a^{x-1}$, $y=\log_a(x-1)$과 만나는 점을 각각 A, B라 하자. 곡선 $y=\log_a(x-1)$ 위의 점 C에 대하여 삼각형 ABC가 선분 AB가 빗변인 직각이등변삼각형일 때, 상수 a의 값을 구하시오. (단, $a>1$)

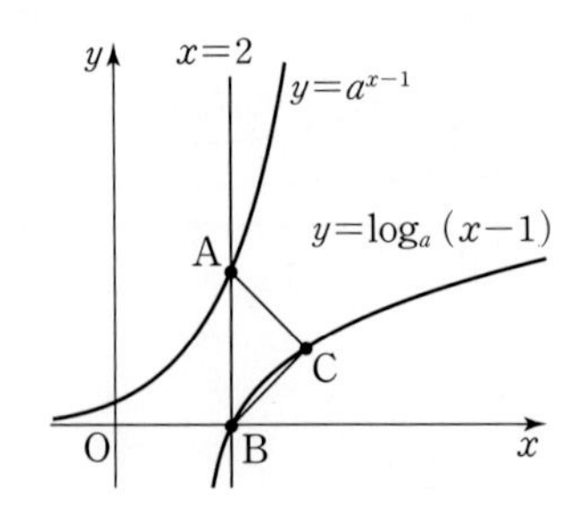

Ⅱ 삼각함수

03 삼각함수의 뜻과 그래프

01 일반각

(1) 그림과 같이 두 반직선 OX, OP에 의하여 정해진 $\angle$XOP의 크기는 고정된 반직선 OX의 위치에서 점 O를 중심으로 반직선 OP가 회전한 양으로 정의한다. 이때 반직선 OX를 시초선, 반직선 OP를 동경이라고 한다.

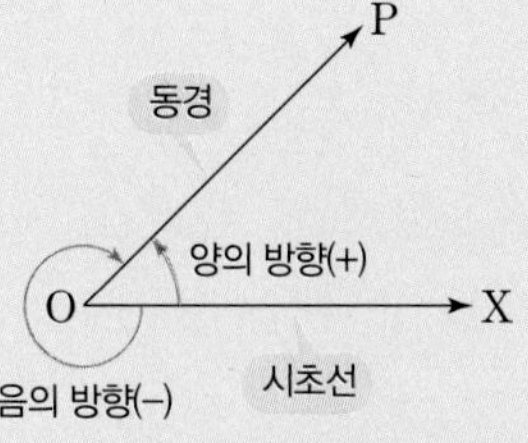

동경 OP가 점 O를 중심으로 회전할 때, 시곗바늘이 도는 방향과 반대 방향을 양의 방향, 시곗바늘이 도는 방향을 음의 방향이라 하고, 음의 방향으로 회전하여 생기는 각의 크기는 음의 부호(−)를 붙여서 나타낸다.

(2) 일반적으로 $\angle$XOP의 크기 중 하나를 $\alpha°$라 할 때

$\theta=360°\times n+\alpha°$ (n은 정수)

로 나타내어지는 각 θ를 동경 OP가 나타내는 일반각이라 한다.

40°와 −320°를 그림으로 나타내면 다음과 같다.

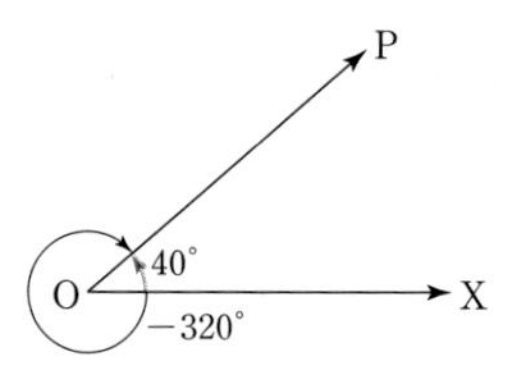

일반각으로 나타낼 때 $\alpha°$는 보통 $0°\le\alpha°<360°$인 것을 택한다.

02 호도법

(1) 1라디안: 반지름의 길이가 r인 원에서 호의 길이가 r인 부채꼴의 중심각의 크기

(2) 호도법: 라디안을 단위로 각의 크기를 나타내는 방법

(3) $1(\text{라디안})=\dfrac{180°}{\pi}$, $1°=\dfrac{\pi}{180}(\text{라디안})$

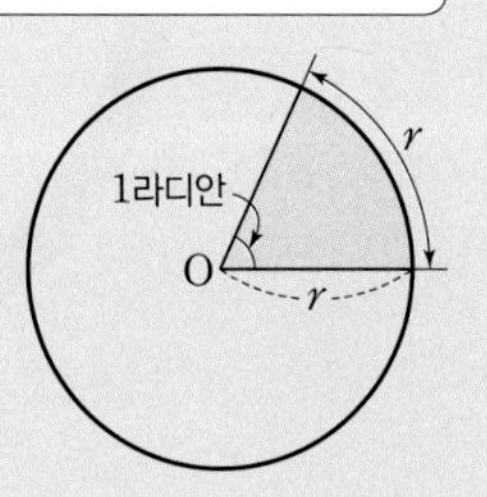

도(°)를 단위로 각의 크기를 나타내는 방법을 육십분법이라 한다.

각의 크기를 호도법으로 나타낼 때 단위인 라디안은 보통 생략하고 실수로 나타낸다.

03 부채꼴의 호의 길이와 넓이

반지름의 길이가 r, 중심각의 크기가 θ(라디안)인 부채꼴의 호의 길이를 l, 넓이를 S라 하면

$$l=r\theta,\ S=\frac{1}{2}r^2\theta=\frac{1}{2}rl$$

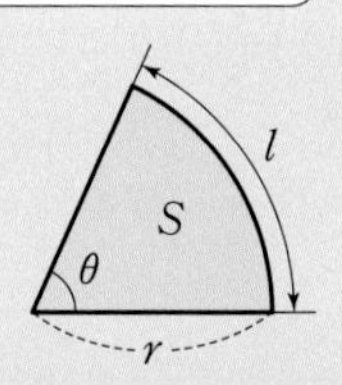

참고 호의 길이와 부채꼴의 넓이는 중심각의 크기에 정비례하므로

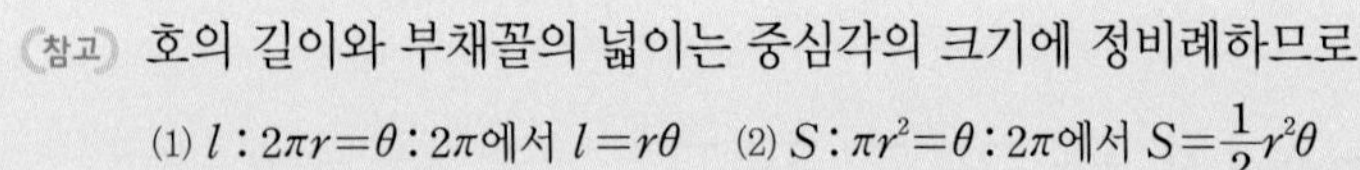
(1) $l:2\pi r=\theta:2\pi$에서 $l=r\theta$ (2) $S:\pi r^2=\theta:2\pi$에서 $S=\frac{1}{2}r^2\theta$

04 삼각함수의 뜻과 부호

(1) 중심이 원점 O, 반지름의 길이가 r인 원 위의 점 P(x, y)에 대하여 동경 OP가 x축의 양의 방향과 이루는 각의 크기를 θ라 하면

$$\sin\theta=\frac{y}{r},\ \cos\theta=\frac{x}{r},\ \tan\theta=\frac{y}{x}\ (x\neq0)$$

으로 정의하고, 이들 함수를 통틀어 θ에 대한 삼각함수라 한다.

$r=\overline{\text{OP}}=\sqrt{x^2+y^2}$

(2) 각 θ의 동경이 위치한 사분면에 따라 삼각함수의 값의 부호는 다음과 같이 정해진다.

삼각함수 \ 사분면	제1사분면	제2사분면	제3사분면	제4사분면
$\sin\theta$	+	+	−	−
$\cos\theta$	+	−	−	+
$\tan\theta$	+	−	+	−

각 사분면에서 삼각함수의 값의 부호가 +인 것을 좌표평면 위에 나타내면 다음과 같다.

$\sin\theta$	$\sin\theta$, $\cos\theta$, $\tan\theta$
$\tan\theta$	$\cos\theta$

01 일반각

[01~02] 다음 각을 나타내는 시초선 OX와 동경 OP의 위치를 그림으로 나타내시오.

01 60°

02 -150°

[03~04] 다음 그림에서 시초선이 반직선 OX일 때, 동경 OP가 나타내는 일반각을 $360^\circ\times n+\alpha^\circ$의 꼴로 나타내시오.

(단, n은 정수, $0^\circ\le\alpha^\circ<360^\circ$)

03

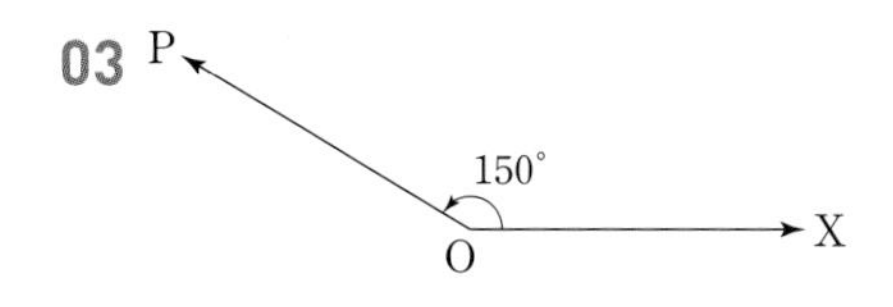

04

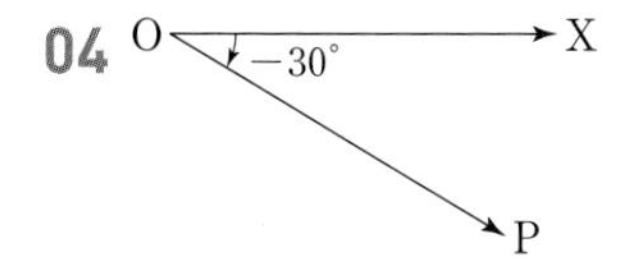

[05~06] 다음 각의 동경이 나타내는 일반각을 $360^\circ\times n+\alpha^\circ$의 꼴로 나타내시오. (단, n은 정수, $0^\circ\le\alpha^\circ<360^\circ$)

05 460°

06 -510°

[07~08] 크기가 다음과 같은 각은 제몇 사분면의 각인지 말하시오.

07 480°

08 -680°

02 호도법

[09~12] 다음에서 육십분법으로 나타낸 각은 호도법으로, 호도법으로 나타낸 각은 육십분법으로 나타내시오.

09 150°

10 $\frac{5}{4}\pi$

11 -240°

12 $-\frac{3}{5}\pi$

[13~16] 다음 각의 동경이 나타내는 일반각을 $2n\pi+\theta$의 꼴로 나타내시오. (단, n은 정수, $0\le\theta<2\pi$)

13 $\frac{\pi}{4}$

14 $\frac{5}{2}\pi$

15 $-\frac{\pi}{3}$

16 $-\frac{17}{4}\pi$

03 부채꼴의 호의 길이와 넓이

17 반지름의 길이가 2, 중심각의 크기가 $\frac{\pi}{2}$인 부채꼴의 호의 길이 l과 넓이 S를 구하시오.

18 중심각의 크기가 $\frac{\pi}{6}$, 호의 길이가 $\frac{\pi}{2}$인 부채꼴의 반지름의 길이 r와 넓이 S를 구하시오.

19 호의 길이가 6, 넓이가 12인 부채꼴의 반지름의 길이 r와 중심각의 크기 θ를 구하시오.

04 삼각함수의 뜻과 부호

20 원점 O와 점 P$(-2, 3)$에 대하여 동경 OP가 나타내는 각의 크기를 θ라 할 때, $\sin\theta$, $\cos\theta$, $\tan\theta$의 값을 각각 구하시오.

21 $\theta=\frac{2}{3}\pi$일 때, $\sin\theta$, $\cos\theta$, $\tan\theta$의 값을 각각 구하시오.

[22~23] 다음 각 θ에 대하여 $\sin\theta$, $\cos\theta$, $\tan\theta$의 값의 부호를 말하시오.

22 320°

23 $-\frac{8}{3}\pi$

[24~25] 다음 조건을 만족시키는 각 θ는 제몇 사분면의 각인지 말하시오.

24 $\sin\theta>0$, $\cos\theta<0$

25 $\cos\theta>0$, $\tan\theta<0$

03 삼각함수의 뜻과 그래프

05 삼각함수 사이의 관계

(1) $\tan\theta=\dfrac{\sin\theta}{\cos\theta}$

(2) $\sin^2\theta+\cos^2\theta=1$

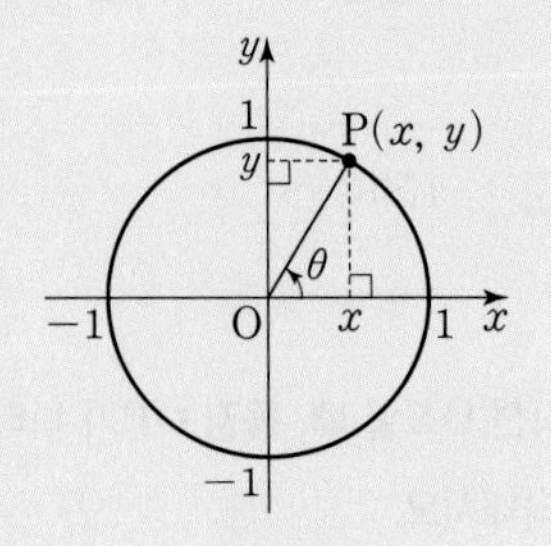

(참고) 그림과 같이 각 θ를 나타내는 동경과 단위원의 교점을 $\mathrm{P}(x,\ y)$라 하면

$x=\cos\theta$, $y=\sin\theta$이므로 $x\neq0$이면 $\tan\theta=\dfrac{y}{x}=\dfrac{\sin\theta}{\cos\theta}$이다.

또 단위원에서 $x^2+y^2=1$이므로 $\cos^2\theta+\sin^2\theta=1$이다.

$(\cos\theta)^2$, $(\sin\theta)^2$을 각각 $\cos^2\theta$, $\sin^2\theta$로 나타낸다.

원점을 중심으로 하고 반지름의 길이가 1인 원을 단위원이라 한다.

06 삼각함수의 그래프

(1) 함수 $y=\sin x$, $y=\cos x$의 그래프와 성질

① 정의역: 실수 전체의 집합

② 치역: $\{y\mid -1\le y\le 1\}$

③ 함수 $y=\sin x$의 그래프는 원점에 대하여 대칭이고,
함수 $y=\cos x$의 그래프는 y축에 대하여 대칭이다.

(참고) $\sin(-x)=-\sin x$,
$\cos(-x)=\cos x$

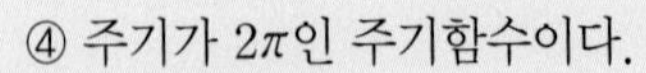
④ 주기가 2π인 주기함수이다.

(참고) $\sin(2n\pi+x)=\sin x$,
$\cos(2n\pi+x)=\cos x$ (n은 정수)

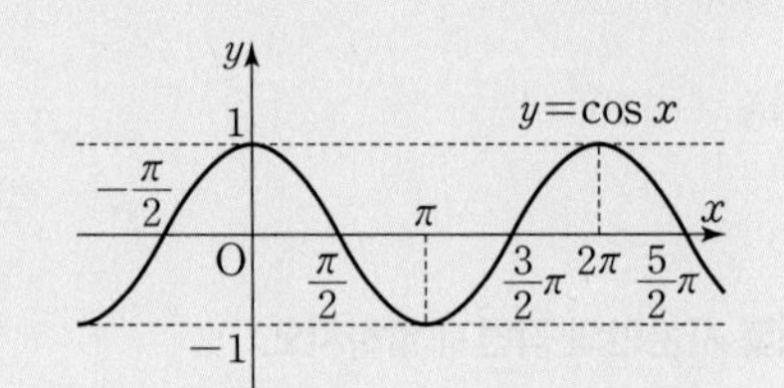

함수 f의 정의역에 속하는 모든 x에 대하여

$f(x+p)=f(x)$

를 만족시키는 0이 아닌 상수 p가 존재할 때, 함수 f를 주기함수라 하고, p의 값 중에서 최소인 양수를 함수 f의 주기라 한다.

(2) 함수 $y=\tan x$의 그래프와 성질

① 정의역: $n\pi+\dfrac{\pi}{2}$ (n은 정수)를 제외한 실수 전체의 집합

② 치역: 실수 전체의 집합

③ 함수 $y=\tan x$의 그래프는 원점에 대하여 대칭이다.

(참고) $\tan(-x)=-\tan x$

④ 주기가 π인 주기함수이다.

(참고) $\tan(n\pi+x)=\tan x$ (n은 정수)

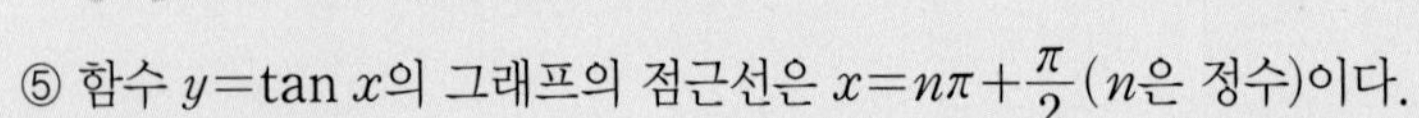
⑤ 함수 $y=\tan x$의 그래프의 점근선은 $x=n\pi+\dfrac{\pi}{2}$ (n은 정수)이다.

(3) 삼각함수의 최대·최소와 주기

삼각함수	최댓값	최솟값	주기
$y=a\sin(bx+c)+d$	$\lvert a\rvert+d$	$-\lvert a\rvert+d$	$\dfrac{2\pi}{\lvert b\rvert}$
$y=a\cos(bx+c)+d$	$\lvert a\rvert+d$	$-\lvert a\rvert+d$	$\dfrac{2\pi}{\lvert b\rvert}$
$y=a\tan(bx+c)+d$	없다.	없다.	$\dfrac{\pi}{\lvert b\rvert}$

함수 $y=a\sin(bx+c)+d$
$=a\sin b\left(x+\dfrac{c}{b}\right)+d$

의 그래프는 함수 $y=a\sin bx$의 그래프를 x축의 방향으로 $-\dfrac{c}{b}$만큼, y축의 방향으로 d만큼 평행이동한 것이다.

05 삼각함수 사이의 관계

26 θ가 제3사분면의 각이고 $\sin\theta=-\frac{3}{5}$일 때, $\cos\theta$, $\tan\theta$의 값을 구하시오.

27 $\sin\theta+\cos\theta=\frac{2}{3}$일 때, 다음 식의 값을 구하시오.

(1) $\sin\theta\cos\theta$

(2) $\frac{\sin\theta}{\cos\theta}+\frac{\cos\theta}{\sin\theta}$

06 삼각함수의 그래프

28 함수 $y=\sin x$, $y=\cos x$에 대하여 □ 안에 알맞은 것을 써넣으시오.

(1) 정의역은 □이고, 치역은 $\{y|-1\le y\le 1\}$이다.

(2) $y=\sin x$의 그래프는 원점에 대하여 대칭이고, $y=\cos x$의 그래프는 □에 대하여 대칭이다.

(3) 주기가 □인 주기함수이다.

[29~30] 다음 삼각함수의 값을 구하시오.

29 $\sin\frac{7}{3}\pi$

30 $\cos\left(-\frac{\pi}{4}\right)$

[31~34] 다음 함수의 그래프를 그리고 치역, 주기를 구하시오.

31 $y=3\sin x$

32 $y=-\sin\left(x-\frac{\pi}{2}\right)$

33 $y=-\cos 2x$

34 $y=\frac{1}{3}\cos\left(2x+\frac{\pi}{2}\right)$

35 함수 $y=-\frac{1}{2}\sin\left(3x-\frac{\pi}{2}\right)+2$의 그래프의 주기를 $a\pi$, 치역을 $\{y|b\le y\le c\}$라 할 때, abc의 값을 구하시오. (단, a, b, c는 상수이다.)

36 함수 $y=\tan x$에 대하여 □ 안에 알맞은 것을 써넣으시오.

(1) 정의역은 □(n은 정수)를 제외한 실수 전체의 집합이고, 치역은 실수 전체의 집합이다.

(2) 그래프는 □에 대하여 대칭이다.

(3) 주기가 □인 주기함수이다.

(4) 그래프의 점근선은 $x=$□(n은 정수)이다.

[37~38] 다음 삼각함수의 값을 구하시오.

37 $\tan\frac{5}{4}\pi$

38 $\tan\left(-\frac{\pi}{6}\right)$

[39~40] 다음 함수의 그래프를 그리고 치역, 주기, 점근선의 방정식을 구하시오.

39 $y=-\tan 2x$

40 $y=2\tan\left(x-\frac{\pi}{2}\right)$

[41~43] 다음 함수의 최댓값, 최솟값, 주기를 구하시오.

41 $y=2\sin\left(3x-\frac{\pi}{6}\right)$

42 $y=-\frac{1}{3}\cos\left(\frac{x}{2}-3\right)+1$

43 $y=-3\tan\frac{\pi}{4}x$

[44~45] 다음 함수의 주기를 구하시오.

44 $y=|\sin x|$

45 $y=\cos|x|$

03 삼각함수의 뜻과 그래프

07 삼각함수의 성질

(1) $-x$의 삼각함수

$$\sin(-x)=-\sin x,\quad \cos(-x)=\cos x,\quad \tan(-x)=-\tan x$$

참고 두 함수 $y=\sin x$, $y=\tan x$의 그래프는 모두 원점에 대하여 대칭이므로
$\sin(-x)=-\sin x$, $\tan(-x)=-\tan x$
또 함수 $y=\cos x$의 그래프는 y축에 대하여 대칭이므로 $\cos(-x)=\cos x$

(2) $\pi\pm x$의 삼각함수

$$\sin(\pi+x)=-\sin x,\ \cos(\pi+x)=-\cos x,\quad \tan(\pi+x)=\tan x$$
$$\sin(\pi-x)=\sin x,\quad \cos(\pi-x)=-\cos x,\quad \tan(\pi-x)=-\tan x$$

참고 두 함수 $y=\sin x$, $y=\cos x$의 그래프는 모두 π의 간격으로 각 함숫값의 부호가 바뀌므로
$\sin(\pi+x)=-\sin x$, $\cos(\pi+x)=-\cos x$
또 함수 $y=\tan x$의 주기가 π이므로 $\tan(\pi+x)=\tan x$
앞의 식에 x 대신 $-x$를 대입하면
$\sin(\pi-x)=-\sin(-x)=\sin x$, $\cos(\pi-x)=-\cos(-x)=-\cos x$,
$\tan(\pi-x)=\tan(-x)=-\tan x$

(3) $\frac{\pi}{2}\pm x$의 삼각함수

$$\sin\left(\frac{\pi}{2}+x\right)=\cos x,\quad \cos\left(\frac{\pi}{2}+x\right)=-\sin x,\quad \tan\left(\frac{\pi}{2}+x\right)=-\frac{1}{\tan x}$$
$$\sin\left(\frac{\pi}{2}-x\right)=\cos x,\quad \cos\left(\frac{\pi}{2}-x\right)=\sin x,\quad \tan\left(\frac{\pi}{2}-x\right)=\frac{1}{\tan x}$$

참고 함수 $y=\sin x$의 그래프를 x축의 방향으로 $-\frac{\pi}{2}$만큼 평행이동하면 함수 $y=\cos x$의 그래프와 일치하므로
$\sin\left(x+\frac{\pi}{2}\right)=\cos x$, 즉 $\sin\left(\frac{\pi}{2}+x\right)=\cos x$이고,
$\cos\left(\frac{\pi}{2}+x\right)=\sin\left\{\frac{\pi}{2}+\left(\frac{\pi}{2}+x\right)\right\}=\sin(\pi+x)=-\sin x$
또 $\tan\left(\frac{\pi}{2}+x\right)=\frac{\sin\left(\frac{\pi}{2}+x\right)}{\cos\left(\frac{\pi}{2}+x\right)}=\frac{\cos x}{-\sin x}=-\frac{1}{\tan x}$
앞의 식에 x 대신 $-x$를 대입하면
$\sin\left(\frac{\pi}{2}-x\right)=\cos(-x)=\cos x$, $\cos\left(\frac{\pi}{2}-x\right)=-\sin(-x)=\sin x$,
$\tan\left(\frac{\pi}{2}-x\right)=-\frac{1}{\tan(-x)}=\frac{1}{\tan x}$

$\frac{n}{2}\pi\pm x$의 삼각함수의 변환
① n이 짝수이면 그대로, n이 홀수이면 $\sin\rightarrow\cos$, $\cos\rightarrow\sin$, $\tan\rightarrow\frac{1}{\tan}$로 바꾼다.
② x를 예각으로 생각하고 $\frac{n}{2}\pi\pm x$를 나타내는 동경이 존재하는 사분면에서의 원래 삼각함수의 부호를 따른다.

08 삼각함수를 포함한 방정식과 부등식

(1) 삼각함수를 포함한 방정식의 풀이
① 주어진 방정식을 $\sin x=k$ (k는 실수)의 꼴로 변형한다.
② 주어진 범위에서 함수 $y=\sin x$의 그래프와 직선 $y=k$를 그린다.
③ 두 그래프의 교점의 x좌표를 구한다.

(2) 삼각함수를 포함한 부등식의 풀이
① 주어진 부등식을 $\sin x>k$ ($\sin x<k$, k는 실수)의 꼴로 변형한다.
② 주어진 범위에서 함수 $y=\sin x$의 그래프와 직선 $y=k$를 그린다.
③ 두 그래프의 교점의 x좌표를 구한다.
④ $\sin x>k$ ($\sin x<k$)의 해는 함수 $y=\sin x$의 그래프가 직선 $y=k$보다 위쪽(아래쪽)에 있는 x의 값의 범위와 같다.

참고 $\cos x$, $\tan x$에 대한 방정식, 부등식도 $\sin x$에 대한 방정식, 부등식과 같은 방법으로 해결한다.

두 종류 이상의 삼각함수를 포함한 방정식과 부등식의 경우에는 한 종류의 삼각함수에 대한 방정식과 부등식으로 변형하여 푼다.

07 삼각함수의 성질

[46~48] 다음 삼각함수의 값을 구하시오.

46 $\sin\left(-\frac{\pi}{3}\right)$

47 $\tan\left(-\frac{\pi}{6}\right)$

48 $\cos 330°$

[49~51] 다음 삼각함수의 값을 구하시오.

49 $\sin\frac{5}{6}\pi$

50 $\cos\frac{4}{3}\pi$

51 $\tan 225°$

52 $\sin\theta=-\frac{3}{5}$, $\cos\theta=\frac{4}{5}$일 때, 다음 삼각함수의 값을 구하시오.

(1) $\cos(-\theta)$

(2) $\sin(\pi+\theta)$

(3) $\cos\left(\frac{\pi}{2}+\theta\right)$

(4) $\tan\left(\frac{\pi}{2}-\theta\right)$

[53~54] 다음 식의 값을 구하시오.

53 $\sin^2\left(\frac{\pi}{2}+\theta\right)+\cos^2\left(\frac{\pi}{2}-\theta\right)$

54 $\tan(-\theta)\tan\left(\frac{\pi}{2}+\theta\right)$

08 삼각함수를 포함한 방정식과 부등식

55 방정식 $2\sin x-\sqrt{2}=0$ $(0\le x<2\pi)$를 푸는 과정에서 □ 안에 알맞은 것을 써넣으시오.

> 주어진 식을 변형하면 $\sin x=$□
> 이 방정식의 해는 함수 $y=\sin x$의 그래프와 직선
> $y=$□의 교점의 □좌표이므로
> $x=\frac{\pi}{4}$ 또는 $x=$□

[56~59] 다음 방정식을 푸시오. (단, $0\le x<2\pi$)

56 $\sin x=-\frac{1}{2}$

57 $2\cos x-1=0$

58 $3\tan x+\sqrt{3}=0$

59 $2\sin 2x=1$

60 $0\le x<2\pi$일 때, 방정식 $2\sin^2 x+3\sin x-2=0$의 해를 구하시오.

61 부등식 $2\cos x<\sqrt{3}$ $(0\le x<2\pi)$를 푸는 과정에서 □ 안에 알맞은 것을 써넣으시오.

> 주어진 식을 변형하면 $\cos x<$□
> 이 부등식의 해는 함수 $y=\cos x$의 그래프가 직선
> $y=$□보다 아래쪽에 있는 부분의 x의 값의 범위이므로
> □$<x<\frac{11}{6}\pi$

[62~65] 다음 부등식을 푸시오. (단, $0\le x<2\pi$)

62 $2\sin x-1\ge 0$

63 $2\cos x+\sqrt{3}<0$

64 $-1\le\tan x\le 1$

65 $\sin\left(x-\frac{\pi}{6}\right)<-\frac{\sqrt{2}}{2}$

66 $0\le x<\pi$일 때, 부등식 $2\sin^2 x+\cos x-2\ge 0$의 해를 구하시오.

유형 완성하기

중요

01 시초선과 동경

$\angle$XOP의 크기는 시초선 OX에서 점 O를 중심으로 동경 OP가 회전한 양으로 나타낸다.

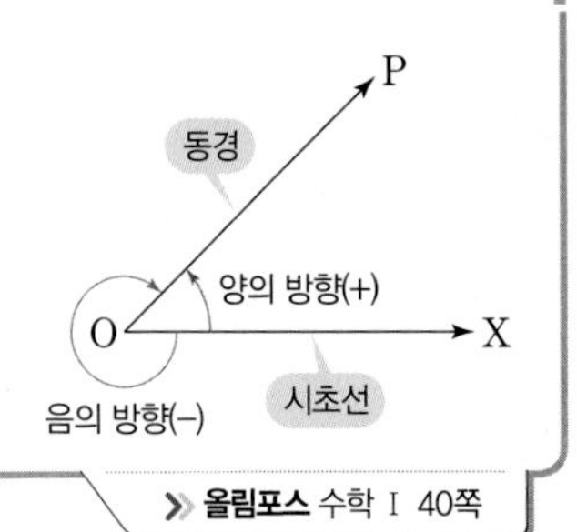

≫ 올림포스 수학 I 40쪽

01 대표문제 ▸ 23642-0231

다음 중 그 각을 나타내는 동경이 제2사분면에 있는 것은?

① 200° ② 330° ③ 740°
④ -240° ⑤ -710°

02 상중하 ▸ 23642-0232

다음 중 그 각을 나타내는 동경이 210°를 나타내는 동경과 y축에 대하여 대칭이 되는 것은?

① 150° ② 300° ③ 580°
④ -60° ⑤ -750°

03 상중하 ▸ 23642-0233

$0^\circ<\theta<180^\circ$일 때, 각 θ를 나타내는 동경과 각 10θ를 나타내는 동경이 일치하도록 하는 각 θ의 크기를 모두 구하시오.

02 일반각

$\angle$XOP의 크기 중 하나를 α°라 할 때

$$\theta=360^\circ\times n+\alpha^\circ\ (n\text{은 정수})$$

로 나타내어지는 각 θ를 동경 OP가 나타내는 일반각이라 한다.

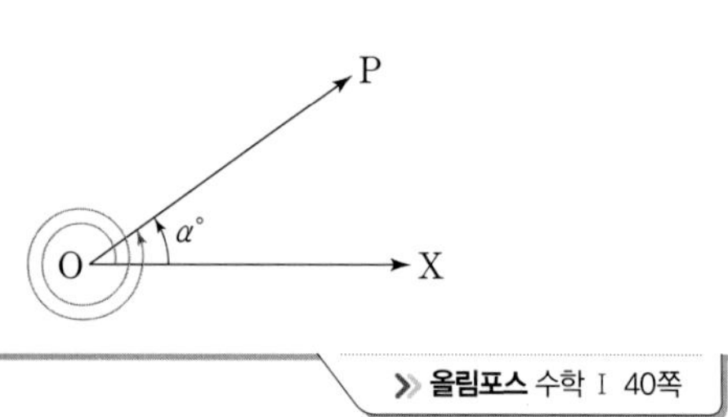

≫ 올림포스 수학 I 40쪽

04 대표문제 ▸ 23642-0234

시초선 OX와 동경 OP가 그림과 같이 주어졌을 때, 동경 OP가 나타낼 수 있는 각은?

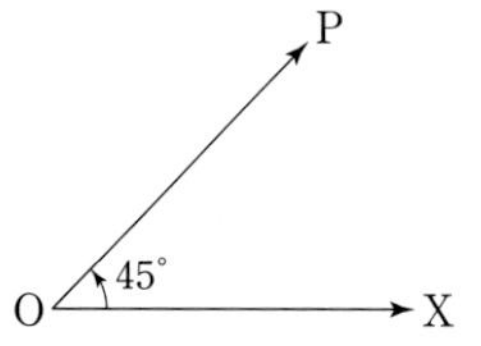

① 225° ② 420°
③ 765° ④ -155°
⑤ -655°

05 상중하 ▸ 23642-0235

각을

$$360^\circ\times n+\alpha^\circ\ (n\text{은 정수, } 0^\circ\le\alpha^\circ<360^\circ)$$

의 꼴로 나타낼 때, 다음 중 α의 값이 가장 작은 각은?

① -700° ② -200° ③ 500°
④ 780° ⑤ 1200°

06 상중하 ▸ 23642-0236

좌표평면에서 x축의 양의 방향을 시초선으로 하여 480°를 나타내는 동경 OP를 원점 O를 중심으로 음의 방향으로 800°만큼 회전한 동경을 OP′이라 하자. 동경 OP′이 나타내는 일반각을 $360^\circ\times n+\alpha^\circ$의 꼴로 나타내시오.

(단, n은 정수이고, $0^\circ\le\alpha^\circ<360^\circ$이다.)

03 사분면의 각

정수 n에 대하여

(1) θ가 제1사분면의 각: $360^\circ \times n < \theta < 360^\circ \times n + 90^\circ$

(2) θ가 제2사분면의 각:
$360^\circ \times n + 90^\circ < \theta < 360^\circ \times n + 180^\circ$

(3) θ가 제3사분면의 각:
$360^\circ \times n + 180^\circ < \theta < 360^\circ \times n + 270^\circ$

(4) θ가 제4사분면의 각:
$360^\circ \times n + 270^\circ < \theta < 360^\circ \times n + 360^\circ$

>> 올림포스 수학 I 40쪽

07 대표문제

▸ 23642-0237

θ가 제2사분면의 각일 때, 각 $\frac{\theta}{2}$를 나타내는 동경이 존재할 수 있는 사분면을 모두 구하시오.

08 상중하

▸ 23642-0238

$40^\circ < \theta < 60^\circ$일 때, 다음 중 그 동경이 제3사분면에 존재할 수 있는 각은?

① 2θ ② 3θ ③ 6θ
④ 7θ ⑤ 9θ

09 상중하

▸ 23642-0239

θ가 제1사분면의 각일 때, 각 $\frac{\theta}{3}$를 나타내는 동경이 속하는 모든 영역을 좌표평면 위에 나타낸 것은? (단, 경계선은 제외한다.)

①
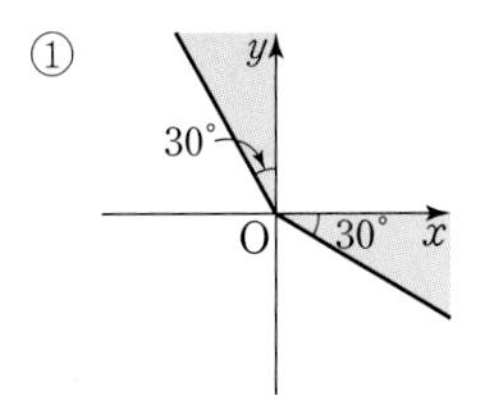

②
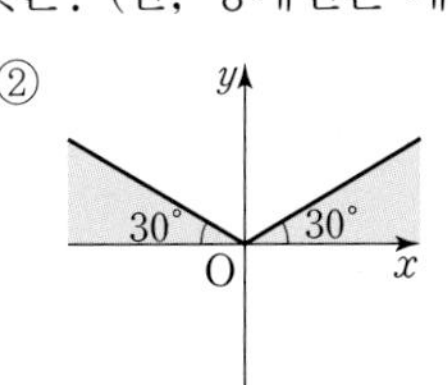

③
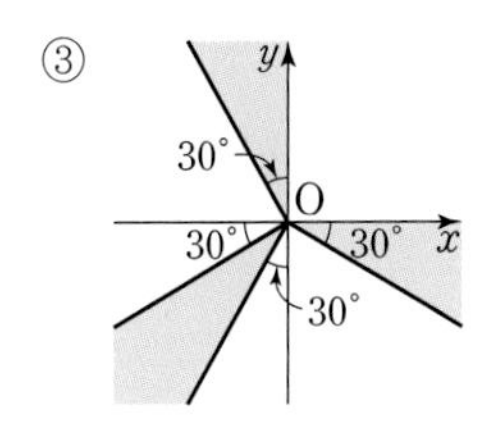

④
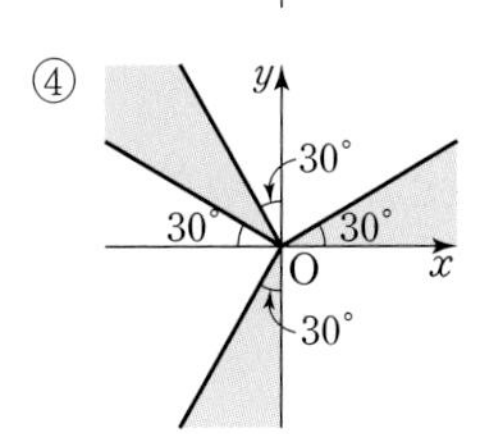

⑤
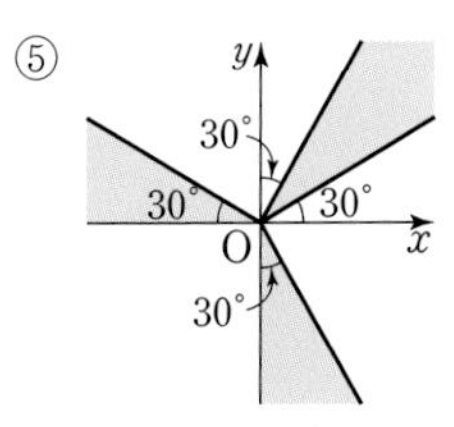

04 육십분법과 호도법

$1(\text{라디안}) = \frac{180^\circ}{\pi}$, $1^\circ = \frac{\pi}{180}(\text{라디안})$이므로

(1) (육십분법의 각)=(호도법의 각)$\times \frac{180^\circ}{\pi}$

(2) (호도법의 각)=(육십분법의 각)$\times \frac{\pi}{180}$

>> 올림포스 수학 I 40쪽

10 대표문제

▸ 23642-0240

다음 중 옳지 않은 것은?

① $90^\circ = \frac{\pi}{2}$ ② $135^\circ = \frac{3}{4}\pi$ ③ $\frac{5}{3}\pi = 150^\circ$
④ $\frac{2}{9}\pi = 40^\circ$ ⑤ $-120^\circ = -\frac{2}{3}\pi$

11 상중하

▸ 23642-0241

다음 중 각을 나타내는 동경이 $\frac{7}{6}\pi$를 나타내는 동경과 같은 사분면에 존재하는 것은?

① -240° ② -40° ③ 80°
④ $\frac{4}{5}\pi$ ⑤ $\frac{10}{3}\pi$

12 상중하

▸ 23642-0242

다음 **보기**에서 옳은 것만을 있는 대로 고르시오.

보기

ㄱ. 1라디안은 60°보다 그 크기가 작다.

ㄴ. $\frac{2}{3}\pi$는 제3사분면의 각이다.

ㄷ. $35^\circ = \frac{7}{36}\pi$

ㄹ. 135°, $\frac{3}{4}\pi$, $-\frac{13}{4}\pi$를 나타내는 동경은 모두 일치한다.

중요

05 부채꼴의 호의 길이와 넓이

반지름의 길이가 r, 중심각의 크기가 θ인 부채꼴의 호의 길이를 l, 넓이를 S라 하면

$$l=r\theta,\ S=\frac{1}{2}r^2\theta=\frac{1}{2}rl$$

» 올림포스 수학 Ⅰ 40쪽

13 대표문제 ▸ 23642-0243

넓이가 24π이고 호의 길이가 6π인 부채꼴의 중심각의 크기는?

① $\frac{3}{4}\pi$ ② $\frac{5}{6}\pi$ ③ π
④ $\frac{5}{4}\pi$ ⑤ $\frac{3}{2}\pi$

14 상중하 ▸ 23642-0244

그림과 같이 중심이 O인 부채꼴 AOB에서 $\angle\text{AOB}=\frac{\pi}{4}$이고 호 AB의 길이는 2π이다. 부채꼴 AOB의 넓이는?

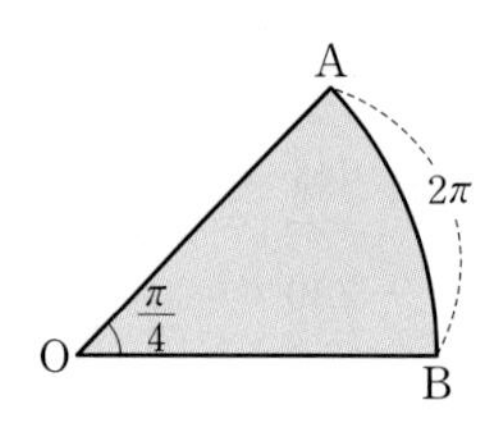

① 5π ② 6π ③ 7π
④ 8π ⑤ 9π

15 상중하 ▸ 23642-0245

둘레의 길이가 16 cm인 부채꼴의 최대 넓이를 $S\,\text{cm}^2$, 그때의 반지름의 길이를 $r\,\text{cm}$라 하자. $S+r$의 값은?

① 14 ② 16 ③ 18
④ 20 ⑤ 22

06 부채꼴의 호의 길이와 넓이의 활용

다양한 도형에서 부채꼴의 호의 길이 또는 넓이를 구하여 문제를 해결한다.

» 올림포스 수학 Ⅰ 40쪽

16 대표문제 ▸ 23642-0246

모선의 길이가 8인 원뿔이 있다. 이 원뿔의 밑면의 넓이가 4π일 때, 원뿔의 옆면의 넓이를 구하시오.

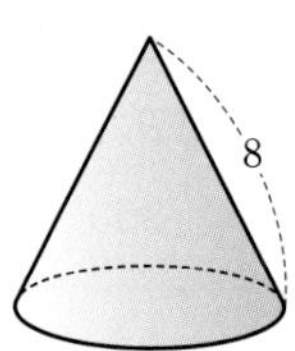

17 상중하 ▸ 23642-0247

밑면인 원의 반지름의 길이가 4이고 모선의 길이가 6인 원뿔이 있다. 이 원뿔의 옆면의 전개도인 부채꼴의 중심각의 크기는?

① $\frac{\pi}{2}$ ② $\frac{4}{3}\pi$ ③ $\frac{3}{2}\pi$
④ $\frac{5}{3}\pi$ ⑤ $\frac{16}{9}\pi$

18 상중하 ▸ 23642-0248

그림과 같이 $\angle\text{A}=\frac{\pi}{6}$인 삼각형 ABC의 외접원의 반지름의 길이가 4일 때, 호 BC와 현 BC로 둘러싸인 부분의 넓이는?

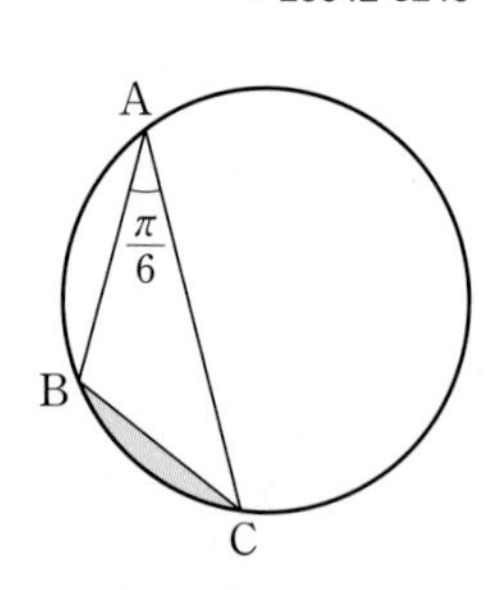

① $\frac{9\pi-8\sqrt{3}}{3}$ ② $\frac{9\pi-10\sqrt{3}}{3}$
③ $\frac{8\pi-8\sqrt{3}}{3}$ ④ $\frac{8\pi-10\sqrt{3}}{3}$
⑤ $\frac{8\pi-12\sqrt{3}}{3}$

중요
07 삼각함수의 뜻

중심이 원점 O, 반지름의 길이가 r인 원 위의 점 P(x, y)에 대하여 동경 OP가 x축의 양의 방향과 이루는 각의 크기를 θ라 하면

(1) $r=\overline{\mathrm{OP}}=\sqrt{x^2+y^2}$

(2) $\sin\theta=\frac{y}{r}$, $\cos\theta=\frac{x}{r}$, $\tan\theta=\frac{y}{x}$ $(x\neq0)$

>> 올림포스 수학 I 41쪽

19 대표문제
▸ 23642-0249

원점 O와 점 P$(2, -\sqrt{5})$에 대하여 동경 OP가 나타내는 각의 크기를 θ라 할 때, $6\sin\theta+6\tan\theta$의 값은?

① $-8\sqrt{5}$　② $-7\sqrt{5}$　③ $-6\sqrt{5}$
④ $-5\sqrt{5}$　⑤ $-4\sqrt{5}$

20 상중하
▸ 23642-0250

좌표평면에서 원 $x^2+y^2=1$과 직선 $y=-\sqrt{3}x$가 제4사분면에서 만나는 점을 P라 하자. 동경 OP가 나타내는 각의 크기를 θ라 할 때, $4\sin\theta\cos\theta$의 값은? (단, O는 원점이다.)

① $-\sqrt{3}$　② $-\sqrt{2}$　③ 1
④ $\sqrt{2}$　⑤ $\sqrt{3}$

21 상중하
▸ 23642-0251

원점 O와 점 P$(a, -4)$에 대하여 동경 OP가 나타내는 각의 크기를 θ라 하자. $\sin\theta=-\frac{2\sqrt{5}}{5}$일 때, $\tan\theta$의 값을 구하시오.
(단, $a<0$)

중요
08 삼각함수의 값의 부호

제1사분면에서 $(+)$인 것은
$\sin\theta$, $\cos\theta$, $\tan\theta$
제2사분면에서 $(+)$인 것은 $\sin\theta$
제3사분면에서 $(+)$인 것은 $\tan\theta$
제4사분면에서 $(+)$인 것은 $\cos\theta$

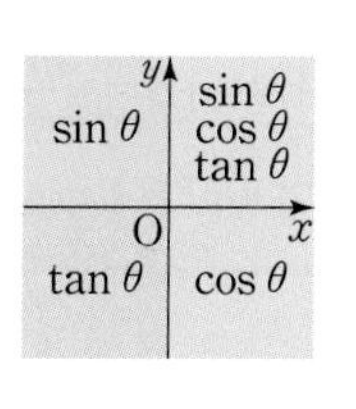

>> 올림포스 수학 I 41쪽

22 대표문제
▸ 23642-0252

$\sin\theta\tan\theta>0$을 만족시키는 각 θ의 동경이 존재하는 사분면은?

① 제1사분면 또는 제2사분면
② 제1사분면 또는 제4사분면
③ 제2사분면 또는 제3사분면
④ 제2사분면 또는 제4사분면
⑤ 제3사분면 또는 제4사분면

23 상중하
▸ 23642-0253

$\sqrt{\cos\theta}\sqrt{\tan\theta}=-\sqrt{\cos\theta\tan\theta}$를 만족시키는 각 θ에 대하여

$$|\sin\theta|+|\cos\theta+\tan\theta|-\sqrt{\tan^2\theta}+\sqrt{(1-\sin\theta)^2}$$

을 간단히 하시오. (단, $\cos\theta\tan\theta\neq0$)

24 상중하
▸ 23642-0254

$\sin\theta\cos\theta>0$, $\sin\theta+\cos\theta<0$을 동시에 만족시키는 각 θ에 대하여 **보기**에서 항상 옳은 것만을 있는 대로 고른 것은?

보기
ㄱ. $\sin\theta-\cos\theta<0$
ㄴ. $\tan\theta-\sin\theta>0$
ㄷ. $\frac{\tan\theta}{\cos\theta}<0$

① ㄱ　② ㄴ　③ ㄱ, ㄴ
④ ㄱ, ㄷ　⑤ ㄴ, ㄷ

중요

09 삼각함수 사이의 관계 (1) – 식 간단히 하기

(1) $\tan\theta=\dfrac{\sin\theta}{\cos\theta}$

(2) $\sin^2\theta+\cos^2\theta=1$

≫ 올림포스 수학 I 41쪽

25 대표문제

▸ 23642-0255

$\dfrac{\cos\theta}{1-\sin\theta}+\dfrac{\cos\theta}{1+\sin\theta}$를 간단히 하면?

① 0 ② $-2\sin\theta$ ③ 1 ④ 2 ⑤ $\dfrac{2}{\cos\theta}$

26 상중하

▸ 23642-0256

다음 식을 간단히 하시오.

(1) $\left(\dfrac{1}{\cos\theta}+1\right)\left(\dfrac{1}{\sin\theta}+1\right)\left(\dfrac{1}{\cos\theta}-1\right)\left(\dfrac{1}{\sin\theta}-1\right)$

(2) $\dfrac{\cos^2\theta}{1+\sin\theta}+1+\sin\theta$

(3) $\dfrac{2\tan^2\theta+1}{\tan^2\theta+1}-\sin^2\theta$

27 상중하

▸ 23642-0257

$0<\cos\theta<\sin\theta$일 때,

$$\frac{(\tan\theta-1)\sqrt{1+2\sin\theta\cos\theta}}{(\tan\theta+1)\sqrt{1-2\sin\theta\cos\theta}}$$

를 간단히 하면?

① -2 ② -1 ③ 0 ④ 1 ⑤ 2

10 삼각함수 사이의 관계 (2) – 식의 값 구하기

삼각함수의 값과 삼각함수 사이의 관계를 이용, 주어진 식의 모양을 변형하여 값을 구한다.

≫ 올림포스 수학 I 41쪽

28 대표문제

▸ 23642-0258

$\sin\theta+\cos\theta=\dfrac{1}{2}$일 때, $\sin\theta\cos\theta$의 값을 구하시오.

29 상중하

▸ 23642-0259

$\pi<\theta<\dfrac{3}{2}\pi$인 θ에 대하여 $\tan\theta-\dfrac{2}{\tan\theta}=1$일 때, $5\sin\theta\cos\theta$의 값은?

① 1 ② 2 ③ 3 ④ 4 ⑤ 5

30 상중하

▸ 23642-0260

$4\cos^2\theta+\dfrac{1}{\cos^2\theta}=4$일 때, $\left(\sin\theta+\dfrac{1}{\sin\theta}\right)^2+\left(\cos\theta+\dfrac{1}{\cos\theta}\right)^2$의 값은?

① 1 ② 4 ③ 5 ④ 8 ⑤ 9

11 주기함수

함수 $f(x)$가 주기 p인 주기함수이면
$\cdots=f(x-2p)=f(x-p)=f(x)=f(x+p)$
$=f(x+2p)=\cdots$
즉, $f(x+np)=f(x)$ (단, n은 정수)

31 대표문제 ▶ 23642-0261

함수 $f(x)=\sin^2\frac{x}{3}-\tan x-\cos\frac{3}{2}x$의 주기를 p라 할 때, $f(p)$의 값은?

① -1 ② $-\frac{1}{2}$ ③ 0
④ $\frac{1+\sqrt{2}}{3}$ ⑤ 2

32 상중하 ▶ 23642-0262

함수 $f(x)=\dfrac{\tan^2(x+\pi)-2\cos x+1}{\sin\left(\frac{\pi}{2}-x\right)}$의 주기를 p라 할 때,

$f(p)\times f(2p)\times f(3p)\times\cdots\times f(9p)$

의 값을 구하시오.

33 상중하 ▶ 23642-0263

함수 $f(x)$가 다음 조건을 만족시킬 때, $f(99)$의 값을 구하시오.

(가) $0\le x\le 2$일 때, $f(x)=\sin\frac{\pi}{2}x$
(나) 모든 실수 x에 대하여 $f(x+2)=f(x)$

중요
12 삼각함수와 그 그래프

함수	$y=\sin x$	$y=\cos x$	$y=\tan x$
정의역	실수 전체의 집합		$n\pi+\frac{\pi}{2}$ (n은 정수)를 제외한 실수 전체의 집합
치역	$\{y \mid -1\le y\le 1\}$		실수 전체의 집합
대칭성	원점 대칭	y축 대칭	원점 대칭
주기	2π		π
점근선	없음		$x=n\pi+\frac{\pi}{2}$ (n은 정수)

>> 올림포스 수학 Ⅰ 42쪽

34 대표문제 ▶ 23642-0264

함수 $f(x)=\sin x$에 대한 설명으로 옳지 않은 것은?

① $f(\pi)=0$
② 그래프는 원점을 지난다.
③ 주기가 2π인 주기함수이다.
④ 최댓값은 1, 최솟값은 -1이다.
⑤ 정의역과 치역은 모두 실수 전체의 집합이다.

35 상중하 ▶ 23642-0265

$\sin\left(-\frac{\pi}{3}\right)+\tan\frac{5}{4}\pi$의 값을 구하시오.

36 상중하 ▶ 23642-0266

삼각함수에 대한 다음 설명 중 옳은 것은?

① 함수 $y=\tan x$의 주기는 2π이다.
② 함수 $y=\cos x$의 최솟값, 최댓값은 없다.
③ 함수 $y=\sin x$, $y=\tan x$의 그래프는 모두 y축에 대하여 대칭이다.
④ $\frac{\pi}{4}<\theta<\frac{\pi}{2}$일 때, $\sin\theta>\cos\theta$이다.
⑤ $\sin 1<\cos 1<\tan 1$이다.

13 함수 $y=a\sin(bx+c)+d$의 그래프

함수 $y=a\sin(bx+c)+d=a\sin b\left(x+\frac{c}{b}\right)+d$의 그래프는 함수 $y=a\sin bx$의 그래프를 x축의 방향으로 $-\frac{c}{b}$만큼, y축의 방향으로 d만큼 평행이동한 것이다.

참고 최댓값: $|a|+d$, 최솟값: $-|a|+d$,
주기: $\frac{2\pi}{|b|}$

» 올림포스 수학 I 42쪽

37 대표문제 ▸ 23642-0267

함수 $f(x)=-2\sin\left(3x-\frac{\pi}{2}\right)+1$에 대한 설명으로 옳지 않은 것은?

① 주기는 $\frac{2\pi}{3}$이다.
② 최댓값은 3이다.
③ 최솟값은 -1이다.
④ 그래프는 함수 $f(x)=-2\sin 3x+1$의 그래프를 x축의 방향으로 $\frac{\pi}{2}$만큼 평행이동한 것이다.
⑤ $f\left(\frac{\pi}{2}\right)=1$

38 상중하 ▸ 23642-0268

함수 $y=3\sin(ax+2)+b$는 주기가 8π이고 최솟값이 -2이다. 두 상수 a, b에 대하여 $a+b$의 값을 구하시오. (단, $a>0$)

39 상중하 ▸ 23642-0269

함수 $y=6\sin 2x-1$의 그래프를 x축에 대하여 대칭이동한 후 y축의 방향으로 $-\frac{4}{3}$만큼 평행이동한 그래프의 식이 $y=a\sin 2x+b$일 때, 두 상수 a, b에 대하여 ab의 값을 구하시오.

14 함수 $y=a\cos(bx+c)+d$의 그래프

함수 $y=a\cos(bx+c)+d=a\cos b\left(x+\frac{c}{b}\right)+d$의 그래프는 함수 $y=a\cos bx$의 그래프를 x축의 방향으로 $-\frac{c}{b}$만큼, y축의 방향으로 d만큼 평행이동한 것이다.

참고 최댓값: $|a|+d$, 최솟값: $-|a|+d$,
주기: $\frac{2\pi}{|b|}$

» 올림포스 수학 I 42쪽

40 대표문제 ▸ 23642-0270

함수 $y=-\frac{1}{3}\cos\left(2x-\frac{\pi}{3}\right)+2$의 최댓값을 M, 최솟값을 m, 주기를 p라 할 때, $\sin(pM+pm)$의 값을 구하시오.

41 상중하 ▸ 23642-0271

함수 $y=2\cos\frac{\pi}{2}x$의 그래프를 x축의 방향으로 $\frac{1}{3}$만큼, y축의 방향으로 -1만큼 평행이동한 그래프가 나타내는 함수의 주기를 p, 최솟값을 m이라 할 때, $p+m$의 값은?

① -1 ② 0 ③ 1
④ 2 ⑤ 3

42 상중하 ▸ 23642-0272

$0\le x\le\frac{\pi}{2}$에서 정의된 함수 $f(x)=-2\cos 4x$가 $x=a$에서 최댓값 b를 갖는다고 할 때, $2ab$의 값을 구하시오.

15 함수 $y=a\tan(bx+c)+d$의 그래프

함수 $y=a\tan(bx+c)+d=a\tan b\left(x+\frac{c}{b}\right)+d$의 그래프는 함수 $y=a\tan bx$의 그래프를 x축의 방향으로 $-\frac{c}{b}$만큼, y축의 방향으로 d만큼 평행이동한 것이다.

참고 최댓값: 없음, 최솟값: 없음, 주기: $\frac{\pi}{|b|}$,

점근선의 방정식: $x=\frac{1}{b}\left(n\pi+\frac{\pi}{2}-c\right)$ (n은 정수)

>> 올림포스 수학 I 42쪽

43 대표문제 ▸ 23642-0273

함수 $f(x)=2\tan(3x-\pi)-1$에 대한 설명으로 옳지 않은 것은?

① 주기는 $\frac{\pi}{3}$이다.

② 최댓값과 최솟값은 없다.

③ 그래프의 점근선의 방정식은 $x=\frac{n}{3}\pi+\frac{\pi}{2}$ (n은 정수)이다.

④ 그래프는 함수 $y=2\tan 3x$의 그래프를 x축의 방향으로 $\frac{\pi}{3}$만큼, y축의 방향으로 -1만큼 평행이동한 것이다.

⑤ $f\left(\frac{\pi}{4}\right)=3$

44 상중하 ▸ 23642-0274

다음 중 함수 $y=2\tan 4x$의 그래프를 평행이동 또는 대칭이동하여 겹쳐질 수 있는 그래프의 식인 것은?

① $y=2\tan x-1$　② $y=-\tan 4x$
③ $y=2\tan 2x+3$　④ $y=-2\tan(4x-3)$
⑤ $y=3\tan(4x+2)$

45 상중하 ▸ 23642-0275

함수 $y=-3\tan\frac{\pi}{3}x+2$와 주기가 같은 함수인 것만을 **보기**에서 있는 대로 고르시오.

보기

ㄱ. $y=-\sin\left(\frac{2\pi}{3}x-\frac{4}{3}\pi\right)$　ㄴ. $y=-3\sin\frac{\pi}{2}x+2$

ㄷ. $y=2\cos\frac{\pi}{3}x-1$　ㄹ. $y=4\tan\left(\frac{\pi}{3}x+1\right)$

16 삼각함수의 미정계수 구하기 (1) – 조건을 이용

(1) $y=a\sin bx+c$, $y=a\cos bx+c$
a와 c는 함수의 최대·최소 또는 함숫값을 이용하여 결정, b는 주기를 이용하여 결정

(2) $y=a\tan bx+c$
a와 c는 함숫값을 이용하여 결정, b는 주기 또는 점근선의 방정식을 이용하여 결정

46 대표문제 ▸ 23642-0276

함수 $y=a\sin bx+c$의 최댓값은 4, 최솟값은 0, 주기는 $\frac{\pi}{3}$이다. 세 상수 a, b, c에 대하여 abc의 값은? (단, $a>0$, $b>0$)

① 22　② 24　③ 26
④ 28　⑤ 30

47 상중하 ▸ 23642-0277

함수 $f(x)=a\cos\left(x-\frac{\pi}{6}\right)+b$의 최댓값이 3이고 $f\left(\frac{\pi}{2}\right)=-1$일 때, 두 상수 a, b에 대하여 ab의 값은? (단, $a>0$)

① -40　② -25　③ $-\frac{50}{3}$
④ 20　⑤ 30

48 상중하 ▸ 23642-0278

두 상수 a, b에 대하여 함수 $f(x)=a\tan\left(\frac{\pi}{2}x+\frac{\pi}{4}\right)+b$가 다음 조건을 만족시킬 때, $f\left(\frac{1}{6}\right)$의 값을 구하시오.

(가) 그래프는 함수 $y=2\tan\frac{\pi}{2}x$의 그래프와 평행이동하여 겹쳐진다.
(나) y절편은 1이다.

중요

17 삼각함수의 미정계수 구하기 (2) – 그래프를 이용

그래프에서 최댓값, 최솟값, 주기 등의 정보를 바탕으로 삼각함수의 미정계수를 구한다.

» 올림포스 수학 I 42쪽

49 대표문제 ▶ 23642-0279

함수 $y=a\sin(bx-c)$의 그래프는 그림과 같다. 세 상수 a, b, c에 대하여 abc의 값을 구하시오. (단, $a>0$, $b>0$, $0<c<2\pi$)

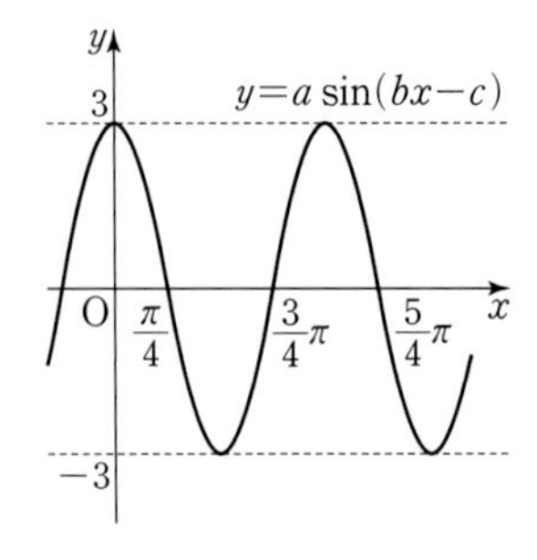

50 상중하 ▶ 23642-0280

함수 $y=-\tan(ax-b)$의 그래프는 그림과 같다. 두 상수 a, b에 대하여 ab의 값을 구하시오. (단, $a>0$, $0<b<\pi$)

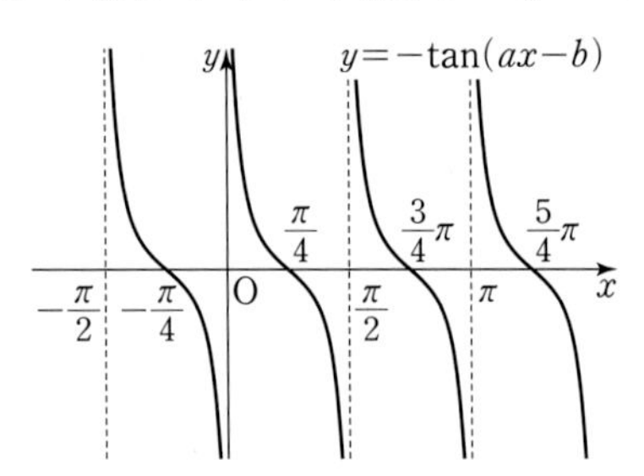

51 상중하 ▶ 23642-0281

다음 중 함수 $y=f(x)$의 그래프가 오른쪽 그림과 같은 것은?

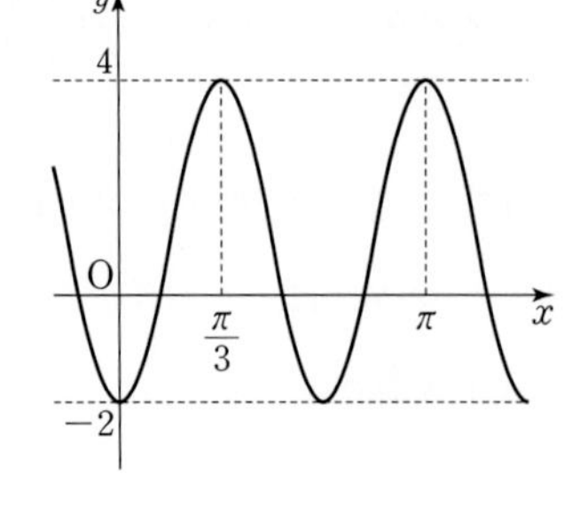

① $f(x)=2\sin(3x+\pi)+1$
② $f(x)=3\sin(3x-\pi)+1$
③ $f(x)=3\cos(3x-\pi)+1$
④ $f(x)=\cos(3x+\pi)+3$
⑤ $f(x)=2\cos(3x-\pi)+2$

18 절댓값 기호를 포함한 삼각함수의 그래프

(1) $y=f(|x|)$의 그래프

함수 $y=f(x)$의 그래프에서 $x\geq0$인 부분은 그대로 두고, $x<0$인 부분은 $x\geq0$인 부분을 y축에 대하여 대칭이동하여 그린다.

(2) $y=|f(x)|$의 그래프

함수 $y=f(x)$의 그래프에서 $y\geq0$인 부분은 그대로 두고, $y<0$인 부분은 $y\geq0$인 부분을 x축에 대하여 대칭이동하여 그린다.

52 대표문제 ▶ 23642-0282

다음 중 함수 $y=|\sin x|$에 대한 설명으로 옳은 것은?

① 그래프는 x축에 대하여 대칭이다.
② 주기는 2π이다.
③ 최댓값은 2, 최솟값은 0이다.
④ 평행이동하면 함수 $y=|\cos x|$의 그래프와 겹쳐질 수 있다.
⑤ y절편은 1이다.

53 상중하 ▶ 23642-0283

함수 $y=|\tan x|$의 주기를 $a\pi$, 함수 $y=2|\cos x|+3$의 최솟값을 b라 할 때, $a+b$의 값은?

① 4 ② 5 ③ 6
④ 7 ⑤ 8

54 상중하 ▶ 23642-0284

함수 $y=|\sin \pi x|$의 그래프와 직선 $y=\frac{1}{n}x$의 교점의 개수를 $p(n)$이라 할 때, $p(1)+p(2)+p(3)$의 값을 구하시오.

중요
19 삼각함수의 성질

$\frac{n}{2}\pi \pm x$ 꼴의 각에 대한 삼각함수의 값을 구할 때에는

(i) n이 짝수이면 그대로, n이 홀수이면

$\sin \rightarrow \cos$, $\cos \rightarrow \sin$, $\tan \rightarrow \frac{1}{\tan}$로 바꾼다.

(ii) x를 예각으로 생각하고 $\frac{n}{2}\pi \pm x$를 나타내는 동경이 존재하는 사분면에서의 원래 삼각함수의 부호를 따른다.

>> 올림포스 수학 I 42쪽

55 대표문제
▸ 23642-0285

$\sin^2 \frac{7}{6}\pi + \cos^2 \frac{5}{6}\pi$의 값은?

① $\frac{1}{4}$　② $\frac{1}{3}$　③ $\frac{\sqrt{3}}{3}$
④ $\frac{3}{4}$　⑤ 1

56 상중하
▸ 23642-0286

$10\theta = \frac{\pi}{2}$일 때, $\tan\theta \times \tan 2\theta \times \tan 3\theta \times \cdots \times \tan 9\theta$의 값을 구하시오.

57 상중하
▸ 23642-0287

$\overline{AB} = \overline{AC}$인 이등변삼각형 ABC에서 $\cos(A+B) = -\frac{2}{5}$일 때, $\sin B$의 값은?

① $\frac{2\sqrt{5}}{5}$　② $\frac{\sqrt{21}}{5}$　③ $\frac{\sqrt{22}}{5}$
④ $\frac{\sqrt{23}}{5}$　⑤ $\frac{2\sqrt{6}}{5}$

20 삼각함수를 포함한 함수의 최대·최소 (1) – 일차식 꼴

(1) 두 종류 이상의 삼각함수를 포함한 경우, 삼각함수의 성질을 바탕으로 한 종류의 삼각함수로 통일한다.

(2) $-1 \le \sin x \le 1$, $-1 \le \cos x \le 1$을 이용한다.

58 대표문제
▸ 23642-0288

함수 $y = a\cos 4x + b$의 최댓값이 5, 최솟값이 1일 때, 두 상수 a, b에 대하여 $a-b$의 값은? (단, $a>0$)

① -2　② -1　③ 0
④ 1　⑤ 2

59 상중하
▸ 23642-0289

함수 $y = |2\sin x - 3| + k$의 최댓값과 최솟값의 합이 2일 때, 상수 k의 값을 구하시오.

60 상중하
▸ 23642-0290

함수 $y = 2\sin\left(\frac{\pi}{4} - x\right) + \cos\left(\frac{3}{4}\pi - x\right) + 1$의 최댓값이 M, 최솟값이 m일 때, $M-m$의 값은?

① 2　② 3　③ 4
④ 5　⑤ 6

중요

21 삼각함수를 포함한 함수의 최대·최소 (2) – 이차식 꼴

(i) 주어진 식의 삼각함수를 t로 치환하여 t에 대한 이차 함수를 얻는다.
(ii) (i)의 함수에 대한 그래프를 이용하여 최댓값 또는 최솟값을 구한다.(t의 값의 범위에 유의)

61 대표문제 ▸ 23642-0291

함수 $y=4\sin^2 x+4\cos x-8$의 최댓값과 최솟값의 합을 구하시오.

62 상중하 ▸ 23642-0292

함수 $y=-3a\cos^2\theta-4a\sin\theta+b$의 최댓값이 31, 최솟값이 -19일 때, 두 상수 a, b에 대하여 $a+b$의 값은? (단, $a>0$)

① 11 ② 13 ③ 15
④ 17 ⑤ 19

63 상중하 ▸ 23642-0293

실수 k에 대하여 함수

$$y=\sin^2\left(\frac{\pi}{2}-x\right)+\cos(\pi-x)+k$$

의 최댓값은 3, 최솟값은 l이다. $k+l$의 값은?

① 1 ② $\frac{5}{4}$ ③ $\frac{3}{2}$
④ $\frac{7}{4}$ ⑤ 4

22 삼각함수를 포함한 함수의 최대·최소 (3) – 유리식 꼴

(i) 주어진 식의 삼각함수를 t로 치환하여 t에 대한 유리 함수를 얻는다.
(ii) (i)의 함수에 대한 그래프를 이용하여 최댓값 또는 최솟값을 구한다. (t의 값의 범위에 유의)

64 대표문제 ▸ 23642-0294

함수 $y=\frac{-2\sin x+5}{\sin x+2}$의 최댓값을 M, 최솟값을 m이라 할 때, $M+m$의 값은?

① 8 ② 7 ③ 6
④ 5 ⑤ 4

65 상중하 ▸ 23642-0295

$\frac{\pi}{4}\le\theta\le\frac{\pi}{3}$일 때, 함수 $y=\frac{3\tan\theta+4}{\tan\theta+1}$의 최댓값을 M, 최솟값을 m이라 하자. $M-m$의 값을 구하시오.

66 상중하 ▸ 23642-0296

함수 $y=\frac{a\cos\theta+1}{\cos\theta+3}$의 최댓값이 1일 때, 상수 a의 값은? (단, $a>1$)

① 2 ② 3 ③ 4
④ 5 ⑤ 6

중요
23 삼각함수를 포함한 방정식 (1) – 일차식 꼴

(i) 주어진 방정식을 $\sin x=k$ (또는 $\cos x=k$ 또는 $\tan x=k$)의 꼴로 변형한다.
(ii) 함수 $y=\sin x$ (또는 $y=\cos x$ 또는 $y=\tan x$)의 그래프와 직선 $y=k$의 교점의 x좌표를 구한다.

>> 올림포스 수학 I 43쪽

67 대표문제
▶ 23642-0297

$0\le x<2\pi$에서 방정식 $2\sin x+\sqrt{2}=0$의 두 실근이 α, β일 때, $\beta-\alpha$의 값은? (단, $\alpha<\beta$)

① $\frac{\pi}{2}$ ② $\frac{2}{3}\pi$ ③ π
④ $\frac{4}{3}\pi$ ⑤ 2π

68 상중하
▶ 23642-0298

$0\le x<\pi$일 때, 방정식 $\tan 2x=1$을 푸시오.

69 상중하
▶ 23642-0299

$0\le x<2\pi$일 때, 다음 연립방정식을 푸시오.

$$\begin{cases} |\tan x|=\sqrt{3} \\ 2\cos\left(x+\frac{\pi}{3}\right)=1 \end{cases}$$

중요
24 삼각함수를 포함한 방정식 (2) – 이차식 꼴

(i) $\sin^2 x+\cos^2 x=1$을 이용하여 주어진 방정식을 한 종류의 삼각함수에 대한 방정식으로 변형한다.
(ii) 삼각함수를 t로 치환하여 t에 대한 방정식의 해를 구한 후, 이에 맞는 x의 값을 구한다.

70 대표문제
▶ 23642-0300

$0\le\theta<2\pi$일 때, 방정식 $2\sin^2\theta+3\cos\theta-3=0$의 모든 근의 합을 구하시오.

71 상중하
▶ 23642-0301

방정식 $4\sin^2 x-3=0$과 부등식 $\tan x<0$을 동시에 만족시키는 모든 x의 값의 합은? (단, $0<x<2\pi$)

① 2π ② $\frac{7}{3}\pi$ ③ $\frac{8}{3}\pi$
④ 3π ⑤ $\frac{10}{3}\pi$

72 상중하
▶ 23642-0302

방정식 $2\log(1-\sin x)-2\log\cos x=\log 3$을 푸시오.
(단, $0<x<2\pi$)

25 삼각함수를 포함한 방정식의 실근

방정식 $f(x)=g(x)$의 실근은 함수 $y=f(x)$의 그래프와 함수 $y=g(x)$의 그래프의 교점의 x좌표와 같다.

≫ 올림포스 수학 I 43쪽

73 대표문제 ▸ 23642-0303

$0\le x<2\pi$일 때, 방정식 $\cos 2x=\frac{1}{2}$의 모든 실근의 합을 구하시오.

74 상중하 ▸ 23642-0304

방정식 $\sin x=\frac{1}{9}x$의 서로 다른 실근의 개수는?

① 4 ② 5 ③ 6
④ 7 ⑤ 8

75 상중하 ▸ 23642-0305

방정식 $3\cos^2 x-6\sin x-a=0$이 실근을 갖도록 하는 실수 a의 값의 범위는?

① $-6\le a\le 6$ ② $-5\le a\le 7$ ③ $-7\le a\le 5$
④ $-3\le a\le 9$ ⑤ $-9\le a\le 3$

중요
26 삼각함수를 포함한 부등식 (1) – 일차식 꼴

부등식 $f(x)>g(x)$의 실근을 구할 때에는 함수 $y=f(x)$의 그래프와 함수 $y=g(x)$의 그래프의 교점을 기준으로 부등식을 만족시키는 x의 값의 범위를 구한다.

≫ 올림포스 수학 I 43쪽

76 대표문제 ▸ 23642-0306

$0\le\theta<\pi$에서 부등식 $\tan\theta\ge-\frac{\sqrt{3}}{3}$의 해가 $0\le\theta<\alpha$ 또는 $\beta\le\theta<\pi$일 때, $\alpha+\beta$의 값은?

① π ② $\frac{4}{3}\pi$ ③ $\frac{5}{3}\pi$
④ 2π ⑤ $\frac{7}{3}\pi$

77 상중하 ▸ 23642-0307

$0\le x<2\pi$일 때, 부등식 $\cos\left(x-\frac{\pi}{6}\right)<\frac{1}{2}$을 푸시오.

78 상중하 ▸ 23642-0308

$0\le x<2\pi$에서 연립부등식 $\begin{cases}\sin x<0\\ \cos x>\sin x\end{cases}$의 해가 $\alpha<x<\beta$일 때, $\beta-\alpha$의 값은?

① $\frac{\pi}{2}$ ② $\frac{3}{4}\pi$ ③ π
④ $\frac{5}{4}\pi$ ⑤ $\frac{3}{2}\pi$

27 삼각함수를 포함한 부등식 (2) – 이차식 꼴

(i) $\sin^2 x+\cos^2 x=1$을 이용하여 주어진 부등식을 한 종류의 삼각함수에 대한 부등식으로 변형한다.
(ii) 삼각함수를 t로 치환하여 t에 대한 부등식의 해를 구한 후, 이에 맞는 x의 값의 범위를 구한다.

79 대표문제 ▸ 23642-0309

$0\le x<2\pi$에서 부등식 $2\cos^2 x+\sin x-1<0$의 해가 $\alpha<x<\beta$일 때, $\alpha+\beta$의 값은?

① π ② $\frac{3}{2}\pi$ ③ 2π
④ $\frac{5}{2}\pi$ ⑤ 3π

80 상중하 ▸ 23642-0310

$0\le x<\frac{\pi}{2}$일 때, 부등식 $\frac{1}{\cos^2 x}-\tan x-1<0$을 푸시오.

81 상중하 ▸ 23642-0311

부등식 $-4\sin^2(\pi-\theta)-4\sin\left(\frac{\pi}{2}+\theta\right)+2\ge k$가 모든 실수 θ에 대하여 항상 성립하도록 하는 실수 k의 최댓값은?

① -4 ② -3 ③ -2
④ -1 ⑤ 0

중요
28 삼각함수를 포함한 방정식과 부등식의 활용

a, b, c가 실수인 이차방정식 $ax^2+bx+c=0$의 판별식을 $D=b^2-4ac$라 하면
(1) $D>0 \Longleftrightarrow$ 서로 다른 두 실근
(2) $D=0 \Longleftrightarrow$ 중근 (서로 같은 두 실근)
(3) $D<0 \Longleftrightarrow$ 허근

82 대표문제 ▸ 23642-0312

모든 실수 x에 대하여 이차부등식
$2x^2-4x\cos\theta-3\sin\theta\ge 0$이 항상 성립할 때, θ의 값의 범위를 구하시오. (단, $0<\theta<2\pi$)

83 상중하 ▸ 23642-0313

$0<\theta<2\pi$일 때, x에 대한 이차방정식
$$x^2+2x\sin\theta+\sin^2\theta+2\sin\theta-\sqrt{3}=0$$
이 실근을 갖지 않도록 하는 θ의 값의 범위를 구하시오.

84 상중하 ▸ 23642-0314

이차함수 $f(x)=3x^2-(8\sin\theta+2)x+3$의 그래프가 x축에 접하도록 하는 θ의 값을 작은 것부터 차례대로 θ_1, θ_2, θ_3이라 할 때, $\theta_3-\theta_1-\theta_2$의 값은? (단, $0<\theta<2\pi$)

① $-\frac{\pi}{3}$ ② $\frac{\pi}{4}$ ③ $\frac{\pi}{2}$
④ $\frac{3}{4}\pi$ ⑤ $\frac{3}{2}\pi$

서술형 완성하기

>> 정답과 풀이 58쪽

01

▸ 23642-0315

함수 $f(x)=\sin\frac{\pi}{2}x-3\cos\frac{\pi}{6}x$의 주기를 p라 할 때, $f(f(p))$의 값을 구하시오.

02

▸ 23642-0316

$2x^2-5\pi x+3\pi^2<0$, $\sin x\cos x=\frac{3}{4}$일 때, $\sin x+\cos x$의 값을 구하시오.

03

▸ 23642-0317

원점 O와 점 P$(3,\ -2)$에 대하여 동경 OP가 나타내는 각의 크기를 θ라 할 때, $\sqrt{13}\sin(\pi+\theta)-6\tan(-\theta)$의 값을 구하시오.

04 내신기출

▸ 23642-0318

함수 $f(x)=a\cos\frac{\pi}{2}x+b$의 최댓값은 6이고 $f\left(\frac{4}{3}\right)=3$일 때, 두 상수 a, b의 값을 각각 구하시오. (단, $a>0$)

05

▸ 23642-0319

$0\le x<4\pi$일 때, 방정식 $4\sin^2\left(x+\frac{\pi}{2}\right)+8\cos(x+\pi)+3=0$의 모든 근을 구하시오.

06 내신기출

▸ 23642-0320

모든 실수 x에 대하여 부등식 $2\sin^2 x-3\cos x+a<0$이 항상 성립하도록 하는 실수 a의 값의 범위를 구하시오.

내신 + 수능 고난도 도전

>> 정답과 풀이 59쪽

▶ 23642-0321

01 $0<x\le 2\pi$일 때, 방정식 $\sin x+\cos x=\frac{2k^2+1}{2k}$의 실근이 존재하도록 하는 모든 실수 k의 값의 곱을 구하시오.

▶ 23642-0322

02 자연수 a에 대하여 함수 $f(x)=2\sin\frac{\pi}{a}x$의 그래프가 두 직선 $x=\frac{a}{2}$, $x=\frac{3}{2}a$와 만나는 점을 각각 A, B라 하자. 선분 AB의 길이가 자연수가 되도록 하는 a의 최솟값은?

① 2 ② 3 ③ 4 ④ 5 ⑤ 6

▶ 23642-0323

03 $x>0$일 때, 함수 $y=\sin\pi x$의 그래프가 직선 $y=m$과 만나는 점 중 x좌표가 작은 것부터 순서대로 A, B, C라 하자. $\overline{\mathrm{AB}}:\overline{\mathrm{BC}}=1:2$일 때, 상수 m의 값을 구하시오. (단, $0<m<1$)

▶ 23642-0324

04 함수 $f(x)=\frac{5\sqrt{3}}{6}\cos\pi x-\frac{\sqrt{3}}{6}$의 그래프가 두 직선 $x=1$, $x=2$와 만나는 점을 각각 A, B라 하자. 직선 $y=x\tan\theta$가 선분 AB와 만나도록 하는 θ의 값의 범위를 구하시오. (단, $0\le\theta\le\pi$)

04 삼각함수의 활용

01 사인법칙

(1) 사인법칙

삼각형 ABC의 외접원의 반지름의 길이를 R라 할 때

$$\frac{a}{\sin A}=\frac{b}{\sin B}=\frac{c}{\sin C}=2R$$

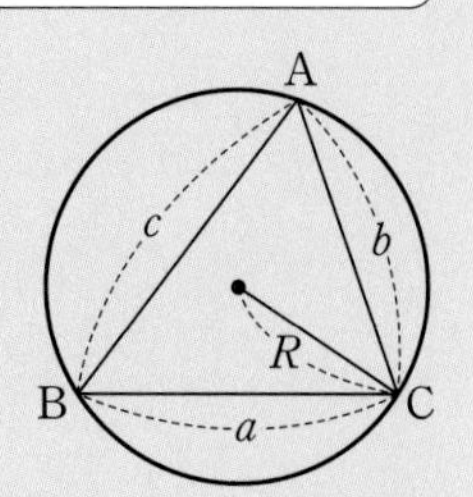

(2) 사인법칙의 변형

삼각형 ABC의 외접원의 반지름의 길이를 R라 할 때

① $\sin A=\frac{a}{2R}$, $\sin B=\frac{b}{2R}$, $\sin C=\frac{c}{2R}$

② $a:b:c=\sin A:\sin B:\sin C$

참고 $\frac{a}{\sin A}=\frac{b}{\sin B}=\frac{c}{\sin C}=2R$에서 $\sin A:\sin B:\sin C=\frac{a}{2R}:\frac{b}{2R}:\frac{c}{2R}=a:b:c$

삼각형 ABC에서 ∠A, ∠B, ∠C의 크기를 각각 A, B, C로 나타내고, 이들의 대변의 길이를 각각 a, b, c로 나타낸다.

사인법칙이 유용한 경우

① 삼각형의 외접원의 반지름의 길이를 알 때

② 한 변의 길이와 두 각의 크기를 알 때

③ 두 변의 길이와 그 끼인각이 아닌 한 각의 크기를 알 때

02 코사인법칙

(1) 코사인법칙

삼각형 ABC에서

$$a^2=b^2+c^2-2bc\cos A,\ b^2=c^2+a^2-2ca\cos B,\ c^2=a^2+b^2-2ab\cos C$$

(2) 코사인법칙의 변형

삼각형 ABC에서

$$\cos A=\frac{b^2+c^2-a^2}{2bc},\ \cos B=\frac{c^2+a^2-b^2}{2ca},\ \cos C=\frac{a^2+b^2-c^2}{2ab}$$

코사인법칙이 유용한 경우

① 두 변의 길이와 그 끼인각의 크기를 알 때

② 세 변의 길이를 알 때

03 삼각형의 넓이

삼각형 ABC의 넓이를 S라 하면

(1) $S=\frac{1}{2}ab\sin C=\frac{1}{2}bc\sin A=\frac{1}{2}ca\sin B$

(2) 삼각형 ABC의 외접원의 반지름의 길이가 R일 때

$$S=\frac{abc}{4R}=2R^2\sin A\sin B\sin C$$

(3) 삼각형 ABC의 내접원의 반지름의 길이가 r일 때

$$S=\frac{1}{2}r(a+b+c)$$

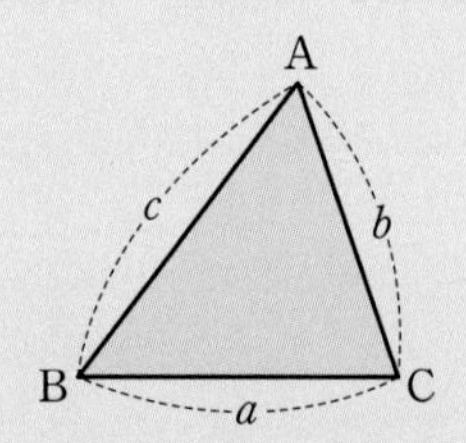

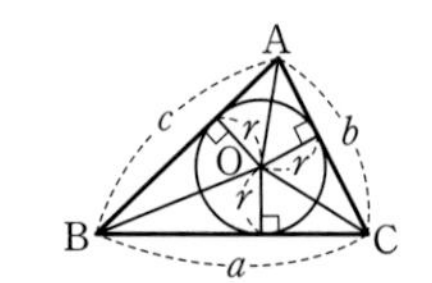

$S=\frac{1}{2}ar+\frac{1}{2}br+\frac{1}{2}cr$

$=\frac{1}{2}r(a+b+c)$

04 사각형의 넓이

(1) 사각형의 넓이

두 대각선의 길이가 p, q이고 이들이 이루는 각의 크기가 θ인 사각형의 넓이 S는

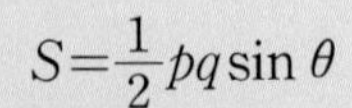

$$S=\frac{1}{2}pq\sin\theta$$

(2) 평행사변형의 넓이

이웃하는 두 변의 길이가 a, b이고 그 끼인각의 크기가 θ인 평행사변형의 넓이 S는

$$S=ab\sin\theta$$

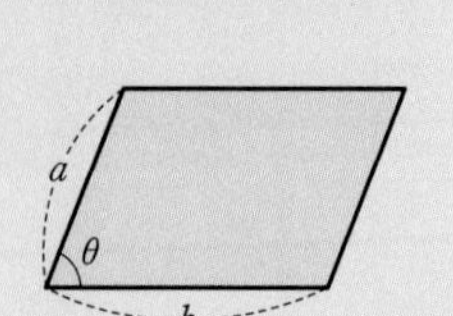

01 사인법칙

[01~04] 삼각형 ABC에서 다음을 구하시오.

01 $a=6$, $A=30°$, $B=45°$일 때, b

02 $b=2\sqrt{3}$, $A=75°$, $B=60°$일 때, c

03 $a=2\sqrt{3}$, $b=2$, $A=120°$일 때, B

04 $b=2\sqrt{2}$, $c=2\sqrt{3}$, $B=45°$일 때, C (단, $0°<C<90°$)

[05~06] 다음 조건을 만족시키는 삼각형 ABC의 외접원의 반지름의 길이 R의 값을 구하시오.

05 $a=4$, $A=30°$

06 $b=3\sqrt{2}$, $A=60°$, $C=75°$

[07~08] 삼각형 ABC의 외접원의 반지름의 길이를 R라 할 때, 다음을 구하시오.

07 $a=3$, $b=3$, $R=3$일 때, A

08 $c=4$, $R=2$일 때, C

09 삼각형 ABC에서 $A=30°$, $B=45°$일 때, $a:b=x:4$를 만족시키는 x의 값을 구하시오.

02 코사인법칙

[10~11] 삼각형 ABC에서 다음을 구하시오.

10 $a=3$, $c=4$, $B=60°$일 때, b

11 $b=2$, $c=5$, $A=120°$일 때, a

[12~13] 삼각형 ABC에서 다음을 구하시오.

12 $a=\sqrt{39}$, $b=5$, $c=7$일 때, A

13 $a=\sqrt{3}$, $b=3$, $c=\sqrt{3}$일 때, B

03 삼각형의 넓이

[14~16] 다음 조건을 만족시키는 삼각형 ABC의 넓이를 구하시오.

14 $a=6$, $b=8$, $C=30°$

15 $a=4$, $c=10$, $B=45°$

16 $b=2$, $c=8$, $A=120°$

17 삼각형 ABC에서 $a=6$, $b=6\sqrt{7}$, $c=12$일 때, 다음을 구하시오.

(1) $\cos B$

(2) $\sin B$

(3) 삼각형 ABC의 넓이

18 삼각형 ABC의 외접원의 반지름의 길이가 $\sqrt{21}$이고 $a=9$, $b=3\sqrt{7}$, $c=6$일 때, 삼각형 ABC의 넓이를 구하시오.

19 삼각형 ABC의 세 변의 길이의 곱이 $16\sqrt{2}$이고 넓이가 $2\sqrt{2}$일 때, 삼각형 ABC의 외접원의 반지름의 길이를 구하시오.

20 삼각형 ABC의 세 변의 길이의 합이 16이고 내접원의 반지름의 길이가 4일 때, 삼각형 ABC의 넓이를 구하시오.

04 사각형의 넓이

21 두 대각선의 길이가 $3\sqrt{2}$, 6이고 이들이 이루는 각의 크기가 $45°$인 사각형의 넓이를 구하시오.

22 $\overline{AB}=3$, $\overline{BC}=4$, $B=30°$인 평행사변형 ABCD의 넓이를 구하시오.

중요
01 사인법칙

삼각형 ABC의 외접원의 반지름의 길이를 R라 할 때

$$\frac{a}{\sin A}=\frac{b}{\sin B}=\frac{c}{\sin C}=2R$$

≫ 올림포스 수학 I 52쪽

01 대표문제
▸ 23642-0325

삼각형 ABC에서 $a=6$, $A=60^\circ$, $B=75^\circ$일 때, c의 값은?

① $2\sqrt{6}$ ② $2\sqrt{7}$ ③ $4\sqrt{2}$
④ 6 ⑤ $2\sqrt{10}$

02 상중하
▸ 23642-0326

삼각형 ABC에서 $a=2b$, $\sin B=\frac{1}{4}$일 때, A를 구하시오. (단, $0^\circ < A < 90^\circ$)

03 상중하
▸ 23642-0327

그림과 같이 삼각형 ABC에서 $c=2\sqrt{6}$이고 $A:B:C=2:7:3$일 때, 삼각형 ABC의 외접원의 넓이를 구하시오.

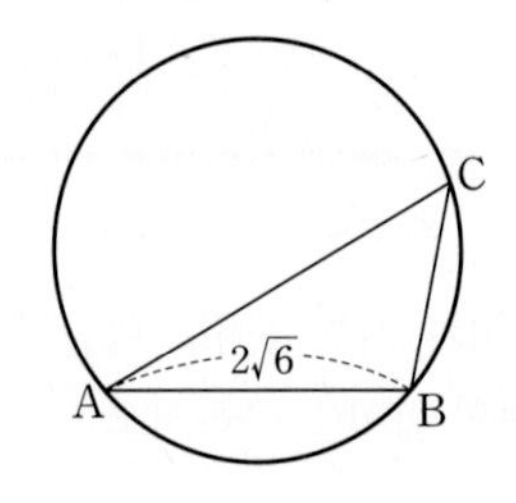

중요
02 사인법칙의 변형

삼각형 ABC의 외접원의 반지름의 길이를 R라 할 때

(1) $\sin A=\frac{a}{2R}$, $\sin B=\frac{b}{2R}$, $\sin C=\frac{c}{2R}$

(2) $a:b:c=\sin A:\sin B:\sin C$

≫ 올림포스 수학 I 52쪽

04 대표문제
▸ 23642-0328

삼각형 ABC에서 $A:B:C=1:1:4$일 때, $a:b:c$는?

① $2:2:\sqrt{5}$ ② $2:2:\sqrt{6}$ ③ $2:2:3$
④ $1:1:2$ ⑤ $1:1:\sqrt{3}$

05 상중하
▸ 23642-0329

그림과 같이 $b=2$, $A=105^\circ$인 삼각형 ABC에 대하여 이 삼각형의 외접원의 둘레의 길이가 4π일 때, c의 값은?

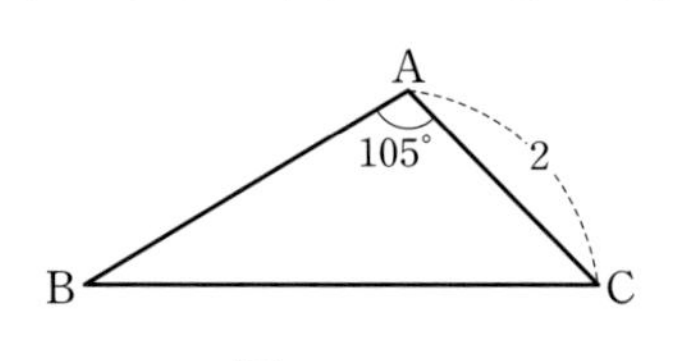

① $2\sqrt{2}$ ② $2\sqrt{3}$ ③ 4
④ $3\sqrt{2}$ ⑤ $2\sqrt{5}$

06 상중하
▸ 23642-0330

삼각형 ABC에서

$$\sin(A+B):\sin(B+C):\sin(C+A)=2:\sqrt{3}:3$$

일 때, $\frac{a^2+b^2+c^2}{bc}$의 값을 구하시오.

03 사인법칙의 활용

삼각형에서 한 변의 길이와 그 양 끝각의 크기를 알 때
(i) 삼각형의 내각의 크기의 합이 180°임을 이용하여 나머지 한 각의 크기를 구한다.
(ii) 사인법칙을 이용하여 나머지 두 변의 길이를 구한다.

07 대표문제 ▸ 23642-0331

그림과 같이 원 모양의 호수에 세 지점 A, B, C를 서로 연결하는 다리가 놓여 있다. $\angle BAC=40°$, $\angle BCA=20°$, $\overline{AC}=60$ m일 때, 이 호수의 반지름의 길이는?
(단, 다리의 두께는 무시한다.)

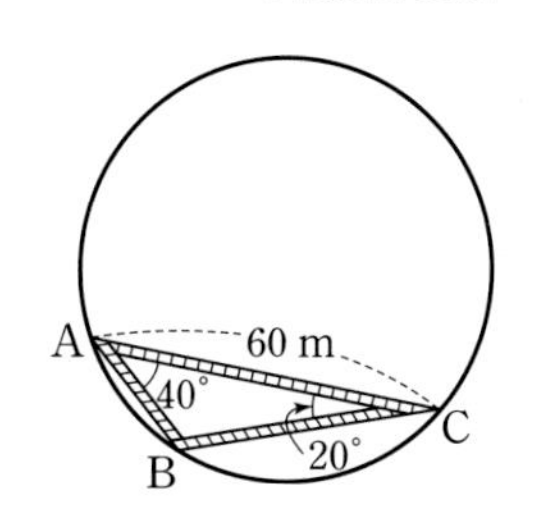

① $20\sqrt{2}$ m ② $20\sqrt{3}$ m ③ 40 m
④ $20\sqrt{5}$ m ⑤ $20\sqrt{6}$ m

08 상중하 ▸ 23642-0332

그림과 같이 60 m 떨어진 두 지점 A, B에서 공중의 열기구를 올려다 본 각의 크기가 각각 75°, 45°이었다. A지점에서 열기구까지의 거리를 구하시오.
(단, 열기구의 크기는 무시한다.)

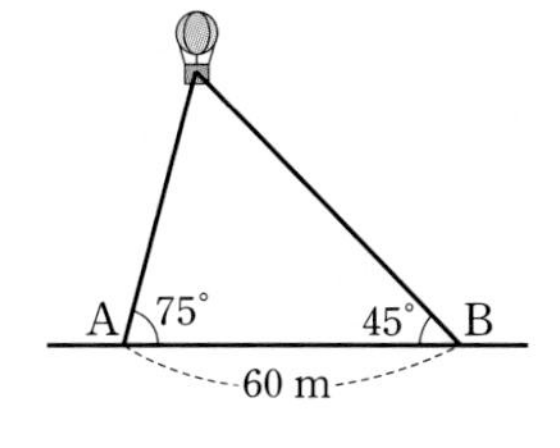

09 상중하 ▸ 23642-0333

그림과 같이 300 m 떨어진 지면 위의 두 지점 A, B에서 건물을 바라보고 측량하였더니 $\angle BAN=45°$, $\angle ABN=75°$, $\angle MBN=60°$이었다. 건물의 높이 MN의 길이는?

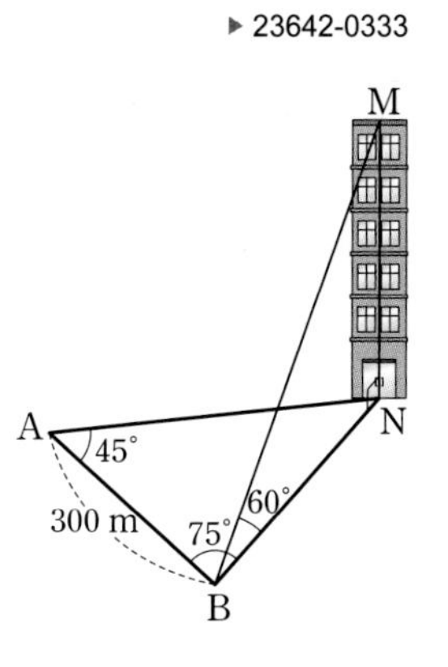

① $300\sqrt{2}$ m ② $300\sqrt{3}$ m
③ $400\sqrt{2}$ m ④ $300\sqrt{5}$ m
⑤ $400\sqrt{3}$ m

중요 04 코사인법칙

삼각형 ABC에서
(1) $a^2=b^2+c^2-2bc\cos A$
(2) $b^2=c^2+a^2-2ca\cos B$
(3) $c^2=a^2+b^2-2ab\cos C$

>> 올림포스 수학 I 53쪽

10 대표문제 ▸ 23642-0334

삼각형 ABC에서 $a=3\sqrt{3}$, $b=4$, $A=60°$일 때, c의 값은?

① $1+\sqrt{13}$ ② $1+\sqrt{14}$ ③ $2+\sqrt{15}$
④ $3+\sqrt{15}$ ⑤ $3+\sqrt{17}$

11 상중하 ▸ 23642-0335

그림과 같이 삼각형 ABC에서 $A=120°$, $a=8$, $b+c=9$일 때, bc의 값을 구하시오.

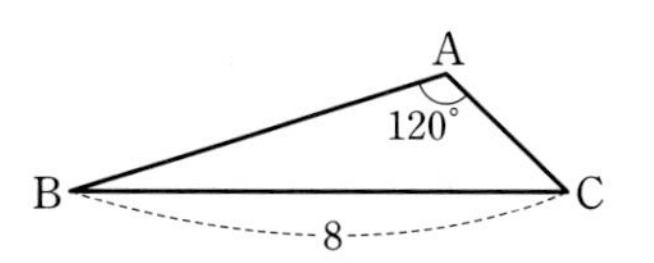

12 상중하 ▸ 23642-0336

그림과 같이 $b=c$, $A=45°$인 이등변삼각형 ABC의 외접원의 반지름의 길이가 2일 때, b^2의 값을 구하시오.

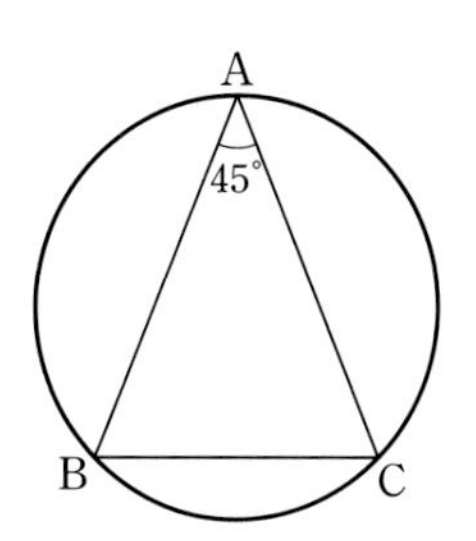

중요

05 코사인법칙의 변형

삼각형 ABC에서

$\cos A=\frac{b^2+c^2-a^2}{2bc}$, $\cos B=\frac{c^2+a^2-b^2}{2ca}$,

$\cos C=\frac{a^2+b^2-c^2}{2ab}$

» 올림포스 수학 I 53쪽

13 대표문제
▸ 23642-0337

세 변의 길이가 $\sqrt{13}$, 5, $4\sqrt{3}$인 삼각형의 세 내각 중에서 크기가 가장 작은 각의 크기를 구하시오.

14 상중하
▸ 23642-0338

그림과 같이 원에 내접하는 사각형 ABCD에서 $\overline{AB}=4$, $\overline{AD}=6$, $\overline{BD}=9$일 때, $\cos C$의 값은?

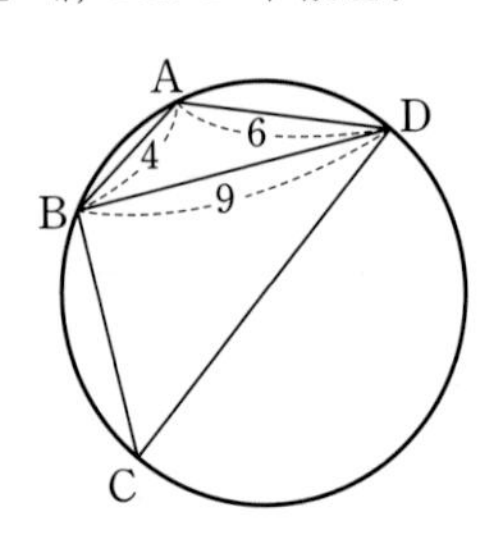

① $\frac{13}{24}$ ② $\frac{9}{16}$ ③ $\frac{7}{12}$
④ $\frac{29}{48}$ ⑤ $\frac{5}{8}$

15 상중하
▸ 23642-0339

삼각형 ABC에서 $\sin A : \sin B : \sin C=4:5:6$이고 삼각형 ABC의 외접원의 반지름의 길이가 $8\sqrt{7}$일 때, 삼각형 ABC의 둘레의 길이를 구하시오.

06 코사인법칙의 활용

삼각형에서 두 변의 길이와 그 끼인각의 크기를 알 때
⇨ 코사인법칙을 이용하여 나머지 한 변의 길이를 구한다.

16 대표문제
▸ 23642-0340

그림과 같이 호숫가의 두 지점 A, B를 C 지점에서 측량하였더니 $\overline{AC}=2$ km, $\overline{BC}=3$ km, $\angle ACB=60°$이었다. 두 지점 A, B 사이의 거리를 구하시오.

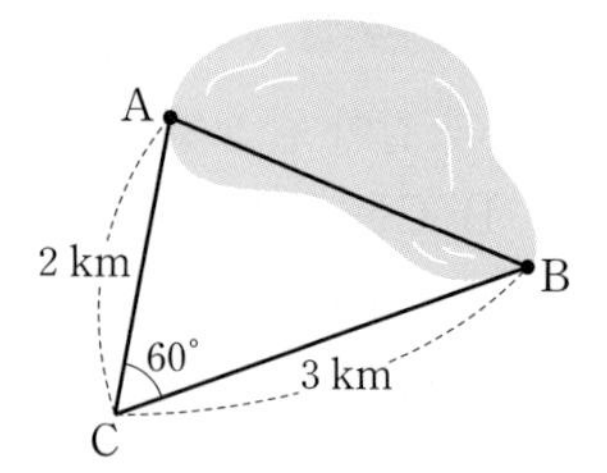

17 상중하
▸ 23642-0341

그림과 같이 두 물질 M, N이 수평의 경계를 이루고 있을 때, 물질 M의 A지점에서 출발한 빛이 경계면의 B지점을 지나 물질 N의 C지점에 닿았다. 빛이 경계면에 수직인 직선과 물질 M, N에서 이루는 각의 크기가 각각 45°, 15°이고, $\overline{AB} : \overline{BC}=\sqrt{3} : 2$이다. A지점에서 경계면까지의 거리가 3일 때, 선분 AC의 길이를 구하시오.

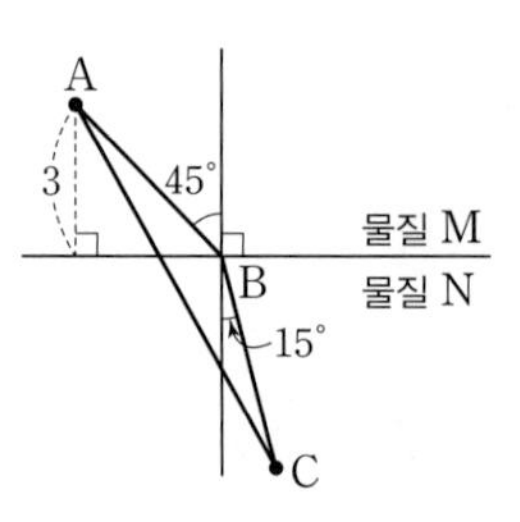

18 상중하
▸ 23642-0342

그림과 같이 높이가 $50\sqrt{2}$ m인 건물의 꼭대기에서 옆 건물의 꼭대기를 올려다본 각의 크기가 15°, 옆 건물이 바닥과 닿는 지점을 내려다본 각의 크기가 45°일 때, 옆 건물의 높이를 구하시오. (단, 눈의 높이는 무시한다.)

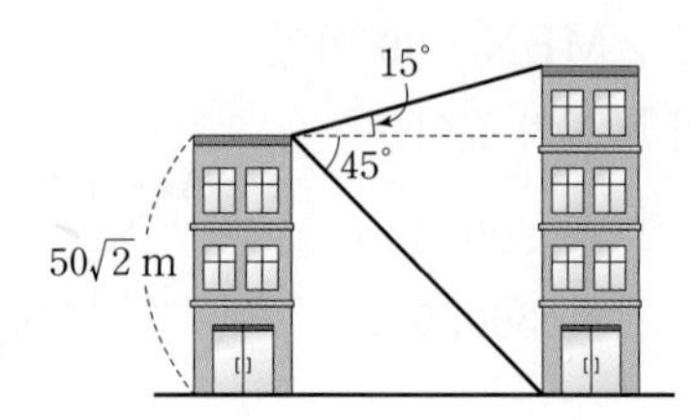

중요

07 사인법칙과 코사인법칙

(1) $\sin A$, $\sin B$, $\sin C$의 값의 비가 주어진 경우
⇨ 사인법칙으로 변의 길이의 비를 구한 후 코사인법칙을 이용한다.

(2) 두 변의 길이와 그 끼인각의 크기가 주어진 경우
⇨ 코사인법칙으로 나머지 한 변의 길이를 구한 후 사인법칙을 이용한다.

19 대표문제 ▸ 23642-0343

삼각형 ABC에서 $\sin A : \sin B : \sin C = 4 : 5 : \sqrt{21}$일 때, C를 구하시오.

20 상중하 ▸ 23642-0344

삼각형 ABC에서 $\frac{\sin A}{3} = \frac{\sin B}{5} = \frac{\sin C}{7}$일 때, C를 구하시오.

21 상중하 ▸ 23642-0345

삼각형 ABC에서 $a=4$, $b=5$, $C=120^\circ$일 때, 이 삼각형의 외접원의 넓이는?

① $\frac{61}{3}\pi$ ② $\frac{62}{3}\pi$ ③ 21π
④ $\frac{64}{3}\pi$ ⑤ $\frac{65}{3}\pi$

08 삼각형의 모양

삼각형의 각의 크기 또는 변의 길이에 대한 관계식이 주어지면 사인법칙과 코사인법칙을 이용하여 삼각형의 모양을 결정한다.

22 대표문제 ▸ 23642-0346

$\sin A \cos B = \sin C$를 만족시키는 삼각형 ABC는 어떤 삼각형인지 말하시오.

23 상중하 ▸ 23642-0347

삼각형 ABC가 다음 조건을 만족시킬 때, A는?

(가) $a\cos B + b\cos(B+C) = 0$
(나) $2\sin^2 A + \cos^2 C = 1$

① 30° ② 45° ③ 50°
④ 60° ⑤ 75°

24 상중하 ▸ 23642-0348

자연수 n에 대하여 $a=n+1$, $b=n+2$, $c=n$인 삼각형 ABC가 둔각삼각형이 되도록 하는 자연수 n의 값은?

① 1 ② 2 ③ 3
④ 4 ⑤ 5

중요
09 삼각형의 넓이

삼각형 ABC의 넓이 S는

$$S=\frac{1}{2}ab\sin C=\frac{1}{2}bc\sin A=\frac{1}{2}ca\sin B$$

≫ 올림포스 수학 I 54쪽

25 대표문제 ▸ 23642-0349

$a=\sqrt{21}$, $c=5$, $A=60°$인 삼각형 ABC의 넓이는? (단, $b>2$)

① $2\sqrt{3}$ ② 4 ③ 5
④ $4\sqrt{3}$ ⑤ $5\sqrt{3}$

26 상중하 ▸ 23642-0350

그림과 같은 삼각형 ABC에서 $\overline{AB}=6$, $\overline{AC}=4$, $A=90°$이고 ∠A의 이등분선이 변 BC와 만나는 점을 D라 할 때, 선분 AD의 길이는?

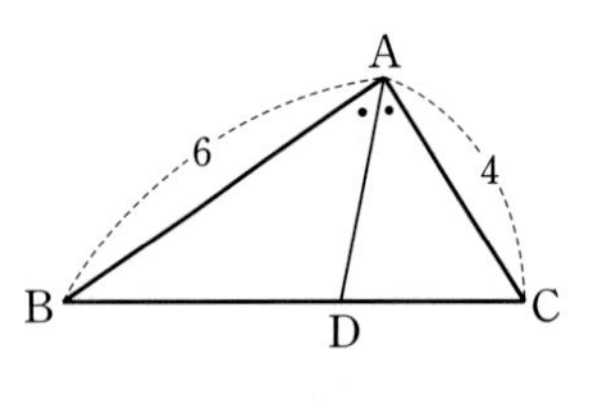

① $2\sqrt{2}$ ② $\frac{11\sqrt{2}}{5}$ ③ $\frac{12\sqrt{2}}{5}$
④ $\frac{13\sqrt{2}}{5}$ ⑤ $\frac{14\sqrt{2}}{5}$

27 상중하 ▸ 23642-0351

그림과 같은 삼각형 ABC가 다음 조건을 만족시킬 때, $\overline{AE}:\overline{EC}$를 구하시오.

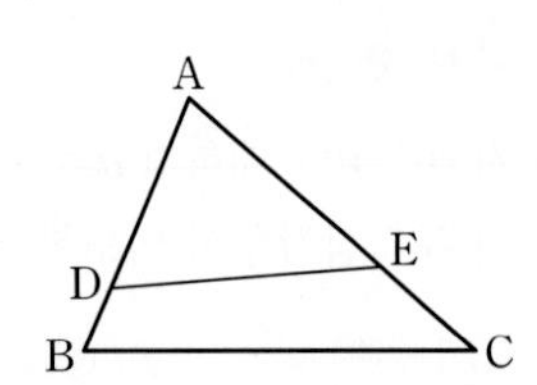

(가) $\overline{AD}:\overline{DB}=3:1$
(나) 삼각형 ABC의 넓이는 삼각형 ADE의 넓이의 두 배이다.

10 외접원의 반지름의 길이와 삼각형의 넓이

외접원의 반지름의 길이가 R인 삼각형 ABC의 넓이 S는

$$S=\frac{abc}{4R}=2R^2\sin A\sin B\sin C$$

≫ 올림포스 수학 I 54쪽

28 대표문제 ▸ 23642-0352

세 변의 길이가 5, 7, 8인 삼각형 ABC의 외접원의 넓이가 $\frac{49}{3}\pi$일 때, 삼각형 ABC의 넓이는?

① $10\sqrt{3}$ ② 20 ③ $10\sqrt{5}$
④ $10\sqrt{6}$ ⑤ $10\sqrt{7}$

29 상중하 ▸ 23642-0353

$\sin A=\frac{\sqrt{2}}{2}$, $\sin B=\frac{\sqrt{3}}{2}$, $\sin C=\frac{\sqrt{6}+\sqrt{2}}{4}$인 삼각형 ABC의 넓이가 $3+\sqrt{3}$일 때, 삼각형 ABC의 외접원의 넓이를 구하시오.

30 상중하 ▸ 23642-0354

$\sin A:\sin B:\sin C=2:\sqrt{2}:\sqrt{3}+1$을 만족시키는 삼각형 ABC의 외접원의 반지름의 길이가 $4\sqrt{2}$일 때, 삼각형 ABC의 넓이를 구하시오.

11 내접원의 반지름의 길이와 삼각형의 넓이

내접원의 반지름의 길이가 r인 삼각형 ABC의 넓이 S는

$$S=\frac{1}{2}r(a+b+c)$$

>> 올림포스 수학 I 54쪽

31 대표문제 ▸ 23642-0355

삼각형 ABC에서 $a=13$, $b=8$, $c=7$, $A=120°$일 때, 삼각형 ABC의 내접원의 반지름의 길이를 구하시오.

32 상중하 ▸ 23642-0356

$a=7$, $b=5$, $c=8$인 삼각형 ABC의 내접원의 넓이는?

① π ② 2π ③ 3π
④ 4π ⑤ 5π

33 상중하 ▸ 23642-0357

삼각형 ABC에서 $a+b=7$, $c=6$, $C=60°$일 때, 삼각형 ABC의 내접원의 반지름의 길이를 구하시오.

중요

12 사각형의 넓이 (1) – 삼각형을 이용

사각형의 넓이는 사각형을 두 개의 삼각형으로 나눈 후, 각각의 넓이의 합으로 구한다.

34 대표문제 ▸ 23642-0358

그림과 같은 사각형 ABCD에서 $\overline{AB}=\sqrt{3}$, $\overline{BC}=2$, $\overline{CD}=1$, $\overline{AD}=\sqrt{2}$, $B=30°$, $D=45°$일 때, 사각형 ABCD의 넓이를 구하시오.

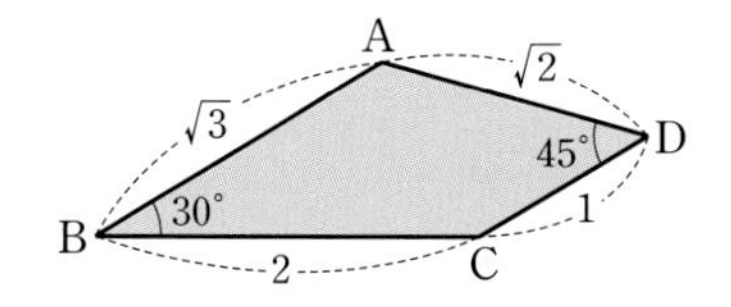

35 상중하 ▸ 23642-0359

그림과 같은 사각형 ABCD에서 $\overline{AB}=4$, $\overline{BC}=3$, $\overline{CD}=3\sqrt{2}$, $B=60°$, $D=45°$일 때, 사각형 ABCD의 넓이를 구하시오.

(단, $\overline{AD}>3$)

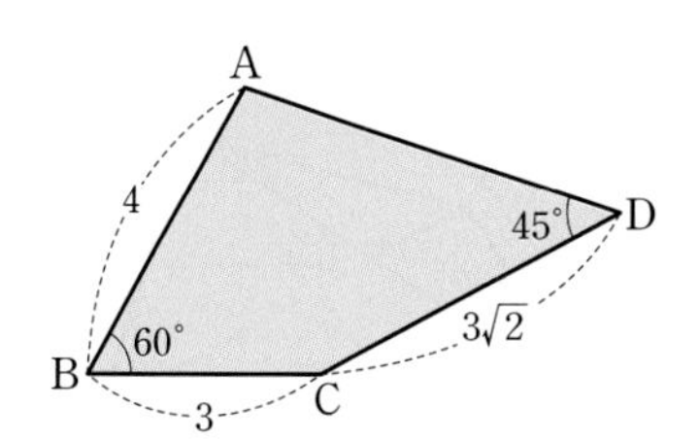

36 상중하 ▸ 23642-0360

그림과 같은 사각형 ABCD에서 $\overline{AB}=2\sqrt{2}$, $\overline{BC}=2+2\sqrt{3}$, $\overline{CD}=3$, $B=45°$, $C=75°$일 때, 사각형 ABCD의 넓이는 $2+m\sqrt{2}+n\sqrt{3}$이다. $m+n$의 값을 구하시오.

(단, m, n은 자연수이다.)

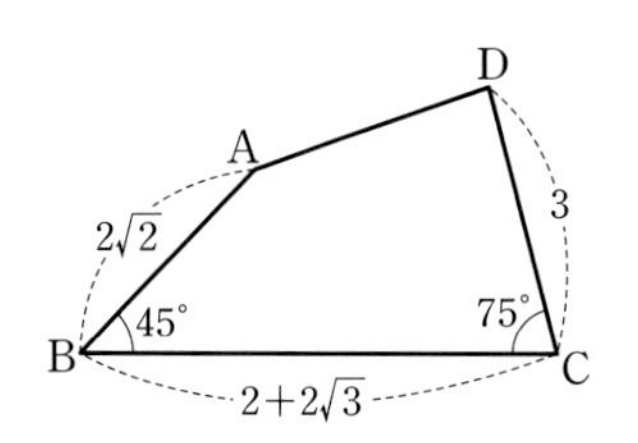

13 사각형의 넓이 (2) – 대각선을 이용

두 대각선의 길이가 p, q이고 이들이 이루는 각의 크기가 θ인 사각형의 넓이 S는

$S=\frac{1}{2}pq\sin\theta$

37 대표문제 ▸ 23642-0361

사각형 ABCD에서 두 대각선의 길이가 5, 12이고 두 대각선이 이루는 각의 크기가 120°일 때, 사각형 ABCD의 넓이는?

① 15 ② $14\sqrt{2}$ ③ $14\sqrt{3}$
④ $15\sqrt{3}$ ⑤ 30

38 상중하 ▸ 23642-0362

그림과 같이 두 대각선의 길이가 a, b이고, 두 대각선이 이루는 각의 크기가 60°인 사각형 ABCD가 있다. $a+b=5$이고, 사각형 ABCD의 넓이가 $\frac{3\sqrt{3}}{2}$일 때, a^2+b^2의 값을 구하시오.

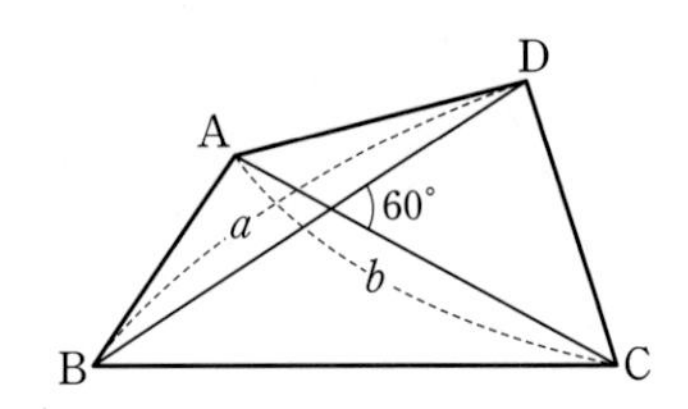

39 상중하 ▸ 23642-0363

그림과 같이 $\overline{AD}/\!/\overline{BC}$, $B=C$, $\overline{AD}=2$, $\overline{BC}=6$인 사각형 ABCD의 두 대각선이 이루는 각의 크기가 120°일 때, 이 사각형의 넓이를 구하시오.

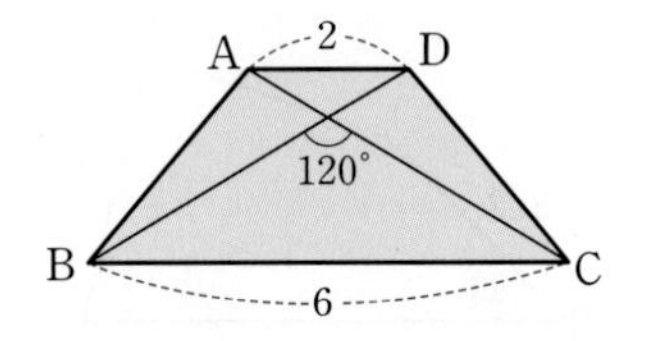

14 평행사변형의 넓이

이웃하는 두 변의 길이가 a, b이고 그 끼인각의 크기가 θ인 평행사변형의 넓이 S는

$S=ab\sin\theta$

40 대표문제 ▸ 23642-0364

그림과 같이 평행사변형 ABCD에서 $\overline{AB}=6$, $\overline{BC}=8$, $B=60°$일 때, 이 평행사변형의 넓이는?

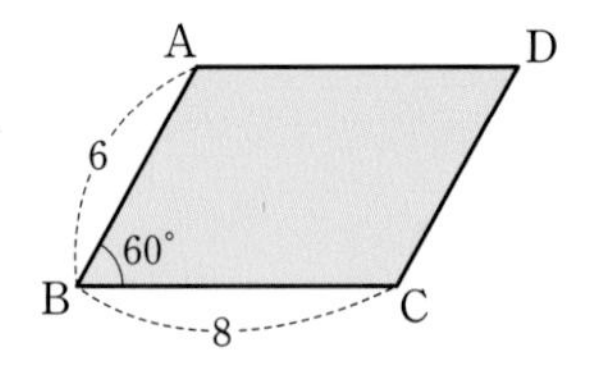

① 24 ② $24\sqrt{2}$ ③ $24\sqrt{3}$
④ 48 ⑤ $24\sqrt{5}$

41 상중하 ▸ 23642-0365

그림과 같이 $\overline{AB}=10$, $\overline{BC}=3\sqrt{3}$인 평행사변형 ABCD의 넓이가 45일 때, B를 구하시오. (단, $0°<B<90°$)

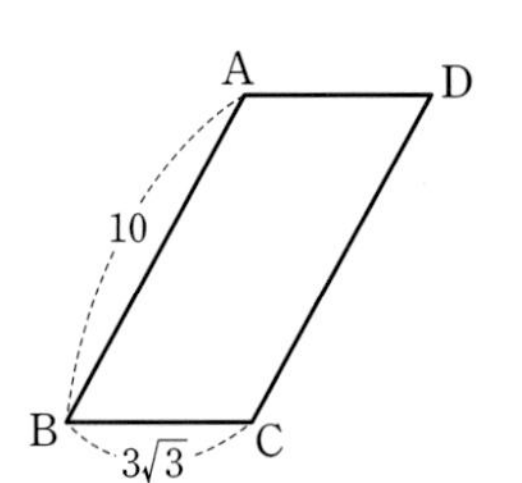

42 상중하 ▸ 23642-0366

그림과 같이 $\overline{AC}=\sqrt{3}$, $B=60°$인 평행사변형 ABCD에서 $\overline{AB}:\overline{BC}=1:2$일 때, 이 평행사변형의 넓이를 구하시오.

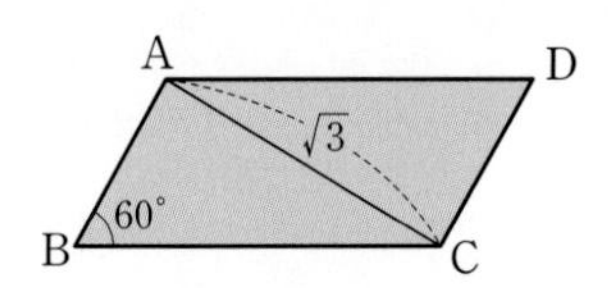

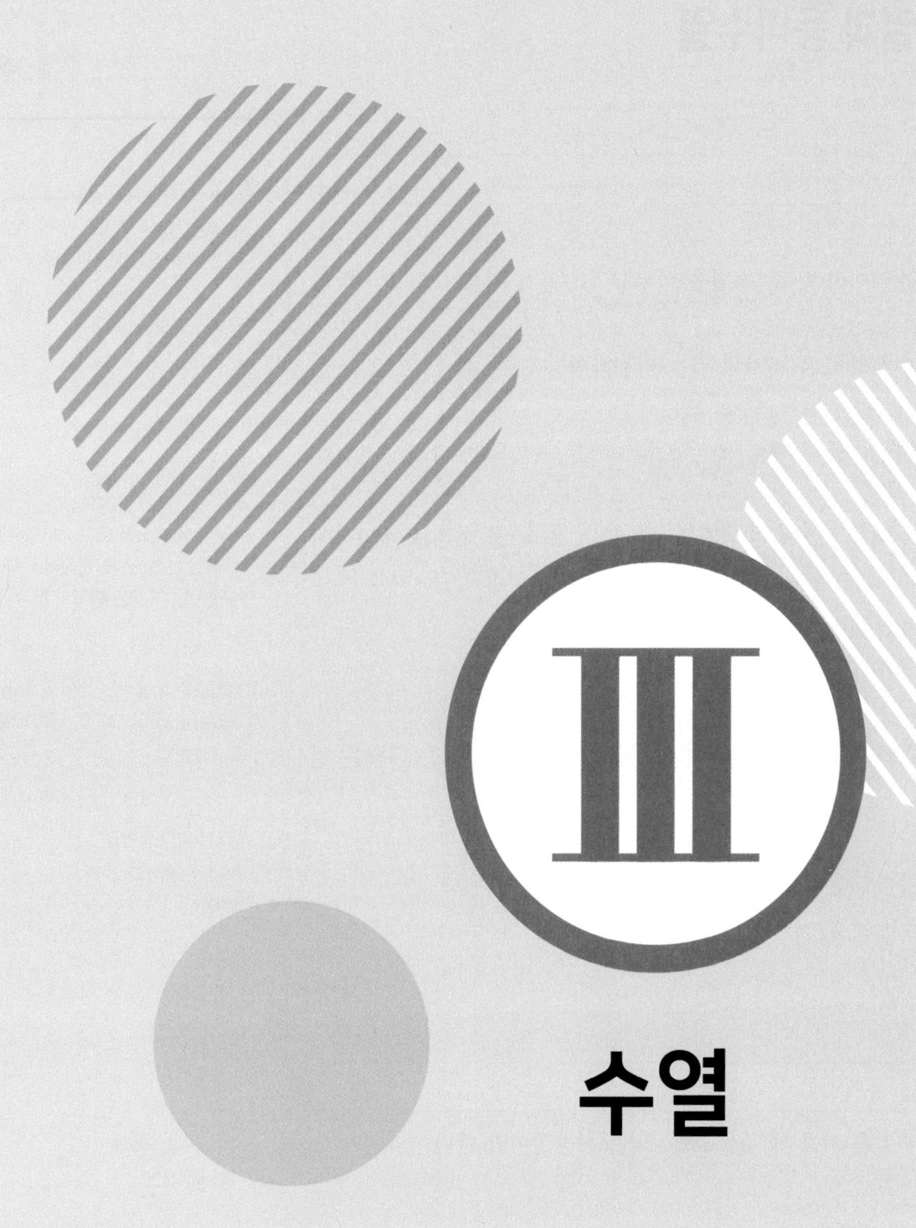

Ⅲ 수열

05. 등차수열과 등비수열

06. 수열의 합

07. 수학적 귀납법

05 등차수열과 등비수열

01 수열의 뜻과 등차수열의 일반항

(1) 수열의 뜻

① 차례로 늘어놓은 수의 열을 수열이라 하고, 수열을 이루고 있는 각 수를 그 수열의 항이라 한다.

② 수열을 나타낼 때에는 항에 번호가 붙은 문자의 열을 이용하여

$a_1,\ a_2,\ a_3,\ \cdots,\ a_n,\ \cdots$

과 같이 나타내며 a_1을 첫째항, a_2를 둘째항, $\cdots$, a_n을 n째항, $\cdots$ 또는 제1항, 제2항, 제3항, $\cdots$, 제n항, $\cdots$이라 한다.

③ 수열 $\{a_n\}$의 제n항 a_n이 n에 대한 식으로 주어지면 $n=1,\ 2,\ 3,\ \cdots$을 차례로 대입하여 각 항을 구할 수 있다. 이때 이 n에 대한 식을 수열 $\{a_n\}$의 일반항이라 한다.

참고 일반항이 $a_n=n+2$인 수열을 $\{n+2\}$와 같이 나타내기도 한다.

(2) 등차수열의 뜻과 일반항

① 등차수열의 뜻

첫째항부터 차례로 일정한 수를 더하여 얻어지는 수열을 등차수열이라 하고, 더하는 일정한 수를 공차라 한다.

② 등차수열의 일반항

첫째항이 a, 공차가 d인 등차수열의 일반항 a_n은

$a_n=a+(n-1)d\ (n=1,\ 2,\ 3,\ \cdots)$

> 수열은 자연수 전체의 집합 N에서 실수 전체의 집합 R로의 함수
> $f: N \longrightarrow R,\ f(n)=a_n$
> 으로 생각할 수 있다.

> 일반항 a_n이 n에 대한 식으로 주어지면 n에 1, 2, 3, $\cdots$을 차례대로 대입하여 수열 $\{a_n\}$의 모든 항을 구할 수 있다.

> 등차수열의 공차는 영어로 common difference이므로 첫 글자 d를 공차로 표현한다.

> 등차수열의 일반항은
> $pn+q$ (p, q는 상수)
> 꼴이다.

02 등차중항

세 수 a, b, c가 이 순서대로 등차수열을 이룰 때, b를 a와 c의 등차중항이라 한다.

이때 b가 a와 c의 등차중항이면

$b-a=c-b,\ 2b=a+c$, 즉 $b=\dfrac{a+c}{2}$

인 관계가 성립한다.

역으로 $b=\dfrac{a+c}{2}$이면 $b-a=c-b$이므로 b는 a와 c의 등차중항이다.

> a와 c의 등차중항
> $b=\dfrac{a+c}{2}$
> 는 a와 c의 산술평균이다.

03 등차수열의 합

(1) 첫째항이 a, 공차가 d인 등차수열의 첫째항부터 제n항까지의 합 S_n은

$$S_n=\frac{n\{2a+(n-1)d\}}{2}$$

(2) 첫째항이 a, 제n항이 l인 등차수열의 첫째항부터 제n항까지의 합 S_n은

$$S_n=\frac{n(a+l)}{2}$$

참고 첫째항이 a, 공차가 d일 때 (1)의 식에서 제n항 l은 $l=a+(n-1)d$이므로 (2)의 식이 얻어진다.

(3) 수열의 합과 일반항 사이의 관계

수열 $\{a_n\}$의 첫째항부터 제n항까지의 합을 S_n이라 하면

$a_1=S_1,\ a_n=S_n-S_{n-1}\ (n\ge 2)$

> 수열 $\{a_n\}$에서 첫째항부터 제n항까지의 합이 $pn^2+qn\ (p\neq 0)$의 꼴이면 이 수열은 등차수열이다.

>> 정답과 풀이 70쪽

01 수열의 뜻과 등차수열의 일반항

[01~03] 다음 수열의 제2항과 제5항을 차례대로 구하시오.

01 2, 5, 8, 11, 14, ⋯

02 −1, 2, −1, 2, −1, ⋯

03 $1, \frac{1}{2}, \frac{1}{3}, \frac{1}{4}, \frac{1}{5}, \cdots$

[04~06] 수열 $\{a_n\}$의 일반항이 다음과 같을 때, 첫째항부터 제4항까지 차례대로 나열하시오.

04 $a_n=2n-1$

05 $a_n=\frac{n+1}{n}$

06 $a_n=n^2+n$

[07~09] 다음 수열의 일반항 a_n을 추측하시오.

07 3, 6, 9, 12, 15, ⋯

08 −1, 1, −1, 1, −1, ⋯

09 $\frac{1}{2}, \frac{2}{3}, \frac{3}{4}, \frac{4}{5}, \frac{5}{6}, \cdots$

[10~11] 다음 수열이 등차수열을 이루도록 □ 안에 알맞은 수를 써넣으시오.

10 0, 2, □, □, 8, ⋯

11 □, 2, −1, □, −7, ⋯

[12~13] 다음 등차수열의 공차를 구하시오.

12 11, 7, 3, −1, ⋯

13 −4, −2, 0, 2, ⋯

[14~15] 다음 등차수열의 일반항 a_n을 구하시오.

14 1, 4, 7, 10, 13, ⋯

15 첫째항이 4, 공차가 −3인 수열

16 첫째항이 −3, 공차가 2인 등차수열의 제6항을 구하시오.

17 첫째항이 5, 공차가 −2인 등차수열 $\{a_n\}$에 대하여 다음 물음에 답하시오.
(1) 제20항을 구하시오.
(2) −13은 몇 번째 항인지 구하시오.

02 등차중항

18 세 수 3, 8, x가 이 순서대로 등차수열을 이룰 때, x의 값을 구하시오.

19 세 수 −11, x, 5가 이 순서대로 등차수열을 이룰 때, x의 값을 구하시오.

03 등차수열의 합

[20~21] 다음을 구하시오.

20 첫째항이 −2, 공차가 4인 등차수열의 첫째항부터 제10항까지의 합

21 첫째항이 4, 제15항이 26인 등차수열의 첫째항부터 제15항까지의 합

22 다음 식의 값을 구하시오.

$$2+4+6+\cdots+32$$

[23~24] 수열 $\{a_n\}$의 첫째항부터 제n항까지의 합 S_n이 다음과 같을 때, 일반항 a_n을 구하시오.

23 $S_n=n^2+2n$

24 $S_n=\frac{1}{n}$

04 등비수열의 뜻과 일반항

(1) 등비수열의 뜻

첫째항부터 차례로 일정한 수를 곱하여 얻어지는 수열을 등비수열이라 하고, 곱하는 일정한 수를 공비라 한다.

(2) 등비수열의 일반항

첫째항이 a, 공비가 r $(r\neq0)$인 등비수열의 일반항 a_n은

$$a_n=ar^{n-1}\ (n=1,\ 2,\ 3,\ \cdots)$$

참고 일반적으로 공비가 r인 등비수열 $\{a_n\}$에서 제n항에 r를 곱하면 제$(n+1)$항이 되므로

$$a_{n+1}=ra_n\ (n=1,\ 2,\ 3,\ \cdots)$$

이다. 즉,

$$\frac{a_2}{a_1}=\frac{a_3}{a_2}=\frac{a_4}{a_3}=\cdots=\frac{a_{n+1}}{a_n}=\cdots=r\ (n=1,\ 2,\ 3,\ \cdots)$$

이다.

등비수열의 공비는 영어로 common ratio이므로 ratio의 첫 글자 r를 공비로 표현한다.

05 등비중항

0이 아닌 세 수 a, b, c가 이 순서대로 등비수열을 이룰 때, b를 a와 c의 등비중항이라 한다.

이때 b가 a와 c의 등비중항이면

$$\frac{b}{a}=\frac{c}{b},\ 즉\ b^2=ac$$

인 관계가 성립한다.

역으로 $b^2=ac$이면 $\frac{b}{a}=\frac{c}{b}$이므로 b는 a와 c의 등비중항이다.

예 세 수 2, a, 18이 이 순서대로 등비수열을 이루면 a가 2와 18의 등비중항이므로

$$a^2=2\times18=36$$

이다. 따라서

$$a=6\ 또는\ a=-6$$

이므로 공비는 $r=3$ 또는 $r=-3$이다.

두 양수 a, c의 등비중항은 $b=\pm\sqrt{ac}$로 나타낼 수 있다.
이때 $b=\sqrt{ac}$이면 b는 a와 c의 기하평균이다.

06 등비수열의 합

첫째항이 a, 공비가 $r(r\neq0)$인 등비수열의 첫째항부터 제n항까지의 합 S_n은

(1) $r=1$일 때, $S_n=na$

(2) $r\neq1$일 때, $S_n=\frac{a(1-r^n)}{1-r}=\frac{a(r^n-1)}{r-1}$

참고 $S_n=pr^n+q$ $(r\neq0,\ r\neq1,\ p,\ q$는 상수$)$일 때

① $p+q=0$이면 수열 $\{a_n\}$은 첫째항부터 등비수열을 이룬다.

② $p+q\neq0$이면 수열 $\{a_n\}$은 둘째항부터 등비수열을 이룬다.

참고 등비수열의 활용

① 현재의 값이 a이고 매년 전년도 값의 r %씩 일정하게 증가할 때, n년 후의 값은

$$a\left(1+\frac{r}{100}\right)^n\ (단,\ r>0)$$

② 현재의 값이 a이고 매년 전년도 값의 r %씩 일정하게 감소할 때, n년 후의 값은

$$a\left(1-\frac{r}{100}\right)^n\ (단,\ r>0)$$

등비수열의 합을 구할 때,
$r>1$이면 $S_n=\frac{a(r^n-1)}{r-1}$,
$r<1$이면 $S_n=\frac{a(1-r^n)}{1-r}$
을 이용하는 것이 계산이 편리하다.

04 등비수열의 뜻과 일반항

[25~26] 다음 수열이 등비수열을 이루도록 □ 안에 알맞은 수를 써넣으시오.

25 1, 2, □, □, 16, $\cdots$

26 □, 2, -1, □, $-\frac{1}{4}$, $\cdots$

[27~28] 다음 등비수열의 공비를 구하시오.

27 1, -2, 4, -8, $\cdots$

28 3, 1, $\frac{1}{3}$, $\frac{1}{9}$, $\cdots$

[29~30] 다음 등비수열 $\{a_n\}$에 대하여 $\frac{a_{n+1}}{a_n}$의 값을 구하시오.

29 3, 12, 48, $\cdots$

30 -2, -4, -8, $\cdots$

[31~33] 다음 등비수열의 일반항 a_n을 구하시오.

31 첫째항이 4, 공비가 $\frac{1}{3}$인 수열

32 -25, -5, -1, $-\frac{1}{5}$, $\cdots$

33 -2, 2, -2, 2, $\cdots$

34 첫째항이 64, 공비가 $-\frac{1}{2}$인 등비수열 $\{a_n\}$에 대하여 다음 물음에 답하시오.

(1) 제15항을 구하시오.

(2) 1은 몇 번째 항인지 구하시오.

05 등비중항

35 세 수 3, 6, x가 이 순서대로 등비수열을 이룰 때, x의 값을 구하시오.

36 세 수 2, x, 4가 이 순서대로 등비수열을 이룰 때, x의 값을 구하시오.

06 등비수열의 합

[37~38] 다음을 구하시오.

37 첫째항이 3, 공비가 2인 등비수열의 첫째항부터 제6항까지의 합

38 첫째항이 16, 공비가 $\frac{1}{2}$인 등비수열의 첫째항부터 제5항까지의 합

[39~40] 다음 등비수열의 첫째항부터 제8항까지의 합을 구하시오.

39 $\frac{1}{4}$, $-\frac{1}{2}$, 1, -2, 4, $\cdots$

40 $\frac{1}{3}$, $\frac{2}{3}$, $\frac{4}{3}$, $\frac{8}{3}$, $\cdots$

[41~42] 다음 식의 값을 구하시오.

41 $1+\frac{1}{2}+\frac{1}{4}+\cdots+\frac{1}{128}$

42 $3+6+12+\cdots+96$

[43~44] 수열 $\{a_n\}$의 첫째항부터 제n항까지의 합 S_n이 다음과 같을 때, 일반항 a_n을 구하시오.

43 $S_n=3^n-1$

44 $S_n=2^n-2$

유형 완성하기

01 등차수열의 일반항

(1) 첫째항이 a, 공차가 d인 등차수열 $\{a_n\}$의 일반항 a_n은
$$a_n=a+(n-1)d\ (n=1,\ 2,\ 3,\ \cdots)$$
(2) 일반항이 $a_n=pn+q$인 등차수열 $\{a_n\}$의 공차는 p이다.

» 올림포스 수학 I 67쪽

01 대표문제

▸ 23642-0376

제4항이 5, 제9항이 25인 등차수열의 첫째항은?

① -7 ② -5 ③ -3 ④ -1 ⑤ 1

02 상중하

▸ 23642-0377

$a_2=4$, $a_5=13$인 등차수열 $\{a_n\}$에 대하여 a_{10}의 값은?

① 24 ② 26 ③ 28 ④ 30 ⑤ 32

03 상중하

▸ 23642-0378

등차수열 $\{a_n\}$의 일반항이 $a_n=3n+p$이고 첫째항과 공차의 합이 0일 때, a_7의 값은?

① 11 ② 12 ③ 13 ④ 14 ⑤ 15

04 상중하

▸ 23642-0379

첫째항이 3이고 공차가 d_1인 등차수열 $\{a_n\}$에 대하여 수열 $\{2a_n+3\}$은 제2항이 4이고 공차가 d_2인 등차수열이다.
d_1+d_2의 값을 구하시오.

02 등식을 만족시키는 등차수열

(i) 등차수열 $\{a_n\}$의 첫째항을 a, 공차를 d라 한다.
(ii) 주어진 등식에 대입하여 a, d에 대한 방정식을 세운다.
(iii) (ii)에서 세운 방정식을 연립하여 a, d의 값을 구한다.

» 올림포스 수학 I 67쪽

05 대표문제

▸ 23642-0380

등차수열 $\{a_n\}$에서 $a_3=7$, $a_5+a_{10}=41$일 때, 공차는?

① 1 ② 2 ③ 3 ④ 4 ⑤ 5

06 상중하

▸ 23642-0381

등차수열 $\{a_n\}$에서 $a_2+a_6=20$, $2a_3-a_5=-2$일 때, a_4의 값은?

① 9 ② 10 ③ 11 ④ 12 ⑤ 13

07 상중하

▸ 23642-0382

등차수열 $\{a_n\}$에서 $a_2 : a_4=1 : 4$이고, $a_3^{\,2}=a_5+a_6$일 때, a_{10}의 값은?

① 26 ② 27 ③ 28 ④ 29 ⑤ 30

03 부등식을 만족시키는 등차수열의 항

첫째항이 a, 공차가 d인 등차수열 $\{a_n\}$에서
(1) 처음으로 양수가 되는 항의 값을 구하는 경우에는 부등식 $a+(n-1)d>0$을 만족시키는 자연수 n의 최솟값을 구한다.
(2) 처음으로 음수가 되는 항의 값을 구하는 경우에는 부등식 $a+(n-1)d<0$을 만족시키는 자연수 n의 최솟값을 구한다.

08 대표문제
▸ 23642-0383

$a_3=21$, $a_8=6$인 등차수열 $\{a_n\}$에서 처음으로 음수가 되는 항의 값은?

① -3 ② $-\frac{5}{2}$ ③ -2
④ $-\frac{3}{2}$ ⑤ -1

09 상중하
▸ 23642-0384

가장 작은 항의 값이 -25이고, 공차가 4인 등차수열 $\{a_n\}$에 대하여 $a_ka_{k+1}<0$을 만족시키는 자연수 k의 값은?

① 7 ② 8 ③ 9
④ 10 ⑤ 11

10 상중하
▸ 23642-0385

$a_6-a_2=12$인 등차수열 $\{a_n\}$에 대하여 $|a_k|\le a_k$를 만족시키는 자연수 k의 최솟값이 11일 때, a_1의 최솟값은?

① -32 ② -30 ③ -28
④ -26 ⑤ -24

04 두 수 사이에 수를 넣어 만든 등차수열

두 수 a, b 사이에 n개의 수를 넣어서 만든 등차수열에서
(1) a가 첫째항이면 b는 제$(n+2)$항이다.
(2) $b=a+(n+1)d$ (단, d는 공차)

11 대표문제
▸ 23642-0386

두 수 -4, 14 사이에 5개의 수 a_1, a_2, a_3, a_4, a_5를 넣어

-4, a_1, a_2, a_3, a_4, a_5, 14

가 이 순서대로 등차수열을 이루도록 할 때, a_3의 값은?

① 4 ② 5 ③ 6
④ 7 ⑤ 8

12 상중하
▸ 23642-0387

두 수 -3, 6 사이에 n개의 수 a_1, a_2, $\cdots$, a_n을 넣어

-3, a_1, a_2, $\cdots$, a_n, 6

이 이 순서대로 등차수열을 이루도록 하였다. $a_4=-1$일 때, n의 값은?

① 13 ② 15 ③ 17
④ 19 ⑤ 21

13 상중하
▸ 23642-0388

두 수 a, 20 사이에 11개의 수 a_1, a_2, $\cdots$, a_{11}을 넣어

a, a_1, a_2, $\cdots$, a_{11}, 20

이 이 순서대로 등차수열을 이루도록 하였다.
$a+a_7+a_9=0$일 때, a_6의 값은?

① 1 ② 2 ③ 3
④ 4 ⑤ 5

05 등차중항

세 수 a, b, c가 이 순서대로 등차수열을 이룰 때

$$b=\frac{a+c}{2} \Longleftrightarrow 2b=a+c$$

≫ 올림포스 수학 I 67쪽

14 대표문제

▸ 23642-0389

세 수 $\frac{a}{2}$, $a+2$, $2a-1$이 이 순서대로 등차수열을 이룰 때, a의 값은?

① 8 ② 9 ③ 10 ④ 11 ⑤ 12

15 상중하

▸ 23642-0390

세 수 a, b, 13이 이 순서대로 등차수열을 이루고, 세 수 $a-1$, 8, $b+3$도 이 순서대로 등차수열을 이룰 때, ab의 값은?

① 42 ② 45 ③ 48 ④ 51 ⑤ 54

16 상중하

▸ 23642-0391

두 양수 m, n에 대하여 네 수 $\frac{m}{x}$, 6, x, n이 이 순서대로 등차수열을 이루도록 하는 실수 x의 값이 존재한다. m이 최대일 때, n의 값은?

① 3 ② 4 ③ 5 ④ 6 ⑤ 7

06 등차수열을 이루는 수

(1) 합이 일정한 세 수가 등차수열을 이루면 세 수를 각각 $a-d$, a, $a+d$로 놓고 조건에 맞는 방정식을 세워서 푼다.

(2) 합이 일정한 네 수가 등차수열을 이루면 네 수를 각각 $a-3d$, $a-d$, $a+d$, $a+3d$로 놓고 조건에 맞는 방정식을 세워서 푼다.

17 대표문제

▸ 23642-0392

등차수열을 이루는 세 수의 합이 15이고 곱이 80일 때, 가장 큰 수는?

① 4 ② 5 ③ 6 ④ 7 ⑤ 8

18 상중하

▸ 23642-0393

등차수열을 이루는 네 수의 합이 3이고 가장 큰 수가 $\frac{9}{4}$일 때, 네 수의 곱은?

① $-\frac{135}{32}$ ② $-\frac{135}{64}$ ③ $-\frac{135}{128}$ ④ $-\frac{135}{256}$ ⑤ $-\frac{135}{512}$

19 상중하

▸ 23642-0394

등차수열 $\{a_n\}$에 대하여

$$a_4+a_5+a_6+a_7=48,\ a_4\times a_7=108$$

일 때, $a_5\times a_6$의 값은?

① 138 ② 140 ③ 142 ④ 144 ⑤ 146

중요

07 등차수열의 합

등차수열의 첫째항부터 제n항까지의 합을 S_n이라 하면

(1) 첫째항 a와 공차 d를 알 때

$$S_n=\frac{n\{2a+(n-1)d\}}{2}$$

(2) 첫째항 a와 제n항 l을 알 때

$$S_n=\frac{n(a+l)}{2}$$

(3) 제m항부터 제n항까지의 합 S는

$$S=S_n-S_{m-1}=\frac{(n-m+1)(a_m+a_n)}{2}$$

>> 올림포스 수학 I 68쪽

20 대표문제

▸ 23642-0395

수열 $\{3n-1\}$의 첫째항부터 제13항까지의 합은?

① 250 ② 255 ③ 260 ④ 265 ⑤ 270

21 상중하

▸ 23642-0396

$a_2=5$, $a_{13}=27$인 등차수열 $\{a_n\}$의 첫째항부터 제15항까지의 합은?

① 235 ② 245 ③ 255 ④ 265 ⑤ 275

22 상중하

▸ 23642-0397

첫째항이 5, 제k항이 -25인 등차수열 $\{a_n\}$의 첫째항부터 제k항까지의 합이 -160일 때, a_{2k}의 값은?

① -57 ② -55 ③ -53 ④ -51 ⑤ -49

23 상중하

▸ 23642-0398

첫째항과 공차가 같은 등차수열 $\{a_n\}$에 대하여 $a_4=3a_7+34$일 때, 첫째항부터 제11항까지의 합은?

① -130 ② -132 ③ -134 ④ -136 ⑤ -138

24 상중하

▸ 23642-0399

등차수열 $\{a_n\}$이

$$a_2+a_4=22,\ a_{12}+a_{14}=-18$$

을 만족시킬 때, 제3항부터 제13항까지의 합은?

① 11 ② 13 ③ 15 ④ 17 ⑤ 19

25 상중하

▸ 23642-0400

첫째항이 20, 공차가 -3인 등차수열 $\{a_n\}$에 대하여 수열 $\{|a_n|\}$의 첫째항부터 제n항까지의 합을 S_n이라 하자. S_{15}의 값은?

① 167 ② 168 ③ 169 ④ 170 ⑤ 171

08 두 수 사이에 수를 넣어 만든 등차수열의 합

두 수 a, b 사이에 n개의 수를 넣어 만든 등차수열의 합을 S라 하면

(1) S는 첫째항이 a, 제$(n+2)$항이 b인 등차수열의 첫째항부터 제$(n+2)$항까지의 합이다.

(2) $S=\dfrac{(n+2)(a+b)}{2}$

26 대표문제 ▸ 23642-0401

두 수 25와 -21 사이에 15개의 수 a_1, a_2, $\cdots$, a_{15}를 넣어 등차수열 25, a_1, a_2, $\cdots$, a_{15}, -21을 만들었다.
$25+a_1+a_2+\cdots+a_{15}+(-21)$의 값은?

① 31 ② 32 ③ 33
④ 34 ⑤ 35

27 상중하 ▸ 23642-0402

두 수 31과 -17 사이에 n개의 수 a_1, a_2, $\cdots$, a_n을 넣어 등차수열 31, a_1, a_2, $\cdots$, a_n, -17을 만들었다.

$$31+a_1+a_2+\cdots+a_n+(-17)>150$$

을 만족시키는 자연수 n의 최솟값은?

① 19 ② 20 ③ 21
④ 22 ⑤ 23

28 상중하 ▸ 23642-0403

두 수 -22와 41 사이에 n개의 수 a_1, a_2, $\cdots$, a_n을 넣어 등차수열 -22, a_1, a_2, $\cdots$, a_n, 41을 만들었다. $a_4=6$일 때, $a_1+a_2+\cdots+a_n$의 값은?

① 74 ② 76 ③ 78
④ 80 ⑤ 82

09 두 개 이상의 등차수열의 합

두 등차수열 $\{a_n\}$, $\{b_n\}$의 첫째항이 각각 a, b이고 공차가 각각 d_1, d_2일 때

(1) 수열 $\{a_n+b_n\}$은 첫째항이 $a+b$, 공차가 d_1+d_2인 등차수열이다.

(2) 수열 $\{a_n-b_n\}$은 첫째항이 $a-b$, 공차가 d_1-d_2인 등차수열이다.

29 대표문제 ▸ 23642-0404

두 등차수열 $\{a_n\}$, $\{b_n\}$의 첫째항이 각각 3, 5이고 공차가 각각 -1, 4일 때, $(a_1+a_2+\cdots+a_{10})+(b_1+b_2+\cdots+b_{10})$의 값은?

① 211 ② 213 ③ 215
④ 217 ⑤ 219

30 상중하 ▸ 23642-0405

두 등차수열 $\{a_n\}$, $\{b_n\}$에 대하여

$$a_2-b_2=5,\ a_6-b_6=13$$

일 때, $(a_1+a_2+\cdots+a_{15})-(b_1+b_2+\cdots+b_{15})$의 값은?

① 235 ② 240 ③ 245
④ 250 ⑤ 255

31 상중하 ▸ 23642-0406

수열 -2, -4, 0, -1, 2, 2, 4, 5, 6, 8, $\cdots$의 첫째항부터 제30항까지의 합은?

① 430 ② 435 ③ 440
④ 445 ⑤ 450

10 제n항까지의 합이 주어진 등차수열

첫째항이 a, 공차가 d인 등차수열 $\{a_n\}$의 첫째항부터 제n항까지의 합을 S_n이라 할 때, S_k, S_l이 주어지면 연립방정식

$$\begin{cases} S_k=\dfrac{k\{2a+(k-1)d\}}{2} \\ S_l=\dfrac{l\{2a+(l-1)d\}}{2} \end{cases}$$

를 풀어 a, d의 값을 각각 구한다.

32 대표문제 ▸ 23642-0407

등차수열 $\{a_n\}$의 첫째항부터 제n항까지의 합을 S_n이라 하자. $S_5=35$, $S_{13}=-13$일 때, S_{20}의 값은?

① -166 ② -164 ③ -162
④ -160 ⑤ -158

33 상중하 ▸ 23642-0408

등차수열 $\{a_n\}$의 첫째항부터 제7항까지의 합이 -140이고, 제8항부터 제14항까지의 합이 7일 때, 첫째항부터 제21항까지의 합은?

① 17 ② 18 ③ 19
④ 20 ⑤ 21

34 상중하 ▸ 23642-0409

공차가 첫째항의 2배인 등차수열 $\{a_n\}$의 첫째항부터 제n항까지의 합을 S_n이라 하자. $S_8=128$일 때, $S_k=242$를 만족시키는 자연수 k의 값은?

① 10 ② 11 ③ 12
④ 13 ⑤ 14

중요
11 등차수열의 합의 최대·최소

등차수열 $\{a_n\}$의 첫째항부터 제n항까지의 합을 S_n이라 할 때

(1) 첫째항이 양수, 공차가 음수이고, a_k에서 처음으로 음수가 되면 S_n의 최댓값은 S_{k-1}이다.
(2) 첫째항이 음수, 공차가 양수이고, a_k에서 처음으로 양수가 되면 S_n의 최솟값은 S_{k-1}이다.

참고 첫째항과 공차의 부호가 같으면 S_1이 최댓값 또는 최솟값이 된다.

35 대표문제 ▸ 23642-0410

등차수열 $\{a_n\}$의 첫째항부터 제n항까지의 합을 S_n이라 하자. $a_5=23$, $S_{10}=220$일 때, S_n의 최댓값은?

① 250 ② 252 ③ 254
④ 256 ⑤ 258

36 상중하 ▸ 23642-0411

첫째항이 -25인 등차수열 $\{a_n\}$에 대하여 $a_8-a_3=15$일 때, $a_1+a_2+a_3+\cdots+a_n$은 $n=k$에서 최솟값을 갖는다. k의 값은?

① 9 ② 10 ③ 11
④ 12 ⑤ 13

37 상중하 ▸ 23642-0412

첫째항이 음수이고 공차가 정수인 등차수열 $\{a_n\}$의 첫째항부터 제n항까지의 합을 S_n이라 하자. S_n은 $n=11$, $n=12$일 때 최솟값 -198을 갖는다. S_5의 값은?

① -130 ② -135 ③ -140
④ -145 ⑤ -150

12 등차수열의 합의 활용

주어진 상황에서 등차수열의 첫째항과 공차로 나타낼 것을 찾고, 등차수열의 합에 대한 식을 세워서 해결한다.

38 대표문제
▸ 23642-0413

15부터 연속하는 n개의 자연수의 합이 195일 때, n의 값은?

① 8 ② 9 ③ 10
④ 11 ⑤ 12

39 상중하
▸ 23642-0414

연속하는 30개의 홀수의 합이 960일 때, 30개의 홀수 중 가장 작은 수의 값은?

① 3 ② 5 ③ 7
④ 9 ⑤ 11

40 상중하
▸ 23642-0415

전교생이 500명인 학교에서 학생 전체를 수용할 수 있는 새로운 강당을 지으려고 한다. 강당의 첫 번째 열의 좌석 수가 20이고 두 번째 열 이후의 좌석 수는 그 앞 열의 좌석 수보다 5씩 늘어나도록 할 때, 적어도 k번째 열까지는 좌석을 만들어야 한다. k의 값은?

① 11 ② 12 ③ 13
④ 14 ⑤ 15

41 상중하
▸ 23642-0416

모두 1000개의 문제로 이루어진 문제집이 있다. 학생 A는 매일 전날보다 3개씩 문제를 더 풀면서 20일 안에 이 문제집을 다 풀려고 한다. 학생 A가 첫날 풀어야 할 문제의 최소 개수는?

① 19 ② 20 ③ 21
④ 22 ⑤ 23

42 상중하
▸ 23642-0417

크기가 같은 벽돌을 이용하여 쌓은 13층으로 이루어진 탑이 있다. 이 탑의 맨 위층은 한 개의 벽돌로 이루어져 있고, $(n+1)$층을 이루는 벽돌의 개수는 n층을 이루는 벽돌의 개수보다 항상 d개가 적다. 1층을 이루는 벽돌의 개수가 49개일 때, 이 탑의 1층부터 7층까지를 이루는 벽돌의 개수는?

① 253 ② 255 ③ 257
④ 259 ⑤ 261

43 상중하
▸ 23642-0418

자연수 n에 대하여 직선 $x=n$이 두 직선 $y=2x+3$, $y=-3x+1$과 만나는 점을 각각 P_n, Q_n이라 할 때,

$$\overline{\mathrm{P_1Q_1}}+\overline{\mathrm{P_2Q_2}}+\cdots+\overline{\mathrm{P_{15}Q_{15}}}$$

의 값은?

① 610 ② 620 ③ 630
④ 640 ⑤ 650

13 나머지가 같은 자연수

(1) 자연수 d의 배수를 작은 것부터 차례로 나열하면
d, $2d$, $3d$, $\cdots$
이므로 첫째항과 공차가 모두 d인 등차수열이 된다.
(2) 자연수 d로 나누었을 때의 나머지가 $a\,(0<a<d)$인 자연수를 작은 것부터 차례대로 나열하면
a, $a+d$, $a+2d$
이므로 첫째항이 a, 공차가 d인 등차수열이 된다.

44 대표문제 ▸ 23642-0419

30과 110 사이에 있는 자연수 중에서 7의 배수의 개수를 n이라 할 때, 이 n개의 7의 배수의 총합을 M이라 하자. $n+M$의 값은?

① 779 ② 781 ③ 783
④ 785 ⑤ 787

45 상중하 ▸ 23642-0420

150 이하의 자연수 중에서 13으로 나누었을 때 나머지가 3인 모든 수의 합은?

① 888 ② 890 ③ 892
④ 894 ⑤ 896

46 상중하 ▸ 23642-0421

50 이하의 자연수 중에서 3 또는 4의 배수의 총합은?

① 580 ② 590 ③ 600
④ 610 ⑤ 620

14 수열의 합과 일반항 사이의 관계

수열 $\{a_n\}$의 첫째항부터 제n항까지의 합을 S_n이라 할 때
(1) $a_1=S_1$, $a_n=S_n-S_{n-1}$ $(n\geq 2)$임을 이용하여 일반항 a_n을 구할 수 있다.
(2) $S_n=An^2+Bn+C$ (A, B, C는 상수)일 때
① $C=0$이면 수열 $\{a_n\}$은 첫째항부터 등차수열을 이룬다.
② $C\neq 0$이면 수열 $\{a_n\}$은 둘째항부터 등차수열을 이룬다.

47 대표문제 ▸ 23642-0422

첫째항부터 제n항까지의 합 S_n이
$$S_n=n^2+\frac{1}{n}$$
인 수열 $\{a_n\}$에 대하여 $a_1+a_3+a_6$의 값은?

① $\frac{89}{5}$ ② 18 ③ $\frac{91}{5}$
④ $\frac{92}{5}$ ⑤ $\frac{93}{5}$

48 상중하 ▸ 23642-0423

첫째항부터 제n항까지의 합 S_n이
$$S_n=n^2+2n+1$$
인 수열 $\{a_n\}$에 대하여 $a_1+a_3+\cdots+a_{15}$의 값은?

① 135 ② 137 ③ 139
④ 141 ⑤ 143

49 상중하 ▸ 23642-0424

수열 $\{a_n\}$의 첫째항부터 제n항까지의 합을 S_n이라 하자.
$$2a_2=a_1+a_3,\ S_n=3n^2+An+A-2\ (A\text{는 상수})$$
일 때, a_{10}의 값은?

① 58 ② 59 ③ 60
④ 61 ⑤ 62

15 등비수열의 일반항

(1) 첫째항이 a, 공비가 r ($r\neq0$)인 등비수열 $\{a_n\}$의 일반항 a_n은

$$a_n=ar^{n-1}\ (n=1,\ 2,\ 3,\ \cdots)$$

(2) 일반항이 $a_n=ap^n$인 등비수열 $\{a_n\}$의 공비는 p이다.

» 올림포스 수학 I 68쪽

50 대표문제
▸ 23642-0425

제3항이 18, 제6항이 486인 등비수열의 제2항은?

① 4 ② 6 ③ 8 ④ 10 ⑤ 12

51 상중하
▸ 23642-0426

$a_2=16$, $a_5=2$인 등비수열 $\{a_n\}$에 대하여 a_7의 값을 구하시오.

52 상중하
▸ 23642-0427

등비수열 $\{a_n\}$의 일반항이 $a_n=(p+1)p^n$이고 첫째항과 공비의 합이 8일 때, 양수 p의 값은?

① $\frac{1}{2}$ ② 1 ③ $\frac{3}{2}$ ④ 2 ⑤ $\frac{5}{2}$

53 상중하
▸ 23642-0428

첫째항이 4이고 공비가 $\frac{1}{2}$인 등비수열 $\{a_n\}$에 대하여 수열 $\{a_na_{n+1}\}$은 첫째항이 a이고 공비가 r인 등비수열이다. $a+r$의 값을 구하시오.

16 등식을 만족시키는 등비수열

(i) 등비수열 $\{a_n\}$의 첫째항을 a, 공비를 r라 한다.
(ii) 주어진 등식에 대입하여 a, r에 대한 방정식을 세운다.
(iii) (ii)에서 세운 방정식을 연립하여 a, r의 값을 구한다.

» 올림포스 수학 I 68쪽

54 대표문제
▸ 23642-0429

등비수열 $\{a_n\}$에 대하여

$$a_3=1,\ \frac{a_7}{a_5}=4$$

일 때, a_1의 값은?

① $-\frac{1}{4}$ ② $-\frac{1}{2}$ ③ 1 ④ $\frac{1}{2}$ ⑤ $\frac{1}{4}$

55 상중하
▸ 23642-0430

공비가 양수인 등비수열 $\{a_n\}$에 대하여

$$a_2+a_4=50,\ a_5+a_7=400$$

일 때, $\frac{a_{100}}{a_{99}}$의 값은?

① $\sqrt{2}$ ② 2 ③ $2\sqrt{2}$ ④ 4 ⑤ $4\sqrt{2}$

56 상중하
▸ 23642-0431

등비수열 $\{a_n\}$에 대하여

$$\frac{{a_2}^2}{a_3}=3,\ a_2a_3=27\sqrt{3}$$

일 때, $a_k=243$을 만족시키는 자연수 k의 값은?

① 8 ② 9 ③ 10 ④ 11 ⑤ 12

17 부등식을 만족시키는 등비수열의 항

첫째항이 a, 공비가 r인 등비수열 $\{a_n\}$과 상수 k에 대하여
(1) 처음으로 k보다 커지는 항의 값을 구하는 경우에는 부등식 $ar^{n-1}>k$를 만족시키는 자연수 n의 최솟값을 구한다.
(2) 처음으로 k보다 작아지는 항의 값을 구하는 경우에는 부등식 $ar^{n-1}<k$를 만족시키는 자연수 n의 최솟값을 구한다.

57 대표문제 ▸ 23642-0432

첫째항이 $\frac{1}{2}$, 공비가 $\sqrt{2}$인 등비수열 $\{a_n\}$에 대하여 $a_k>200$을 만족시키는 자연수 k의 최솟값은?

① 17 ② 18 ③ 19
④ 20 ⑤ 21

58 상중하 ▸ 23642-0433

첫째항이 8, 공비가 $\frac{2}{3}$인 등비수열 $\{a_n\}$에 대하여 처음으로 1보다 작아지는 항의 값은 $\frac{q}{p}$이다. $p-q$의 값은?
(단, p와 q는 서로소인 자연수이다.)

① 211 ② 213 ③ 215
④ 217 ⑤ 219

59 상중하 ▸ 23642-0434

공비가 양수인 등비수열 $\{a_n\}$에 대하여

$a_3=\frac{1}{4}$, $a_4+a_5=\frac{3}{2}$

일 때, $a_n>100$을 만족시키는 자연수 n의 최솟값은?

① 8 ② 9 ③ 10
④ 11 ⑤ 12

중요
18 두 수 사이에 수를 넣어 만든 등비수열

두 수 a, b 사이에 n개의 수를 넣어서 만든 등비수열에서
(1) a가 첫째항이면 b는 제$(n+2)$항이다.
(2) $b=ar^{n+1}$ (단, r는 공비)

60 대표문제 ▸ 23642-0435

두 수 3과 96 사이에 네 수 a, b, c, d를 넣어

3, a, b, c, d, 96

이 이 순서대로 등비수열을 이루도록 할 때, $b+c$의 값은?

① 12 ② 18 ③ 24
④ 30 ⑤ 36

61 상중하 ▸ 23642-0436

두 수 a와 162 사이에 세 수 6, $7a+4$, b를 넣어

a, 6, $7a+4$, b, 162

가 이 순서대로 등비수열을 이루도록 할 때, $a+b$의 값은?

① 55 ② 56 ③ 57
④ 58 ⑤ 59

62 상중하 ▸ 23642-0437

두 수 5와 405 사이에 n개의 수 a_1, a_2, $\cdots$, a_n을 넣어

5, a_1, a_2, $\cdots$, a_n, 405

가 이 순서대로 등비수열을 이루도록 하였다. $a_4=45$일 때, $\frac{a_n}{a_1}$의 값은?

① 9 ② $9\sqrt{3}$ ③ 27
④ $27\sqrt{3}$ ⑤ 81

19 등비중항

0이 아닌 세 수 a, b, c가 이 순서대로 등비수열을 이룰 때

$$\frac{b}{a}=\frac{c}{b} \Longleftrightarrow b^2=ac$$

» 올림포스 수학 I 69쪽

63 대표문제

▶ 23642-0438

세 수 a, $a+8$, $40-a$가 이 순서대로 등비수열을 이룰 때, 모든 a의 값의 합은?

① 8 ② 9 ③ 10 ④ 11 ⑤ 12

64 상중하

▶ 23642-0439

서로 다른 두 자연수 a, b에 대하여 세 수 a, 4, b가 이 순서대로 등비수열을 이룰 때, $a+3b$의 최솟값은?

① 12 ② 14 ③ 16 ④ 18 ⑤ 20

65 상중하

▶ 23642-0440

세 수 a^2, b, 36이 이 순서대로 등비수열을 이루고, 세 수 a, a^2, $b+4$가 이 순서대로 등차수열을 이룬다. $ab>0$일 때, $a+b$의 최댓값은?

① 20 ② 22 ③ 24 ④ 26 ⑤ 28

20 등비수열을 이루는 세 수

(1) 곱이 일정한 서로 다른 세 수가 등비수열을 이루면 세 수를 각각 $\frac{a}{r}$, a, ar $(r\neq0)$으로 놓고 조건에 맞는 방정식을 세워서 푼다.

(2) 세 수가 등비수열을 이루면 세 수를 각각 a, ar, ar^2 $(r\neq0)$으로 놓고 조건에 맞는 방정식을 세워서 푼다.

66 대표문제

▶ 23642-0441

등비수열을 이루는 세 실수의 합이 31이고 곱이 125일 때, 가장 큰 수와 가장 작은 수의 차는?

① 21 ② 22 ③ 23 ④ 24 ⑤ 25

67 상중하

▶ 23642-0442

$0<a<b<c$인 세 실수 a, b, c가 이 순서대로 등비수열을 이루고

$abc=1$, $b+c=8$

일 때, $\frac{bc}{a}$의 값은?

① 16 ② 25 ③ 36 ④ 49 ⑤ 64

68 상중하

▶ 23642-0443

등비수열을 이루는 세 양수의 합이 7이고, 가장 큰 수와 가장 작은 수의 차가 5일 때, 두 번째로 큰 수는?

① $\frac{7}{6}$ ② $\frac{4}{3}$ ③ $\frac{3}{2}$ ④ $\frac{5}{3}$ ⑤ $\frac{11}{6}$

중요
21 등비수열과 도형

(1) 도형의 길이, 넓이, 부피 등이 일정한 비율로 변할 때, 주어진 그림에서 규칙성을 파악하여 첫째항과 공비를 찾는다.
(2) 도형의 닮음비가 $m:n$일 때
① 길이의 비는 $m:n$
② 넓이의 비는 $m^2:n^2$
③ 부피의 비는 $m^3:n^3$
임을 이용한다.

69 대표문제

▶ 23642-0444

그림과 같이 넓이가 16인 정사각형 R_1의 각 변의 중점을 이어 만든 정사각형을 R_2, 정사각형 R_2의 각 변의 중점을 이어 만든 정사각형을 R_3이라 하자. 이와 같은 과정을 반복하여 만든 정사각형 R_n에 대하여 R_9의 둘레의 길이는?

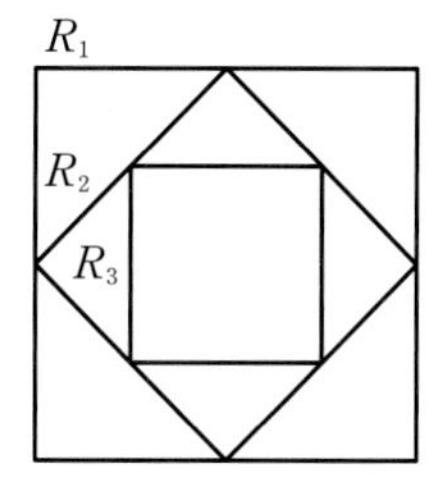

① $\frac{1}{2}$　② $\frac{\sqrt{2}}{2}$　③ 1
④ $\sqrt{2}$　⑤ 2

70 상중하

▶ 23642-0445

그림과 같이 한 변의 길이가 6인 정삼각형 T_1의 각 변의 중점을 이어서 만든 정삼각형을 T_2, 정삼각형 T_2의 각 변의 중점을 이어서 만든 정삼각형을 T_3이라 하자. 이와 같은 과정을 반복하여 만든 정삼각형 T_n에 대하여 T_8의 넓이를 S라 할 때, $\log_2 \frac{\sqrt{3}S}{27}$의 값은?

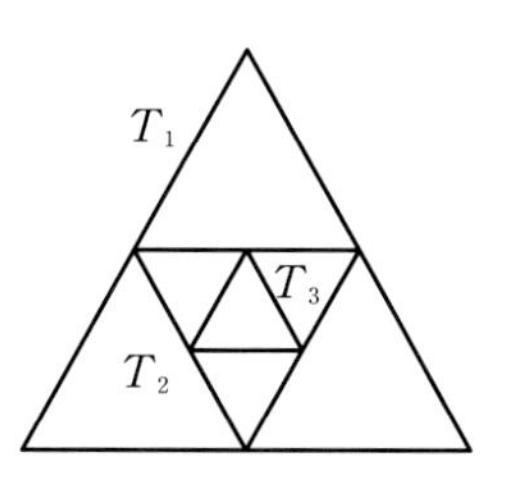

① -18　② -17　③ -16
④ -15　⑤ -14

71 상중하

▶ 23642-0446

$\overline{A_1B}=2$인 선분 A_1B를 $1:2$로 내분하는 점을 A_2, 선분 A_2B를 $1:2$로 내분하는 점을 A_3이라 하자. 이와 같은 과정을 반복하여 만든 점 A_n에 대하여 선분 A_7A_8의 길이는?

① $2\times\left(\frac{2}{3}\right)^6$　② $2\times\left(\frac{2}{3}\right)^7$　③ $\left(\frac{2}{3}\right)^6$
④ $\left(\frac{2}{3}\right)^7$　⑤ $\left(\frac{2}{3}\right)^8$

72 상중하

▶ 23642-0447

한 모서리의 길이가 32인 정육면체 C_1이 있다. 정육면체 C_2의 한 면의 넓이는 정육면체 C_1의 한 면의 넓이의 $\frac{1}{4}$이고, 정육면체 C_3의 한 면의 넓이는 정육면체 C_2의 한 면의 넓이의 $\frac{1}{4}$이다. 이와 같은 과정을 반복하여 만든 정육면체 C_n에 대하여 C_{10}의 부피는?

① $\frac{1}{2^{12}}$　② $\frac{1}{2^{15}}$　③ $\frac{1}{2^{18}}$
④ $\frac{1}{2^{21}}$　⑤ $\frac{1}{2^{24}}$

73 상중하

▶ 23642-0448

그림과 같이 $\overline{A_1A_2}=3$, $\overline{A_2B}=4$, $\angle A_1A_2B=90°$인 직각삼각형 A_1A_2B가 있다. 직각삼각형 A_1A_2B의 꼭짓점 A_2에서 대변에 내린 수선의 발을 A_3, 삼각형 A_2A_3B의 꼭짓점 A_3에서 대변에 내린 수선의 발을 A_4, 삼각형 A_3A_4B의 꼭짓점 A_4에서 대변에 내린 수선의 발을 A_5라 하자. 이와 같은 과정을 반복하여 만든 점 A_n에 대하여 삼각형 A_5A_6B의 넓이가 $3\times\frac{2^k}{5^l}$일 때, $k+l$의 값을 구하시오. (단, k, l은 자연수이다.)

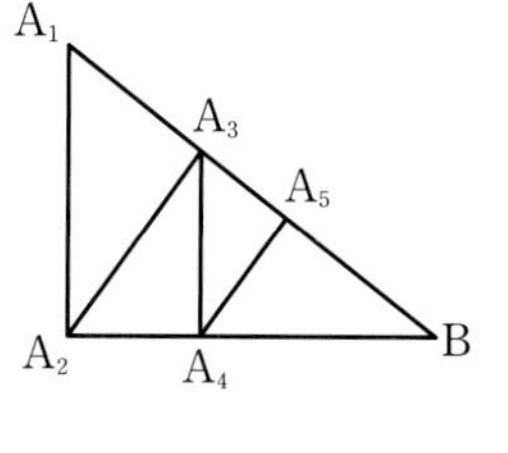

22 등비수열의 실생활에의 활용

일정한 비율로 변하는 실생활 상황에서 처음의 양을 a라 할 때

(1) 매시간(또는 매년) 일정한 증가율을 r $(r>0)$이라 하면 n시간(또는 n년) 후의 양은
$a(1+r)^n$

(2) 매시간(또는 매년) 일정한 감소율을 r $(r>0)$이라 하면 n시간(또는 n년) 후의 양은
$a(1-r)^n$

74 대표문제 ▸ 23642-0449

어느 도시의 인구는 매년 일정한 비율로 증가한다고 한다. 이 도시의 3년 전 인구가 현재 인구의 $\frac{4}{5}$일 때, 이 도시의 15년 후 인구가 현재 인구의 k배이다. $\log k$의 값을 구하시오.
(단, $\log 2=0.30$으로 계산한다.)

75 상중하 ▸ 23642-0450

어느 기업에서 만든 특수 옷감에 방사능을 통과시키면 그 양이 일정한 비율로 감소한다고 한다. 이 옷감을 12장 통과한 후 방사능의 양이 처음 방사능의 양보다 87.5 % 감소했다고 할 때, 이 옷감 4장을 통과한 후 방사능의 양은 처음 방사능의 양의 몇 %인가?

① 20 % ② 30 % ③ 40 %
④ 50 % ⑤ 60 %

76 상중하 ▸ 23642-0451

어느 연구소에서 바이러스에 대한 백신을 개발하여 매월 일정한 비율로 매출액이 증가할 것으로 예상하고 있다. 어느 해 4월의 매출액이 그 해 1월의 매출액의 1.5배일 때, 매출액이 그 해 1월의 매출액의 3배를 처음으로 초과하게 되는 것은 1월부터 몇 개월 후인가? (단, $\log 2=0.30$, $\log 3=0.48$로 계산한다.)

① 8개월 ② 9개월 ③ 10개월
④ 11개월 ⑤ 12개월

23 등비수열의 합

첫째항이 a, 공비가 r인 등비수열의 첫째항부터 제n항까지의 합을 S_n이라 하면

(1) $r=1$일 때, $S_n=na$

(2) $r\neq1$일 때, $S_n=\frac{a(1-r^n)}{1-r}=\frac{a(r^n-1)}{r-1}$

≫ 올림포스 수학 I 69쪽

77 대표문제 ▸ 23642-0452

공비가 양수이고 $a_3=5$, $a_7=80$인 등비수열 $\{a_n\}$에 대하여 첫째항부터 제6항까지의 합은?

① 78 ② $\frac{315}{4}$ ③ $\frac{159}{2}$
④ $\frac{321}{4}$ ⑤ 81

78 상중하 ▸ 23642-0453

각 항이 모두 양수인 등비수열 $\{a_n\}$에 대하여
$a_5-a_3=0$, $a_7+a_{10}=8$
일 때, 수열 $\{a_n\}$의 첫째항부터 제15항까지의 합은?

① 45 ② 50 ③ 60
④ 65 ⑤ 70

79 상중하 ▸ 23642-0454

등비수열 $\{a_n\}$에 대하여
$a_2a_3=4a_4$, $a_1+a_3=12$
일 때, $a_1^2+a_2^2+a_3^2+\cdots+a_9^2$의 값은?

① $2^{13}-2^4$ ② $2^{12}-2^3$ ③ $2^{11}-2^2$
④ $2^{10}-2$ ⑤ 2^9-1

24 제n항까지의 합이 주어진 등비수열

첫째항이 a, 공비가 $r(r\neq1)$인 등비수열 $\{a_n\}$의 첫째항부터 제n항까지의 합을 S_n이라 하면

$$\begin{cases} S_n=\dfrac{a(r^n-1)}{r-1} \\ S_{2n}=\dfrac{a(r^{2n}-1)}{r-1}=\dfrac{a(r^n-1)(r^n+1)}{r-1} \end{cases}$$

이므로 $S_{2n}\div S_n=r^n+1$임을 이용한다.

참고 유사하게 $S_{3n}\div S_n=r^{2n}+r^n+1$이 성립한다.

>> 올림포스 수학 I 69쪽

80 대표문제

▸ 23642-0455

등비수열 $\{a_n\}$의 첫째항부터 제n항까지의 합을 S_n이라 하자. $S_3=9$, $S_6=-63$일 때, a_8의 값은?

① -381 ② -384 ③ -387
④ -390 ⑤ -393

81 상중하

▸ 23642-0456

등비수열 $\{a_n\}$의 첫째항부터 제n항까지의 합을 S_n이라 하자.

$$2S_2=3S_1,\ \frac{1}{a_1}+\frac{1}{a_2}+\frac{1}{a_3}+\cdots+\frac{1}{a_7}=635$$

일 때, S_2의 값은?

① $\frac{1}{10}$ ② $\frac{1}{5}$ ③ $\frac{3}{10}$
④ $\frac{2}{5}$ ⑤ $\frac{1}{2}$

82 상중하

▸ 23642-0457

등비수열 $\{a_n\}$의 첫째항부터 제k항까지의 합이 -6이고, 제$(k+1)$항부터 제$2k$항까지의 합이 48일 때, 첫째항부터 제$3k$항까지의 합은?

① -342 ② -339 ③ -336
④ -333 ⑤ -330

중요 25 등비수열의 합과 일반항 사이의 관계

수열 $\{a_n\}$의 첫째항부터 제n항까지의 합을 S_n이라 할 때

(1) $a_1=S_1$, $a_n=S_n-S_{n-1}$ $(n\geq2)$임을 이용하여 일반항 a_n을 구할 수 있다.

(2) $S_n=Ar^n+B$ (A, B는 상수, $r\neq0$, $r\neq1$)일 때,

① $A+B=0$이면 수열 $\{a_n\}$은 첫째항부터 등비수열을 이룬다.

② $A+B\neq0$이면 수열 $\{a_n\}$은 둘째항부터 등비수열을 이룬다.

83 대표문제

▸ 23642-0458

수열 $\{a_n\}$의 첫째항부터 제n항까지의 합 S_n이

$$S_n=\frac{4^{n-1}}{3}+5$$

일 때, $\dfrac{a_{2022}}{a_{2020}}$의 값은?

① 2 ② 4 ③ 8
④ 16 ⑤ 32

84 상중하

▸ 23642-0459

수열 $\{a_n\}$의 첫째항부터 제n항까지의 합을 S_n이라 하자.

$$S_n=3\times2^n+4$$

일 때, $a_1+a_2+a_4+a_6+\cdots+a_{14}$의 값은?

① $2^{12}+1$ ② $2^{13}+2$ ③ $2^{14}+2^2$
④ $2^{15}+2^3$ ⑤ $2^{16}+2^4$

85 상중하

▸ 23642-0460

수열 $\{a_n\}$의 첫째항부터 제n항까지의 합을 S_n이라 할 때, 0이 아닌 상수 p에 대하여

$$S_n=p\times2^{n-1}+4$$

이다. ${a_2}^2=a_1a_3$일 때, a_2의 값은?

① -10 ② -8 ③ -6
④ -4 ⑤ -2

중요
26 등비수열의 합의 활용

(1) 도형의 길이, 넓이, 부피 등이 일정한 비율로 변할 때, 주어진 그림에서 규칙성을 파악하고 첫째항과 공비를 찾아 등비수열의 합을 구한다.
(2) 일정한 비율로 변하는 실생활 상황에서 처음의 양을 a, 매시간(또는 매년) 일정한 증가율을 $r\ (r>0)$이라 하면 n시간(또는 n년) 후의 총합은
$a+a(1+r)+\cdots+a(1+r)^{n-1}=\dfrac{a\{(1+r)^n-1\}}{(1+r)-1}$
임을 이용한다.

86 대표문제
▸ 23642-0461

그림과 같이 한 변의 길이가 4인 정사각형 R_1의 각 변의 중점을 각 변에 평행하게 이어서 만든 4개의 정사각형 중 오른쪽 위의 정사각형을 R_2라 하자. 정사각형 R_2의 각 변의 중점을 각 변에 평행하게 이어서 만든 4개의 정사각형 중 오른쪽 위의 정사각형을 R_3이라 하자. 이와 같은 과정을 반복하여 만든 정사각형 R_n에 대하여 R_n의 대각선의 길이를 a_n이라 하자.

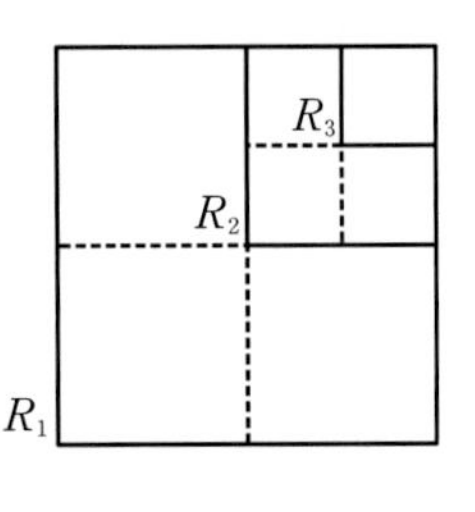

$$a_1+a_2+\cdots+a_7=\frac{\sqrt{2}}{16}k$$

일 때, 상수 k의 값은?

① 15 ② 31 ③ 63
④ 127 ⑤ 255

87 상중하
▸ 23642-0462

90만 t의 광물 A가 매장되어 있는 어느 지역에서 올해 초부터 광물 A를 채굴하기로 하였다. 광물 A의 한 해 목표 채굴량은 전년도의 채굴량보다 30 % 증가하도록 설정하였다. 올해 광물 A의 채굴량이 3만 t일 때, 처음으로 목표 채굴량을 달성하지 못하게 되는 해는 올해로부터 몇 년 후인가?

(단, $\log 1.3=0.11$로 계산한다.)

① 8년 ② 9년 ③ 10년
④ 11년 ⑤ 12년

88 상중하
▸ 23642-0463

좌표평면 위에 두 점 $A_0(0,\ 0)$, $A_1(1,\ 0)$이 있다. 점 A_1을 x축의 방향으로 $\frac{1}{2}\times\overline{A_0A_1}$만큼 평행이동한 점을 A_2, 점 A_1을 x축의 방향으로 $\frac{1}{2}\times\overline{A_0A_2}$만큼 평행이동한 점을 A_3, 점 A_1을 x축의 방향으로 $\frac{1}{2}\times\overline{A_0A_3}$만큼 평행이동한 점을 A_4라 하자. 이와 같은 과정을 반복하여 얻은 점을 A_n이라 할 때, 선분 A_0A_8의 길이를 구하시오.

89 상중하
▸ 23642-0464

어느 학생의 매월 저축하는 금액은 일정한 비율로 증가하고 있다고 한다. 올해 1월부터 5월까지 저축한 금액은 k원이었고, 올해 6월부터 10월까지 저축한 금액은 $3k$원이었다. 올해 11월에 저축할 금액은 1월에 저축한 금액의 몇 배인가?

① 5배 ② 6배 ③ 7배
④ 8배 ⑤ 9배

90 상중하
▸ 23642-0465

그림과 같이 한 변의 길이가 9인 정삼각형 $A_1B_1C_1$이 있다. 세 선분 A_1B_1, B_1C_1, C_1A_1을 2 : 1로 내분하는 점을 각각 A_2, B_2, C_2라 하자. 세 선분 A_2B_2, B_2C_2, C_2A_2를 2 : 1로 내분하는 점을 각각 A_3, B_3, C_3이라 하자. 이와 같은 과정을 반복하여 만든 삼각형 $A_nA_{n+1}C_{n+1}$의 넓이를 S_n이라 할 때,

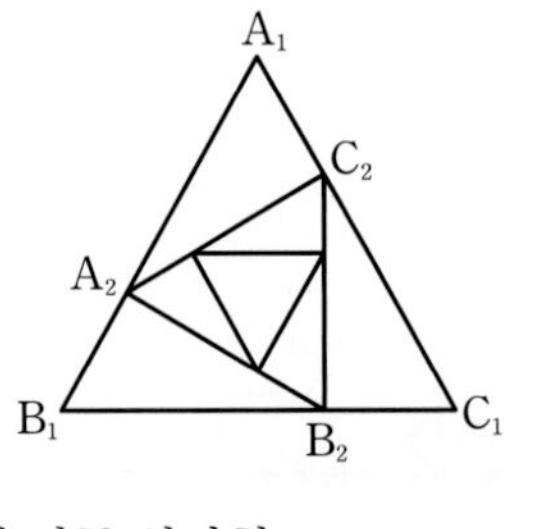

$$S_1+S_2+\cdots+S_8=k\left(1-\frac{1}{3^8}\right)$$

이다. 상수 k의 값을 구하시오.

서술형 완성하기

≫ 정답과 풀이 86쪽

01

▸ 23642-0466

등차수열 100, 97, 94, 91, …에서 처음으로 한 자리 자연수가 되는 항은 제 몇 항인지 구하시오.

02 내신기출

▸ 23642-0467

제k항이 14, 제15항이 -26인 등차수열에 대하여 제k항부터 제15항까지의 합이 -66일 때, 제$2k$항을 구하시오.

(단, $k<15$)

03

▸ 23642-0468

수열 $\{a_n\}$의 첫째항부터 제n항까지의 합을 S_n이라 하자. 상수 k에 대하여 $S_n=3n^2+kn$이고, $a_5+a_4+a_3=3$일 때, 일반항 a_n을 구하시오.

04

▸ 23642-0469

두 수 2와 162 사이에 세 개의 수를 넣어 5개의 수가 이 순서대로 등비수열을 이루도록 할 때, 이 세 수의 합을 M이라 하자. M의 값을 모두 구하시오.

05

▸ 23642-0470

각 항이 양수인 등비수열 $\{a_n\}$에 대하여

$$a_4a_8=\frac{20}{a},\ a_3a_{13}=80a$$

일 때, a_7의 값을 구하시오. (단, $a>0$)

06 내신기출

▸ 23642-0471

모든 항이 양수인 등비수열 $\{a_n\}$에 대하여 수열 $\{\log_2 a_n\}$의 첫째항부터 제n항까지의 합을 S_n이라 하면

$$S_n=n(2n+1)$$

이다. 등비수열 $\{a_n\}$의 첫째항과 공비를 각각 구하시오.

내신 + 수능 고난도 도전

▸ 23642-0472

01 첫째항이 모두 2인 두 등차수열 $\{a_n\}$, $\{b_n\}$의 공차는 각각 3, 5이다. 다음 조건을 만족시키는 자연수 k를 작은 순서대로 k_1, k_2, $\cdots$, k_m이라 할 때, $k_1+k_2+\cdots+k_m$의 값은?

(가) $k<100$
(나) 어떤 자연수 l에 대하여 $a_k=b_l$이다.

① 964 ② 966 ③ 968 ④ 970 ⑤ 972

▸ 23642-0473

02 두 수 4와 x 사이에 n개, 두 수 x와 68 사이에 $2n$개의 수를 넣어 수열

$$4,\ a_1,\ a_2,\ \cdots,\ a_n,\ x,\ b_1,\ b_2,\ \cdots,\ b_{2n},\ 68$$

이 이 순서대로 공차가 자연수인 등차수열을 이루도록 하는 모든 x의 값의 합은? (단, n은 자연수이다.)

① 52 ② 54 ③ 56 ④ 58 ⑤ 60

▸ 23642-0474

03 첫째항이 3이고 공차가 양수인 등차수열 $\{a_n\}$의 첫째항부터 제n항까지의 합을 S_n이라 하자. 수열 $\left\{\frac{S_n}{a_n}\right\}$이 등차수열을 이룰 때, a_4의 값은?

① 10 ② 12 ③ 14 ④ 16 ⑤ 18

▸ 23642-0475

04 첫째항이 음수이고 공차가 정수인 등차수열 $\{a_n\}$의 첫째항부터 제n항까지의 합을 S_n이라 할 때, $S_8=S_{18}$이고, S_n의 최솟값이 -338이다. a_{10}의 값은?

① -11 ② -12 ③ -13 ④ -14 ⑤ -15

▸ 23642-0476

05 수열 $\{a_n\}$의 첫째항부터 제n항까지의 합 S_n이

$$S_n=3n(n+1)(n+2)$$

이다. 수열 $\left\{\frac{1}{a_n}\right\}$의 첫째항부터 제99항까지의 합을 구하시오.

▸ 23642-0477

06 겉넓이가 175, 부피가 125인 직육면체의 서로 다른 세 모서리의 길이가 등비수열을 이룰 때, 가장 긴 모서리의 길이는?

① 5 ② $\frac{15}{2}$ ③ 10 ④ $\frac{25}{2}$ ⑤ 15

▸ 23642-0478

07 첫째항이 1로 같고 모든 항이 양수인 두 등비수열 $\{a_n\}$, $\{b_n\}$이 다음 조건을 만족시킨다.

(가) 수열 $\{a_n+b_n\}$은 등비수열이다.
(나) 수열 $\{a_nb_n\}$은 공비가 4인 등비수열이다.

$a_1+b_2+a_3+b_4+\cdots+a_7+b_8$의 값을 구하시오.

▸ 23642-0479

08 등비수열 $\{a_n\}$의 첫째항부터 제n항까지의 합을 S_n이라 하자. 상수 k에 대하여 수열 $\left\{\frac{a_n}{k}\right\}$은 첫째항과 공비가 같은 등비수열을 이루고, 수열 $\{S_n-k\}$는 첫째항이 8인 등비수열을 이룬다. a_6의 값은?

① $-\frac{1}{8}$ ② $-\frac{1}{4}$ ③ 0 ④ $\frac{1}{4}$ ⑤ $\frac{1}{8}$

06 수열의 합

01 합의 기호 $\sum$

(1) 수열 a_n의 첫째항부터 제n항까지의 합을 합의 기호 $\sum$를 사용하여

$$a_1+a_2+\cdots+a_n=\sum_{k=1}^{n} a_k$$

와 같이 나타낸다.

(2) $m\le n$일 때, 수열 $\{a_n\}$의 제m항부터 제n항까지의 합은

$$a_m+a_{m+1}+a_{m+2}+\cdots+a_n=\sum_{k=m}^{n} a_k$$

와 같이 나타낸다. 이것은 첫째항부터 제n항까지의 합에서 첫째항부터 제$(m-1)$항까지의 합을 뺀 것과 같으므로

$$\sum_{k=m}^{n} a_k=\sum_{k=1}^{n} a_k-\sum_{k=1}^{m-1} a_k \ (2\le m\le n)$$

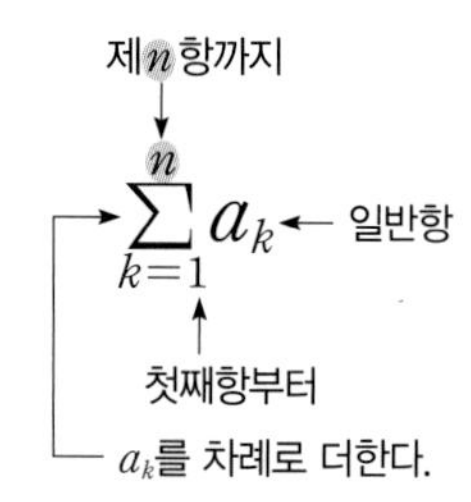

기호 $\sum$는 합을 뜻하는 영어 단어 Summation의 첫 글자 S에 해당하는 그리스 알파벳의 대문자이며, '시그마(sigma)'라고 읽는다.

$\sum_{k=1}^{n} a_k$에서 k 대신에 i 또는 j 등의 다른 문자를 사용하여 나타낼 수 있다.

$\sum_{k=1}^{n} a_k=\sum_{i=1}^{n} a_i=\sum_{j=1}^{n} a_j$

02 합의 기호 $\sum$의 성질

두 수열 $\{a_n\}$, $\{b_n\}$과 상수 c에 대하여

(1) $\sum_{k=1}^{n}(a_k+b_k)=\sum_{k=1}^{n} a_k+\sum_{k=1}^{n} b_k$

(2) $\sum_{k=1}^{n}(a_k-b_k)=\sum_{k=1}^{n} a_k-\sum_{k=1}^{n} b_k$

(3) $\sum_{k=1}^{n} ca_k=c\sum_{k=1}^{n} a_k$

(4) $\sum_{k=1}^{n} c=\underbrace{c+c+c+\cdots+c}_{n\text{개}}=cn$

$\sum_{k=1}^{n}(pa_k+qb_k)=p\sum_{k=1}^{n} a_k+q\sum_{k=1}^{n} b_k$ (단, p, q는 상수이다.)

$\sum_{k=1}^{n} a_kb_k\ne\left(\sum_{k=1}^{n} a_k\right)\left(\sum_{k=1}^{n} b_k\right)$

03 자연수의 거듭제곱의 합

(1) $\sum_{k=1}^{n} k=1+2+3+\cdots+n=\dfrac{n(n+1)}{2}$

(2) $\sum_{k=1}^{n} k^2=1^2+2^2+3^2+\cdots+n^2=\dfrac{n(n+1)(2n+1)}{6}$

(3) $\sum_{k=1}^{n} k^3=1^3+2^3+3^3+\cdots+n^3=\left\{\dfrac{n(n+1)}{2}\right\}^2$

04 일반항이 분수 꼴인 수열의 합

(1) 일반항이 분수 꼴의 식이고, 분모가 두 일차식의 곱으로 나타나는 수열의 합은 부분분수를 이용하여 각 항을 두 개의 항으로 분리하여 구한다.

예 $$\sum_{k=1}^{n}\frac{1}{k(k+1)}=\sum_{k=1}^{n}\left(\frac{1}{k}-\frac{1}{k+1}\right)=\left(1-\frac{1}{2}\right)+\left(\frac{1}{2}-\frac{1}{3}\right)+\cdots+\left(\frac{1}{n}-\frac{1}{n+1}\right)$$
$$=1-\frac{1}{n+1}$$

(2) 일반항이 분수 꼴의 식이고, 분모가 두 무리식의 합이나 차로 나타나는 수열의 합은 분모를 유리화한 후 분자가 두 무리식의 합이나 차로 나타내어지도록 하여 구한다.

예 $$\sum_{k=1}^{n}\frac{1}{\sqrt{k}+\sqrt{k+1}}=\sum_{k=1}^{n}\frac{\sqrt{k+1}-\sqrt{k}}{(\sqrt{k+1}+\sqrt{k})(\sqrt{k+1}-\sqrt{k})}=\sum_{k=1}^{n}(-\sqrt{k}+\sqrt{k+1})$$
$$=(-1+\sqrt{2})+(-\sqrt{2}+\sqrt{3})+\cdots+(-\sqrt{n}+\sqrt{n+1})$$
$$=-1+\sqrt{n+1}$$

부분분수의 변형

$\dfrac{1}{AB}=\dfrac{1}{B-A}\left(\dfrac{1}{A}-\dfrac{1}{B}\right)$ (단, $A\ne B$)

01 합의 기호 $\sum$

[01~04] 다음 합의 기호 $\sum$를 +를 사용하여 합의 꼴로 나타내시오.

01 $\sum_{k=1}^{4} 2k$

02 $\sum_{k=1}^{6} k^2$

03 $\sum_{k=1}^{3} 2^k$

04 $\sum_{k=1}^{4} \frac{1}{k}$

[05~06] 다음을 합의 기호 $\sum$를 사용하여 나타내시오.

05 $1+3+5+\cdots+(2n-1)$

06 $1+\sqrt{2}+\sqrt{3}+\cdots+\sqrt{n}$

[07~08] 다음을 합의 기호 $\sum$를 사용하여 나타내시오.

07 $1\times2+2\times3+3\times4+\cdots+10\times11$

08 $\frac{1}{2}+\frac{1}{4}+\frac{1}{6}+\cdots+\frac{1}{14}$

02 합의 기호 $\sum$의 성질

[09~12] $\sum_{k=1}^{10} a_k=7$, $\sum_{k=1}^{10} b_k=-4$일 때, 다음 식의 값을 구하시오.

09 $\sum_{k=1}^{10} (2a_k+b_k)$

10 $\sum_{k=1}^{10} (a_k-3b_k)$

11 $\sum_{k=1}^{10} (a_k+5)$

12 $\sum_{k=1}^{10} (3a_k-b_k+4)$

13 수열 $\{a_n\}$에 대하여 다음 식의 값을 구하시오.

$$\sum_{k=1}^{7} (a_k-2)+\sum_{k=1}^{7} (4-a_k)$$

03 자연수의 거듭제곱의 합

[14~17] 다음 식의 값을 구하시오.

14 $\sum_{k=1}^{10} 2k$

15 $\sum_{k=1}^{7} (4k+3)$

16 $\sum_{k=1}^{6} (k^2-k)$

17 $\sum_{k=1}^{4} (k^3+2k)$

[18~19] 다음 식을 n에 대하여 간단히 나타내시오.

18 $1\times3+2\times4+3\times5+\cdots+n(n+2)$

19 $\frac{1^3}{4}+\frac{2^3}{4}+\frac{3^3}{4}+\cdots+\frac{n^3}{4}$

[20~21] 다음 식의 값을 구하시오.

20 $\left(\frac{1}{2}\right)^3+\left(\frac{2}{2}\right)^3+\left(\frac{3}{2}\right)^3+\cdots+\left(\frac{8}{2}\right)^3$

21 $(2^2-1^2)+(3^2-2^2)+(4^2-3^2)+\cdots+(9^2-8^2)$

04 일반항이 분수 꼴인 수열의 합

[22~23] 다음 식의 값을 구하시오.

22 $\sum_{k=1}^{10} \frac{1}{k(k+1)}$

23 $\sum_{k=1}^{7} \frac{2}{(k+1)(k+2)}$

[24~25] 다음 식의 값을 구하시오.

24 $\sum_{k=1}^{15} \frac{3}{\sqrt{k}+\sqrt{k+1}}$

25 $\sum_{k=1}^{7} \frac{1}{\sqrt{2k-1}+\sqrt{2k+1}}$

유형 완성하기

01 합의 기호 Σ

(1) $\sum_{k=1}^{n} a_k = a_1 + a_2 + a_3 + \cdots + a_n$

(2) $\sum_{k=1}^{n} a_{2k-1} = a_1 + a_3 + a_5 + \cdots + a_{2n-1}$

(3) $\sum_{k=1}^{n} a_{2k} = a_2 + a_4 + a_6 + \cdots + a_{2n}$

(4) $\sum_{k=1}^{n} (a_{2k-1} + a_{2k}) = \sum_{k=1}^{2n} a_k$

(5) $\sum_{k=m}^{n} a_k = \sum_{k=1}^{n} a_k - \sum_{k=1}^{m-1} a_k$ (단, $2 \le m \le n$)

» 올림포스 수학 I 78쪽

01 대표문제 ▶ 23642-0480

수열 $\{a_n\}$의 일반항이 $a_n = \sin \frac{n}{6}\pi$일 때, $\sum_{k=1}^{8} a_{k+1} - \sum_{k=1}^{8} a_k$의 값은?

① -2　② $-\frac{3}{2}$　③ -1　④ $-\frac{1}{2}$　⑤ 0

02 상중하 ▶ 23642-0481

수열

$0,\ -1,\ 0,\ -1,\ 0,\ -1,\ \cdots$

의 일반항을 a_n이라 할 때, $\sum_{k=1}^{15} a_{2k}$의 값은?

① -7　② -9　③ -11　④ -13　⑤ -15

03 상중하 ▶ 23642-0482

수열 $\{a_n\}$의 일반항이 $a_n = -3\cos n\pi$일 때,

$\sum_{k=1}^{m} a_{2k+1} = 30$을 만족시키는 자연수 m의 값을 구하시오.

04 상중하 ▶ 23642-0483

$\sum_{k=1}^{n} (a_{2k-1} + a_{2k}) = n^2 - n + 1$일 때, $\sum_{k=1}^{10} a_k$의 값은?

① 18　② 19　③ 20　④ 21　⑤ 22

05 상중하 ▶ 23642-0484

수열 $\{a_n\}$에 대하여 $\sum_{k=1}^{n} a_k = \frac{3}{n} + n$이다. 수열 $\{a_n\}$의 제4항부터 제12항까지의 합은?

① 8　② $\frac{33}{4}$　③ $\frac{17}{2}$　④ $\frac{35}{4}$　⑤ 9

06 상중하 ▶ 23642-0485

$\sum_{k=1}^{n} (a_{2k-1} + a_{2k}) = n^2$, $\sum_{k=1}^{n} (a_{2k-1} - a_{2k}) = n + 2$일 때,

$\sum_{k=1}^{14} \left\{ \frac{3}{2} - \frac{(-1)^k}{2} \right\} a_k$의 값은?

① 74　② 75　③ 76　④ 77　⑤ 78

중요

02 ∑의 성질

두 수열 $\{a_n\}$, $\{b_n\}$과 두 상수 p, q에 대하여

(1) $\sum_{k=1}^{n}(pa_k+qb_k)=p\sum_{k=1}^{n}a_k+q\sum_{k=1}^{n}b_k$

(2) $\sum_{k=1}^{n}(pa_k+q)^2=\sum_{k=1}^{n}(p^2{a_k}^2+2pqa_k+q^2)$

$=p^2\sum_{k=1}^{n}{a_k}^2+2pq\sum_{k=1}^{n}a_k+\sum_{k=1}^{n}q^2$

>> 올림포스 수학 I 78쪽

07 대표문제

▶ 23642-0486

수열 $\{a_n\}$에 대하여

$$\sum_{k=1}^{7}a_k=35,\ \sum_{k=1}^{7}(4a_k+p)=182$$

일 때, 상수 p의 값은?

① 4 ② 5 ③ 6
④ 7 ⑤ 8

08 상중하

▶ 23642-0487

$\sum_{k=1}^{10}a_k=34$, $\sum_{k=1}^{10}b_k=12$일 때, $\sum_{k=1}^{10}(3a_k-2b_k)$의 값은?

① 78 ② 79 ③ 80
④ 81 ⑤ 82

09 상중하

▶ 23642-0488

$\sum_{k=1}^{11}a_k=12$, $\sum_{k=1}^{11}{a_k}^2=131$일 때, $\sum_{k=1}^{11}(2a_k-1)^2$의 값은?

① 487 ② 489 ③ 491
④ 493 ⑤ 495

10 상중하

▶ 23642-0489

$\sum_{k=1}^{n}(a_k-b_k)^2=2n-4$, $\sum_{k=1}^{n}(a_k+b_k)^2=n^2-6n$일 때, $\sum_{k=1}^{20}a_kb_k$의 값은?

① 53 ② 55 ③ 57
④ 59 ⑤ 61

11 상중하

▶ 23642-0490

$\sum_{k=1}^{15}(2a_k+b_k)=35$, $\sum_{k=1}^{15}(3a_k-2b_k)=21$일 때, $\sum_{k=1}^{15}(a_k-b_k)$의 값은?

① 1 ② 2 ③ 3
④ 4 ⑤ 5

12 상중하

▶ 23642-0491

수열 $\{a_n\}$에 대하여

$$\sum_{k=1}^{5}a_k=-1,\ \sum_{k=1}^{5}{a_k}^2=6$$

이다. 실수 t에 대하여 $\sum_{k=1}^{5}(ta_k-2)^2$의 최솟값은?

① $\frac{58}{3}$ ② 20 ③ $\frac{62}{3}$
④ $\frac{64}{3}$ ⑤ 22

03 반복되는 수열의 합

수열 $\{a_n\}$의 각 항이 특정한 값으로 반복되어 나타나면 반복되는 값을 갖는 항의 개수를 이용하여 수열의 합을 구할 수 있다.

13 대표문제

▸ 23642-0492

수열 $\{a_n\}$이

$1,\ -2,\ 3,\ 1,\ -2,\ 3,\ \cdots$

일 때, $\sum_{k=1}^{80} a_k$의 값은?

① 50 ② 51 ③ 52 ④ 53 ⑤ 54

14 상중하

▸ 23642-0493

자연수 n에 대하여 2^n의 일의 자리의 숫자를 a_n이라 할 때, $\sum_{n=1}^{50} a_n$의 값은?

① 240 ② 242 ③ 244 ④ 246 ⑤ 248

15 상중하

▸ 23642-0494

수열 $\{a_n\}$에 대하여 $a_n=\sin^2 \frac{\pi}{3}n$이다. $\sum_{k=1}^{m} a_k=102$일 때, 모든 자연수 m의 값의 합은?

① 405 ② 407 ③ 409 ④ 411 ⑤ 413

04 자연수의 거듭제곱의 합

(1) $\sum_{k=1}^{n} k=\frac{n(n+1)}{2}$

(2) $\sum_{k=1}^{n} k^2=\frac{n(n+1)(2n+1)}{6}$

(3) $\sum_{k=1}^{n} k^3=\left\{\frac{n(n+1)}{2}\right\}^2$

» 올림포스 수학 I 79쪽

16 대표문제

▸ 23642-0495

$\sum_{k=1}^{11} (k-1)(k+2)$의 값은?

① 550 ② 555 ③ 560 ④ 565 ⑤ 570

17 상중하

▸ 23642-0496

$\sum_{k=1}^{7} \frac{k^4}{k^2+1}-\sum_{k=1}^{7} \frac{1}{k^2+1}$의 값은?

① 127 ② 129 ③ 131 ④ 133 ⑤ 135

18 상중하

▸ 23642-0497

자연수 m에 대하여

$f(m)=\sum_{k=1}^{m} (2k-7)$

이라 하자. 서로 다른 두 자연수 m_1, m_2에 대하여 $f(m_1)=f(m_2)$를 만족시키는 모든 순서쌍 $(m_1,\ m_2)$의 개수는?

① 2 ② 4 ③ 6 ④ 8 ⑤ 10

05 ∑와 등차수열, 등비수열

(1) 수열 $\{a_n\}$이 첫째항이 a, 공차가 d인 등차수열일 때

$$\sum_{k=1}^{n} a_k = \frac{n\{2a+(n-1)d\}}{2}$$

(2) 수열 $\{a_n\}$이 첫째항이 a, 공비가 $r\ (r\neq1)$인 등비수열일 때

$$\sum_{k=1}^{n} a_k = \frac{a(r^n-1)}{r-1}$$

19 대표문제 ▸ 23642-0498

첫째항이 3, 공차가 d인 등차수열 $\{a_n\}$에 대하여

$$\sum_{k=1}^{15}(a_{2k}-3)=450$$

일 때, d의 값은?

① 1 ② 2 ③ 3
④ 4 ⑤ 5

20 상중하 ▸ 23642-0499

$\sum_{k=1}^{5}\frac{2^k-1}{3^k}$의 값은?

① $\frac{301}{243}$ ② $\frac{304}{243}$ ③ $\frac{307}{243}$
④ $\frac{310}{243}$ ⑤ $\frac{313}{243}$

21 상중하 ▸ 23642-0500

첫째항이 a, 공비가 2인 등비수열 $\{a_n\}$에 대하여

$$\sum_{k=1}^{6}(2a_k-6)=342$$

일 때, a의 값은?

① 1 ② 2 ③ 3
④ 4 ⑤ 5

22 상중하 ▸ 23642-0501

등차수열 $\{a_n\}$에 대하여

$$\sum_{k=1}^{5}(a_{2k-1}+a_{2k})=615$$

일 때, a_5+a_6의 값은?

① 120 ② 121 ③ 122
④ 123 ⑤ 124

23 상중하 ▸ 23642-0502

$|a_2|>|a_1|$인 등비수열 $\{a_n\}$에 대하여

$$a_2-a_1=2,\ \sum_{k=1}^{9}a_{2k}=\sum_{k=1}^{9}a_k^{\ 2}$$

일 때, $\sum_{k=1}^{6}a_k$의 값은?

① 123 ② 124 ③ 125
④ 126 ⑤ 127

24 상중하 ▸ 23642-0503

$(a_3-3)^2+(a_3-a_2-5)^2=0$인 등차수열 $\{a_n\}$에 대하여

$$\sum_{k=1}^{n}a_{2k+1}>600$$

을 만족시키는 자연수 n의 최솟값은?

① 8 ② 9 ③ 10
④ 11 ⑤ 12

06 나열된 수열의 합

(i) 나열된 수열의 일반항 a_k를 구한다.
(ii) 끝항이 되는 k의 값을 찾는다.
(iii) $\sum$의 성질을 이용하여 수열의 합을 구한다.

25 대표문제 ▶ 23642-0504

수열의 합

$$1\times3+2\times5+3\times7+\cdots+10\times21$$

의 값은?

① 815 ② 820 ③ 825
④ 830 ⑤ 835

26 상중하 ▶ 23642-0505

수열의 합

$$1+\frac{1+2}{2}+\frac{1+2+3}{3}+\cdots+\frac{1+2+3+\cdots+12}{12}$$

의 값은?

① 37 ② 39 ③ 41
④ 43 ⑤ 45

27 상중하 ▶ 23642-0506

$\frac{1}{2}\times1$, $\frac{1}{4}\times3$, $\frac{1}{8}\times7$, $\frac{1}{16}\times15$, $\cdots$의 첫째항부터 제n항까지의 합을 S_n이라 하자. $S_m=\frac{321}{2^m}$일 때, 자연수 m의 값은?

① 5 ② 6 ③ 7
④ 8 ⑤ 9

07 각 항에 n이 포함된 수열의 합

(i) 주어진 수열의 일반항 a_k를 n과 k에 대한 식으로 나타낸다.
(ii) $\sum_{k=1}^{n} a_k$에서 n을 상수로 생각하고 $\sum$의 성질을 이용하여 수열의 합을 구한다.

28 대표문제 ▶ 23642-0507

$f(n)=\frac{2}{n}+\frac{4}{n}+\frac{6}{n}+\cdots+\frac{2n}{n}$이라 할 때, $f(n)$은 n에 대한 m차식이고 최고차항의 계수는 l이다. $m+l$의 값은? (단, m은 자연수이다.)

① 1 ② 2 ③ 3
④ 4 ⑤ 5

29 상중하 ▶ 23642-0508

$$f(n)=1\times(n-1)+2\times(n-2)+3\times(n-3)+\cdots+(n-1)\times1$$

이라 할 때, 모든 자연수 n에 대하여 $f(n)=an^3+bn^2+cn+d$이다. $a-b-c+d$의 값을 구하시오. (단, a, b, c, d는 상수이다.)

30 상중하 ▶ 23642-0509

$f(n)=\frac{1^2}{2n+1}+\frac{2^2}{2n+1}+\frac{3^2}{2n+1}+\cdots+\frac{n^2}{2n+1}$이라 할 때, 다음 조건을 만족시키는 모든 자연수 n의 개수는?

(가) $n\le50$
(나) $f(n)$은 자연수이다.

① 33 ② 34 ③ 35
④ 36 ⑤ 37

중요

08 ∑로 표현된 수열의 합과 일반항

수열 $\{a_n\}$의 첫째항부터 제n항까지의 합을 $S_n=\sum_{k=1}^{n} a_k$ 라 하면 일반항 a_n은

(1) $n=1$일 때, $a_1=S_1$

(2) $n\geq 2$일 때, $a_n=S_n-S_{n-1}=\sum_{k=1}^{n} a_k-\sum_{k=1}^{n-1} a_k$

31 대표문제

▶ 23642-0510

수열 $\{a_n\}$에 대하여 $\sum_{k=1}^{n} a_k=\frac{2n+1}{n+1}$일 때, $\frac{a_1a_5}{a_3}$의 값은?

① $\frac{1}{5}$ ② $\frac{2}{5}$ ③ $\frac{3}{5}$
④ $\frac{4}{5}$ ⑤ 1

32 상중하

▶ 23642-0511

수열 $\{a_n\}$에 대하여 $\sum_{k=1}^{n} a_k=3n-1$일 때, $\sum_{k=1}^{10} a_{2k}$의 값은?

① 28 ② 30 ③ 32
④ 34 ⑤ 36

33 상중하

▶ 23642-0512

수열 $\{a_n\}$에 대하여 $\sum_{k=1}^{n} a_k=n^2-2n+3$일 때, 수열 $\{a_{4n}\}$은 첫째항이 a, 공차가 d인 등차수열이다. ad의 값은?

① 38 ② 40 ③ 42
④ 44 ⑤ 46

34 상중하

▶ 23642-0513

수열 $\{a_n\}$에 대하여 $\sum_{k=1}^{n} a_k=3^n$일 때, $\sum_{k=1}^{5} \frac{1}{a_k}$의 값은?

① $\frac{185}{324}$ ② $\frac{31}{54}$ ③ $\frac{187}{324}$
④ $\frac{47}{81}$ ⑤ $\frac{7}{12}$

35 상중하

▶ 23642-0514

등비수열 $\{a_n\}$에 대하여

$$\sum_{k=1}^{n} a_k=m\times 2^{n-1}-4$$

일 때, a_m의 값은?

① 2^5 ② 2^6 ③ 2^7
④ 2^8 ⑤ 2^9

36 상중하

▶ 23642-0515

수열 $\{a_n\}$에 대하여

$$\sum_{k=1}^{n} a_{2k}=n^2,\ \sum_{k=1}^{n} a_{2k-1}=2^n-1$$

일 때, $\sum_{k=1}^{4} a_{3k}$의 값은?

① 33 ② 34 ③ 35
④ 36 ⑤ 37

09 분수 꼴의 식으로 나타내어진 수열의 합

분수 꼴의 식을 포함한 수열의 합은

(i) $\frac{1}{AB}=\frac{1}{B-A}\left(\frac{1}{A}-\frac{1}{B}\right)$을 이용하여 주어진 분수 꼴의 식을 부분분수로 변형한다.

예 $\sum_{k=1}^{n}\frac{1}{(k+a)(k+b)}=\frac{1}{b-a}\sum_{k=1}^{n}\left(\frac{1}{k+a}-\frac{1}{k+b}\right)$ (단, $a\neq b$)

(ii) $k=1, 2, 3, \cdots, n$을 차례대로 대입하여 절댓값이 같고 부호가 반대인 항들을 지워나간다.

≫ 올림포스 수학 I 79쪽

37 대표문제 ▸ 23642-0516

서로소인 두 자연수 p와 q에 대하여

$$\frac{1}{2^2-2}+\frac{1}{3^2-3}+\frac{1}{4^2-4}+\cdots+\frac{1}{29^2-29}=\frac{q}{p}$$

일 때, $p+q$의 값은?

① 57 ② 58 ③ 59 ④ 60 ⑤ 61

38 상중하 ▸ 23642-0517

$\sum_{k=1}^{10}\frac{1}{k(k+2)}$의 값은?

① $\frac{29}{44}$ ② $\frac{175}{264}$ ③ $\frac{2}{3}$ ④ $\frac{59}{88}$ ⑤ $\frac{89}{132}$

39 상중하 ▸ 23642-0518

첫째항이 3, 공차가 2인 등차수열 $\{a_n\}$에 대하여 $\sum_{k=1}^{8}\frac{100}{a_ka_{k+1}}$의 정수 부분을 a, 소수 부분을 b라 할 때, ab의 값을 구하시오.

10 무리식으로 나타내어진 수열의 합

분모가 두 무리식의 합이나 차로 나타내어진 수열의 합은

(i) 분모를 유리화하여 분자가 두 무리식의 합이나 차로 나타내어지도록 한다.

(ii) $k=1, 2, 3, \cdots, n$을 차례대로 대입하여 절댓값이 같고 부호가 반대인 항들을 지워나간다.

≫ 올림포스 수학 I 79쪽

40 대표문제 ▸ 23642-0519

$\sum_{k=1}^{n}\frac{1}{\sqrt{2k-1}+\sqrt{2k+1}}=6$을 만족시키는 자연수 n의 값은?

① 80 ② 81 ③ 82 ④ 83 ⑤ 84

41 상중하 ▸ 23642-0520

x에 대한 이차방정식 $x^2-2\sqrt{n}x-1=0$의 양의 실근을 a_n이라 할 때, $\sum_{k=1}^{24}\frac{1}{a_k}$의 값은?

① $\sqrt{14}$ ② 4 ③ $3\sqrt{2}$ ④ $2\sqrt{5}$ ⑤ $\sqrt{22}$

42 상중하 ▸ 23642-0521

첫째항이 1이고 공차가 자연수 d인 등차수열 $\{a_n\}$에 대하여

$$\sum_{k=1}^{11}\frac{d}{\sqrt{a_k}+\sqrt{a_{k+1}}}$$

의 값이 정수가 되도록 하는 모든 d의 값을 작은 순서대로 $b_1, b_2, b_3, \cdots$이라 할 때, $\sum_{k=1}^{4}b_k$의 값은?

① 110 ② 112 ③ 114 ④ 116 ⑤ 118

11 log를 이용하여 나타내어진 수열의 합

로그가 포함된 수열의 합을 구할 때는 다음과 같은 로그의 성질을 이용한다.

$a>0$, $a\neq1$이고 $x>0$, $y>0$일 때

(1) $\log_a x+\log_a y=\log_a xy$

(2) $\log_a x-\log_a y=\log_a \frac{x}{y}$

(3) $\log_a x^p=p\log_a x$ (단, p는 실수)

43 대표문제

▸ 23642-0522

첫째항이 8이고 공비가 2인 등비수열 $\{a_n\}$에 대하여 $\sum_{k=1}^{20}\log_4 a_k$의 값은?

① 125 ② 126 ③ 127 ④ 128 ⑤ 129

44 상중하

▸ 23642-0523

$\sum_{k=1}^{n}\log_3\frac{k+2}{k}=\log_3 78$일 때, 자연수 n의 값은?

① 9 ② 10 ③ 11 ④ 12 ⑤ 13

45 상중하

▸ 23642-0524

$\sum_{k=1}^{n}a_k=2^{n+2}$일 때, $\sum_{k=1}^{m}\log_2 a_k>100$을 만족시키는 자연수 m의 최솟값은?

① 9 ② 10 ③ 11 ④ 12 ⑤ 13

12 ∑를 여러 개 포함한 식

(1) ∑를 여러 개 포함한 식은 안쪽(또는 괄호 안)의 ∑를 먼저 계산한다.

(2) 각 ∑ 별로 변수가 달라지므로 상수와 변수의 구분에 유의한다.

참고 $\sum_{i=m}^{n}$에서 변수는 i이므로 나머지 문자는 모두 상수로 취급한다.

46 대표문제

▸ 23642-0525

$\sum_{k=1}^{8}\left(\sum_{i=1}^{k}2i\right)$의 값은?

① 230 ② 240 ③ 250 ④ 260 ⑤ 270

47 상중하

▸ 23642-0526

$\sum_{k=1}^{6}\left(\sum_{i=1}^{6}ki\right)$의 값은?

① 439 ② 440 ③ 441 ④ 442 ⑤ 443

48 상중하

▸ 23642-0527

$\sum_{k=1}^{n}\left\{\sum_{i=1}^{k}(2i-k)\right\}=91$일 때, 자연수 n의 값은?

① 9 ② 10 ③ 11 ④ 12 ⑤ 13

서술형 완성하기

>> 정답과 풀이 99쪽

01 내신기출

▶ 23642-0528

다음 식의 값을 구하시오.

$$1+(1+2)+(1+2+3)+\cdots+(1+2+\cdots+15)$$

02

▶ 23642-0529

모든 자연수 n에 대하여

$$\sum_{k=1}^{n} a_k=4n+2,\ \sum_{k=1}^{n} b_k=n^2-2n+3$$

일 때, $\sum_{k=1}^{n}(-2a_k+3b_k)$의 최솟값을 구하시오.

03

▶ 23642-0530

수열 $\{a_n\}$에 대하여

$$\{a_n | n\text{은 자연수}\}=\{-\sqrt{2},\ \sqrt{2},\ 2\}$$

이다. $\sum_{k=1}^{15} a_k=14$일 때, $\sum_{k=1}^{15} a_k^2$의 값을 구하시오.

04

▶ 23642-0531

모든 자연수 n에 대하여

$$2n^2+\sum_{k=1}^{n} a_k^2=\sum_{k=1}^{n}(a_k-2)^2$$

일 때, $\sum_{k=4}^{10} a_k$의 값을 구하시오.

05

▶ 23642-0532

등차수열 $\{a_n\}$에 대하여

$$\sum_{k=1}^{5}(a_{2k}-a_{2k-1})=12,\ \sum_{k=1}^{6} a_{2k-1}=90$$

일 때, a_{21}의 값을 구하시오.

06 내신기출

▶ 23642-0533

자연수 n에 대하여

$$\sum_{k=1}^{n} a_k=(n+2)(n-3)$$

일 때, $\sum_{k=1}^{9} ka_k$의 값을 구하시오.

내신 + 수능 고난도 도전

≫ 정답과 풀이 101쪽

▶ 23642-0534

01 두 수열 $\{a_n\}$, $\{b_n\}$에 대하여 $\sum_{k=1}^{5} a_k=1$, $\sum_{k=1}^{5} b_k=4$이다. 자연수 n에 대하여

$$\sum_{k=1}^{5}(pa_k+qb_k)=8n$$

을 만족시키는 두 자연수 p, q의 모든 순서쌍 (p, q)의 개수를 c_n이라 할 때, $\sum_{k=1}^{10} c_k$의 값을 구하시오.

▶ 23642-0535

02 $\sum_{k=1}^{2n} a_k=n^2-n+1$, $\sum_{k=1}^{n}(a_{2k-1}-a_{2k})=2^n$일 때, $a_1+a_4+a_7+a_{10}$의 값은?

① 4 ② $\frac{9}{2}$ ③ 5 ④ $\frac{11}{2}$ ⑤ 6

▶ 23642-0536

03 다음 조건을 만족시키는 등차수열 $\{a_n\}$에 대하여 a_1의 값은?

> (가) 수열 $\{a_n\}$의 첫째항은 정수이고, 공차는 $-\frac{3}{2}$이다.
>
> (나) $\sum_{k=1}^{m} a_k \ge \sum_{k=1}^{m} |a_k|$를 만족시키는 자연수 m의 최댓값이 10이다.

① 12 ② 14 ③ 16 ④ 18 ⑤ 20

▶ 23642-0537

04 두 수열 $\{a_n\}$, $\{b_n\}$이 모든 자연수 n에 대하여 다음 조건을 만족시킨다.

> (가) $\log_2 a_n=4b_n$
>
> (나) $b_n=(-1)^n\cos^2\frac{\pi}{4}n$

$\sum_{k=1}^{120}(a_k+b_k)$의 값을 구하시오.

개념 확인하기

07 수학적 귀납법

01 수열의 귀납적 정의

수열 $\{a_n\}$에서

(i) 첫째항 a_1의 값

(ii) 이웃하는 두 항 a_n과 a_{n+1} 사이의 관계식 $(n=1, 2, 3, \cdots)$

이 주어질 때, 주어진 관계식의 n에 1, 2, 3, …을 차례로 대입하면 수열 $\{a_n\}$의 각 항을 구할 수 있다.

이와 같이 처음 몇 개의 항과 이웃하는 여러 항 사이의 관계식으로 수열을 정의하는 것을 수열의 귀납적 정의라 한다.

두 항 a_n, a_{n+1} 사이의 관계식을 점화식(recurrence relation)이라고 한다.

일반항을 구하기 어려운 수열을 귀납적 정의를 통해 쉽게 나타낼 수 있는 경우가 많다.

02 귀납적으로 정의된 등차수열, 등비수열

(1) 등차수열 $\{a_n\}$의 귀납적 정의

① 첫째항 a와 공차 d를 이용하여 나타내는 방법

$a_1=a$, $a_{n+1}=a_n+d$ $(n=1, 2, 3, \cdots)$

② 등차중항을 이용하여 나타내는 방법

$a_1=a$, $a_2=b$, $2a_{n+1}=a_n+a_{n+2}$ $(n=1, 2, 3, \cdots)$

(2) 등비수열 $\{a_n\}$의 귀납적 정의

① 첫째항 a와 공비 r를 이용하여 나타내는 방법

$a_1=a$, $a_{n+1}=ra_n$ $(n=1, 2, 3, \cdots)$

② 등비중항을 이용하여 나타내는 방법

$a_1=a$, $a_2=b$, ${a_{n+1}}^2=a_na_{n+2}$ $(n=1, 2, 3, \cdots)$

수열 $\{a_n\}$이 등차수열
$\Longleftrightarrow 2a_{n+1}=a_n+a_{n+2}$ $(n=1, 2, 3 \cdots)$

수열 $\{a_n\}$이 등비수열
$\Longleftrightarrow {a_{n+1}}^2=a_na_{n+2}$ $(n=1, 2, 3 \cdots)$

03 수학적 귀납법

(1) 수학적 귀납법

자연수 n에 대한 명제 $p(n)$이 모든 자연수에 대하여 성립함을 증명하려면 다음을 보이면 된다.

(i) $n=1$일 때, 명제 $p(n)$이 성립함을 보인다.

(ii) $n=k$일 때, 명제 $p(n)$이 성립한다고 가정하고 이를 이용하여 $n=k+1$일 때에도 명제 $p(n)$이 성립함을 보인다.

(2) 수학적 귀납법으로 등식 증명하기

모든 자연수 n에 대한 어떤 등식이 성립함을 증명하려면 다음을 보이면 된다.

(i) $n=1$일 때, 주어진 등식이 성립함을 보인다.

(ii) $n=k$일 때, 주어진 등식이 성립한다고 가정하고, $n=k$일 때의 등식의 양변에 적당한 식을 더하거나 곱하는 등 적당히 변형하여 $n=k+1$일 때에도 주어진 등식이 성립함을 보인다.

(3) 수학적 귀납법으로 부등식 증명하기

모든 자연수 n에 대한 어떤 부등식이 성립함을 증명하려면 다음을 보이면 된다.

(i) $n=1$일 때, 주어진 부등식이 성립함을 보인다.

(ii) $n=k$일 때, 주어진 부등식이 성립한다고 가정하고, $n=k$일 때의 부등식의 양변에 적당한 식을 더하거나 곱하는 등 적당히 변형하여 $n=k+1$일 때에도 주어진 부등식이 성립함을 보인다.

수학적 귀납법에서
(i)에 의하여 $p(1)$이 성립한다.
$p(1)$이 성립하므로
(ii)에 의하여 $p(2)$가 성립한다.
$p(2)$가 성립하므로
(ii)에 의하여 $p(3)$이 성립한다.
⋮
따라서 모든 자연수 n에 대하여 명제 $p(n)$이 성립한다.

01 수열의 귀납적 정의

[01~03] 다음과 같이 귀납적으로 정의된 수열 $\{a_n\}$의 제4항을 구하시오. (단, $n=1, 2, 3, \cdots$)

01 $a_1=4,\ a_{n+1}=a_n+n$

02 $a_1=-2,\ a_{n+1}=na_n+1$

03 $a_1=1,\ a_{n+1}=2^{a_n}$

[04~05] 다음과 같이 귀납적으로 정의된 수열 $\{a_n\}$의 제6항을 구하시오. (단, $n=1, 2, 3, \cdots$)

04 $a_1=2,\ a_2=3,\ a_{n+2}=a_{n+1}+a_n$

05 $a_1=1,\ a_2=-2,\ a_{n+2}=a_{n+1}a_n-2$

02 귀납적으로 정의된 등차수열, 등비수열

[06~09] 다음과 같이 귀납적으로 정의된 수열 $\{a_n\}$의 일반항 a_n을 구하시오. (단, $n=1, 2, 3, \cdots$)

06 $a_1=3,\ a_{n+1}=a_n+3$

07 $a_1=-2,\ a_2=5,\ 2a_{n+1}=a_n+a_{n+2}$

08 $a_1=2,\ a_{n+1}=-2a_n$

09 $a_1=1,\ a_2=3,\ {a_{n+1}}^2=a_n a_{n+2}$

03 수학적 귀납법

10 자연수 n에 대한 명제 $p(n)$이 다음 조건을 만족시킨다.

> (가) $p(2)$가 참이다.
> (나) $p(k)$가 참이면 $p(k+2)$도 참이다.

다음 **보기**의 명제 중 반드시 참인 것을 고르시오.

보기

ㄱ. $p(1)$　ㄴ. $p(4)$　ㄷ. $p(100)$　ㄹ. $p(301)$

11 다음은 모든 자연수 n에 대하여 등식

$$1+2+3+\cdots+n=\frac{n(n+1)}{2} \quad \cdots\cdots (*)$$

이 성립함을 수학적 귀납법으로 증명하는 과정이다.

> (i) $n=1$일 때,
> (좌변)$=1$, (우변)$=\frac{1\times 2}{2}=1$
> 이므로 $n=1$일 때 등식 $(*)$이 성립한다.
> (ii) $n=k$일 때,
> 주어진 등식이 성립한다고 가정하면
> $1+2+3+\cdots+k=\frac{k(k+1)}{2}$
> 양변에 (가) 을(를) 더하면
> $1+2+3+\cdots+k+(k+1)$
> $=\frac{k(k+1)}{2}+(k+1)=\frac{(나)}{2}$
> 이므로 $n=k+1$일 때도 주어진 등식이 성립한다.
> 따라서 모든 자연수 n에 대하여 등식 $(*)$이 성립한다.

위의 (가), (나)에 알맞은 것을 구하시오.

12 다음은 모든 자연수 n에 대하여 부등식

$$2^n \geq n+1 \quad \cdots\cdots (*)$$

이 성립함을 수학적 귀납법으로 증명하는 과정이다.

> (i) $n=1$일 때,
> (좌변)$=$ (가) , (우변)$=$ (가)
> 이므로 $n=1$일 때 부등식 $(*)$이 성립한다.
> (ii) $n=k$일 때,
> 주어진 부등식이 성립한다고 가정하면
> $2^k \geq k+1$
> 양변에 (나) 을(를) 곱하면
> $2\times 2^k \geq 2(k+1) \geq k+2$
> 즉, $2^{k+1} \geq (k+1)+1$이므로 $n=k+1$일 때도 주어진 부등식이 성립한다.
> 따라서 모든 자연수 n에 대하여 부등식 $(*)$이 성립한다.

위의 (가), (나)에 알맞은 것을 구하시오.

유형 완성하기

중요
01 등차수열의 귀납적 정의

수열 $\{a_n\}$이 모든 자연수 n에 대하여

(1) $a_{n+1}=a_n+d$이면 공차가 d인 등차수열이다. (단, d는 상수)

(2) $2a_{n+1}=a_n+a_{n+2}$이면 등차수열이므로 주어진 다른 조건을 이용하여 공차를 구한다.

» 올림포스 수학 I 89쪽

01 대표문제 ▸ 23642-0538

수열 $\{a_n\}$이

$$a_1=15,\ a_{n+1}-a_n=4\ (n=1,\ 2,\ 3,\ \cdots)$$

으로 정의될 때, a_{15}의 값은?

① 70 ② 71 ③ 72 ④ 73 ⑤ 74

02 상중하 ▸ 23642-0539

$a_1=-20$, $a_2=-17$인 수열 $\{a_n\}$이 모든 자연수 n에 대하여

$$a_{n+1}=\frac{a_n+a_{n+2}}{2}$$

를 만족시킬 때, a_{10}의 값은?

① 7 ② 9 ③ 11 ④ 13 ⑤ 15

03 상중하 ▸ 23642-0540

상수 a에 대하여 수열 $\{a_n\}$이

$$a_1=a,\ a_{n+1}-a_n-7=0\ (n=1,\ 2,\ 3,\ \cdots)$$

으로 정의된다. $a_{12}=63$일 때, a의 값은?

① -14 ② -13 ③ -12 ④ -11 ⑤ -10

04 상중하 ▸ 23642-0541

$a_2=3$인 수열 $\{a_n\}$이 모든 자연수 n에 대하여

$$2a_{n+1}=a_n+a_{n+2}$$

를 만족시킨다. 이차방정식 $x^2-4x+k=0$의 서로 다른 두 실근이 a_1, a_2일 때, a_{10}의 값은? (단, k는 실수이다.)

① 16 ② 17 ③ 18 ④ 19 ⑤ 20

05 상중하 ▸ 23642-0542

$a_1=-2$, $a_3=1$인 수열 $\{a_n\}$이 모든 자연수 n에 대하여

$$a_{n+2}-a_n=a_{n+4}-a_{n+2}$$

를 만족시킨다. $\sum_{k=1}^{10} a_{2k-1}$의 값은?

① 95 ② 100 ③ 105 ④ 110 ⑤ 115

06 상중하 ▸ 23642-0543

$a_2=4$인 수열 $\{a_n\}$이 모든 자연수 n에 대하여

$$a_{n+1}-a_n=|a_4|-a_1<0$$

을 만족시킬 때, a_6의 값은?

① -14 ② -13 ③ -12 ④ -11 ⑤ -10

02 등비수열의 귀납적 정의

수열 $\{a_n\}$이 모든 자연수 n에 대하여
(1) $a_{n+1}=ra_n$이면 공비가 r인 등비수열이다.
(단, r는 상수)
(2) ${a_{n+1}}^2=a_n a_{n+2}$이면 등비수열이므로 주어진 다른 조건을 이용하여 공비를 구한다.

>> 올림포스 수학 I 89쪽

07 대표문제

▸ 23642-0544

수열 $\{a_n\}$이
$$a_1=4,\ a_{n+1}=3a_n\ (n=1,\ 2,\ 3,\ \cdots)$$
으로 정의될 때, 제5항은?

① 320 ② 324 ③ 328
④ 332 ⑤ 336

08 상중하

▸ 23642-0545

$2a_1=a_2=16$인 수열 $\{a_n\}$이 모든 자연수 n에 대하여
$${a_{n+1}}^2=a_n a_{n+2}$$
를 만족시킬 때, $\log_2 a_{10}$의 값은?

① 8 ② 9 ③ 10
④ 11 ⑤ 12

09 상중하

▸ 23642-0546

$a_1=3$인 수열 $\{a_n\}$이 모든 자연수 n에 대하여
$$a_{n+1}=\sqrt{a_n a_{n+2}}$$
를 만족시킨다. $a_2a_3=72$일 때, $500<a_k<1000$을 만족시키는 자연수 k의 값은?

① 8 ② 9 ③ 10
④ 11 ⑤ 12

10 상중하

▸ 23642-0547

$a_2a_4=64,\ a_5a_7=k$이고 모든 항이 양수인 수열 $\{a_n\}$이 임의의 자연수 n에 대하여
$$2a_{n+1}=3a_n$$
을 만족시킬 때, 양수 k의 값은?

① 9 ② 27 ③ 81
④ 243 ⑤ 729

11 상중하

▸ 23642-0548

$a_1=8,\ a_4=27$인 수열 $\{a_n\}$이 모든 자연수 n에 대하여
$$a_n<a_{n+1},\ \frac{a_{n+1}}{a_n}-\frac{a_{n+1}}{a_{n+2}}=\frac{a_{n+2}-a_n}{a_{n+1}}$$
을 만족시킬 때, $\sum_{k=1}^{6}4a_k$의 값은?

① 665 ② 666 ③ 667
④ 668 ⑤ 669

12 상중하

▸ 23642-0549

상수 a에 대하여 수열 $\{a_n\}$이
$$a_1=a,\ \log_2 a_{n+1}+\log_{\frac{1}{2}} a_n=-1\ (n=1,\ 2,\ 3,\ \cdots)$$
으로 정의될 때, 다음 조건을 만족시키는 모든 a의 값의 합은?

(가) a_6은 10 미만의 자연수이다.
(나) a_6의 양의 약수의 개수가 2이다.

① 526 ② 532 ③ 538
④ 544 ⑤ 550

중요

03 여러 가지 수열의 귀납적 정의

(1) 작은 k에 대하여 a_k의 값을 구하는 문제일 때
a_1의 값 (또는 a_1, a_2의 값)과 이웃한 항들 사이의 관계식을 이용하여 a_k의 값을 직접 구한다.

(2) 큰 k에 대하여 a_k의 값을 구하는 문제일 때
이웃한 항들 사이의 관계식에 $n=1, 2, 3, \cdots$을 대입하여 a_1, a_2, a_3, $\cdots$의 값을 차례대로 구하여 반복되는 규칙성을 찾는다.

참고 보통 $k>10$이면 (2)와 같이 규칙성을 찾아야 한다.

» 올림포스 수학 I 89쪽

13 대표문제 ▸ 23642-0550

수열 $\{a_n\}$이 모든 자연수 n에 대하여

$$a_1=3,\ a_{n+1}=2a_n-4$$

로 정의될 때, a_6의 값은?

① -32 ② -30 ③ -28
④ -26 ⑤ -24

14 상중하 ▸ 23642-0551

수열 $\{a_n\}$이 모든 자연수 n에 대하여

$$a_1=2,\ a_{n+1}=\frac{n}{n+1}a_n$$

으로 정의될 때, a_5의 값은?

① 2 ② $\frac{8}{5}$ ③ $\frac{6}{5}$
④ $\frac{4}{5}$ ⑤ $\frac{2}{5}$

15 상중하 ▸ 23642-0552

수열 $\{a_n\}$이 모든 자연수 n에 대하여

$$a_1=1,\ a_{n+1}=1+(-1)^n a_n$$

으로 정의될 때, $\sum_{k=1}^{20} a_k$의 값을 구하시오.

16 상중하 ▸ 23642-0553

$a_1=3$인 수열 $\{a_n\}$이 모든 자연수 n에 대하여

$$a_{n+2}=3a_{n+1}-a_n$$

을 만족시킨다. $a_5=81$일 때, a_3의 값은?

① 9 ② 12 ③ 15
④ 18 ⑤ 21

17 상중하 ▸ 23642-0554

수열 $\{a_n\}$이 모든 자연수 n에 대하여

$$a_1=5,\ a_{n+1}=\begin{cases} a_n-3 & (a_n>2) \\ 2a_n & (a_n\le 2) \end{cases}$$

로 정의될 때, a_{20}의 값은?

① 1 ② 2 ③ 3
④ 4 ⑤ 5

18 상중하 ▸ 23642-0555

수열 $\{a_n\}$이 모든 자연수 n에 대하여

$$a_n a_{n+1}=4^{n+2}$$

을 만족시킬 때, $\sum_{k=1}^{30} \log_2 a_k$의 값은?

① 510 ② 520 ③ 530
④ 540 ⑤ 550

04 수열의 귀납적 정의의 활용

(i) 주어진 상황을 n단계로 나누어 각 단계에서 구하는 값을 a_n으로 정한다.
(ii) 수열 $\{a_n\}$에 대하여 a_{n+1}과 a_n의 관계식을 구한다.
(iii) 귀납적으로 정의된 수열의 성질을 이용하여 문제를 해결한다.

19 대표문제
▶ 23642-0556

미생물 A는 어떤 환경에서 1시간마다 3마리가 죽고 나머지는 각각 2마리로 분열한다. 이 환경에 현재 10마리의 미생물 A가 있다. 지금으로부터 4시간이 지난 후 남아 있는 미생물 A의 수는?

① 64 ② 66 ③ 68
④ 70 ⑤ 72

20 상중하
▶ 23642-0557

어느 공장에서 사용하는 연료 탱크에 현재 8000 L의 기름이 들어 있다. 기름은 매일 전날 남은 양의 20 %를 사용하고 500 L를 새로 채워 넣는다. 오늘부터 3일째 되는 날에 연료 탱크에 남아 있는 기름의 양은?

① 5316 ② 5320 ③ 5324
④ 5328 ⑤ 5332

21 상중하
▶ 23642-0558

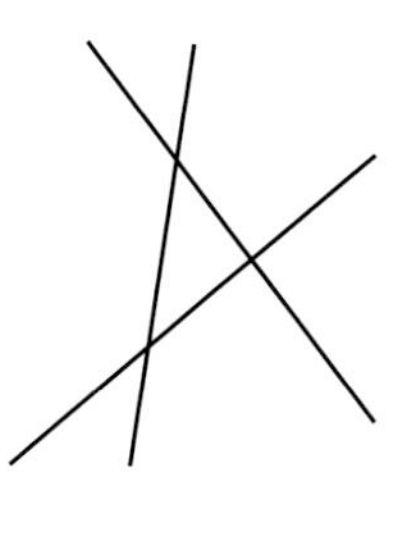

평면 위에 어느 세 직선도 한 점에서 만나지 않고, 서로 평행하지도 않은 n개의 서로 다른 직선이 있다. 이 n개의 직선에 의하여 나뉜 영역의 개수를 a_n이라 하자. 예를 들어, 그림과 같이 3개의 직선에 의하여 나뉜 영역의 개수는 7이므로 $a_3=7$이다. 모든 자연수 n에 대하여 수열 $\{a_n\}$이

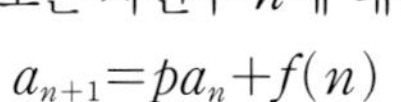

$$a_{n+1}=pa_n+f(n)$$

을 만족시킬 때, $f(p)$의 값을 구하시오.

22 상중하
▶ 23642-0559

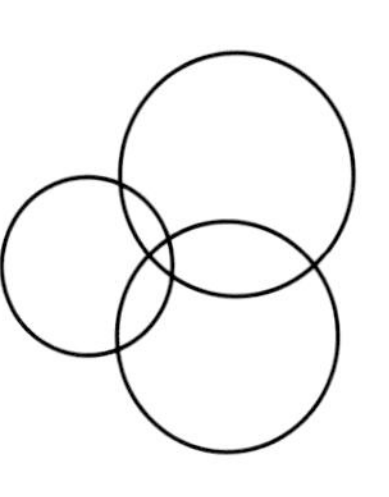

자연수 n에 대하여 서로 다른 $(n+1)$개의 원이 만나 생기는 교점의 최댓값을 a_n이라 하자. 예를 들어, 그림과 같이 $n=2$인 경우 서로 다른 3개의 원이 만나 생기는 교점의 최댓값은 6이므로 $a_2=6$이다.
$\sum_{k=1}^{5} a_k$의 값은?

① 65 ② 70 ③ 75
④ 80 ⑤ 85

23 상중하
▶ 23642-0560

n개의 칸으로 이루어진 계단을 다음 규칙을 만족시키도록 오르는 방법의 수를 a_n이라 하자.

한 번에 오를 수 있는 칸의 수는 1 또는 2이다.

예를 들어, 2칸으로 이루어진 계단을 오르는 방법은 1칸씩 오르거나 2칸을 한 번에 오르는 방법이 있으므로 $a_2=2$이다.
a_8의 값은?

① 26 ② 28 ③ 30
④ 32 ⑤ 34

24 상중하
▶ 23642-0561

농도가 20 %인 소금물 200 g이 들어 있는 컵이 있다. 1회의 시행에서 이 소금물의 100 g을 덜어내고 농도가 a %인 소금물 100 g을 컵에 넣는다. 이와 같은 시행을 4회 했을 때, 이 소금물의 농도가 27.5 % 이상이 되도록 하는 a의 최솟값은?

① 25 ② 26 ③ 27
④ 28 ⑤ 29

05 S_n이 포함된 관계식이 주어진 수열

$n \geq 2$일 때, $a_n = S_n - S_{n-1}$임을 이용하여 주어진 관계식을 수열의 이웃한 항들의 관계식으로 바꾼다.

25 대표문제 ▶ 23642-0562

수열 $\{a_n\}$의 첫째항부터 제n항까지의 합을 S_n이라 할 때, 모든 자연수 n에 대하여

$$S_{n+1} = 3a_n + n$$

이다. $a_1 = 2$, $a_2 = 5$일 때, a_5의 값은?

① 16 ② 17 ③ 18
④ 19 ⑤ 20

26 상중하 ▶ 23642-0563

수열 $\{a_n\}$의 첫째항부터 제n항까지의 합을 S_n이라 할 때, 모든 자연수 n에 대하여

$$S_n = 2a_n - 3$$

이다. $a_k > 500$을 만족시키는 자연수 k의 최솟값은?

① 7 ② 8 ③ 9
④ 10 ⑤ 11

27 상중하 ▶ 23642-0564

수열 $\{a_n\}$의 첫째항부터 제n항까지의 합을 S_n이라 할 때, 모든 자연수 n에 대하여

$$S_{n+2} = 3S_n + a_{n+2}$$

이다. $\sum_{k=1}^{5} a_k = 324$일 때, a_2의 값은?

① 8 ② 9 ③ 10
④ 11 ⑤ 12

06 수학적 귀납법

자연수 n에 대한 명제 $p(n)$이 두 자연수 a, b에 대하여 다음 조건을 만족시키면 $p(a)$, $p(a+b)$, $p(a+2b)$, …가 모두 참이다.

(i) $n=a$일 때, $p(n)$이 참이다.
(ii) $n=k$일 때, $p(k)$가 참이라고 가정하면 $p(k+b)$가 참이다.

28 대표문제 ▶ 23642-0565

자연수 n에 대한 명제 $p(n)$이 모든 홀수 n에 대하여 성립함을 수학적 귀납법으로 증명하려면 다음을 보여야 한다.

(i) $n=$ (가) 일 때, $p(n)$이 성립함을 보인다.
(ii) $n=k$일 때, $p(n)$이 성립한다고 가정하고
$n=$ (나) 일 때도 $p(n)$이 성립함을 보인다.

위의 (가)에 알맞은 수를 a, (나)에 알맞은 식을 $f(k)$라 할 때, $f(a+2)$의 값을 구하시오.

29 상중하 ▶ 23642-0566

자연수 n에 대한 명제 $p(n)$이 3으로 나누었을 때의 나머지가 2인 모든 자연수 n에 대하여 성립함을 수학적 귀납법으로 증명하려면 다음을 보여야 한다.

(i) $n=$ (가) 일 때, $p(n)$이 성립함을 보인다.
(ii) $n=k$일 때, $p(n)$이 성립한다고 가정하고
$n=$ (나) 일 때도 $p(n)$이 성립함을 보인다.

위의 (가)에 알맞은 수를 a, (나)에 알맞은 식을 $f(k)$라 할 때, $af(3)$의 값을 구하시오.

30 상중하 ▶ 23642-0567

자연수 n에 대한 명제 $p(n)$이 다음 조건을 만족시킬 때, 반드시 참인 명제는?

(가) $p(1)$, $p(2)$가 참이다.
(나) $p(k)$가 참이면 $p(3k)$도 참이다.

① $p(158)$ ② $p(160)$ ③ $p(162)$
④ $p(164)$ ⑤ $p(166)$

07 수학적 귀납법을 이용한 배수의 증명

모든 자연수 n에 대하여 $f(n)$이 a의 배수임을 수학적 귀납법을 이용하여 증명하는 과정은 다음과 같다.

(i) $n=1$을 대입하여 $f(1)$이 a의 배수임을 보인다.

(ii) $f(k)$가 a의 배수라고 가정한다.

(iii) $f(k+1)$의 식을 변형하여

$f(k+1)=(\text{자연수})\times f(k)+g(k)$의 꼴로 바꾸고, $g(k)$가 a의 배수임을 보인다.

31 대표문제

▶ 23642-0568

다음은 모든 자연수 n에 대하여 명제 $p(n)$

$p(n)$: 4^n-1은 3의 배수이다.

를 수학적 귀납법으로 증명하는 과정이다.

(i) $n=$ (가) 일 때,

$4^1-1=3$

은 3의 배수이므로 $p(1)$이 성립한다.

(ii) $n=k$일 때, $p(k)$가 성립한다고 가정하면

4^k-1은 3의 배수이다.

$4^{k+1}-1=4\times($ (나) $)+3$

이고, (나) , 3이 모두 3의 배수이므로 $4^{k+1}-1$이 3의 배수이다.

즉, $p(k+1)$이 성립한다.

따라서 모든 자연수 n에 대하여 명제 $p(n)$이 성립한다.

위의 (가)에 알맞은 수를 a, (나)에 알맞은 식을 $f(k)$라 할 때, $a+f(4)$의 값은?

① 252 ② 253 ③ 254 ④ 255 ⑤ 256

32 상중하

▶ 23642-0569

다음은 2 이상의 모든 자연수 n에 대하여 명제 $p(n)$

$p(n)$: n^3-n이 6의 배수이다.

를 수학적 귀납법으로 증명하는 과정이다.

(i) $n=$ (가) 일 때, $($ (가) $)^3-$ (가) $=6$은 6의 배수이므로 $p(2)$가 성립한다.

(ii) $n=k$일 때, $p(k)$가 성립한다고 가정하면

(나) 은(는) 6의 배수이다.

$(k+1)^3-(k+1)=(k+1)\{(k+1)^2-1\}$

$=(k+1)(k^2+2k)$

$=$ (다)

$(k+1)^3-(k+1)$이 연속한 세 자연수의 곱이므로 2의 배수이고 3의 배수이다. 즉, $p(k+1)$이 성립한다.

따라서 2 이상의 모든 자연수 n에 대하여 명제 $p(n)$이 성립한다.

위의 (가)에 알맞은 수를 a, (나), (다)에 알맞은 식을 각각 $f(k)$, $g(k)$라 할 때, $f(a)+g(a)$의 값을 구하시오.

33 상중하

▶ 23642-0570

다음은 모든 자연수 n에 대하여 명제 $p(n)$

$p(n)$: $\dfrac{2^{3n}+6}{7}$이 자연수이다.

를 수학적 귀납법으로 증명하는 과정이다.

(i) $n=1$일 때, $\dfrac{2^3+6}{7}=$ (가) 이므로 $p(1)$이 성립한다.

(ii) $n=k$일 때, $p(k)$가 성립한다고 가정하면

$\dfrac{2^{3k}+6}{7}$이 자연수이므로 $2^{3k}+6$은 (나) 의 배수이다.

$2^{3(k+1)}+6=8\times(2^{3k}+6)-$ (다)

$2^{3k}+6$, (다) 이(가) 모두 (나) 의 배수이므로 $p(k+1)$이 성립한다.

따라서 모든 자연수 n에 대하여 명제 $p(n)$이 성립한다.

위의 (가), (나), (다)에 알맞은 수를 각각 a, b, c라 할 때, $a+b+c$의 값을 구하시오.

중요

08 수학적 귀납법을 이용한 등식의 증명

모든 자연수 n에 대하여 등식 $f(n)=g(n)$이 성립함을 증명할 때

(i) $f(1)=g(1)$이 성립함을 보인다.

(ii) $f(k)=g(k)$가 성립함을 가정한다.

(iii) 등식 $f(k)=g(k)$의 양변에 적당한 식을 더하거나 곱하여 $f(k+1)=g(k+1)$이 성립함을 보인다.

» 올림포스 수학 I 90쪽

34 대표문제 ▸ 23642-0571

다음은 모든 자연수 n에 대하여 등식

$$1^2+2^2+3^2+\cdots+n^2=\frac{n(n+1)(2n+1)}{6} \quad \cdots\cdots (*)$$

이 성립함을 수학적 귀납법으로 증명하는 과정이다.

(i) $n=1$일 때, (좌변)$=1^2=1$, (우변)$=\frac{1\times2\times3}{6}=1$

이므로 등식 $(*)$이 성립한다.

(ii) $n=k$일 때, 등식 $(*)$이 성립한다고 가정하면

$$1^2+2^2+3^2+\cdots+k^2=\frac{k(k+1)(2k+1)}{6}$$

양변에 $\boxed{(가)}$을(를) 더하면

$$1^2+2^2+3^2+\cdots+k^2+\boxed{(가)}$$
$$=\frac{k(k+1)(2k+1)}{6}+\boxed{(가)}$$
$$=\frac{(k+1)\{k(2k+1)+6(k+1)\}}{6}$$
$$=\frac{(k+1)\times(\boxed{(나)})}{6}$$
$$=\frac{(k+1)(k+2)\times(\boxed{(다)})}{6} \quad \cdots\cdots ㉠$$

㉠은 등식 $(*)$의 우변에서 n에 $k+1$을 대입한 것과 같으므로 $n=k+1$일 때도 등식 $(*)$이 성립한다.

따라서 모든 자연수 n에 대하여 등식 $(*)$이 성립한다.

위의 (가), (나), (다)에 알맞은 식을 각각 $f(k)$, $g(k)$, $h(k)$라 할 때, $f(2)+g(3)+h(4)$의 값은?

① 65 ② 66 ③ 67 ④ 68 ⑤ 69

35 상중하 ▸ 23642-0572

다음은 모든 자연수 n에 대하여 등식

$$\sum_{i=1}^{n}\frac{1}{i(i+1)}=\frac{n}{n+1} \quad \cdots\cdots (*)$$

이 성립함을 수학적 귀납법으로 증명하는 과정이다.

(i) $n=1$일 때, (좌변)$=\frac{1}{2}=$(우변)

이므로 등식 $(*)$이 성립한다.

(ii) $n=k$일 때, 등식 $(*)$이 성립한다고 가정하면

$$\sum_{i=1}^{k}\frac{1}{i(i+1)}=\frac{k}{k+1}$$

양변에 $\boxed{(가)}$을(를) 더하면

$$(\text{좌변})=\boxed{(가)}+\sum_{i=1}^{k}\frac{1}{i(i+1)}=\sum_{i=1}^{k+1}\frac{1}{i(i+1)}$$

$$(\text{우변})=\frac{k}{k+1}+\boxed{(가)}=\boxed{(나)}$$

이므로 $n=k+1$일 때도 등식 $(*)$이 성립한다.

따라서 모든 자연수 n에 대하여 등식 $(*)$이 성립한다.

위의 (가), (나)에 알맞은 식을 각각 $f(k)$, $g(k)$라 할 때, $g(3)\div f(3)$의 값을 구하시오.

36 상중하 ▸ 23642-0573

다음은 모든 자연수 n에 대하여 등식

$$\sum_{i=1}^{n}i\times2^{i-1}=(n-1)2^n+1 \quad \cdots\cdots (*)$$

이 성립함을 수학적 귀납법으로 증명하는 과정이다.

(i) $n=1$일 때, (좌변)$=\boxed{(가)}=$(우변)

이므로 등식 $(*)$이 성립한다.

(ii) $n=k$일 때, 등식 $(*)$이 성립한다고 가정하면

$$\sum_{i=1}^{k}i\times2^{i-1}=(k-1)2^k+1$$

양변에 $\boxed{(나)}$을(를) 더하면

$$(\text{좌변})=\boxed{(나)}+\sum_{i=1}^{k}i\times2^{i-1}=\sum_{i=1}^{k+1}i\times2^{i-1}$$

$$(\text{우변})=(k-1)2^k+1+\boxed{(나)}=k\times2^{k+1}+1$$

이므로 $n=k+1$일 때도 등식 $(*)$이 성립한다.

따라서 모든 자연수 n에 대하여 등식 $(*)$이 성립한다.

위의 (가)에 알맞은 수를 a, (나)에 알맞은 식을 $f(k)$라 할 때, $f(a)$의 값을 구하시오.

중요
09 수학적 귀납법을 이용한 부등식의 증명

모든 자연수 n에 대하여 등식 $f(n)>g(n)$이 성립함을 증명할 때

(i) $f(1)>g(1)$이 성립함을 보인다.

(ii) $f(k)>g(k)$가 성립함을 가정한다.

(iii) 부등식 $f(k)>g(k)$와 다음 부등식의 성질을 이용하여 $f(k+1)>g(k+1)$이 성립함을 보인다.

① $A>B$이면 $A\pm C>B\pm C$이다.

② $A>B$, $B>C$이면 $A>C$이다.

>> 올림포스 수학 I 91쪽

37 대표문제 ▶ 23642-0574

다음은 2 이상의 모든 자연수 n에 대하여 부등식

$$\frac{1}{2}+\frac{1}{4}+\frac{1}{6}+\cdots+\frac{1}{2n}>\frac{n}{n+1} \quad \cdots\cdots (*)$$

이 성립함을 수학적 귀납법으로 증명하는 과정이다.

(i) $n=2$일 때,

(좌변)$=\frac{1}{2}+\frac{1}{4}=\frac{3}{4}$, (우변)$=\frac{2}{2+1}=\frac{2}{3}$

$\frac{3}{4}=\frac{9}{12}>\frac{8}{12}=\frac{2}{3}$이므로 부등식 $(*)$이 성립한다.

(ii) $n=k$일 때, 부등식 $(*)$이 성립한다고 가정하면

$\frac{1}{2}+\frac{1}{4}+\frac{1}{6}+\cdots+\frac{1}{2k}>\frac{k}{k+1}$

양변에 [(가)]을(를) 더하면

$\frac{1}{2}+\frac{1}{4}+\frac{1}{6}+\cdots+\frac{1}{2k}+$[(가)]$>\frac{k}{k+1}+$[(가)]

$=$[(나)]

$(2k+1)(k+2)>$[(다)]에서

[(나)]$>\frac{k+1}{k+2}$

이므로 $n=k+1$일 때도 주어진 부등식이 성립한다.

따라서 2 이상의 모든 자연수 n에 대하여 부등식 $(*)$이 성립한다.

위의 (가), (나), (다)에 알맞은 식을 각각 $f(k)$, $g(k)$, $h(k)$라 할 때, $f(1)\times g(2)\times h(3)$의 값은?

① $\frac{14}{3}$ ② $\frac{16}{3}$ ③ 6 ④ $\frac{20}{3}$ ⑤ $\frac{22}{3}$

38 상중하 ▶ 23642-0575

다음은 4 이상의 모든 자연수 n에 대하여 부등식

$n!>2^n \quad \cdots\cdots (*)$

이 성립함을 수학적 귀납법으로 증명하는 과정이다.

(i) $n=$[(가)]일 때,

(좌변)$=$[(나)], (우변)$=2^{(가)}$

이므로 부등식 $(*)$이 성립한다.

(ii) $n=k$일 때, 부등식 $(*)$이 성립한다고 가정하면

$k!>2^k$

양변에 [(다)]을(를) 곱하면

$(k+1)!>($[(다)]$)\times 2^k$

$k\geq 4$이므로 [(다)]≥ 2이다. 즉,

$($[(다)]$)\times 2^k>2^{k+1}$

이므로 $n=k+1$일 때도 주어진 부등식이 성립한다.

따라서 4 이상의 모든 자연수 n에 대하여 부등식 $(*)$이 성립한다.

위의 (가), (나)에 알맞은 수를 각각 a, b, (다)에 알맞은 식을 $f(k)$라 할 때, $f(a)+f(b)$의 값을 구하시오.

39 상중하 ▶ 23642-0576

다음은 5 이상의 모든 자연수 n에 대하여 부등식

$2^n>n^2 \quad \cdots\cdots (*)$

이 성립함을 수학적 귀납법으로 증명하는 과정이다.

(i) $n=5$일 때, (좌변)$=$[(가)], (우변)$=5^2=25$

이므로 부등식 $(*)$이 성립한다.

(ii) $n=k$일 때, 부등식 $(*)$이 성립한다고 가정하면

$2^k>k^2$

양변에 2를 곱하면

$2^{k+1}>2k^2 \quad \cdots\cdots$ ㉠

$k\geq 5$이므로

$2k^2-$[(나)]$=($[(다)]$)^2-2>0 \quad \cdots\cdots$ ㉡

㉠, ㉡에서 $2^{k+1}>2k^2>$[(나)]

이므로 $n=k+1$일 때도 주어진 부등식이 성립한다.

따라서 모든 자연수 n에 대하여 부등식 $(*)$이 성립한다.

위의 (가)에 알맞은 수를 a, (나), (다)에 알맞은 식을 각각 $f(k)$, $g(k)$라 할 때, $a+f(2)+g(3)$의 값을 구하시오.

10 귀납적으로 정의된 수열에 대한 증명

귀납적으로 정의된 수열이 포함된 자연수 n에 대한 명제 $p(n)$을 증명할 때
(i) $p(1)$이 성립함을 보인다.
(ii) $p(k)$가 성립함을 가정한다.
(iii) $p(k)$와 이웃한 항들의 관계식을 이용하여 $p(k+1)$이 성립함을 보인다.

40 대표문제

▶ 23642-0577

다음은

$$a_1=2,\ a_{n+1}=\frac{na_n+1}{na_n}\ (n=1,\ 2,\ 3,\ \cdots)$$

으로 정의된 수열 $\{a_n\}$의 일반항이

$$a_n=\frac{n+1}{n} \quad \cdots\cdots (*)$$

임을 수학적 귀납법으로 증명하는 과정이다.

(i) $n=1$일 때,

$$a_1=\frac{1+1}{1}=2$$

이므로 $(*)$이 성립한다.

(ii) $n=k$일 때, $(*)$이 성립한다고 가정하면

$a_k=$ (가)

이다. 모든 자연수 n에 대하여

$a_{n+1}=\frac{na_n+1}{na_n}$이므로

$$a_{k+1}=\frac{ka_k+1}{ka_k}$$
$$=1+\frac{1}{ka_k}$$
$$=1+\boxed{(나)}=\boxed{(다)}$$

이므로 $n=k+1$일 때도 $(*)$이 성립한다.

따라서 수열 $\{a_n\}$의 일반항은 $a_n=\frac{n+1}{n}$이다.

위의 (가), (나), (다)에 알맞은 식을 각각 $f(k)$, $g(k)$, $h(k)$라 할 때, $f(2)\times g(3)\times h(4)$의 값은?

① $\frac{9}{20}$ ② $\frac{1}{2}$ ③ $\frac{11}{20}$
④ $\frac{3}{5}$ ⑤ $\frac{13}{20}$

41 상중하

▶ 23642-0578

수열 $\{a_n\}$이

$$a_1=5,\ a_{n+1}=\frac{n}{n+1}a_n\ (n=1,\ 2,\ 3,\ \cdots)$$

으로 정의될 때, 수열 $\{a_n\}$의 일반항이

$$a_n=\frac{5}{n}$$

임을 수학적 귀납법으로 증명하시오.

42 상중하

▶ 23642-0579

수열 $\{a_n\}$이

$$a_1=7,\ a_2=14,$$
$$a_{n+2}=2a_{n+1}+a_n\ (n=1,\ 2,\ 3,\ \cdots)$$

으로 정의된다. 다음은 모든 자연수 n에 대하여 a_{4n}이 12의 배수임을 수학적 귀납법으로 증명하는 과정이다.

(i) $n=1$일 때,

$a_4=2a_3+a_2=$ (가)

이므로 a_4는 12의 배수이다.

(ii) $n=k$일 때, a_{4k}가 12의 배수라고 가정하면

$a_{4k}=12m$ (m은 자연수)

이다.

$$a_{4(k+1)}=2a_{\boxed{(나)}}+a_{4k+2}$$
$$=2(2a_{4k+2}+a_{4k+1})+a_{4k+2}$$
$$=5a_{4k+2}+2a_{4k+1}$$
$$=5(2a_{4k+1}+a_{4k})+2a_{4k+1}$$
$$=\boxed{(다)}\times a_{4k+1}+5a_{4k}$$
$$=\boxed{(다)}\times(a_{4k+1}+5m)$$

$(a_{4k+1}+5m)$이 자연수이므로 $a_{4(k+1)}$도 12의 배수이다.

따라서 모든 자연수 n에 대하여 a_{4n}은 12의 배수이다.

위의 (가), (다)에 알맞은 수를 각각 a, b, (나)에 알맞은 식을 $f(k)$라 할 때, $f(a)+f(b)$의 값을 구하시오.

서술형 완성하기

>> 정답과 풀이 109쪽

01 내신기출

▸ 23642-0580

$a_2=5$인 수열 $\{a_n\}$이 모든 자연수 n에 대하여

$$a_{n+1}-a_n=2a_1$$

을 만족시킬 때, 수열 $\{a_n\}$의 일반항을 구하시오.

02

▸ 23642-0581

수열 $\{a_n\}$이 모든 자연수 n에 대하여

$$a_n a_{n+2}=a_{n+1}{}^2$$

을 만족시킨다. 두 수 a_1, a_2가 모두 5의 양의 약수이고 $a_2<a_3$일 때, a_4의 값을 구하시오.

03

▸ 23642-0582

수열 $\{a_n\}$이

$$a_1=2,\ a_{n+1}=ka_n-1\ (n=1,\ 2,\ 3,\ \cdots)$$

으로 정의될 때, $a_4=41$을 만족시키는 실수 k의 값을 구하시오.

04

▸ 23642-0583

수열 $\{a_n\}$의 첫째항부터 제n항까지의 합을 S_n이라 할 때, 모든 자연수 n에 대하여

$$S_n=\frac{a_n}{2}+4n$$

이다. $\sum_{k=1}^{10} a_k$의 값을 구하시오.

05 내신기출

▸ 23642-0584

2 이상의 모든 자연수 n에 대하여

$$\sum_{i=1}^{n} \frac{1}{i^2}<2-\frac{1}{n}$$

이 성립함을 수학적 귀납법으로 증명하시오.

06

▸ 23642-0585

수열 $\{a_n\}$이

$$a_1=-1,\ a_{n+1}=\frac{a_n}{3a_n+1}\ (n=1,\ 2,\ 3,\ \cdots)$$

으로 정의될 때, 수열 $\{a_n\}$의 일반항이

$$a_n=\frac{1}{3n-4}$$

임을 수학적 귀납법으로 증명하시오.

내신 + 수능 고난도 도전

>> 정답과 풀이 110쪽

▶ 23642-0586

01 두 자연수 p, q에 대하여 수열 $\{a_n\}$을

$$a_1=p,\ a_{n+1}-a_n=q\ (n=1,\ 2,\ 3,\ \cdots)$$

으로 정의한다. $\sum_{k=1}^{12} a_k=300$일 때, $p+q$의 최댓값은?

① 12 ② 14 ③ 16 ④ 18 ⑤ 20

▶ 23642-0587

02 첫째항이 양수 a인 수열 $\{a_n\}$이 모든 자연수 n에 대하여

$$a_{n+1}=\begin{cases} a & (a_n\le 1) \\ a_n-3 & (a_n>1) \end{cases}$$

이다. $a_5=-1$일 때, $a_{16}+a_{17}+a_{18}$의 값을 구하시오.

▶ 23642-0588

03 수열 $\{a_n\}$의 첫째항부터 제n항까지의 합을 S_n이라 할 때, 모든 자연수 n에 대하여

$$S_n=2a_n-n$$

이다. $a_1=1$일 때, $\sum_{k=1}^{5}\frac{a_k+1}{a_ka_{k+1}}$의 값은?

① $\frac{59}{63}$ ② $\frac{20}{21}$ ③ $\frac{61}{63}$ ④ $\frac{62}{63}$ ⑤ 1

▶ 23642-0589

04 자연수 n에 대한 명제 $p(n)$이 다음 조건을 만족시킨다.

(가) $p(k)$가 참이면 $p(k+a)$도 참이다.
(나) $p(100)$은 거짓이다.

$p(5)$가 참일 때, $p(195)$가 반드시 참이 되기 위한 모든 자연수 a의 값의 합을 구하시오.

01 지수와 로그

개념 확인하기 본문 7~9쪽

01 $\pm 3i$ 02 $\frac{1}{5}$, $-\frac{1}{10}\pm\frac{\sqrt{3}}{10}i$ 03 -4, $2\pm 2\sqrt{3}i$
04 ± 3, $\pm 3i$ 05 3 06 $-\frac{3}{2}$ 07 ± 5
08 존재하지 않는다. 09 3 10 2 11 -4 12 0.2
13 -27 14 2 15 3 16 2 17 1 18 1
19 $\frac{1}{27}$ 20 16 21 $\sqrt[4]{64}$ 22 $\frac{1}{\sqrt[6]{8}}$ 23 $\frac{2}{9}$ 24 32
25 $\frac{16}{5}$ 26 9 27 $\frac{1}{a}$ 28 ab 29 625 30 $3^{3\sqrt{3}}$
31 $2^{2\sqrt{2}}$ 32 a^{12} 33 $a^2b^{\sqrt{6}}$ 34 $2=\log_5 25$
35 $-3=\log_{0.2}125$ 36 $\frac{1}{2}=\log_{64}8$ 37 $0=\log_3 1$ 38 3^{27}
39 $\frac{1}{16}$ 40 3 41 $\sqrt[5]{3}$ 42 $x>1$ 43 $x>-3$, $x\neq -2$
44 $0<x<2$ 45 $0<x<2$, $x\neq 1$ 46 2 47 4
48 2 49 $\frac{9}{10}$ 50 $a+2b$ 51 $3a-2b$ 52 $1+\frac{2b}{a}$
53 $\frac{2a}{2a+b}$ 54 $\frac{4}{3}$ 55 1 56 $-\frac{2}{5}$ 57 7 58 $2\sqrt{3}$
59 20 60 8 61 4 62 $\frac{3}{4}$ 63 -2 64 1
65 3 66 -1 67 1.7251 68 2.7251 69 -0.2749
70 -1.2749

유형 완성하기 본문 10~25쪽

01 ⑤ 02 ② 03 ④ 04 ④ 05 ① 06 ⑤ 07 ② 08 ⑤
09 ③ 10 ② 11 ① 12 ⑤ 13 3 14 ② 15 ① 16 ⑤
17 ② 18 ② 19 ④ 20 ① 21 ③ 22 ⑤ 23 ① 24 ⑤
25 ① 26 ③ 27 ④ 28 ③ 29 ② 30 ② 31 ⑤ 32 ①
33 ② 34 ① 35 ④ 36 ⑤ 37 ④ 38 ③ 39 5 40 ③
41 $\frac{2}{3}$ 42 ⑤ 43 ② 44 4 45 ④ 46 8 47 $\sqrt{3}$ 48 ②
49 ④ 50 8 51 ④ 52 2 53 ⑤ 54 4 55 ④ 56 ①
57 -3 58 ③ 59 ④ 60 -29 61 ① 62 $\frac{1+b}{a}$ 63 ②
64 ① 65 ② 66 ⑤ 67 ④ 68 ① 69 5 70 $\frac{3ab+1}{ab+a}$
71 ③ 72 $\frac{3x}{x+2y}$ 73 ④ 74 -7 75 ② 76 49 77 1639
78 ⑤ 79 ③ 80 ① 81 ② 82 ④ 83 ① 84 ② 85 ⑤
86 36 87 $\frac{17}{25}$ 88 ① 89 130 90 ③ 91 ② 92 0.00145
93 ③ 94 11억 3천 8백만 원 95 ① 96 7.3

서술형 완성하기 본문 26쪽

01 1 02 125 03 70 04 $\frac{3a+2b-3}{a+b}$ 05 24
06 7일

내신 + 수능 고난도 도전 본문 27쪽

01 ④ 02 24 03 ⑤ 04 ①

02 지수함수와 로그함수

개념 확인하기 본문 29~33쪽

01 ㄴ, ㄹ 02 2 03 1 04 $\sqrt{2}$ 05 $\frac{1}{8}$ 06 $\frac{1}{4}$
07 8 08 0.04 09 1 10 5 11 25 12 5
13 25 14 풀이 참조, 점근선의 방정식: $y=0$
15 풀이 참조, 점근선의 방정식: $y=0$
16 풀이 참조, 점근선의 방정식: $y=0$
17 풀이 참조, 점근선의 방정식: $y=1$
18 $5^{\frac{2}{3}}<5^2$ 19 $0.3^{\frac{1}{2}}<0.3^{-1}$ 20 $\sqrt[3]{4}<\sqrt[4]{8}$
21 $\left(\frac{1}{7}\right)^{0.1}>\left(\frac{1}{7}\right)^{0.2}$ 22 $0.5^{2\sqrt{2}}>\left(\frac{1}{2}\right)^3$ 23 $y=3^{x-2}$
24 $y=3^x+1$ 25 $y=-3^x$ 26 $y=\left(\frac{1}{3}\right)^x$
27 $y=-\left(\frac{1}{3}\right)^x$ 28 치역: $\{y\mid y>2\}$, 점근선의 방정식: $y=2$
29 치역: $\{y\mid y<0\}$, 점근선의 방정식: $y=0$
30 치역: $\left\{y\,\middle|\,y>-\frac{1}{2}\right\}$, 점근선의 방정식: $y=-\frac{1}{2}$
31 치역: $\left\{y\,\middle|\,y<\frac{1}{2}\right\}$, 점근선의 방정식: $y=\frac{1}{2}$
32 최댓값: 25, 최솟값: $\frac{1}{5}$ 33 최댓값: 9, 최솟값: $\frac{1}{27}$
34 최댓값: 4, 최솟값: $\frac{1}{4}$ 35 최댓값: $\frac{2}{3}$, 최솟값: -8
36 $\{x\mid x>-3\}$ 37 $\left\{x\,\middle|\,x>\frac{1}{2}\right\}$ 38 $y=\log_3 x$
39 $y=-\log_2 x+2$ 40 $y=\frac{5^x}{2}$ 41 $y=\left(\frac{1}{2}\right)^x+1$
42 1 43 2 44 0 45 -3 46 1 47 1
48 -1 49 -2 50 0 51 3 52 -1 53 2
54 풀이 참조, 점근선의 방정식: $x=0$
55 풀이 참조, 점근선의 방정식: $x=0$
56 풀이 참조, 점근선의 방정식: $x=2$
57 풀이 참조, 점근선의 방정식: $x=0$
58 $\log_2 20<2\log_2 5$ 59 $\log_{\frac{1}{3}}7>3\log_{\frac{1}{3}}2$
60 $\log_5 0.1<-1$ 61 $\log_2 5>\log_4 16$
62 정의역: $\{x\mid x>-2\}$, 점근선의 방정식: $x=-2$
63 정의역: $\left\{x\,\middle|\,x>-\frac{1}{2}\right\}$, 점근선의 방정식: $x=-\frac{1}{2}$
64 정의역: $\{x\mid x>0\}$, 점근선의 방정식: $x=0$
65 정의역: $\{x\mid x<1\}$, 점근선의 방정식: $x=1$

66 최댓값: 5, 최솟값: 0　67 최댓값: -1, 최솟값: -3
68 최댓값: 0, 최솟값: -3　69 최댓값: 1, 최솟값: -2
70 $x=2$　71 $x=\frac{8}{3}$　72 $x=-1$　73 $x=\frac{5}{4}$　74 $x=1$ 또는 $x=2$
75 $x=0$ 또는 $x=-2$　76 $x=\frac{1}{2}$　77 $x=-2$ 또는 $x=2$　78 $x<-1$
79 $x\geq-2$　80 $x\leq-\frac{1}{5}$　81 $1<x<2$
82 $1\leq x\leq3$　83 $-2<x<-1$　84 $1<x<2$
85 $-1<x<1$ 또는 $2<x<3$　86 $x=\frac{7}{2}$　87 $x=5$　88 $x=0$
89 $x=1$　90 $x=3$ 또는 $x=9$　91 $x=1$ 또는 $x=\frac{1}{8}$　92 $x=3$
93 $x=4$　94 $x>4$　95 $x>5$　96 $\frac{1}{3}<x\leq2$
97 $\frac{1}{3}<x<1$　98 $\frac{1}{4}<x<8$　99 $0<x\leq3$ 또는 $x\geq9$
100 $1<x<4$　101 $1<x<3$

유형 완성하기 본문 34~52쪽

01 ④　02 ③　03 $1<a<2$　04 -4　05 ②　06 ④　07 ①
08 -2　09 ⑤　10 $\frac{81}{4}$　11 ②　12 ①　13 ⑤　14 ②
15 $a<a^{a^a}<a^a<a^{0.5a}$　16 ①　17 $\frac{p}{3}$　18 ④　19 ③　20 ⑤
21 1　22 ④　23 $\frac{1}{9}$　24 ②　25 ③　26 4　27 ①　28 ④
29 ⑤　30 6　31 ③　32 ①　33 ㄴ　34 ④　35 ③　36 11
37 ④　38 ㄱ, ㄴ, ㄹ, ㅁ　39 12　40 6　41 ⑤　42 10　43 ③
44 ⑤　45 ①　46 ①　47 ②　48 ③　49 ②　50 ④　51 1
52 ⑤　53 -2　54 $\log_6 2$　55 8　56 ①　57 25　58 ⑤
59 4　60 ④　61 ⑤　62 ④　63 ⑤　64 ①　65 ②　66 8
67 ③　68 ②　69 ③　70 ④　71 ②　72 22　73 ③　74 1
75 10시간 후　76 $x>2$　77 ③　78 $-4\leq x\leq2$　79 ③　80 ①
81 $\frac{3}{2}$　82 ②　83 ④　84 $x<0$ 또는 $2+\sqrt{3}<x<4$　85 ③
86 ⑤　87 5장　88 ②　89 ②　90 $0<k<\frac{1}{4}$　91 ⑤　92 ②
93 ④　94 ③　95 ①　96 $x=\frac{1}{6}$　97 ②　98 245　99 ④
100 ①　101 ③　102 4　103 ②　104 ④　105 $1<x\leq81$
106 $0<x\leq\frac{1}{8}$ 또는 $x\geq1$　107 ①　108 ⑤　109 ③
110 $0<x\leq\frac{1}{625}$ 또는 $x\geq5$　111 ②　112 14　113 ③　114 ②

서술형 완성하기 본문 53쪽

01 8　02 $\frac{2\sqrt{3}+1}{11}$　03 $a=1$, $b=3$
04 $x=4$, $y=2$　05 $3-2\sqrt{2}$　06 $\frac{1}{9}<k<1$

내신 + 수능 고난도 도전 본문 54쪽

01 ⑤　02 ②　03 25　04 2

03 삼각함수의 뜻과 그래프

개념 확인하기 본문 57~61쪽

01 풀이 참조　02 풀이 참조　03 $360°\times n+150°$
04 $360°\times n+330°$　05 $360°\times n+100°$
06 $360°\times n+210°$　07 제2사분면　08 제1사분면
09 $\frac{5}{6}\pi$　10 $225°$　11 $-\frac{4}{3}\pi$　12 $-108°$　13 $2n\pi+\frac{\pi}{4}$
14 $2n\pi+\frac{\pi}{2}$　15 $2n\pi+\frac{5}{3}\pi$　16 $2n\pi+\frac{7}{4}\pi$　17 $l=\pi$, $S=\pi$
18 $r=3$, $S=\frac{3}{4}\pi$　19 $r=4$, $\theta=\frac{3}{2}$
20 $\sin\theta=\frac{3\sqrt{13}}{13}$, $\cos\theta=-\frac{2\sqrt{13}}{13}$, $\tan\theta=-\frac{3}{2}$
21 $\sin\theta=\frac{\sqrt{3}}{2}$, $\cos\theta=-\frac{1}{2}$, $\tan\theta=-\sqrt{3}$
22 $\sin\theta<0$, $\cos\theta>0$, $\tan\theta<0$
23 $\sin\theta<0$, $\cos\theta<0$, $\tan\theta>0$
24 제2사분면　25 제4사분면　26 $\cos\theta=-\frac{4}{5}$, $\tan\theta=\frac{3}{4}$
27 (1) $-\frac{5}{18}$　(2) $-\frac{18}{5}$　28 (1) 실수 전체의 집합　(2) y축　(3) 2π
29 $\frac{\sqrt{3}}{2}$　30 $\frac{\sqrt{2}}{2}$　31 풀이 참조　32 풀이 참조
33 풀이 참조　34 풀이 참조　35 $\frac{5}{2}$
36 (1) $n\pi+\frac{\pi}{2}$　(2) 원점　(3) π　(4) $n\pi+\frac{\pi}{2}$　37 1　38 $-\frac{\sqrt{3}}{3}$
39 풀이 참조　40 풀이 참조　41 최댓값: 2, 최솟값: -2, 주기: $\frac{2}{3}\pi$
42 최댓값: $\frac{4}{3}$, 최솟값: $\frac{2}{3}$, 주기: 4π
43 최댓값: 없음, 최솟값: 없음, 주기: 4
44 π　45 2π　46 $-\frac{\sqrt{3}}{2}$　47 $-\frac{\sqrt{3}}{3}$　48 $\frac{\sqrt{3}}{2}$
49 $\frac{1}{2}$　50 $-\frac{1}{2}$　51 1
52 (1) $\frac{4}{5}$　(2) $\frac{3}{5}$　(3) $\frac{3}{5}$　(4) $-\frac{4}{3}$　53 1　54 1
55 풀이 참조　56 $x=\frac{7}{6}\pi$ 또는 $x=\frac{11}{6}\pi$
57 $x=\frac{\pi}{3}$ 또는 $x=\frac{5}{3}\pi$　58 $x=\frac{5}{6}\pi$ 또는 $x=\frac{11}{6}\pi$
59 $x=\frac{\pi}{12}$ 또는 $x=\frac{5}{12}\pi$ 또는 $x=\frac{13}{12}\pi$ 또는 $x=\frac{17}{12}\pi$
60 $x=\frac{\pi}{6}$ 또는 $x=\frac{5}{6}\pi$　61 풀이 참조
62 $\frac{\pi}{6}\leq x\leq\frac{5}{6}\pi$　63 $\frac{5}{6}\pi<x<\frac{7}{6}\pi$
64 $0\leq x\leq\frac{\pi}{4}$ 또는 $\frac{3}{4}\pi\leq x\leq\frac{5}{4}\pi$ 또는 $\frac{7}{4}\pi\leq x<2\pi$
65 $\frac{17}{12}\pi<x<\frac{23}{12}\pi$　66 $\frac{\pi}{3}\leq x\leq\frac{\pi}{2}$

유형 완성하기 본문 62~75쪽

01 ④　02 ⑤　03 $40°$, $80°$, $120°$, $160°$　04 ③　05 ①
06 $360°\times n+40°$　07 제1, 3사분면　08 ③　09 ④　10 ③　11 ⑤

12 ㄱ, ㄷ, ㄹ 13 ① 14 ④ 15 ④ 16 16π 17 ② 18 ⑤
19 ④ 20 ① 21 2 22 ② 23 $1-\cos\theta$ 24 ⑤ 25 ⑤
26 (1) 1 (2) 2 (3) 1 27 ④ 28 $-\frac{3}{8}$ 29 ② 30 ⑤ 31 ①
32 -1 33 1 34 ⑤ 35 $\frac{2-\sqrt{3}}{2}$ 36 ④ 37 ④ 38 $\frac{5}{4}$
39 2 40 0 41 ③ 42 π 43 ⑤ 44 ④ 45 ㄱ, ㄹ
46 ② 47 ① 48 $2\sqrt{3}-1$ 49 9π 50 π 51 ③ 52 ④
53 ① 54 12 55 ⑤ 56 1 57 ② 58 ② 59 -2 60 ①
61 -15 62 ② 63 ④ 64 ① 65 $\frac{2-\sqrt{3}}{2}$ 66 ② 67 ①
68 $x=\frac{\pi}{8}$ 또는 $x=\frac{5}{8}\pi$ 69 $x=\frac{4}{3}\pi$ 70 2π 71 ②
72 $x=\frac{11}{6}\pi$ 73 4π 74 ④ 75 ① 76 ② 77 $\frac{\pi}{2}<x<\frac{11}{6}\pi$
78 ② 79 ⑤ 80 $0<x<\frac{\pi}{4}$ 81 ② 82 $\frac{7}{6}\pi\le\theta\le\frac{11}{6}\pi$
83 $\frac{\pi}{3}<\theta<\frac{2}{3}\pi$ 84 ③

서술형 완성하기 본문 76쪽

01 1 02 $-\frac{\sqrt{10}}{2}$ 03 -2 04 $a=2,\ b=4$
05 $x=\frac{\pi}{3}$ 또는 $x=\frac{5}{3}\pi$ 또는 $x=\frac{7}{3}\pi$ 또는 $x=\frac{11}{3}\pi$ 06 $a<-\frac{25}{8}$

내신 + 수능 고난도 도전 본문 77쪽

01 $-\frac{1}{2}$ 02 ② 03 $\frac{1}{2}$ 04 $0\le\theta\le\frac{\pi}{6}$ 또는 $\frac{2}{3}\pi\le\theta\le\pi$

04 삼각함수의 활용

개념 확인하기 본문 79쪽

01 $6\sqrt{2}$ 02 $2\sqrt{2}$ 03 30° 04 60° 05 4 06 3
07 30° 08 90° 09 $2\sqrt{2}$ 10 $\sqrt{13}$ 11 $\sqrt{39}$ 12 60°
13 120° 14 12 15 $10\sqrt{2}$ 16 $4\sqrt{3}$
17 (1) $-\frac{1}{2}$ (2) $\frac{\sqrt{3}}{2}$ (3) $18\sqrt{3}$ 18 $\frac{27\sqrt{3}}{2}$ 19 2 20 32
21 9 22 6

유형 완성하기 본문 80~86쪽

01 ① 02 30° 03 12π 04 ⑤ 05 ① 06 $\frac{8}{3}$ 07 ②
08 $20\sqrt{6}$ m 09 ① 10 ③ 11 17 12 $8+4\sqrt{2}$ 13 30°
14 ④ 15 105 16 $\sqrt{7}$ km 17 $\sqrt{78}$ 18 $(150\sqrt{2}-50\sqrt{6})$ m
19 60° 20 120° 21 ① 22 $A=90^\circ$인 직각삼각형 23 ② 24 ②
25 ⑤ 26 ③ 27 2 : 1 28 ① 29 4π 30 $8\sqrt{3}+8$ 31 $\sqrt{3}$
32 ③ 33 $\frac{\sqrt{3}}{6}$ 34 $\frac{\sqrt{3}+1}{2}$ 35 $\frac{15+6\sqrt{3}}{2}$ 36 5 37 ④
38 13 39 $\frac{16\sqrt{3}}{3}$ 40 ③ 41 60° 42 $\sqrt{3}$

서술형 완성하기 본문 87쪽

01 $\frac{\sqrt{6}-\sqrt{2}}{4}$ 02 $\frac{26\sqrt{3}}{3}\pi$ 03 $\cos B=\frac{1}{7}$, $\cos C=\frac{11}{14}$
04 $6\sqrt{2}$ 05 (1) $\frac{2\sqrt{6}}{5}$ (2) $6\sqrt{6}$ 06 2

내신 + 수능 고난도 도전 본문 88쪽

01 $\frac{\sqrt{34}}{3}$ 02 ⑤ 03 128π

05 등차수열과 등비수열

개념 확인하기 본문 91~93쪽

01 5, 14 02 2, -1 03 $\frac{1}{2}$, $\frac{1}{5}$ 04 1, 3, 5, 7
05 2, $\frac{3}{2}$, $\frac{4}{3}$, $\frac{5}{4}$ 06 2, 6, 12, 20 07 $a_n=3n$
08 $a_n=(-1)^n$ 09 $a_n=\frac{n}{n+1}$ 10 4, 6
11 5, -4 12 -4 13 2 14 $a_n=3n-2$
15 $a_n=-3n+7$ 16 7 17 (1) -33 (2) 10째항
18 13 19 -3 20 160 21 225 22 272
23 $a_n=2n+1$ 24 $a_n=\begin{cases} 1 & (n=1) \\ -\frac{1}{n(n-1)} & (n\ge2) \end{cases}$
25 4, 8 26 -4, $\frac{1}{2}$ 27 -2 28 $\frac{1}{3}$ 29 4 30 2
31 $a_n=4\times\left(\frac{1}{3}\right)^{n-1}$ 32 $a_n=-\left(\frac{1}{5}\right)^{n-3}$ 33 $a_n=2\times(-1)^n$
34 (1) $\frac{1}{256}$ (2) 7째항 35 12 36 $\pm2\sqrt{2}$ 37 189 38 31
39 $-\frac{85}{4}$ 40 85 41 $\frac{255}{128}$ 42 189 43 $a_n=2\times3^{n-1}$
44 $a_n=\begin{cases} 0 & (n=1) \\ 2^{n-1} & (n\ge2) \end{cases}$

유형 완성하기 본문 94~108쪽

01 ① 02 ③ 03 ⑤ 04 $-\frac{15}{2}$ 05 ③ 06 ② 07 ①
08 ① 09 ① 10 ② 11 ② 12 ③ 13 ② 14 ③ 15 ②
16 ④ 17 ⑤ 18 ④ 19 ② 20 ③ 21 ③ 22 ① 23 ②
24 ① 25 ③ 26 ④ 27 ② 28 ② 29 ③ 30 ⑤ 31 ②
32 ④ 33 ⑤ 34 ② 35 ④ 36 ① 37 ② 38 ③ 39 ①
40 ② 41 ④ 42 ④ 43 ③ 44 ② 45 ④ 46 ③ 47 ①
48 ② 49 ② 50 ② 51 $\frac{1}{2}$ 52 ④ 53 $\frac{33}{4}$ 54 ⑤ 55 ②
56 ② 57 ③ 58 ④ 59 ⑤ 60 ⑤ 61 ② 62 ③ 63 ⑤
64 ② 65 ⑤ 66 ④ 67 ④ 68 ② 69 ③ 70 ⑤ 71 ④
72 ① 73 25 74 0.5 75 ④ 76 ② 77 ② 78 ③ 79 ①
80 ② 81 ③ 82 ① 83 ④ 84 ④ 85 ② 86 ④ 87 ②
88 $\frac{255}{128}$ 89 ⑤ 90 $\frac{27\sqrt{3}}{4}$

서술형 완성하기 본문 109쪽

01 제32항 02 -6 03 $a_n=6n-23$ 04 -42, 78
05 $2\sqrt{10}$ 06 첫째항: 8, 공비: 16

내신 + 수능 고난도 도전 본문 110~111쪽

01 ④ 02 ② 03 ② 04 ④ 05 $\frac{11}{100}$ 06 ③
07 255 08 ②

06 수열의 합

개념 확인하기 본문 113쪽

01 $2+4+6+8$ 02 $1^2+2^2+3^2+4^2+5^2+6^2$
03 $2+2^2+2^3$ 04 $1+\frac{1}{2}+\frac{1}{3}+\frac{1}{4}$ 05 $\sum_{k=1}^{n}(2k-1)$
06 $\sum_{k=1}^{n}\sqrt{k}$ 07 $\sum_{k=1}^{10}k(k+1)$ 08 $\sum_{k=1}^{7}\frac{1}{2k}$ 09 10 10 19
11 57 12 65 13 14 14 110 15 133 16 70
17 120 18 $\frac{n(n+1)(2n+7)}{6}$ 19 $\frac{n^2(n+1)^2}{16}$ 20 162
21 80 22 $\frac{10}{11}$ 23 $\frac{7}{9}$ 24 9 25 $\frac{-1+\sqrt{15}}{2}$

유형 완성하기 본문 114~121쪽

01 ② 02 ⑤ 03 10 04 ④ 05 ② 06 ⑤ 07 ③ 08 ①
09 ① 10 ⑤ 11 ④ 12 ① 13 ② 14 ④ 15 ② 16 ①
17 ④ 18 ② 19 ② 20 ① 21 ③ 22 ④ 23 ④ 24 ⑤
25 ③ 26 ⑤ 27 ② 28 ② 29 $\frac{1}{3}$ 30 ① 31 ③ 32 ②
33 ② 34 ④ 35 ⑤ 36 ② 37 ① 38 ② 39 $\frac{28}{57}$ 40 ⑤
41 ② 42 ① 43 ① 44 ③ 45 ⑤ 46 ② 47 ③ 48 ⑤

서술형 완성하기 본문 122쪽

01 680 02 -11 03 44 04 $-\frac{77}{2}$ 05 51 06 474

내신 + 수능 고난도 도전 본문 123쪽

01 100 02 ② 03 ② 04 525

07 수학적 귀납법

개념 확인하기 본문 125쪽

01 10 02 -2 03 16 04 21 05 -158
06 $a_n=3n$ 07 $a_n=7n-9$ 08 $a_n=-(-2)^n$
09 $a_n=3^{n-1}$ 10 ㄴ, ㄷ 11 풀이 참조 12 풀이 참조

유형 완성하기 본문 126~134쪽

01 ② 02 ① 03 ① 04 ④ 05 ⑤ 06 ③ 07 ② 08 ⑤
09 ② 10 ⑤ 11 ① 12 ④ 13 ③ 14 ⑤ 15 10 16 ②
17 ② 18 ① 19 ④ 20 ① 21 2 22 ② 23 ⑤ 24 ④
25 ④ 26 ③ 27 ① 28 5 29 12 30 ③ 31 ⑤ 32 30
33 51 34 ① 35 16 36 4 37 ④ 38 30 39 43 40 ①
41 풀이 참조 42 390

서술형 완성하기 본문 135쪽

01 $a_n=\frac{10}{3}n-\frac{5}{3}$ 02 125 03 3 04 40
05 풀이 참조 06 풀이 참조

내신 + 수능 고난도 도전 본문 136쪽

01 ③ 02 24 03 ④ 04 240

올림포스 유형편

학교 시험을 완벽하게 대비하는 유형 기본서

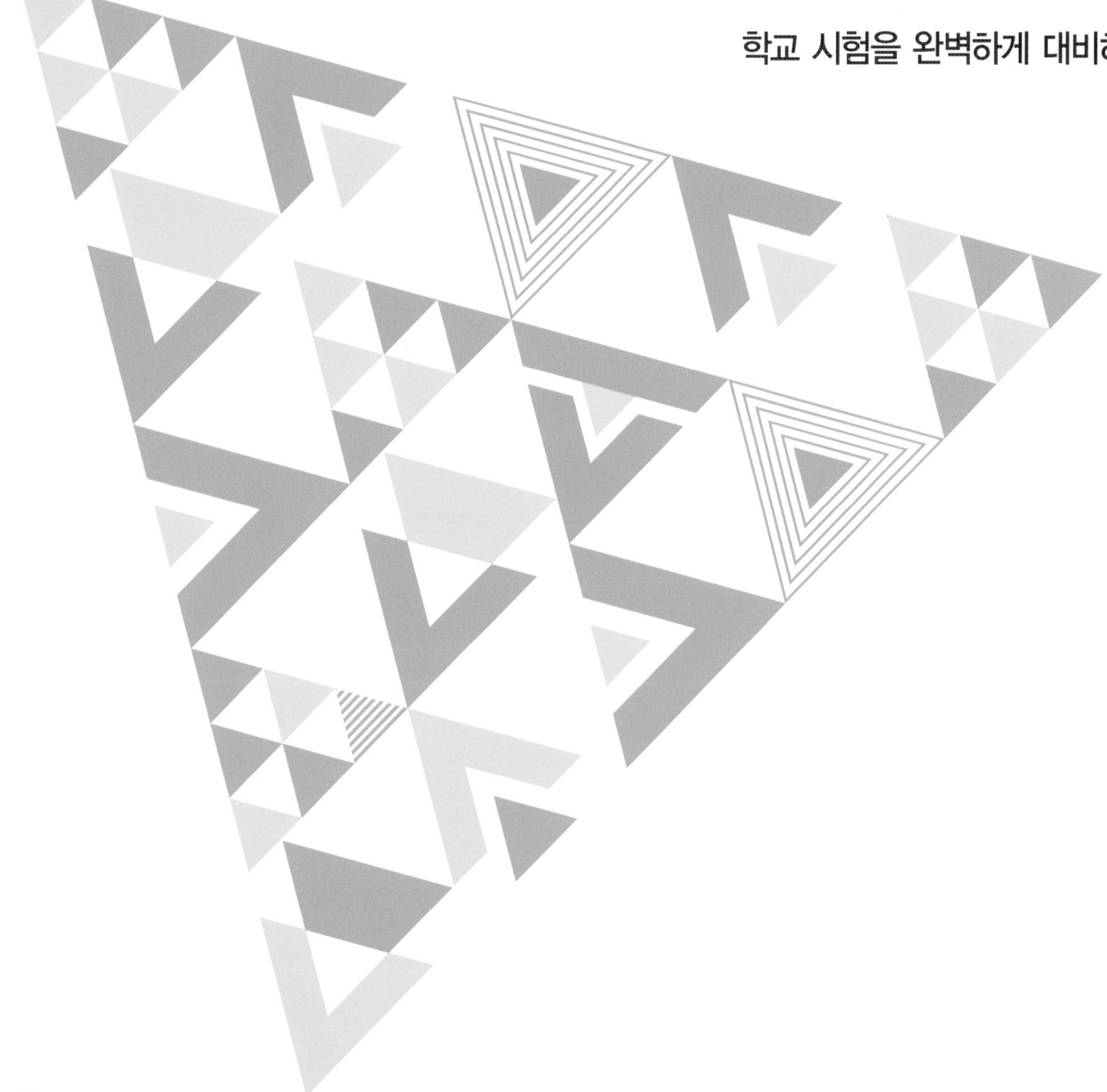

수학 I
정답과 풀이

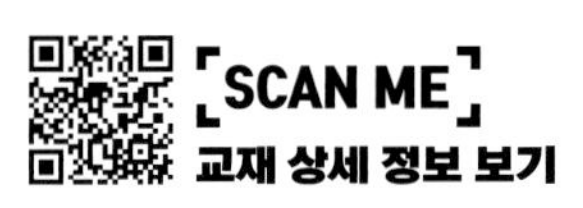

올림포스

유형편

수학 I

정답과 풀이

Ⅰ. 지수함수와 로그함수

01 지수와 로그

개념 확인하기

본문 7~9쪽

01 $\pm 3i$ **02** $\frac{1}{5}$, $-\frac{1}{10}\pm\frac{\sqrt{3}}{10}i$ **03** -4, $2\pm2\sqrt{3}i$
04 ±3, $\pm3i$ **05** 3 **06** $-\frac{3}{2}$ **07** ±5
08 존재하지 않는다. **09** 3 **10** 2 **11** -4
12 0.2 **13** -27 **14** 2 **15** 3 **16** 2
17 1 **18** 1 **19** $\frac{1}{27}$ **20** 16 **21** $\sqrt[4]{64}$
22 $\frac{1}{\sqrt[6]{8}}$ **23** $\frac{2}{9}$ **24** 32 **25** $\frac{16}{5}$ **26** 9
27 $\frac{1}{a}$ **28** ab **29** 625 **30** $3^{3\sqrt{3}}$ **31** $2^{2\sqrt{2}}$
32 a^{12} **33** $a^2b^{\sqrt{6}}$ **34** $2=\log_5 25$
35 $-3=\log_{0.2} 125$ **36** $\frac{1}{2}=\log_{64} 8$
37 $0=\log_3 1$ **38** 3^{27} **39** $\frac{1}{16}$ **40** 3
41 $\sqrt[5]{3}$ **42** $x>1$ **43** $x>-3$, $x\neq-2$ **44** $0<x<2$
45 $0<x<2$, $x\neq1$ **46** 2 **47** 4 **48** 2
49 $\frac{9}{10}$ **50** $a+2b$ **51** $3a-2b$ **52** $1+\frac{2b}{a}$
53 $\frac{2a}{2a+b}$ **54** $\frac{4}{3}$ **55** 1 **56** $-\frac{2}{5}$ **57** 7
58 $2\sqrt{3}$ **59** 20 **60** 8 **61** 4 **62** $\frac{3}{4}$
63 -2 **64** 1 **65** 3 **66** -1 **67** 1.7251
68 2.7251 **69** -0.2749 **70** -1.2749

01 -9의 제곱근을 x라 하면
$x^2=-9$이므로
$x=\pm3i$

답 $\pm3i$

02 0.008의 세제곱근을 x라 하면
$x^3=0.008$이므로
$x^3-0.008=0$
$125x^3-1=0$
$(5x-1)(25x^2+5x+1)=0$
$x=\frac{1}{5}$ 또는 $x=-\frac{1}{10}\pm\frac{\sqrt{3}}{10}i$

답 $\frac{1}{5}$, $-\frac{1}{10}\pm\frac{\sqrt{3}}{10}i$

03 -64의 세제곱근을 x라 하면
$x^3=-64$이므로
$x^3+64=0$
$(x+4)(x^2-4x+16)=0$
$x=-4$ 또는 $x=2\pm2\sqrt{3}i$

답 -4, $2\pm2\sqrt{3}i$

04 $(-3)^4$의 네제곱근을 x라 하면
$x^4=(-3)^4=81$이므로
$x^4-81=0$
$(x^2-9)(x^2+9)=0$
$x=\pm3$ 또는 $x=\pm3i$

답 ±3, $\pm3i$

05 27의 세제곱근을 x라 하면
$x^3=27$이므로 실수인 세제곱근은
$x=3$

답 3

06 $-\frac{27}{8}$의 세제곱근을 x라 하면
$x^3=-\frac{27}{8}$이므로 실수인 세제곱근은
$x=-\frac{3}{2}$

답 $-\frac{3}{2}$

07 $(-5)^4$의 네제곱근을 x라 하면
$x^4=(-5)^4=625$이므로 실수인 네제곱근은
$x=\pm5$

답 ±5

08 -16의 네제곱근을 x라 하면
$x^4=-16$을 만족시키는 실수 x는 없으므로
-16의 네제곱근은 존재하지 않는다.

답 존재하지 않는다.

09 $\sqrt[4]{81}=\sqrt[4]{3^4}=3$

답 3

10 $\sqrt[6]{(-2)^6}=\sqrt[6]{2^6}=2$

답 2

11 $\sqrt[7]{(-4)^7}=\sqrt[7]{-4^7}=-4$

답 -4

12 $\sqrt[3]{0.008}=\sqrt[3]{0.2^3}=0.2$

답 0.2

13 $\{\sqrt[5]{(-3)^3}\}^5=(-3)^3=-27$

답 -27

14 $(\sqrt[6]{8})^2=\sqrt[3]{2^3}=2$

답 2

15 $\sqrt[9]{9^3}\times\sqrt[6]{3^2}=\sqrt[3]{3^2}\times\sqrt[3]{3}=\sqrt[3]{3^3}=3$

답 3

16 $\sqrt[3]{\sqrt{64}}=\sqrt[6]{2^6}=2$

답 2

17 $7^0=1$

답 1

18 $\left(-\frac{2}{3}\right)^0=1$

답 1

19 $3^{-3}=\frac{1}{3^3}=\frac{1}{27}$

답 $\frac{1}{27}$

20 $\left(-\frac{1}{4}\right)^{-2}=\frac{1}{\left(-\frac{1}{4}\right)^2}=16$

답 16

21 $64^{\frac{1}{4}}=\sqrt[4]{64}$

답 $\sqrt[4]{64}$

22 $8^{-\frac{1}{6}}=\frac{1}{8^{\frac{1}{6}}}=\frac{1}{\sqrt[6]{8}}$

답 $\frac{1}{\sqrt[6]{8}}$

23 $8^{\frac{1}{3}}\div 27^{\frac{2}{3}}=(2^3)^{\frac{1}{3}}\div(3^3)^{\frac{2}{3}}=2\div 3^2=\frac{2}{9}$

답 $\frac{2}{9}$

24 $(4\times 8^{\frac{2}{3}})^{\frac{5}{4}}=(2^4)^{\frac{5}{4}}=2^5=32$

답 32

25 $25^{-\frac{5}{2}}\times 100^2=(5^2)^{-\frac{5}{2}}\times(2^2\times 5^2)^2=5^{-5}\times 2^4\times 5^4$

$=5^{-1}\times 2^4=\frac{16}{5}$

답 $\frac{16}{5}$

26 $(3^{\frac{5}{4}})^2\div(3^{\frac{1}{2}})^4\times\sqrt{27}=3^{\frac{5}{2}-2+\frac{3}{2}}=3^2=9$

답 9

27 $(\sqrt[3]{a^2}\times a^{-2}\div a^{\frac{2}{3}})^{\frac{1}{2}}=(a^{\frac{2}{3}-2-\frac{2}{3}})^{\frac{1}{2}}=a^{-1}=\frac{1}{a}$

답 $\frac{1}{a}$

28 $(\sqrt[5]{a^2}\times b^{\frac{4}{3}})^{\frac{1}{2}}\times(a^{\frac{2}{5}}\times\sqrt[6]{b})^2=a^{\frac{1}{5}}\times b^{\frac{2}{3}}\times a^{\frac{4}{5}}\times b^{\frac{1}{3}}=ab$

답 ab

29 $(5^{\sqrt{2}})^{\sqrt{8}}=5^{\sqrt{16}}=5^4=625$

답 625

30 $3^{\sqrt{12}}\times 3^{\sqrt{3}}=3^{2\sqrt{3}}\times 3^{\sqrt{3}}=3^{3\sqrt{3}}$

답 $3^{3\sqrt{3}}$

31 $2^{\sqrt{32}}\times 2^{\sqrt{2}}\div 2^{\sqrt{18}}=2^{4\sqrt{2}+\sqrt{2}-3\sqrt{2}}=2^{2\sqrt{2}}$

답 $2^{2\sqrt{2}}$

32 $(a^{3\sqrt{2}})^{\sqrt{8}}=a^{3\sqrt{2}\times\sqrt{8}}=a^{12}$

답 a^{12}

33 $(a^{\frac{1}{\sqrt{5}}}\times b^{\sqrt{\frac{3}{10}}})^{\sqrt{20}}=a^{\frac{\sqrt{20}}{\sqrt{5}}}\times b^{\sqrt{\frac{3}{10}\times 20}}=a^2b^{\sqrt{6}}$

답 $a^2b^{\sqrt{6}}$

34 $5^2=25$에서 $2=\log_5 25$

답 $2=\log_5 25$

35 $(0.2)^{-3}=125$에서 $-3=\log_{0.2} 125$

답 $-3=\log_{0.2} 125$

36 $64^{\frac{1}{2}}=8$에서 $\frac{1}{2}=\log_{64} 8$

답 $\frac{1}{2}=\log_{64} 8$

37 $3^0=1$에서 $0=\log_3 1$

답 $0=\log_3 1$

38 $\log_3 x=27$에서 $x=3^{27}$

답 3^{27}

39 $\log_4 x=-2$에서 $x=4^{-2}=\frac{1}{16}$

답 $\frac{1}{16}$

40 $\log_x 9=2$에서 $x^2=9$, $x=\pm 3$
밑의 조건에서 $x>0$이므로
$x=3$

답 3

41 $\log_x 3=5$에서 $x^5=3$
$x=\sqrt[5]{3}$

답 $\sqrt[5]{3}$

42 진수의 조건에서 $x-1>0$이므로
$x>1$

답 $x>1$

43 밑의 조건에서 $x+3>0$, $x+3\neq1$이므로
$x>-3$, $x\neq-2$

답 $x>-3$, $x\neq-2$

44 진수의 조건에서 $-x^2+2x>0$이므로
$x(x-2)<0$
$0<x<2$

답 $0<x<2$

45 밑의 조건은 $x>0$, $x\neq1$이고
진수의 조건은 $-2x+4>0$에서 $x<2$이므로
$0<x<2$, $x\neq1$

답 $0<x<2$, $x\neq1$

46 $\log_4 16-\log_3 1=2\log_4 4-0=2$

답 2

47 $2\log_3 9+\log_5 25-\log_2 4=2\times2+2-2=4$

답 4

48 $\log_3 6+\frac{1}{2}\log_3 \frac{9}{4}=\log_3 6+\log_3 \left(\frac{9}{4}\right)^{\frac{1}{2}}$

$=\log_3 6+\log_3 \frac{3}{2}$

$=\log_3 \left(6\times\frac{3}{2}\right)=\log_3 9$

$=2$

답 2

49 $\log_{10} \sqrt[5]{100}+2\log_3 \sqrt[4]{3}=\log_{10} 10^{\frac{2}{5}}+\log_3 3^{\frac{1}{2}}=\frac{2}{5}+\frac{1}{2}$

$=\frac{9}{10}$

답 $\frac{9}{10}$

50 $\log_5 18=\log_5 2+2\log_5 3$

$=a+2b$

답 $a+2b$

51 $\log_5 \frac{8}{9}=\log_5 2^3-\log_5 3^2=3\log_5 2-2\log_5 3$

$=3a-2b$

답 $3a-2b$

52 $\log_2 18=\log_2 2+2\log_2 3$

$=1+\frac{2\log_5 3}{\log_5 2}$

$=1+\frac{2b}{a}$

답 $1+\frac{2b}{a}$

53 $\log_{12} 4=\frac{\log_5 4}{\log_5 12}$

$=\frac{2\log_5 2}{2\log_5 2+\log_5 3}$

$=\frac{2a}{2a+b}$

답 $\frac{2a}{2a+b}$

54 $\log_5 4\times\log_8 25=\frac{2\log_3 2}{\log_3 5}\times\frac{2\log_3 5}{3\log_3 2}$

$=\frac{4}{3}$

답 $\frac{4}{3}$

55 $\log_2 3\times\log_9 7\times\log_7 4=\frac{\log_{10} 3}{\log_{10} 2}\times\frac{\log_{10} 7}{2\log_{10} 3}\times\frac{2\log_{10} 2}{\log_{10} 7}$

$=1$

답 1

56 $\log_{\frac{1}{10}} \sqrt[5]{100}=-\log_{10} 10^{\frac{2}{5}}=-\frac{2}{5}\log_{10} 10$

$=-\frac{2}{5}$

답 $-\frac{2}{5}$

57 $2^{\log_2 5}+3^{\log_3 2}=5+2$

$=7$

답 7

58 $2^{\log_4 3}+3^{\log_9 \sqrt{3}}=2^{\log_2 \sqrt{3}}+3^{\log_3 \sqrt{3}}$

$=\sqrt{3}+\sqrt{3}=2\sqrt{3}$

답 $2\sqrt{3}$

59 $2^{\log_2 4+\log_2 5}=2^{\log_2 4}\times2^{\log_2 5}$

$=4\times5=20$

답 20

60 $(2^{\log_3 4+\log_3 2})^{\log_2 3}=2^{\log_2 3\times\log_3 4+\log_2 3\times\log_3 2}$

$=(2^{\log_2 3})^{\log_3 4}\times(2^{\log_2 3})^{\log_3 2}$

$=3^{\log_3 4}\times3^{\log_3 2}$

$=4\times2=8$

답 8

61 $\log 10000=\log 10^4=4\log 10=4$

답 4

62 $\log \sqrt[4]{1000}=\log 10^{\frac{3}{4}}=\frac{3}{4}\log 10=\frac{3}{4}$

답 $\frac{3}{4}$

63 $\log 0.01=\log 10^{-2}$
$=-2$

답 -2

64 $\log 5+\log 2=\log(5\times 2)$
$=\log 10$
$=1$

답 1

65 $\log 50+\log 20=\log(50\times 20)$
$=\log 10^3$
$=3$

답 3

66 $\log\frac{1}{5}-\log 2=\log\left(\frac{1}{5}\div 2\right)$
$=\log 10^{-1}$
$=-1$

답 -1

67 $\log 53.1=\log(5.31\times 10)$
$=\log 5.31+\log 10$
$=0.7251+1$
$=1.7251$

답 1.7251

68 $\log 531=\log(5.31\times 100)$
$=\log 5.31+\log 100$
$=0.7251+2$
$=2.7251$

답 2.7251

69 $\log 0.531=\log\left(5.31\times\frac{1}{10}\right)$
$=\log 5.31+\log\frac{1}{10}$
$=0.7251-1$
$=-0.2749$

답 -0.2749

70 $\log 0.0531=\log\left(5.31\times\frac{1}{100}\right)$
$=\log 5.31+\log\frac{1}{100}$
$=0.7251-2$
$=-1.2749$

답 -1.2749

유형 완성하기

본문 10~25쪽

01 ⑤	02 ②	03 ④	04 ④	05 ①
06 ⑤	07 ②	08 ⑤	09 ③	10 ②
11 ①	12 ⑤	13 3	14 ②	15 ①
16 ⑤	17 ②	18 ②	19 ④	20 ①
21 ③	22 ⑤	23 ①	24 ⑤	25 ①
26 ③	27 ④	28 ③	29 ②	30 ②
31 ⑤	32 ①	33 ②	34 ①	35 ④
36 ⑤	37 ④	38 ③	39 5	40 ③
41 $\frac{2}{3}$	42 ⑤	43 ②	44 4	45 ④
46 8	47 $\sqrt{3}$	48 ②	49 ④	50 8
51 ④	52 2	53 ⑤	54 4	55 ④
56 ①	57 -3	58 ③	59 ④	60 -29
61 ①	62 $\frac{1+b}{a}$	63 ②	64 ①	65 ②
66 ⑤	67 ④	68 ①	69 5	70 $\frac{3ab+1}{ab+a}$
71 ③	72 $\frac{3x}{x+2y}$	73 ④	74 -7	75 ②
76 49	77 1639	78 ⑤	79 ③	80 ①
81 ②	82 ④	83 ①	84 ②	85 ⑤
86 36	87 $\frac{17}{25}$	88 ①	89 130	90 ③
91 ②	92 0.00145	93 ③	94 11억 3천 8백만 원	
95 ①	96 7.3			

01 ① 4의 세제곱근은 $\sqrt[3]{4}$와 $\frac{-\sqrt[3]{4}(1\pm\sqrt{3}i)}{2}$의 3개이다.
② $-\sqrt{64}$의 세제곱근 중 실수인 것은 -2이다.
③ n이 홀수일 때, 7의 n제곱근 중 실수인 것은 1개이다.
④ n이 짝수일 때, -5의 n제곱근 중 실수인 것은 존재하지 않는다.
⑤ 9의 네제곱근은 $\pm\sqrt{3}$, $\pm\sqrt{3}i$의 4개이다.
따라서 옳은 것은 ⑤이다.

답 ⑤

02 -8의 세제곱근을 x라 하면
$x^3=-8$, $x^3+8=0$
$(x+2)(x^2-2x+4)=0$
$x=-2$ 또는 $x=1\pm\sqrt{3}i$

답 ②

03 ① 네제곱근 16은 2이다.
② n이 홀수이고 $a<0$이면 $\sqrt[n]{a}=-\sqrt[n]{-a}$이다.
③ -3의 세제곱근 중 실수인 것은 $-\sqrt[3]{3}$이다.
⑤ $\sqrt{(-10)^2}$의 제곱근은 $\pm\sqrt{10}$이다.
따라서 옳은 것은 ④이다.

답 ④

04 ① $\sqrt[3]{(-1)^3}=-1$

② $\sqrt[2]{\sqrt[3]{2}}=\sqrt[6]{2}$

③ $\sqrt[3]{2}\times\sqrt[5]{2}=\sqrt[15]{2^8}$

⑤ $\sqrt[2]{3}\times\sqrt[5]{3}=\sqrt[10]{3^7}$

따라서 옳은 것은 ④이다.

답 ④

05 $\sqrt[6]{4}\times\sqrt[3]{54}\times\sqrt[3]{2}=\sqrt[3]{2}\times3\times\sqrt[3]{2}\times\sqrt[3]{2}$
$=6$

답 ①

06 $\sqrt[4]{\frac{\sqrt[6]{4}}{\sqrt{2}}}\times\sqrt[6]{\frac{\sqrt[3]{2}}{\sqrt[4]{8}}}=\sqrt[4]{\frac{\sqrt[6]{4}}{\sqrt[6]{2^3}}}\times\sqrt[6]{\frac{\sqrt[12]{2^4}}{\sqrt[12]{(2^3)^3}}}$

$=\sqrt[4]{\sqrt[6]{\frac{1}{2}}}\times\sqrt[6]{\sqrt[12]{\frac{1}{2^5}}}$

$=\sqrt[24]{\frac{1}{2}}\times\sqrt[72]{\frac{1}{2^5}}$

$=\sqrt[72]{\frac{1}{2^3}}\times\sqrt[72]{\frac{1}{2^5}}$

$=\sqrt[72]{\frac{1}{2^8}}$

$=\sqrt[9]{\frac{1}{2}}$

답 ⑤

07 $\sqrt{\sqrt[3]{a\sqrt{a^{n+1}}}}=\sqrt{\sqrt[3]{\sqrt{a^{n+3}}}}=\sqrt[12]{a^{n+3}}=\sqrt[5]{a^3}$이므로

$\sqrt[60]{a^{5n+15}}=\sqrt[60]{a^{36}}$

$5n+15=36$, $5n=21$

따라서 $n=\frac{21}{5}$

답 ②

08 $\sqrt[3]{a^3b}\div\sqrt{\frac{a^4}{b^3}}\times\sqrt[6]{b}=a\sqrt[3]{b}\times\frac{\sqrt{b^3}}{a^2}\times\sqrt[6]{b}$

$=\frac{\sqrt[3]{b}\times b\sqrt{b}\times\sqrt[6]{b}}{a}$

$=\frac{b\times\sqrt[6]{b^2}\times\sqrt[6]{b^3}\times\sqrt[6]{b}}{a}$

$=\frac{b^2}{a}$

답 ⑤

09 $\frac{\sqrt[3]{a\sqrt[5]{a\sqrt[4]{a^4}}}}{\sqrt[5]{a\sqrt[3]{a\sqrt{a^2}}}}=\frac{\sqrt[3]{a\sqrt[5]{\sqrt[4]{a^8}}}}{\sqrt[5]{a\sqrt[3]{\sqrt{a^4}}}}=\frac{\sqrt[3]{a\sqrt[20]{a^8}}}{\sqrt[5]{a\sqrt[6]{a^4}}}$

$=\frac{\sqrt[3]{\sqrt[20]{a^{28}}}}{\sqrt[5]{\sqrt[6]{a^{10}}}}=\frac{\sqrt[60]{a^{28}}}{\sqrt[30]{a^{10}}}$

$=\frac{\sqrt[60]{a^{28}}}{\sqrt[60]{a^{20}}}=\sqrt[60]{a^8}$

$=\sqrt[15]{a^2}$

따라서 $m=15$, $n=2$이므로 $mn=30$

답 ③

10 $A=\sqrt[3]{2}=\sqrt[12]{2^4}=\sqrt[12]{16}$

$B=\sqrt[4]{3}=\sqrt[12]{3^3}=\sqrt[12]{27}$

$C=\sqrt[6]{5}=\sqrt[12]{5^2}=\sqrt[12]{25}$

따라서 대소 관계는 $A<C<B$이다.

답 ②

11 $A=\sqrt[3]{\sqrt{20}}=\sqrt[6]{20}$

$B=\sqrt{2\sqrt[3]{3}}=\sqrt{\sqrt[3]{3\times2^3}}=\sqrt[6]{24}$

$C=\sqrt[4]{\sqrt[3]{625}}=\sqrt[4]{\sqrt[3]{5^4}}=\sqrt[3]{\sqrt[4]{5^4}}=\sqrt[3]{5}=\sqrt[6]{25}$

따라서 대소 관계는 $A<B<C$이다.

답 ①

12 $\sqrt{2}<\sqrt[6]{2n}<\sqrt[4]{7}$에서

$\sqrt[12]{2^6}<\sqrt[12]{(2n)^2}<\sqrt[12]{7^3}$이므로

$2^6<(2n)^2<7^3$

$8<2n<\sqrt{343}$

$18^2<343<19^2$이므로

$8<2n\le18$

$4<n\le9$

따라서 자연수 n의 개수는 5, 6, 7, 8, 9의 5이다.

답 ⑤

13 $a^6\times(a^2)^{-4}\div a^{-5}=a^6\times a^{-8}\div a^{-5}=a^{6+(-8)-(-5)}=a^3$

따라서 $m=3$

답 3

14 $\{(-2)^3\}^5\times2^{-2}\div\left\{\left(\frac{1}{2}\right)^2\right\}^{-6}=-2^{15}\times2^{-2}\div2^{12}$

$=-2^{15+(-2)-12}$

$=-2$

답 ②

15 $(a^n)^{-3}\times\left(\frac{a}{b}\right)^{-6}\div(a^{-2}b^3)^2=a^{-3n}\times a^{-6}\times b^6\div a^{-4}\div b^6$

$=a^{-3n-2}$

$a^{-3n-2}=1$이므로

$-3n-2=0$

따라서 $n=-\frac{2}{3}$

답 ①

16 ① $5^{\frac{1}{3}}\times5^{\frac{1}{6}}=5^{\frac{1}{3}+\frac{1}{6}}=5^{\frac{1}{2}}=\sqrt{5}$

② $\left(\frac{4}{125}\right)^2\times\left(\frac{4}{625}\right)^{-2}=\frac{4^2}{(5^3)^2}\times\frac{4^{-2}}{(5^4)^{-2}}=\frac{1}{5^{-2}}=25$

③ $3^{\frac{3}{4}}\times3^{-\frac{1}{2}}\div3^{\frac{1}{4}}=3^{\frac{3}{4}-\frac{1}{2}-\frac{1}{4}}=3^0=1$

④ $\sqrt{\sqrt[3]{a}}\div\sqrt[6]{\frac{1}{a^5}}=a^{\frac{1}{6}}\div a^{-\frac{5}{6}}=a$

⑤ $a^{\frac{3}{4}}\div a^{1.5}\times\frac{1}{\sqrt[4]{a}}=a^{\frac{3}{4}}\div a^{\frac{6}{4}}\times\frac{1}{a^{\frac{1}{4}}}=\frac{1}{a}$

따라서 옳지 않은 것은 ⑤이다.

답 ⑤

17 $\sqrt{5}\times\sqrt[3]{10}\times\sqrt[6]{80}=5^{\frac{1}{2}}\times(2\times5)^{\frac{1}{3}}\times(2^4\times5)^{\frac{1}{6}}$

$=2^{\frac{1}{3}}\times2^{\frac{2}{3}}\times5^{\frac{1}{2}}\times5^{\frac{1}{3}}\times5^{\frac{1}{6}}$

$=2\times5=10$

답 ②

18 $a=5^{\frac{1}{3}}\times5^{\frac{1}{4}}\times5^{\frac{1}{9}}\times5^{\frac{1}{18}}=5^{\frac{1}{3}+\frac{1}{4}+\frac{1}{9}+\frac{1}{18}}=5^{\frac{3}{4}}$

따라서 $\sqrt[3]{a^4}=(5^{\frac{3}{4}})^{\frac{4}{3}}=5$

답 ②

19 $(\sqrt[3]{4^2})^{\frac{1}{6}}=2^{\frac{4}{3}\times\frac{1}{6}}=2^{\frac{2}{9}}$이 어떤 자연수의 n제곱근이므로

$(2^{\frac{2}{9}})^n$이 자연수이기 위해서는 n이 9의 배수이어야 한다.

$2\le n\le100$이므로 가능한 n의 개수는 9, 18, 27, $\cdots$, 99의 11이다.

답 ④

20 $\sqrt{\frac{\sqrt[3]{a^m}}{\sqrt{a}}}\div\sqrt[3]{\frac{\sqrt{a}}{\sqrt[m]{a}}}=(a^{\frac{m}{3}}\div a^{\frac{1}{2}})^{\frac{1}{2}}\div(a^{\frac{1}{2}}\div a^{\frac{1}{m}})^{\frac{1}{3}}$

$=a^{\frac{m}{6}-\frac{1}{4}}\div a^{\frac{1}{6}-\frac{1}{3m}}$

$=a^{\frac{m}{6}+\frac{1}{3m}-\frac{5}{12}}=a^{\frac{1}{12}}$

$\frac{m}{6}+\frac{1}{3m}-\frac{5}{12}=\frac{1}{12}$

$m^2-3m+2=0$

$(m-1)(m-2)=0$

따라서 $m>1$이므로 $m=2$이다.

답 ①

21 (가)에서 $(x^3)^4=x^{12}=z$이므로

$x=z^{\frac{1}{12}}$

(나)에서 $(y^{\frac{1}{6}})^3=y^{\frac{1}{2}}=x$이므로

$y=x^2=(z^{\frac{1}{12}})^2=z^{\frac{1}{6}}$

$xy=z^{\frac{1}{12}}\times z^{\frac{1}{6}}=z^{\frac{1}{4}}$

따라서 $m=4$, $n=1$이므로

$m+n=5$

답 ③

22 ① $(2^{-\sqrt{3}})^{\frac{1}{\sqrt{3}}}=\frac{1}{2}$

② $(\sqrt{5})^{3\sqrt{2}}=(5\sqrt{5})^{\sqrt{2}}$

③ $(2^{\sqrt{2}}\times9^{-\frac{\sqrt{2}}{4}})^{2\sqrt{2}}=2^4\times9^{-1}=\frac{16}{9}$

④ $(2^{\sqrt{2}-2}\times4^{\sqrt{2}+1})^{\sqrt{2}}=(2^{\sqrt{2}-2}\times2^{2\sqrt{2}+2})^{\sqrt{2}}=(2^{3\sqrt{2}})^{\sqrt{2}}=64$

⑤ $(a^{\sqrt{2}})^{\sqrt{18}-1}\times a^{\sqrt{2}-3}=a^{\sqrt{36}-\sqrt{2}}\times a^{\sqrt{2}-3}=a^{6-3}=a^3$

따라서 옳은 것은 ⑤이다.

답 ⑤

23 $5^x=3$에서 $5=3^{\frac{1}{x}}$

$3^{-y}=16$에서 $3=2^{-\frac{4}{y}}$

$9^{\frac{1}{x}}+\left(\frac{1}{16}\right)^{\frac{1}{y}}=(3^{\frac{1}{x}})^2+2^{-\frac{4}{y}}$

$=5^2+3=28$

답 ①

24 $2^x=6^y=54^z=k$라 하면

$2=k^{\frac{1}{x}}$, $6=k^{\frac{1}{y}}$에서

$3=k^{\frac{1}{y}-\frac{1}{x}}$

$54=3^3\times2=k^{\frac{3}{y}-\frac{3}{x}}\times k^{\frac{1}{x}}=k^{\frac{3}{y}-\frac{2}{x}}$이므로

$54=k^{\frac{1}{z}}$에서

$k^{\frac{3}{y}-\frac{2}{x}}=k^{\frac{1}{z}}$

따라서 $\frac{1}{z}=\frac{3}{y}-\frac{2}{x}=\frac{3x-2y}{xy}$이므로

$z=\frac{xy}{3x-2y}$

답 ⑤

25 $(5^{-\frac{1}{n}})^{30}=5^{-\frac{30}{n}}$이 자연수가 되기 위해서는 $-\frac{30}{n}$이 자연수이어야 하므로 n은 음수이고 $|n|$이 30의 약수이어야 한다.

따라서 정수 n의 개수는 -1, -2, -3, -5, -6, -10, -15, -30의 8이다.

답 ①

26 $4^{-\frac{4}{n}}=2^{-\frac{8}{n}}$이 자연수가 되기 위해서는 $-\frac{8}{n}$이 자연수이어야 하므로 n의 값은 음수이고 $|n|$이 8의 약수이어야 한다.

이때 n의 값은 -1, -2, -4, -8이다.

$\left(\frac{1}{81}\right)^{\frac{3}{n}}=3^{-\frac{12}{n}}$이 자연수가 되기 위해서는 $-\frac{12}{n}$가 자연수이어야 하므로 n은 음수이고 $|n|$이 12의 약수이어야 한다.

이때 n의 값은 -1, -2, -3, -4, -6, -12이다.

따라서 공통인 n의 값은 -1, -2, -4이므로 n의 값의 합은

$-1-2-4=-7$

답 ③

27 $\sqrt[4]{m^n}=m^{\frac{n}{4}}$에서

$n=1$, $n=3$일 때, 가능한 m은 1, 16, 81이므로

순서쌍 (m, n)은 6개이다.

$n=2$일 때, 가능한 m은 1, 4, 9, 16, 25, 36, 49, 64, 81이므로

순서쌍 (m, n)은 9개이다.

$n=4$일 때, 가능한 m은 $1\le m\le81$인 모든 자연수이므로

순서쌍 (m, n)은 81개이다.

따라서 순서쌍 (m, n)의 개수는 $6+9+81=96$

답 ④

28 $(x^{\frac{1}{2}}+x^{-\frac{1}{2}})^2=x+x^{-1}+2=5$이므로

$x+x^{-1}=3$에서

$(x+x^{-1})^2=x^2+x^{-2}+2=9$

따라서 $x^2+x^{-2}=7$

답 ③

29 ① $(a^{\frac{1}{2}}+b^{\frac{1}{2}})(a^{\frac{1}{2}}-b^{\frac{1}{2}})=(a^{\frac{1}{2}})^2-(b^{\frac{1}{2}})^2=a-b$

② $(\sqrt[3]{2}-1)(\sqrt[3]{4}+\sqrt[3]{2}+1)=(\sqrt[3]{2})^3-1^3=2-1=1$

③ $(a^{\frac{1}{3}}-b^{\frac{1}{3}})(a^{\frac{2}{3}}+a^{\frac{1}{3}}b^{\frac{1}{3}}+b^{\frac{2}{3}})=(a^{\frac{1}{3}})^3-(b^{\frac{1}{3}})^3=a-b$

④ $(a^{\frac{1}{2}}+a^{-\frac{1}{2}})^2-(a^{\frac{1}{2}}-a^{-\frac{1}{2}})^2=2a^{\frac{1}{2}}\times 2a^{-\frac{1}{2}}=4$

⑤ $(3^{\frac{1}{4}}-3^{-\frac{1}{4}})(3^{\frac{1}{4}}+3^{-\frac{1}{4}})(3^{\frac{1}{2}}+3^{-\frac{1}{2}})=(3^{\frac{1}{2}}-3^{-\frac{1}{2}})(3^{\frac{1}{2}}+3^{-\frac{1}{2}})$

$=3-3^{-1}=\frac{8}{3}$

따라서 옳지 않은 것은 ②이다.

답 ②

30 $a+a^{-1}=3$에서

$(a+a^{-1})^3=a^3+3a+3a^{-1}+a^{-3}=27$

따라서 $a^3+a^{-3}=27-3(a+a^{-1})=27-3\times3=18$

답 ②

31 $(3^{\frac{x}{2}}+3^{\frac{y}{2}})^2=3^x+3^y+2\times3^{\frac{x+y}{2}}=3^x+3^y+6=36$

따라서 $3^x+3^y=30$

답 ⑤

32 $\left(\sqrt{x}+\frac{1}{\sqrt{x}}\right)^2=x+x^{-1}+2=9$에서

$x+x^{-1}=7$

$(x+x^{-1})^2=x^2+x^{-2}+2=49$에서

$x^2+x^{-2}=47$

$(x+x^{-1})^3=x^3+x^{-3}+3(x+x^{-1})=343$에서

$x^3+x^{-3}=343-21=322$이므로

$\frac{x^3+x^{-3}}{x^2+x^{-2}-1}=\frac{322}{47-1}=7$

답 ①

33 $x=\sqrt[3]{10+6\sqrt{3}}$에서

$x^3=10+6\sqrt{3}$

$y=\sqrt[3]{10-6\sqrt{3}}$에서

$y^3=10-6\sqrt{3}$

$x^3+y^3=(10+6\sqrt{3})+(10-6\sqrt{3})=20$

$x^3y^3=(xy)^3=(10+6\sqrt{3})(10-6\sqrt{3})$

$=100-108=-8$

에서

$xy=-2$

$(x+y)^3=x^3+y^3+3xy(x+y)$이므로

$x+y=a$라 하면

$a^3=20-6a$, $a^3+6a-20=0$

$(a-2)(a^2+2a+10)=0$

따라서 $a=2$이므로

$x+y=2$

답 ②

34 $a^{2x}=3$이므로

$\frac{a^x+a^{-x}}{a^x-a^{-x}}=\frac{a^{2x}+1}{a^{2x}-1}=\frac{3+1}{3-1}$

$=\frac{4}{2}=2$

답 ①

35 $5^{4x}=2$이므로

$\frac{5^{6x}+5^{-2x}}{5^{2x}-5^{-6x}}=\frac{5^{8x}+1}{5^{4x}-5^{-4x}}$

$=\frac{4+1}{2-\frac{1}{2}}=\frac{10}{3}$

답 ④

36 $f(p)=\frac{a^p+a^{-p}}{a^p-a^{-p}}=2$, $f(q)=\frac{a^q+a^{-q}}{a^q-a^{-q}}=\frac{3}{2}$에서

$\frac{a^{2p}+1}{a^{2p}-1}=2$이므로

$a^{2p}=3$, $a^p=\sqrt{3}$

$\frac{a^{2q}+1}{a^{2q}-1}=\frac{3}{2}$이므로

$a^{2q}=5$, $a^q=\sqrt{5}$

따라서

$f(p+q)=\frac{a^{p+q}+a^{-p-q}}{a^{p+q}-a^{-p-q}}$

$=\frac{\sqrt{15}+\frac{1}{\sqrt{15}}}{\sqrt{15}-\frac{1}{\sqrt{15}}}$

$=\frac{15+1}{15-1}=\frac{8}{7}$

답 ⑤

37 $40^x=4$에서

$40=2^{\frac{2}{x}}$ …… ㉠

$5^y=8$에서

$5=2^{\frac{3}{y}}$ …… ㉡

㉠÷㉡을 하면

$8=2^{\frac{2}{x}-\frac{3}{y}}$, $2^3=2^{\frac{2}{x}-\frac{3}{y}}$이므로

$\frac{2}{x}-\frac{3}{y}=3$

답 ④

38 $3^x=16$에서

$3=2^{\frac{4}{x}}$ ...... ㉠

$24^y=\frac{1}{32}$에서

$24=2^{-\frac{5}{y}}$ ...... ㉡

㉠÷㉡을 하면

$\frac{1}{8}=2^{\frac{4}{x}+\frac{5}{y}}$, $2^{-3}=2^{\frac{4}{x}+\frac{5}{y}}$이므로

$\frac{4}{x}+\frac{5}{y}=-3$

답 ③

39 $4^x=5$에서

$4=5^{\frac{1}{x}}$ ...... ㉠

$20^y=\frac{1}{25}$에서

$20=5^{-\frac{2}{y}}$ ...... ㉡

$\frac{1}{p^z}=125$에서

$p=5^{-\frac{3}{z}}$ ...... ㉢

㉠÷㉡÷㉢을 하면

$\frac{1}{5p}=5^{\frac{1}{x}+\frac{2}{y}+\frac{3}{z}}=5^{-2}=\frac{1}{25}$이므로

$p=5$

답 5

40 $2^x=5^{3y}=10$에서

$2=10^{\frac{1}{x}}$ ...... ㉠

$5=10^{\frac{1}{3y}}$ ...... ㉡

㉠×㉡을 하면

$10=10^{\frac{1}{x}+\frac{1}{3y}}$이므로

$\frac{1}{x}+\frac{1}{3y}=1$

답 ③

41 $4^x=27^y=6^z=k$라 하면

$2^2=k^{\frac{1}{x}}$ ...... ㉠

$3^3=k^{\frac{1}{y}}$에서 $3^{3p}=k^{\frac{p}{y}}$ ...... ㉡

$6=k^{\frac{1}{z}}$에서 $(2\times3)^2=k^{\frac{2}{z}}$

㉠×㉡을 하면

$2^2\times3^{3p}=k^{\frac{1}{x}+\frac{p}{y}}$

$\frac{1}{x}+\frac{p}{y}=\frac{2}{z}$이므로

$k^{\frac{1}{x}+\frac{p}{y}}=k^{\frac{2}{z}}=2^2\times3^2$

따라서 $2^2\times3^{3p}=2^2\times3^2$이므로

$p=\frac{2}{3}$

답 $\frac{2}{3}$

42 $3^x=15^y=5^z=k$라 하면

$3=k^{\frac{1}{x}}$, $15=k^{\frac{1}{y}}$, $5=k^{\frac{1}{z}}$에서

$k^{\frac{1}{x}+\frac{1}{z}}=k^{\frac{1}{y}}$이므로

$\frac{1}{x}+\frac{1}{z}=\frac{1}{y}$

$y=\frac{xz}{x+z}$

$(x-7)(z-7)=49$에서

$xz-7x-7z=0$, $\frac{xz}{x+z}=7$이므로

$y=7$

답 ⑤

43 $\frac{M_a}{M_s}=\frac{M_a}{3^{100}M_a}=\frac{1}{3^{100}}$이므로

$r=3^{50}\times\left(\frac{1}{3^{100}}\right)^{\frac{2}{5}}=3^{50}\times3^{-40}=3^{10}$

따라서 구하는 반지름의 길이는 3^{10}이다.

답 ②

44 $K_1=\frac{77-65}{14}\times1.05^{43}=\frac{12}{14}\times1.05^{43}$

$K_2=\frac{74-65}{14}\times1.05^{20}=\frac{9}{14}\times1.05^{20}$

$1.05^{23}=3$이므로

$\frac{K_1}{K_2}=\frac{\frac{12}{14}\times1.05^{43}}{\frac{9}{14}\times1.05^{20}}=\frac{4}{3}\times1.05^{23}=4$

답 4

45 1분마다 박테리아의 개수가 증가하는 비율을 x라 하면 박테리아 500개를 배양한지 30분 후 박테리아의 개수는 $500\times x^{30}$이 되고

$500\times x^{30}=108000$

$x^{30}=216$

$x^{10}=6$

따라서 박테리아 1000개를 20분 배양하였을 때 생기는 박테리아의 개수는

$1000\times x^{20}=1000\times(x^{10})^2=1000\times6^2=36000$

답 ④

46 정육면체의 한 모서리의 길이를 x라 하면

정육면체의 부피는 $x^3=16=2^4$이므로

$x=2^{\frac{4}{3}}$

색칠한 정삼각형의 한 변의 길이는 $\sqrt{2}x$이므로 정삼각형의 넓이는

$\frac{\sqrt{3}}{4}\times(\sqrt{2}x)^2=\frac{\sqrt{3}}{2}x^2$

$x=2^{\frac{4}{3}}$을 대입하면

$\frac{\sqrt{3}}{2}\times(2^{\frac{4}{3}})^2=\sqrt{3}\times2^{\frac{5}{3}}$

따라서 $p=3$, $q=5$이므로 $p+q=8$

답 8

47 A지역에서 지면으로부터 10 m와 40 m인 높이에서 풍속이 각각 3 m/s와 9 m/s이므로

$9=3\times\left(\frac{40}{10}\right)^{\frac{2}{2-k}}=3\times4^{\frac{2}{2-k}}$

B지역에서 지면으로부터 30 m와 60 m인 높이에서 풍속이 각각 a m/s와 b m/s이므로

$b=a\times\left(\frac{60}{30}\right)^{\frac{2}{2-k}}=a\times2^{\frac{2}{2-k}}$

따라서 $\frac{b}{a}=2^{\frac{2}{2-k}}$이고, $4^{\frac{2}{2-k}}=3$에서 $2^{\frac{2}{2-k}}=\sqrt{3}$이므로

$\frac{b}{a}=\sqrt{3}$

답 $\sqrt{3}$

48 겉넓이가 $\sqrt{3}\times2^{\frac{4}{5}}$인 정사면체의 한 모서리의 길이를 x라 하면 한 면의 넓이가 $\frac{\sqrt{3}}{4}x^2$이므로

$\frac{\sqrt{3}}{4}x^2\times4=\sqrt{3}\times2^{\frac{4}{5}}$

$x=2^{\frac{2}{5}}$

(정사면체의 부피)=(밑면의 넓이)×(높이)×$\frac{1}{3}$에서

(밑면의 넓이)$=\frac{\sqrt{3}}{4}\times(2^{\frac{2}{5}})^2=\frac{\sqrt{3}}{4}\times2^{\frac{4}{5}}$

(높이)$=\frac{\sqrt{6}}{3}\times2^{\frac{2}{5}}$이므로

(정사면체의 부피)$=\frac{\sqrt{3}}{4}\times2^{\frac{4}{5}}\times\frac{\sqrt{6}}{3}\times2^{\frac{2}{5}}\times\frac{1}{3}$

$=\frac{\sqrt{2}}{12}\times2^{\frac{6}{5}}$

$=\frac{\sqrt{2}}{6}\times2^{\frac{1}{5}}$

답 ②

49 $\log_{\sqrt{3}}a=4$에서

$a=(\sqrt{3})^4=9$

$\log_b 6=\frac{1}{2}$에서

$6=b^{\frac{1}{2}}$, $b=36$

따라서 $\frac{b}{a}=\frac{36}{9}=4$

답 ④

50 $x=\log_5(4-\sqrt{15})$이므로

$5^x=4-\sqrt{15}$

$5^{-x}=\frac{1}{5^x}=\frac{1}{4-\sqrt{15}}=4+\sqrt{15}$

따라서 $5^x+5^{-x}=8$

답 8

51 $\log_5[\log_4\{\log_3(\log_2 x)\}]=0$에서

$\log_4\{\log_3(\log_2 x)\}=5^0=1$

$\log_3(\log_2 x)=4^1=4$

$\log_2 x=3^4=81$

따라서 $x=2^{81}$

답 ④

52 밑의 조건에서 $x+3>0$, $x+3\neq1$이므로

$x>-3$, $x\neq-2$ …… ㉠

진수의 조건에서 $-x^2-5x+6>0$

$x^2+5x-6<0$, $(x+6)(x-1)<0$

$-6<x<1$ …… ㉡

㉠, ㉡의 공통 범위를 구하면

$-3<x<-2$, $-2<x<1$

따라서 정수 x의 개수는 -1, 0의 2이다.

답 2

53 밑의 조건에서 $a-3>0$, $a-3\neq1$이므로

$a>3$, $a\neq4$

진수의 조건에서 모든 실수 x에 대하여 $x^2+2ax+8a>0$이어야 하므로 이차방정식 $x^2+2ax+8a=0$의 판별식을 D라 하면

$\frac{D}{4}=a^2-8a=a(a-8)<0$

에서

$0<a<8$

따라서 밑의 조건과 진수의 조건을 모두 만족시키는 정수 a의 값은 5, 6, 7이므로 그 합은

$5+6+7=18$

답 ⑤

54 밑의 조건에서 $|x-3|>0$, $|x-3|\neq1$이므로

$x\neq2$, $x\neq3$, $x\neq4$

진수의 조건에서 $12+4x-x^2>0$

$(x+2)(x-6)<0$

$-2<x<6$

밑의 조건과 진수의 조건의 공통 범위를 구하면 구하는 정수 x의 개수는 -1, 0, 1, 5의 4이다.

답 4

55 $8\log_3\sqrt[4]{2}=\log_3 4$, $\frac{1}{2}\log_3 32=\log_3 4\sqrt{2}$이므로

$8\log_3\sqrt[4]{2}+\log_3\sqrt{6}-\frac{1}{2}\log_3 32$

$=\log_3 4+\log_3\sqrt{6}-\log_3 4\sqrt{2}$

$=\log_3 4+\log_3\sqrt{6}-\log_3 4-\log_3\sqrt{2}$

$=\log_3\frac{4\sqrt{6}}{4\sqrt{2}}=\log_3\frac{\sqrt{6}}{\sqrt{2}}$

$=\log_3\sqrt{3}$

$=\frac{1}{2}$

답 ④

56 $\log_{15} a+\log_{15} 3b+\log_{15} 5c=\log_{15} 15abc$

$\log_{15} 15abc=\frac{3}{2}$이므로

$15abc=15^{\frac{3}{2}}$

따라서 $abc=\sqrt{15}$

답 ①

57 $\log_3\left(1-\frac{1}{2}\right)+\log_3\left(1-\frac{1}{3}\right)+\log_3\left(1-\frac{1}{4}\right)+\cdots+\log_3\left(1-\frac{1}{27}\right)$

$=\log_3 \frac{1}{2}+\log_3 \frac{2}{3}+\log_3 \frac{3}{4}+\cdots+\log_3 \frac{26}{27}$

$=\log_3\left(\frac{1}{2}\times\frac{2}{3}\times\frac{3}{4}\times\cdots\times\frac{26}{27}\right)$

$=\log_3 \frac{1}{27}=\log_3 3^{-3}$

$=-3\log_3 3$

$=-3$

답 -3

58 $\log_a (b+c)+\log_a (b-c)=\log_a (b^2-c^2)=2$에서

$b^2-c^2=a^2$, $a^2+c^2=b^2$

따라서 피타고라스 정리에 의해 빗변의 길이가 b인 직각삼각형이다.

답 ③

59 $900=30^2$이므로

$x_1x_{27}=x_2x_{26}=x_3x_{25}=\cdots=x_{13}x_{15}=30^2$이고

$x_{14}=30$이다.

$\log_{30} x_1+\log_{30} x_2+\log_{30} x_3+\cdots+\log_{30} x_{27}$

$=\log_{30} x_1x_{27}+\log_{30} x_2x_{26}+\log_{30} x_3x_{25}+\cdots+\log_{30} x_{13}x_{15}+\log_{30} x_{14}$

$=\log_{30} 30^2\times 13+\log_{30} 30$

$=2\times 13+1$

$=27$

답 ④

60 $\log_3 \frac{y}{x}=\log_3 y-\log_3 x=\log_3 27=3$

$y^{\log_3 x}=\sqrt[9]{9}$에서

$\log_3 y^{\log_3 x}=\log_3 x\times\log_3 y=\log_3 \sqrt[9]{9}=\frac{2}{9}$

$\log_3 x=X$, $\log_3 y=Y$라 하면

$Y-X=3$, $XY=\frac{2}{9}$

$(\log_3 x)^3-(\log_3 y)^3=X^3-Y^3$

$=(X-Y)^3+3XY(X-Y)$

$=(-3)^3+3\times\frac{2}{9}\times(-3)$

$=-29$

답 -29

61 $a>0$, $a\neq1$이라 하면

$\log_2 3\times\log_3 5\times\log_5 7\times\log_7 8$

$=\frac{\log_a 3}{\log_a 2}\times\frac{\log_a 5}{\log_a 3}\times\frac{\log_a 7}{\log_a 5}\times\frac{\log_a 8}{\log_a 7}$

$=\frac{\log_a 8}{\log_a 2}=\log_2 8$

$=3$

답 ①

62 $\log_5 2=a$이므로

$\log_2 5=\frac{1}{a}$

$\log_5 15=1+\log_5 3=1+b$

$\log_5 15=\frac{\log_2 15}{\log_2 5}$이므로

$\log_2 15=\log_2 5\times\log_5 15$

$=\frac{1+b}{a}$

답 $\frac{1+b}{a}$

63 $\log_7 3\times\log_a 2a\times\log_{2a} 8a=\log_7 3\times\frac{\log_a 2a}{\log_a a}\times\frac{\log_a 8a}{\log_a 2a}$

$=\log_7 3\times\log_a 8a$

$\log_7 3\times\log_a 8a=\log_7 27$이므로

양변에 $\log_3 7$을 곱하면

$\log_a 8a=\log_7 27\times\log_3 7=\log_3 27=3$

$a^3=8a$이므로

$a(a^2-8)=0$

따라서 $a>0$이므로 $a=2\sqrt{2}$

답 ②

64 $9^a=3^{2a}=3^{2\log_3 5}$

$=3^{\log_3 5^2}=5^2$

$=25$

답 ①

65 $\log_3 16+\log_9 8-\log_{\frac{1}{3}} 4=4\log_3 2+\frac{3}{2}\log_3 2+2\log_3 2$

$=\frac{15}{2}\log_3 2$

따라서 $a=\frac{15}{2}$

답 ②

66 $2\log_5 3-2\log_{\frac{1}{5}} 2-\log_5 6=\log_5 3^2+\log_5 2^2-\log_5 6$

$=\log_5 6$

따라서 $25^{2\log_5 3-2\log_{\frac{1}{5}} 2-\log_5 6}=5^{2\log_5 6}=5^{\log_5 36}=36$

답 ⑤

67 $\log_2 (\log_3 4)+\log_2 (\log_4 5)+\log_2 (\log_5 6)+\cdots+\log_2 (\log_{80} 81)$

$=\log_2 (\log_3 4\times\log_4 5\times\log_5 6\times\cdots\times\log_{80} 81)$

$=\log_2 (\log_3 81)=\log_2 4$

$=2$

답 ④

68 $(3^{\log_2 5+\log_2 3})^{\log_3 2}=3^{\log_2 15\times\log_3 2}=(3^{\log_3 2})^{\log_2 15}=15$

$2^{(\log_3 2+\log_3 4)\times\log_2 3}=2^{\log_3 8\times\log_2 3}=(2^{\log_2 3})^{\log_3 8}=8$

이므로

$$(3^{\log_2 5+\log_2 3})^{\log_3 2}-2^{(\log_3 2+\log_3 4)\times\log_2 3}=15-8=7$$

답 ①

69 원점과 점 $(2, \log_3 a)$, 원점과 점 $(5, \log_9 b)$를 잇는 직선의 기울기가 같으므로

$\dfrac{\log_3 a}{2}=\dfrac{\log_9 b}{5}$, $\dfrac{\log_3 a}{2}=\dfrac{\frac{1}{2}\log_3 b}{5}$

$5\log_3 a=\log_3 b$, $\dfrac{\log_3 b}{\log_3 a}=5$

따라서 $\log_a b=5$

답 5

70 $\log_3 5=a$, $\log_5 2=b$에서

$\log_3 5\times\log_5 2=\log_3 2=ab$

$$\log_{10} 24=\frac{\log_3 24}{\log_3 10}=\frac{3\log_3 2+\log_3 3}{\log_3 2+\log_3 5}=\frac{3ab+1}{ab+a}$$

답 $\dfrac{3ab+1}{ab+a}$

71 $7^x=4$에서

$x=\log_7 4=2\log_7 2$이므로

$\log_7 2=\dfrac{x}{2}$

$7^y=27$에서

$y=\log_7 27=3\log_7 3$이므로

$\log_7 3=\dfrac{y}{3}$

$$\log_{12} 36=\frac{\log_7 36}{\log_7 12}=\frac{2\log_7 2+2\log_7 3}{2\log_7 2+\log_7 3}=\frac{x+\frac{2y}{3}}{x+\frac{y}{3}}=\frac{3x+2y}{3x+y}$$

답 ③

72 $a^x=b^y=7$에서

$x=\log_a 7$, $y=\log_b 7$이므로

$\log_7 a=\dfrac{1}{x}$, $\log_7 b=\dfrac{1}{y}$

$$\log_{a^2b} b^3=\frac{3\log_7 b}{\log_7 a^2b}=\frac{\frac{3}{y}}{\frac{2}{x}+\frac{1}{y}}=\frac{3x}{x+2y}$$

답 $\dfrac{3x}{x+2y}$

73 $40^x=4$에서

$x=2\log_{40} 2$, $\log_{40} 2=\dfrac{x}{2}$

$\log_2 40=\dfrac{2}{x}$

$5^y=32$에서

$y=5\log_5 2$, $\log_5 2=\dfrac{y}{5}$

$\log_2 5=\dfrac{5}{y}$

따라서 $\dfrac{2}{x}-\dfrac{5}{y}=\log_2 40-\log_2 5=\log_2 8=3$

답 ④

74 $a^2b^5=1$의 양변에 밑이 b인 로그를 취하면

$\log_b a^2b^5=\log_b 1$

$2\log_b a+5=0$

$\log_b a=-\dfrac{5}{2}$

$$\log_b a^4b^3=4\log_b a+3=4\times\left(-\frac{5}{2}\right)+3=-7$$

답 -7

75 $\log_{a^3} b^4=\dfrac{4}{3}\log_a b$이므로

$\log_a b+\log_{a^3} b^4=\dfrac{7}{3}\log_a b=14$에서

$\log_a b=6$

따라서 $b=a^6$이므로

$$\frac{a^8b+\frac{3b^3}{a^4}}{5a^{14}-3a^2b^2}=\frac{a^{14}+3a^{14}}{5a^{14}-3a^{14}}=\frac{4a^{14}}{2a^{14}}=2$$

답 ②

76 $\log_a b:\log_b c=\log_b c:\log_c a=5:2$에서

$(\log_b c)^2=\log_a b\times\log_c a=\log_c b=\dfrac{1}{\log_b c}$

$(\log_b c)^3=1$이므로

$\log_b c=1$에서

$b=c$

$\log_a b:\log_b c=\log_a b:1=5:2$이므로

$\log_a b=\dfrac{5}{2}$

$\log_b c:\log_c a=1:\log_c a=5:2$이므로

$\log_c a=\dfrac{2}{5}$

따라서 $\log_a b+\log_b c+\log_c a=\dfrac{5}{2}+1+\dfrac{2}{5}=\dfrac{39}{10}$이므로

$p=10$, $q=39$에서

$p+q=49$

답 49

77 $x^2=y^3=z^4=k$라 하면

$x=k^{\frac{1}{2}}$, $y=k^{\frac{1}{3}}$, $z=k^{\frac{1}{4}}$이므로

$xy=k^{\frac{5}{6}}$, $yz=k^{\frac{7}{12}}$, $zx=k^{\frac{3}{4}}$

$$\begin{aligned}\log_{xy} z+\log_{yz} x+\log_{zx} y&=\log_{k^{\frac{5}{6}}} k^{\frac{1}{4}}+\log_{k^{\frac{7}{12}}} k^{\frac{1}{2}}+\log_{k^{\frac{3}{4}}} k^{\frac{1}{3}}\\&=\frac{6}{5}\times\frac{1}{4}+\frac{12}{7}\times\frac{1}{2}+\frac{4}{3}\times\frac{1}{3}\\&=\frac{3}{10}+\frac{6}{7}+\frac{4}{9}=\frac{1009}{630}\end{aligned}$$

따라서 $p=630$, $q=1009$이므로

$p+q=1639$

답 1639

78 $\log_a b=\alpha$, $\log_b c=\beta$, $\log_c a=\gamma$라 하면

$\alpha\beta\gamma=\log_a b\times\log_b c\times\log_c a=1$

조건 (가)에서

$\log_a b^3+\log_b c^3+\log_c a^3=3(\alpha+\beta+\gamma)=15$이므로

$\alpha+\beta+\gamma=5$

조건 (나)에서

$$\begin{aligned}\log_b \sqrt{a}+\log_c \sqrt{b}+\log_a \sqrt{c}&=\frac{1}{2}\left(\frac{1}{\alpha}+\frac{1}{\beta}+\frac{1}{\gamma}\right)\\&=\frac{\alpha\beta+\beta\gamma+\gamma\alpha}{2\alpha\beta\gamma}=3\end{aligned}$$

이므로

$\alpha\beta+\beta\gamma+\gamma\alpha=6\alpha\beta\gamma=6$

따라서

$(\log_a b)^2+(\log_b c)^2+(\log_c a)^2$

$=\alpha^2+\beta^2+\gamma^2$

$=(\alpha+\beta+\gamma)^2-2(\alpha\beta+\beta\gamma+\gamma\alpha)$

$=5^2-2\times6=13$

답 ⑤

79 $\log_5 a+\log_5 b=6$, $\log_5 a\times\log_5 b=2$

$$\begin{aligned}\log_a b+\log_b a&=\frac{\log_5 b}{\log_5 a}+\frac{\log_5 a}{\log_5 b}\\&=\frac{(\log_5 a)^2+(\log_5 b)^2}{\log_5 a\times\log_5 b}\\&=\frac{(\log_5 a+\log_5 b)^2-2\log_5 a\times\log_5 b}{\log_5 a\times\log_5 b}\\&=\frac{6^2-2\times2}{2}=16\end{aligned}$$

답 ③

80 $\alpha+\beta=6$, $\alpha\beta=7$이므로

$$\begin{aligned}\log_2(\alpha-1)+\log_2(\beta-1)&=\log_2(\alpha\beta-\alpha-\beta+1)\\&=\log_2(7-6+1)\\&=\log_2 2=1\end{aligned}$$

답 ①

81 $(\log_3\sqrt{x})^2-3\log_3\sqrt[3]{x}-5=0$을 정리하면

$\frac{1}{4}(\log_3 x)^2-\log_3 x-5=0$

$\log_3 x=t$로 치환하면

$\frac{1}{4}t^2-t-5=0$, $t^2-4t-20=0$

$t^2-4t-20=0$의 두 근을 $\log_3\alpha$, $\log_3\beta$라 하면

$\log_3\alpha+\log_3\beta=4$, $\log_3\alpha\beta=4$

$\alpha\beta=81$

따라서 두 근의 곱은 $\alpha\beta$와 같으므로 81이다.

답 ②

82 $A=\log_{\sqrt{2}} 4=2\times2\times\log_2 2=4$

$B=\log_{\frac{1}{3}}\frac{1}{\sqrt{3^5}}=\log_{3^{-1}} 3^{-\frac{5}{2}}=\frac{5}{2}$

$C=5^{\log_{\sqrt{5}}\frac{3}{2}}=5^{\log_5\frac{9}{4}}=\frac{9}{4}$

따라서 대소 관계는 $C<B<A$이다.

답 ④

83 $A=5^{\log_5 3}=3=\log_5 125$

$$\begin{aligned}B&=\frac{1}{\log_4 2}+\frac{1}{\log_6 5}=\log_2 4+\log_5 6\\&=2+\log_5 6=\log_5 25+\log_5 6\\&=\log_5 150\end{aligned}$$

$C=\frac{\log_3 50}{\log_3 5}=\log_5 50$

따라서 대소 관계는 $C<A<B$이다.

답 ①

84 $\sqrt[3]{64}<\sqrt[3]{67}<\sqrt[3]{125}$이므로

$4<A<5$

$\log_{10}1000<\log_{10}1234<\log_{10}10000$이므로

$3<B<4$

$C=3^{\log_3 5}=5$

따라서 대소 관계는 $B<A<C$이다.

답 ②

85 $\log_2 9=a+b$이므로

$2^a\times2^b=2^{a+b}=2^{\log_2 9}=9$

답 ⑤

86 $\log_5 5<\log_5 16<\log_5 25$이므로

$a=1$

$b=\log_5 16-1=\log_5\frac{16}{5}$

$$\begin{aligned}5(4^a+5^b)&=5(4^1+5^{\log_5\frac{16}{5}})=5\times4+5\times\frac{16}{5}\\&=20+16=36\end{aligned}$$

답 36

87 $\log_3 3<\log_3 5<\log_3 9$이므로

$a=1$

$b=\log_3 5-1=\log_3\frac{5}{3}$

따라서

$$\frac{3^b+3^{-b}}{3^a+3^{-a}}=\frac{3^{\log_3\frac{5}{3}}+3^{-\log_3\frac{5}{3}}}{3^1+3^{-1}}$$

$$=\frac{\frac{5}{3}+\frac{3}{5}}{3+\frac{1}{3}}=\frac{\frac{34}{15}}{\frac{50}{15}}$$

$$=\frac{17}{25}$$

답 $\frac{17}{25}$

88 $\log_3 x^2-\log_3 \sqrt[3]{x}=2\log_3 x-\frac{1}{3}\log_3 x=\frac{5}{3}\log_3 x$

$1<x<27$이므로

$0<\log_3 x<3$, $0<\frac{5}{3}\log_3 x<5$

따라서 $\frac{5}{3}\log_3 x$의 값이 될 수 있는 정수는 1, 2, 3, 4이다.

이때 x의 값은 $3^{\frac{3}{5}}$, $3^{\frac{6}{5}}$, $3^{\frac{9}{5}}$, $3^{\frac{12}{5}}$이므로 모든 x의 값의 곱은

$3^{\frac{3}{5}}\times3^{\frac{6}{5}}\times3^{\frac{9}{5}}\times3^{\frac{12}{5}}=3^6$

답 ①

89 $7\log_n 2=m$ (m은 자연수)라 하면

$n^{\frac{m}{7}}=2$, $n=2^{\frac{7}{m}}$

n이 자연수이기 위해서는 $m=1$ 또는 $m=7$이다.

따라서 $n=2$ 또는 $n=128$이므로 모든 n의 값의 합은

$2+128=130$

답 130

90 $\frac{1}{2}<\log_{10} a<\frac{9}{2}$에서

$\frac{1}{4}<\log_{10}\sqrt{a}<\frac{9}{4}$, $\frac{1}{2}<\frac{1}{4}+\log_{10}\sqrt{a}<\frac{5}{2}$이므로

$\frac{1}{4}+\log_{10}\sqrt{a}$의 값이 될 수 있는 자연수는 1, 2이다.

$\frac{1}{4}+\log_{10}\sqrt{a}=1$일 때의 a의 값을 a_1이라 하면

$\log_{10} a_1=\frac{3}{2}$

$\frac{1}{4}+\log_{10}\sqrt{a}=2$일 때의 a의 값을 a_2라 하면

$\log_{10} a_2=\frac{7}{2}$

$\log_{10} a_1a_2=5$, $a_1a_2=10^5$

따라서 모든 a의 값의 곱은 10^5이다.

답 ③

91 $\log 25-\log 12$

$=2\log 5-2\log 2-\log 3$

$=2\log\frac{10}{2}-2\log 2-\log 3$

$=2-2\log 2-2\log 2-\log 3$

$=2-4\log 2-\log 3$

$=2-4\times0.3010-0.4771$

$=0.3189$

답 ②

92 $\log 1.45-3=0.1614-3=-2.8386$이므로

$\log 1.45-3=\log 1.45-\log 10^3$

$=\log(1.45\div10^3)$

$=\log 0.00145$

따라서 구하는 x의 값은 0.00145이다.

답 0.00145

93 ① $\log 27.1=\log(2.71\times10)=\log 2.71+1$

$=0.4330+1=1.4330$

② $\log 271=\log(2.71\times10^2)=\log 2.71+2$

$=0.4330+2=2.4330$

③ $\log 0.271=\log\left(2.71\times\frac{1}{10}\right)=\log 2.71-1$

$=0.4330-1=-0.5670$

④ $\log 0.0271=\log\left(2.71\times\frac{1}{10^2}\right)=\log 2.71-2$

$=0.4330-2=-1.5670$

⑤ $\log 27100=\log(2.71\times10^4)=\log 2.71+4$

$=0.4330+4=4.4330$

따라서 옳지 않은 것은 ③이다.

답 ③

94 이익의 5%를 세금으로 내므로 1년 후 자본금이 증가하는 비율은 $1+0.2\times0.95=1.19$이다.

10년 후 자본금은 2×1.19^{10}(억 원)이고,

$\log 1.19^{10}=10\log 1.19=10\times0.0755$

$=0.7550=\log 5.69$

이므로

$1.19^{10}=5.69$

따라서 10년 후 자본금은

$2\times5.69=11.38$(억 원)

즉, 11억 3천 8백만 원이다.

답 11억 3천 8백만 원

95 $V_A=4.86\times(1010-810)^{0.5}=4.86\times200^{0.5}$

$V_B=4.86\times(1010-930)^{0.5}=4.86\times80^{0.5}$

$\frac{V_A}{V_B}=\frac{4.86\times200^{0.5}}{4.86\times80^{0.5}}=\left(\frac{5}{2}\right)^{\frac{1}{2}}$

$\log\left(\frac{5}{2}\right)^{\frac{1}{2}}=\frac{1}{2}\log\frac{5}{2}=\frac{1}{2}\log\frac{10}{4}$

$=\frac{1}{2}\times(\log 10-\log 4)$

$=\frac{1}{2}\times(1-2\log 2)$

$=\frac{1}{2}\times(1-2\times0.3010)$

$=0.1990=\log 1.58$

따라서 $\left(\frac{5}{2}\right)^{\frac{1}{2}}=1.58$이므로

$\frac{V_A}{V_B}=1.58$

답 ①

96 2022년의 GDP를 A라 하면 2022년의 교육예산은 $0.049A$이다. 2027년의 GDP는 $A(1.03)^5$이고, 교육예산을 매년 $x\%$씩 증가시켰을 때 2027년의 교육예산은 $0.049A\times\left(1+\frac{x}{100}\right)^5$이다.

2027년에 교육예산이 GDP의 6%가 되어야 하므로

$$\frac{0.049A\times\left(1+\frac{x}{100}\right)^5}{A(1.03)^5}\times100=6$$

양변에 상용로그를 취해 정리하면

$$\log 4.9+5\log\left(1+\frac{x}{100}\right)=\log 6+5\log 1.03$$

$$0.6902+5\log\left(1+\frac{x}{100}\right)=0.7782+5\times0.0128$$

$$5\log\left(1+\frac{x}{100}\right)=0.1520$$

$$\log\left(1+\frac{x}{100}\right)=0.0304$$

$$1+\frac{x}{100}=1.073$$

$x=7.3$

답 7.3

서술형 완성하기

본문 26쪽

01 1 **02** 125 **03** 70 **04** $\frac{3a+2b-3}{a+b}$
05 24 **06** 7일

01 이차방정식 $x^2-x+k=0$의 두 실근이 α, β이므로 근과 계수의 관계에 의하여

$\alpha+\beta=1$, $\alpha\beta=k$ …… ❶

$$\frac{\alpha^{-3}-\beta^{-3}}{\alpha^{-1}-\beta^{-1}}=\frac{(\alpha^{-1}-\beta^{-1})(\alpha^{-2}+\alpha^{-1}\beta^{-1}+\beta^{-2})}{\alpha^{-1}-\beta^{-1}}$$
$$=\alpha^{-2}+\alpha^{-1}\beta^{-1}+\beta^{-2}$$
$$=\frac{1}{\alpha^2}+\frac{1}{\beta^2}+\frac{1}{\alpha\beta}$$
$$=\frac{(\alpha+\beta)^2-2\alpha\beta}{(\alpha\beta)^2}+\frac{1}{\alpha\beta}$$
$$=\frac{1-2k}{k^2}+\frac{1}{k}$$
$$=\frac{1-k}{k^2}=2$$

$2k^2+k-1=0$, $(2k-1)(k+1)=0$

$k=\frac{1}{2}$ 또는 $k=-1$ …… ❷

주어진 이차방정식이 서로 다른 두 실근을 가지므로 판별식을 D라 하면

$D=1-4k>0$

$k<\frac{1}{4}$

따라서 $k=-1$이므로

$k^2=1$ …… ❸

답 1

단계	채점 기준	비율
❶	$\alpha+\beta$, $\alpha\beta$의 값을 구한 경우	20 %
❷	$\frac{\alpha^{-3}-\beta^{-3}}{\alpha^{-1}-\beta^{-1}}=2$임을 이용하여 k의 값을 구한 경우	40 %
❸	조건을 만족시키는 k^2의 값을 구한 경우	40 %

02 $5^{\frac{1}{1+\sqrt{2}}}\times5^{\frac{1}{\sqrt{2}+\sqrt{3}}}\times5^{\frac{1}{\sqrt{3}+\sqrt{4}}}\times\cdots\times5^{\frac{1}{\sqrt{15}+4}}$

$=5^{\sqrt{2}-1}\times5^{\sqrt{3}-\sqrt{2}}\times5^{\sqrt{4}-\sqrt{3}}\times\cdots\times5^{4-\sqrt{15}}$ …… ❶

$=5^{(\sqrt{2}-1)+(\sqrt{3}-\sqrt{2})+(\sqrt{4}-\sqrt{3})+\cdots+(4-\sqrt{15})}$ …… ❷

$=5^3$

$=125$ …… ❸

답 125

단계	채점 기준	비율
❶	지수의 분모를 유리화한 경우	30 %
❷	$5^{\sqrt{2}-1}\times5^{\sqrt{3}-\sqrt{2}}\times5^{\sqrt{4}-\sqrt{3}}\times\cdots\times5^{4-\sqrt{15}}$ $=5^{(\sqrt{2}-1)+(\sqrt{3}-\sqrt{2})+(\sqrt{4}-\sqrt{3})+\cdots+(4-\sqrt{15})}$임을 구한 경우	40 %
❸	주어진 식의 값을 구한 경우	30 %

03 축소한 비율을 x라 하면 처음 도형과 7번 축소 복사한 도형의 닮음비는 $1:x^7$이므로 …… ❶

넓이의 비는 $1:x^{14}$이다. …… ❷

$x^{14}=\frac{1}{2}$, $x=\left(\frac{1}{2}\right)^{\frac{1}{14}}$이므로

$$x^n=\left(\frac{1}{2}\right)^{\frac{n}{14}}=\frac{1}{2^{\frac{n}{14}}}=\frac{1}{2^5}$$

$\frac{n}{14}=5$

따라서 $n=70$ …… ❸

답 70

단계	채점 기준	비율
❶	비율을 미지수로 나타내어 닮음비로 표현한 경우	30 %
❷	닮음비를 통해 넓이의 비를 구한 경우	30 %
❸	n의 값을 구한 경우	40 %

04 $\log_6\frac{9}{125}=\frac{\log\frac{9}{125}}{\log 6}$ …… ❶

$$=\frac{2\log 3-3\log 5}{\log 6}$$

$$=\frac{2\log 3-3(1-\log 2)}{\log 2+\log 3}$$ …… ❷

$$=\frac{2b-3(1-a)}{a+b}$$

$$=\frac{3a+2b-3}{a+b}$$ …… ❸

답 $\frac{3a+2b-3}{a+b}$

단계	채점 기준	비율
❶	밑의 변환 공식을 이용하여 $\log_6 \frac{9}{125}$를 상용로그로 나타낸 경우	50 %
❷	log 2, log 3에 대하여 정리한 경우	30 %
❸	a, b에 대한 식으로 나타낸 경우	20 %

05 $1000=2^3\times5^3$에서 양의 약수의 개수는 16이므로

$n=16$ …… ❶

1000의 양의 약수를 작은 수부터 차례로 나열하면

$a_1, a_2, a_3, \cdots, a_{16}$이므로

$a_1a_{16}=a_2a_{15}=a_3a_{14}=\cdots=a_8a_9=1000=10^3$ …… ❷

$\log a_1+\log a_2+\log a_3+\cdots+\log a_n$

$=\log a_1a_2a_3\times\cdots\times a_{16}$

$=\log (10^3)^8$

$=24$ …… ❸

답 24

단계	채점 기준	비율
❶	양의 약수의 개수가 16이므로 $n=16$임을 구한 경우	20 %
❷	서로 다른 약수를 적절하게 두 개씩 짝지은 곱이 1000이 됨을 구한 경우	50 %
❸	주어진 식의 값을 구한 경우	30 %

06 총 17일 중 맑은 날의 수를 a, 흐린 날의 수를 b라 하면 …… ❶

$a+b=17$ …… ㉠

$\left(\frac{4}{5}\right)^a\times\left(\frac{6}{5}\right)^b=1$ …… ❷

상용로그를 취하여 정리하면

$\log\left(\frac{4}{5}\right)^a+\log\left(\frac{6}{5}\right)^b=\log 1$

$a(2\log 2-1+\log 2)+b(\log 2+\log 3-1+\log 2)=0$

$a(3\times0.3-1)+b(2\times0.3+0.47-1)=0$

$-10a+7b=0$ …… ㉡

㉠, ㉡을 연립하면

$a=7$, $b=10$

따라서 맑은 날은 7일이다. …… ❸

답 7일

단계	채점 기준	비율
❶	맑은 날과 흐린 날의 수를 미지수로 나타낸 경우	20 %
❷	$a+b=17$, $\left(\frac{4}{5}\right)^a\times\left(\frac{6}{5}\right)^b=1$을 구한 경우	50 %
❸	상용로그를 취하여 답을 제대로 구한 경우	30 %

내신 + 수능 고난도 도전

본문 27쪽

01 ④ **02** 24 **03** ⑤ **04** ①

01 $\sqrt[5]{2}=a$라 하면

$x=\frac{1}{2}\left(\sqrt[5]{2}-\frac{1}{\sqrt[5]{2}}\right)$에서

$x=\frac{1}{2}\left(a-\frac{1}{a}\right)$

$x^2=\frac{a^2}{4}+\frac{1}{4a^2}-\frac{1}{2}$

$\sqrt{1+x^2}=\sqrt{\frac{a^2}{4}+\frac{1}{4a^2}+\frac{1}{2}}=\frac{1}{2}\left(a+\frac{1}{a}\right)$

$4\{(x+\sqrt{1+x^2})^{10}+(x-\sqrt{1+x^2})^{10}\}=4\left(a^{10}+\frac{1}{a^{10}}\right)$

$a^{10}=4$이므로

$4\left(a^{10}+\frac{1}{a^{10}}\right)=4\left(4+\frac{1}{4}\right)=17$

답 ④

02 조건 (가)에서 a, b는 2의 거듭제곱이므로

$a=2^m$, $b=2^n$ (m, n은 자연수)라 하면

$2^{2m+11n}=2^{2022}$

$2m+11n=2022$

이때 $2m$이 짝수이므로 n도 짝수이다.

조건 (나)에서 $2^{2m}<2^{4n}$, $2m<4n$이므로

$2m+11n<15n$

$2022<15n$

$n>\frac{674}{5}$

또한 $11n=2022-2m\le2020$이므로

$n\le\frac{2020}{11}$

따라서 자연수 n은 $\frac{674}{5}<n\le\frac{2020}{11}$을 만족시키는 짝수이고

$134.8<n\le183.63\times\times\times$에서

$n=136, 138, \cdots, 182$이므로

순서쌍 (a, b)의 개수는 24이다.

답 24

03 조건 (가)에서 $\log_3 162abc=10$이므로

$2abc=3^6$

$\log_a 2bc+\log_b 2ca+\log_c 2ab$

$=\log_a \frac{3^6}{a}+\log_b \frac{3^6}{b}+\log_c \frac{3^6}{c}$

$=6(\log_a 3+\log_b 3+\log_c 3)-3$

$=6\times5-3$

$=27$

답 ⑤

04 $36=2^2\times3^2$이므로 36의 양의 약수는
$1,\ 3,\ 3^2,\ 2,\ 2\times3,\ 2\times3^2,\ 2^2,\ 2^2\times3,\ 2^2\times3^2$이다.
$1,\ 3^2,\ 2^2,\ 2^2\times3^2$의 양의 약수의 개수는 홀수이므로
$f(1),\ f(3^2),\ f(2^2),\ f(2^2\times3^2)$은 홀수이고,
$3,\ 2,\ 2\times3,\ 2\times3^2,\ 2^2\times3$의 양의 약수의 개수는 짝수이므로
$f(3),\ f(2),\ f(2\times3),\ f(2\times3^2),\ f(2^2\times3)$은 짝수이다.
따라서
$$(-1)^{f(a_1)}\times\log a_1+(-1)^{f(a_2)}\times\log a_2+\cdots+(-1)^{f(a_9)}\times\log a_9$$
$$=-\{\log 1+\log 3^2+\log 2^2+\log(2^2\times3^2)\}$$
$$+\{\log 3+\log 2+\log(2\times3)+\log(2\times3^2)+\log(2^2\times3)\}$$
$$=\log\frac{3\times2\times(2\times3)\times(2\times3^2)\times(2^2\times3)}{1\times3^2\times2^2\times(2^2\times3^2)}$$
$$=\log\frac{2^5\times3^5}{2^4\times3^4}$$
$$=\log 6$$
이므로 $M=6$

답 ①

다른 풀이

$36=1\times36=2\times18=3\times12=4\times9=6\times6$
에서 36의 양의 약수는 1, 2, 3, 4, 6, 9, 12, 18, 36이고 이 중에서 양의 약수가 홀수인 약수는 $1,\ 2^2,\ 3^2,\ 2^2\times3^2$이므로
$$(-1)^{f(a_1)}\times\log a_1+(-1)^{f(a_2)}\times\log a_2+\cdots+(-1)^{f(a_9)}\times\log a_9$$
$$=(\log a_1+\log a_2+\cdots+\log a_9)$$
$$-2\times\{\log 1+\log 2^2+\log 3^2+\log(2^2\times3^2)\}$$
$$=\log(36^4\times6)-\log(2^2\times3^2)^4$$
$$=\log\frac{36^4\times6}{36^4}=\log 6$$
따라서 $M=6$

02 지수함수와 로그함수

개념 확인하기

본문 29~33쪽

01 ㄴ, ㄹ **02** 2 **03** 1 **04** $\sqrt{2}$ **05** $\frac{1}{8}$
06 $\frac{1}{4}$ **07** 8 **08** 0.04 **09** 1 **10** 5
11 25 **12** 5 **13** 25
14 풀이 참조, 점근선의 방정식: $y=0$
15 풀이 참조, 점근선의 방정식: $y=0$
16 풀이 참조, 점근선의 방정식: $y=0$
17 풀이 참조, 점근선의 방정식: $y=1$
18 $5^{\frac{2}{3}}<5^2$ **19** $0.3^{\frac{1}{2}}<0.3^{-1}$ **20** $\sqrt[3]{4}<\sqrt[4]{8}$
21 $\left(\frac{1}{7}\right)^{0.1}>\left(\frac{1}{7}\right)^{0.2}$ **22** $0.5^{2\sqrt{2}}>\left(\frac{1}{2}\right)^3$
23 $y=3^{x-2}$ **24** $y=3^x+1$ **25** $y=-3^x$
26 $y=\left(\frac{1}{3}\right)^x$ **27** $y=-\left(\frac{1}{3}\right)^x$
28 치역: $\{y\mid y>2\}$, 점근선의 방정식: $y=2$
29 치역: $\{y\mid y<0\}$, 점근선의 방정식: $y=0$
30 치역: $\left\{y\,\middle|\,y>-\frac{1}{2}\right\}$, 점근선의 방정식: $y=-\frac{1}{2}$
31 치역: $\left\{y\,\middle|\,y<\frac{1}{2}\right\}$, 점근선의 방정식: $y=\frac{1}{2}$
32 최댓값: 25, 최솟값: $\frac{1}{5}$ **33** 최댓값: 9, 최솟값: $\frac{1}{27}$
34 최댓값: 4, 최솟값: $\frac{1}{4}$ **35** 최댓값: $\frac{2}{3}$, 최솟값: -8
36 $\{x\mid x>-3\}$ **37** $\left\{x\,\middle|\,x>\frac{1}{2}\right\}$
38 $y=\log_3 x$ **39** $y=-\log_2 x+2$
40 $y=\frac{5^x}{2}$ **41** $y=\left(\frac{1}{2}\right)^x+1$ **42** 1 **43** 2
44 0 **45** -3 **46** 1 **47** 1 **48** -1
49 -2 **50** 0 **51** 3 **52** -1 **53** 2
54 풀이 참조, 점근선의 방정식: $x=0$
55 풀이 참조, 점근선의 방정식: $x=0$
56 풀이 참조, 점근선의 방정식: $x=2$
57 풀이 참조, 점근선의 방정식: $x=0$
58 $\log_2 20<2\log_2 5$ **59** $\log_{\frac{1}{3}} 7>3\log_{\frac{1}{3}} 2$
60 $\log_5 0.1<-1$ **61** $\log_2 5>\log_4 16$
62 정의역: $\{x\mid x>-2\}$, 점근선의 방정식: $x=-2$
63 정의역: $\left\{x\,\middle|\,x>-\frac{1}{2}\right\}$, 점근선의 방정식: $x=-\frac{1}{2}$
64 정의역: $\{x\mid x>0\}$, 점근선의 방정식: $x=0$
65 정의역: $\{x\mid x<1\}$, 점근선의 방정식: $x=1$
66 최댓값: 5, 최솟값: 0 **67** 최댓값: -1, 최솟값: -3
68 최댓값: 0, 최솟값: -3 **69** 최댓값: 1, 최솟값: -2

70 $x=2$	**71** $x=\frac{8}{3}$	**72** $x=-1$	**73** $x=\frac{5}{4}$
74 $x=1$ 또는 $x=2$		**75** $x=0$ 또는 $x=-2$	
76 $x=\frac{1}{2}$		**77** $x=-2$ 또는 $x=2$	
78 $x<-1$	**79** $x\geq-2$	**80** $x\leq-\frac{1}{5}$	**81** $1<x<2$
82 $1\leq x\leq 3$		**83** $-2<x<-1$	
84 $1<x<2$		**85** $-1<x<1$ 또는 $2<x<3$	
86 $x=\frac{7}{2}$	**87** $x=5$	**88** $x=0$	**89** $x=1$
90 $x=3$ 또는 $x=9$		**91** $x=1$ 또는 $x=\frac{1}{8}$	
92 $x=3$	**93** $x=4$	**94** $x>4$	**95** $x>5$
96 $\frac{1}{3}<x\leq 2$		**97** $\frac{1}{3}<x<1$	
98 $\frac{1}{4}<x<8$		**99** $0<x\leq 3$ 또는 $x\geq 9$	
100 $1<x<4$		**101** $1<x<3$	

01 지수함수는 $y=a^x\,(a>0,\ a\neq1)$의 꼴이어야 하므로 보기에서 지수함수는 ㄴ, ㄹ이다.

답 ㄴ, ㄹ

02 $f(1)=2^1=2$

답 2

03 $f(0)=2^0=1$

답 1

04 $f\left(\frac{1}{2}\right)=2^{\frac{1}{2}}=\sqrt{2}$

답 $\sqrt{2}$

05 $f(-3)=2^{-3}=\frac{1}{8}$

답 $\frac{1}{8}$

06 $f(3)f(-5)=2^3\times2^{-5}=2^{-2}=\frac{1}{4}$

답 $\frac{1}{4}$

07 $\frac{f(2)}{f(-1)}=\frac{2^2}{2^{-1}}=2^3=8$

답 8

08 $f(2)=0.2^2=0.04$

답 0.04

09 $f(0)=0.2^0=1$

답 1

10 $f(-1)=0.2^{-1}=\frac{1}{0.2}=5$

답 5

11 $f(-2)=0.2^{-2}=\frac{1}{0.2^2}=25$

답 25

12 $f(2)f(-3)=0.2^2\times0.2^{-3}=0.2^{-1}=\frac{1}{0.2}=5$

답 5

13 $\frac{f(1)}{f(3)}=\frac{0.2^1}{0.2^3}=\frac{1}{0.2^2}=25$

답 25

14

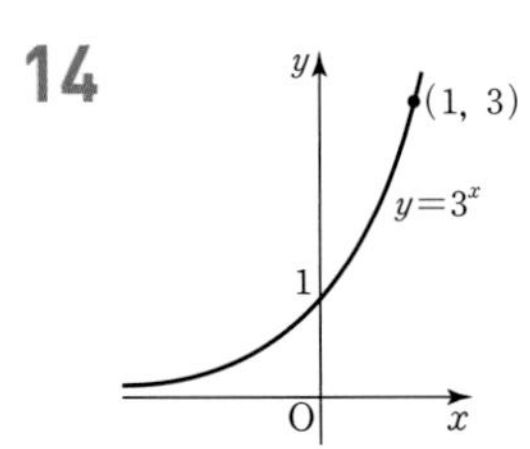

점근선의 방정식: $y=0$

답 풀이 참조, 점근선의 방정식: $y=0$

15

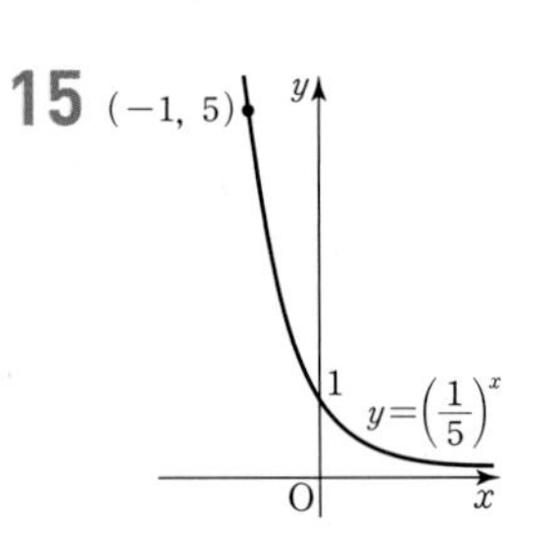

점근선의 방정식: $y=0$

답 풀이 참조, 점근선의 방정식: $y=0$

16

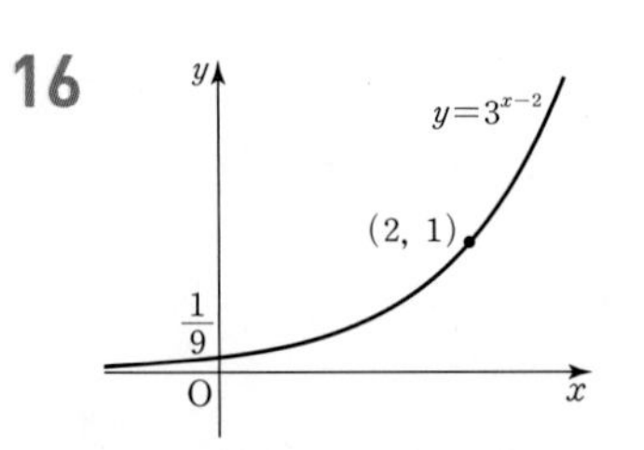

점근선의 방정식: $y=0$

답 풀이 참조, 점근선의 방정식: $y=0$

17

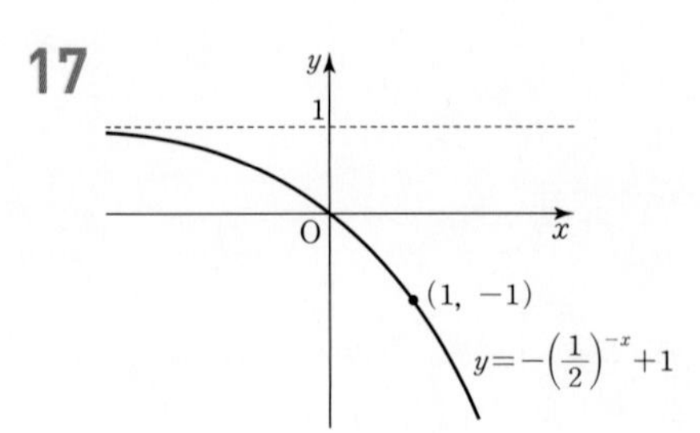

점근선의 방정식: $y=1$

답 풀이 참조, 점근선의 방정식: $y=1$

18 (밑)$=5>1$이므로 $\frac{2}{3}<2$에서

$5^{\frac{2}{3}}<5^2$

답 $5^{\frac{2}{3}}<5^2$

19 $0<$(밑)$=0.3<1$이므로 $\frac{1}{2}>-1$에서

$0.3^{\frac{1}{2}}<0.3^{-1}$

답 $0.3^{\frac{1}{2}}<0.3^{-1}$

20 $\sqrt[3]{4}=\sqrt[3]{2^2}=2^{\frac{2}{3}}$, $\sqrt[4]{8}=\sqrt[4]{2^3}=2^{\frac{3}{4}}$이고,

(밑)$=2>1$이므로 $\frac{2}{3}<\frac{3}{4}$에서

$\sqrt[3]{4}<\sqrt[4]{8}$

답 $\sqrt[3]{4}<\sqrt[4]{8}$

21 $0<$(밑)$=\frac{1}{7}<1$이므로 $0.1<0.2$에서

$\left(\frac{1}{7}\right)^{0.1}>\left(\frac{1}{7}\right)^{0.2}$

답 $\left(\frac{1}{7}\right)^{0.1}>\left(\frac{1}{7}\right)^{0.2}$

22 $0<$(밑)$=0.5<1$이므로 $2\sqrt{2}<3$에서

$0.5^{2\sqrt{2}}>\left(\frac{1}{2}\right)^3$

답 $0.5^{2\sqrt{2}}>\left(\frac{1}{2}\right)^3$

23 답 $y=3^{x-2}$

24 답 $y=3^x+1$

25 답 $y=-3^x$

26 $y=3^{-x}=\left(\frac{1}{3}\right)^x$

답 $y=\left(\frac{1}{3}\right)^x$

27 $y=-3^{-x}=-\left(\frac{1}{3}\right)^x$

답 $y=-\left(\frac{1}{3}\right)^x$

28 함수 $y=2^x+2$의 그래프는 함수 $y=2^x$의 그래프를 y축의 방향으로 2만큼 평행이동한 것이므로

치역은 $\{y|y>2\}$이고, 점근선의 방정식은 $y=2$이다.

답 치역: $\{y|y>2\}$, 점근선의 방정식: $y=2$

29 함수 $y=-2^{x-3}$의 그래프는 함수 $y=2^x$의 그래프를 x축에 대하여 대칭이동한 후, x축의 방향으로 3만큼 평행이동한 것이므로

치역은 $\{y|y<0\}$이고, 점근선의 방정식은 $y=0$이다.

답 치역: $\{y|y<0\}$, 점근선의 방정식: $y=0$

30 함수 $y=\left(\frac{1}{2}\right)^{-x+1}-\frac{1}{2}=\left(\frac{1}{2}\right)^{-(x-1)}-\frac{1}{2}$의 그래프는 함수

$y=\left(\frac{1}{2}\right)^x$의 그래프를 y축에 대하여 대칭이동한 후, x축의 방향으로 1

만큼, y축의 방향으로 $-\frac{1}{2}$만큼 평행이동한 것이므로

치역은 $\left\{y\middle|y>-\frac{1}{2}\right\}$이고, 점근선의 방정식은 $y=-\frac{1}{2}$이다.

답 치역: $\left\{y\middle|y>-\frac{1}{2}\right\}$, 점근선의 방정식: $y=-\frac{1}{2}$

31 함수 $y=-\left(\frac{1}{2}\right)^x+\frac{1}{2}$의 그래프는 함수 $y=\left(\frac{1}{2}\right)^x$의 그래프를 x

축에 대하여 대칭이동한 후, y축의 방향으로 $\frac{1}{2}$만큼 평행이동한 것이므로

치역은 $\left\{y\middle|y<\frac{1}{2}\right\}$이고, 점근선의 방정식은 $y=\frac{1}{2}$이다.

답 치역: $\left\{y\middle|y<\frac{1}{2}\right\}$, 점근선의 방정식: $y=\frac{1}{2}$

32 $-1\le x\le 2$일 때,

$5^{-1}\le 5^x\le 5^2$이므로

최댓값은 $5^2=25$이고,

최솟값은 $5^{-1}=\frac{1}{5}$이다.

답 최댓값: 25, 최솟값: $\frac{1}{5}$

33 $-2\le x\le 3$일 때,

$\left(\frac{1}{3}\right)^3\le\left(\frac{1}{3}\right)^x\le\left(\frac{1}{3}\right)^{-2}$이므로

최댓값은 $\left(\frac{1}{3}\right)^{-2}=9$이고,

최솟값은 $\left(\frac{1}{3}\right)^3=\frac{1}{27}$이다.

답 최댓값: 9, 최솟값: $\frac{1}{27}$

34 $-1\le x\le 3$일 때,

$2^{-3+1}\le 2^{-x+1}\le 2^{-(-1)+1}$이므로

최댓값은 $2^{-(-1)+1}=4$이고,

최솟값은 $2^{-3+1}=\frac{1}{4}$이다.

답 최댓값: 4, 최솟값: $\frac{1}{4}$

35 $-2\le x\le 1$일 때,

$-\frac{1}{3^{-2}}+1\le -\frac{1}{3^x}+1\le -\frac{1}{3^1}+1$이므로

최댓값은 $-\frac{1}{3^1}+1=\frac{2}{3}$이고,

최솟값은 $-\frac{1}{3^{-2}}+1=-8$이다.

답 최댓값: $\frac{2}{3}$, 최솟값: -8

36 $x+3>0$이므로 $x>-3$에서

정의역은 $\{x|x>-3\}$이다.

답 $\{x|x>-3\}$

37 $2x-1>0$이므로 $x>\frac{1}{2}$에서

정의역은 $\left\{x\middle|x>\frac{1}{2}\right\}$이다.

답 $\left\{x\middle|x>\frac{1}{2}\right\}$

38 x와 y를 서로 바꾸면

$x=3^y$

$y=\log_3 x$

답 $y=\log_3 x$

39 x와 y를 서로 바꾸면

$x=2^{-y+2}$, $-y+2=\log_2 x$

$y=-\log_2 x+2$

답 $y=-\log_2 x+2$

40 x와 y를 서로 바꾸면

$x=\log_5 2y$, $2y=5^x$

$y=\frac{5^x}{2}$

답 $y=\frac{5^x}{2}$

41 x와 y를 서로 바꾸면

$x=\log_{\frac{1}{2}}(y-1)$, $y-1=\left(\frac{1}{2}\right)^x$

$y=\left(\frac{1}{2}\right)^x+1$

답 $y=\left(\frac{1}{2}\right)^x+1$

42 $f(3)=\log_3 3=1$

답 1

43 $f(9)=\log_3 9=2\log_3 3=2$

답 2

44 $f(1)=\log_3 1=0$

답 0

45 $f\left(\frac{1}{27}\right)=\log_3 \frac{1}{27}=-3\log_3 3=-3$

답 -3

46 $f(15)+f\left(\frac{1}{5}\right)=\log_3 15+\log_3 \frac{1}{5}$

$=\log_3\left(15\times\frac{1}{5}\right)$

$=\log_3 3=1$

답 1

47 $f(12)-f(4)=\log_3 12-\log_3 4$

$=\log_3 \frac{12}{4}$

$=\log_3 3=1$

답 1

48 $f(2)=\log_{\frac{1}{2}} 2=-\log_{\frac{1}{2}} \frac{1}{2}=-1$

답 -1

49 $f(4)=\log_{\frac{1}{2}} 4=-2\log_{\frac{1}{2}} \frac{1}{2}=-2$

답 -2

50 $f(1)=\log_{\frac{1}{2}} 1=0$

답 0

51 $f\left(\frac{1}{8}\right)=\log_{\frac{1}{2}} \frac{1}{8}=3\log_{\frac{1}{2}} \frac{1}{2}=3$

답 3

52 $f(20)+f(0.1)=\log_{\frac{1}{2}} 20+\log_{\frac{1}{2}} 0.1$

$=\log_{\frac{1}{2}}(20\times 0.1)$

$=\log_{\frac{1}{2}} 2=-1$

답 -1

53 $f(5)-f(20)=\log_{\frac{1}{2}} 5-\log_{\frac{1}{2}} 20$

$=\log_{\frac{1}{2}} \frac{5}{20}$

$=2\log_{\frac{1}{2}} \frac{1}{2}=2$

답 2

54

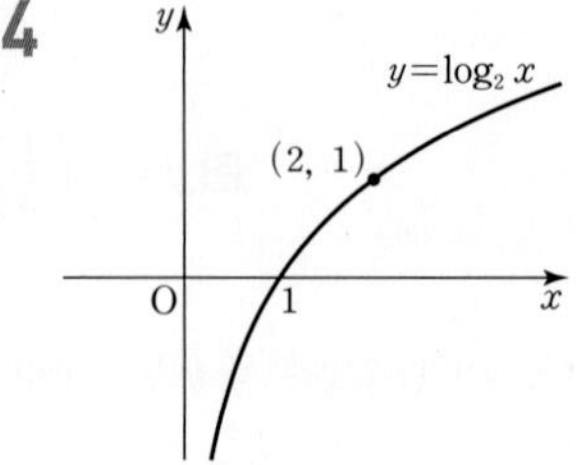

점근선의 방정식: $x=0$

답 풀이 참조, 점근선의 방정식: $x=0$

55

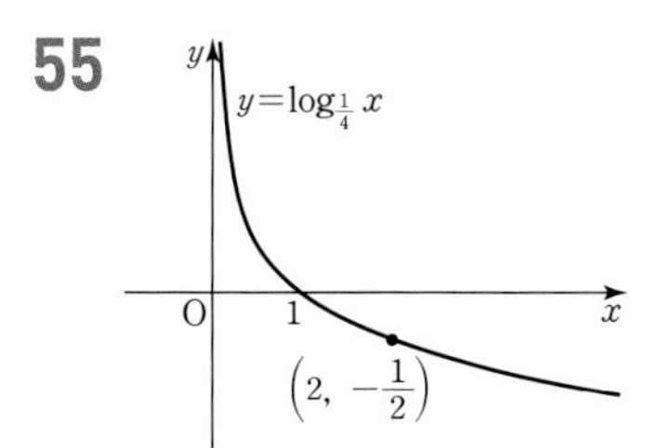

점근선의 방정식: $x=0$

답 풀이 참조, 점근선의 방정식: $x=0$

56

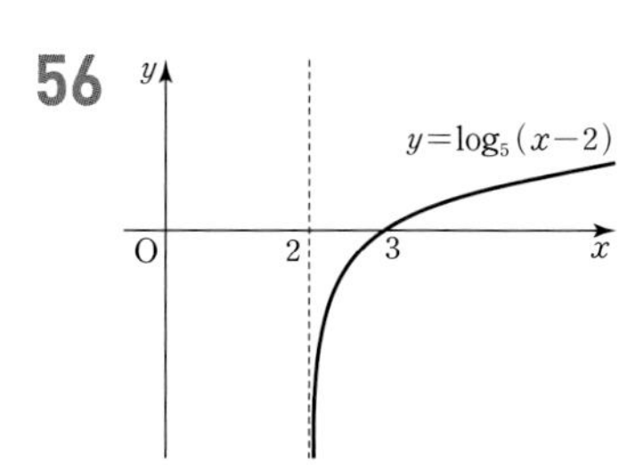

점근선의 방정식: $x=2$

답 풀이 참조, 점근선의 방정식: $x=2$

57

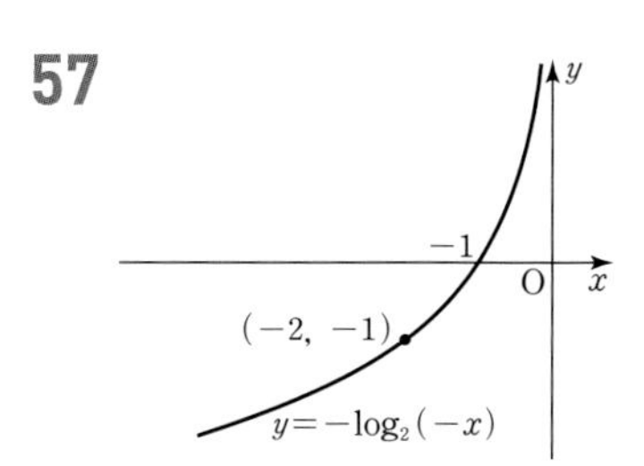

점근선의 방정식: $x=0$

답 풀이 참조, 점근선의 방정식: $x=0$

58 $2\log_2 5=\log_2 25$이고 (밑)$=2>1$이므로
$\log_2 20<2\log_2 5$

답 $\log_2 20<2\log_2 5$

59 $3\log_{\frac{1}{3}}2=\log_{\frac{1}{3}}8$이고 $0<$(밑)$=\frac{1}{3}<1$이므로
$\log_{\frac{1}{3}}7>3\log_{\frac{1}{3}}2$

답 $\log_{\frac{1}{3}}7>3\log_{\frac{1}{3}}2$

60 $-1=\log_5\frac{1}{5}=\log_5 0.2$이고 (밑)$=5>1$이므로
$\log_5 0.1<-1$

답 $\log_5 0.1<-1$

61 $\log_4 16=\log_{2^2}4^2=\log_2 4$이고 (밑)$=2>1$이므로
$\log_2 5>\log_4 16$

답 $\log_2 5>\log_4 16$

62 함수 $y=\log_2(x+2)$의 그래프는 함수 $y=\log_2 x$의 그래프를 x축의 방향으로 -2만큼 평행이동한 것이므로
정의역은 $\{x|x>-2\}$이고, 점근선의 방정식은 $x=-2$이다.

답 정의역: $\{x|x>-2\}$, 점근선의 방정식: $x=-2$

63 함수 $y=\log_{\frac{1}{3}}(2x+1)=\log_{\frac{1}{3}}\left\{2\left(x+\frac{1}{2}\right)\right\}$의 그래프는 함수 $y=\log_{\frac{1}{3}}2x$의 그래프를 x축의 방향으로 $-\frac{1}{2}$만큼 평행이동한 것이므로
정의역은 $\left\{x\middle|x>-\frac{1}{2}\right\}$이고, 점근선의 방정식은 $x=-\frac{1}{2}$이다.

답 정의역: $\left\{x\middle|x>-\frac{1}{2}\right\}$, 점근선의 방정식: $x=-\frac{1}{2}$

64 함수 $y=-\log_2 3x$의 그래프는 함수 $y=\log_2 3x$의 그래프를 x축에 대하여 대칭이동한 것이므로
정의역은 $\{x|x>0\}$이고, 점근선의 방정식은 $x=0$이다.

답 정의역: $\{x|x>0\}$, 점근선의 방정식: $x=0$

65 함수 $y=-\log_{\frac{1}{3}}(-x+1)=-\log_{\frac{1}{3}}\{-(x-1)\}$의 그래프는 함수 $y=\log_{\frac{1}{3}}x$의 그래프를 원점에 대하여 대칭이동한 후, x축의 방향으로 1만큼 평행이동한 것이므로
정의역은 $\{x|x<1\}$이고, 점근선의 방정식은 $x=1$이다.

답 정의역: $\{x|x<1\}$, 점근선의 방정식: $x=1$

66 $1\le x\le 32$일 때,
$\log_2 1\le\log_2 x\le\log_2 32$이므로
최댓값은 $\log_2 32=5\log_2 2=5$이고,
최솟값은 $\log_2 1=0$이다.

답 최댓값: 5, 최솟값: 0

67 $3\le x\le 27$일 때,
$\log_{\frac{1}{3}}27\le\log_{\frac{1}{3}}x\le\log_{\frac{1}{3}}3$이므로
최댓값은 $\log_{\frac{1}{3}}3=-\log_{\frac{1}{3}}\frac{1}{3}=-1$이고,
최솟값은 $\log_{\frac{1}{3}}27=-3\log_{\frac{1}{3}}\frac{1}{3}=-3$이다.

답 최댓값: -1, 최솟값: -3

68 $-2\le x\le 5$일 때,
$-\log_2(5+3)\le-\log_2(x+3)\le-\log_2(-2+3)$이므로
최댓값은 $-\log_2(-2+3)=0$이고,
최솟값은 $-\log_2(5+3)=-3$이다.

답 최댓값: 0, 최솟값: -3

69 $-2\le x\le\frac{8}{9}$일 때,
$-\log_{\frac{1}{3}}\left(-\frac{8}{9}+1\right)\le-\log_{\frac{1}{3}}(-x+1)\le-\log_{\frac{1}{3}}\{-(-2)+1\}$이므로
최댓값은 $-\log_{\frac{1}{3}}\{-(-2)+1\}=1$이고,
최솟값은 $-\log_{\frac{1}{3}}\left(-\frac{8}{9}+1\right)=-2$이다.

답 최댓값: 1, 최솟값: -2

70 $2^{3x}=64$에서

$2^{3x}=2^6$, $3x=6$

$x=2$

답 $x=2$

71 $\left(\frac{1}{3}\right)^{2-x}=\sqrt[3]{9}$에서

$3^{-(2-x)}=3^{\frac{2}{3}}$, $-(2-x)=\frac{2}{3}$

$x=\frac{8}{3}$

답 $x=\frac{8}{3}$

72 $7\times\left(\frac{1}{5}\right)^{2x+1}=35$에서

$\left(\frac{1}{5}\right)^{2x+1}=5$, $-(2x+1)=1$

$2x=-2$

$x=-1$

답 $x=-1$

73 $3^{1-2x}=\frac{1}{3\sqrt{3}}$에서

$3^{1-2x}=\frac{1}{3^{\frac{3}{2}}}$, $1-2x=-\frac{3}{2}$

$2x=\frac{5}{2}$

$x=\frac{5}{4}$

답 $x=\frac{5}{4}$

74 $2^{2x}-6\times2^x+8=0$에서

$(2^x-2)(2^x-4)=0$

$2^x=2$ 또는 $2^x=4$

$x=1$ 또는 $x=2$

답 $x=1$ 또는 $x=2$

75 $\left(\frac{1}{3}\right)^{2x}-10\times\left(\frac{1}{3}\right)^x+9=0$에서

$\left\{\left(\frac{1}{3}\right)^x-1\right\}\left\{\left(\frac{1}{3}\right)^x-9\right\}=0$

$\left(\frac{1}{3}\right)^x=1$ 또는 $\left(\frac{1}{3}\right)^x=9$

$x=0$ 또는 $x=-2$

답 $x=0$ 또는 $x=-2$

76 $3^{2x-1}=4^{2x-1}$에서

$2x-1=0$

$x=\frac{1}{2}$

답 $x=\frac{1}{2}$

77 $x^{x+2}=2^{x+2}$에서

$x+2=0$ 또는 $x=2$

$x=-2$ 또는 $x=2$

답 $x=-2$ 또는 $x=2$

78 $3^{2x}<\frac{1}{9}$에서

$3^{2x}<3^{-2}$, $2x<-2$

$x<-1$

답 $x<-1$

79 $\left(\frac{1}{2}\right)^x\ge\left(\frac{1}{2}\right)^{2x+2}$에서

$x\le2x+2$

$x\ge-2$

답 $x\ge-2$

80 $3^{x-1}\ge27^{2x}$에서

$x-1\ge6x$

$x\le-\frac{1}{5}$

답 $x\le-\frac{1}{5}$

81 $\left(\frac{2}{3}\right)^{x^2}>\left(\frac{3}{2}\right)^{-3x+2}$에서

$\left(\frac{2}{3}\right)^{x^2}>\left(\frac{2}{3}\right)^{3x-2}$

$x^2<3x-2$

$x^2-3x+2<0$

$(x-1)(x-2)<0$

$1<x<2$

답 $1<x<2$

82 $4^x-10\times2^x+16\le0$에서

$(2^x-2)(2^x-8)\le0$

$2\le2^x\le8$

$1\le x\le3$

답 $1\le x\le3$

83 $\left(\frac{1}{3}\right)^{2x}-12\times\left(\frac{1}{3}\right)^x+27<0$에서

$\left\{\left(\frac{1}{3}\right)^x-3\right\}\left\{\left(\frac{1}{3}\right)^x-9\right\}<0$

$3<\left(\frac{1}{3}\right)^x<9$

$-2<x<-1$

답 $-2<x<-1$

84 $3^{2x-1}<27<3^{x+2}$에서

$2x-1<3<x+2$

$1<x<2$

답 $1<x<2$

85 $\left(\frac{1}{2}\right)^{2x+3}<\left(\frac{1}{2}\right)^{x^2}<\left(\frac{1}{2}\right)^{3x-2}$에서

$2x+3>x^2>3x-2$

$x^2-2x-3<0$ 그리고 $x^2-3x+2>0$

$(x+1)(x-3)<0$ 그리고 $(x-1)(x-2)>0$

$-1<x<1$ 또는 $2<x<3$

답 $-1<x<1$ 또는 $2<x<3$

86 $\log_3(2x-4)=1$에서

진수의 조건에 의해 $x>2$이고

$2x-4=3^1$

$x=\frac{7}{2}$

답 $x=\frac{7}{2}$

87 $\log_{\frac{1}{2}}(x-3)=-1$에서

진수의 조건에 의해 $x>3$이고

$x-3=\left(\frac{1}{2}\right)^{-1}$

$x=5$

답 $x=5$

88 $\log_{\frac{1}{2}}(x+2)=\log_{\frac{1}{4}}(2x+4)$에서

진수의 조건에 의해 $x>-2$이고

$\log_{\frac{1}{2}}(x+2)=\frac{1}{2}\log_{\frac{1}{2}}(2x+4)$

$x+2=(2x+4)^{\frac{1}{2}}$

$(x+2)^2=2x+4$

$x(x+2)=0$

$x=0$ 또는 $x=-2$

$x>-2$이므로 해는 $x=0$이다.

답 $x=0$

89 $2\log_{\frac{1}{3}}(x+2)=\log_{\frac{1}{3}}(2x+7)$에서

진수의 조건에 의해 $x>-2$이고

$(x+2)^2=2x+7$

$(x+3)(x-1)=0$

$x=-3$ 또는 $x=1$

$x>-2$이므로 해는 $x=1$이다.

답 $x=1$

90 $(\log_3 x)^2-3\log_3 x+2=0$에서

$(\log_3 x-1)(\log_3 x-2)=0$

$\log_3 x=1$ 또는 $\log_3 x=2$

$x=3$ 또는 $x=9$

답 $x=3$ 또는 $x=9$

91 $(\log_2 x)^2+\log_2 x^3=0$에서

$(\log_2 x)^2+3\log_2 x=0$

$\log_2 x(\log_2 x+3)=0$

$\log_2 x=0$ 또는 $\log_2 x=-3$

$x=1$ 또는 $x=\frac{1}{8}$

답 $x=1$ 또는 $x=\frac{1}{8}$

92 $\log_5(x-2)=\log_3(x-2)$에서

$x-2=1,\ x=3$

답 $x=3$

93 $\log_{x+1}(x+2)=\log_{2x-3}(x+2)$에서

$x+2=1,\ x=-1$이면 밑의 조건에 맞지 않는다.

$x+1=2x-3$

$x=4$

답 $x=4$

94 $\log_3(2x+1)>2$에서

진수의 조건에 의해

$2x+1>0,\ x>-\frac{1}{2}$

$2x+1>3^2$에서

$x>4$

답 $x>4$

95 $\log_{\frac{1}{5}}x<-1$에서

진수의 조건에 의해 $x>0$

$x>\left(\frac{1}{5}\right)^{-1}$에서

$x>5$

답 $x>5$

96 $\log_3(2x+1)\geq\log_3(3x-1)$에서

진수의 조건에 의해 $2x+1>0,\ 3x-1>0$이므로

$x>\frac{1}{3}$

$2x+1\geq 3x-1$에서

$x\leq 2$

따라서 부등식의 해는 $\frac{1}{3}<x\leq 2$

답 $\frac{1}{3}<x\leq 2$

97 $\log_{\frac{1}{2}}2x<\log_{\frac{1}{2}}(3x-1)$에서

진수의 조건에 의해 $2x>0,\ 3x-1>0$이므로

$x>\frac{1}{3}$

$2x>3x-1$에서

$x<1$

따라서 부등식의 해는 $\frac{1}{3}<x<1$

답 $\frac{1}{3}<x<1$

98 진수의 조건에서 $x>0$이고
$(\log_2 x)^2-\log_2 x<6$에서
$(\log_2 x-3)(\log_2 x+2)<0$
$-2<\log_2 x<3$
따라서 $\frac{1}{4}<x<8$

답 $\frac{1}{4}<x<8$

99 진수의 조건에서 $x>0$이고
$(\log_3 x)^2-3\log_3 x+2\geq0$에서
$(\log_3 x-1)(\log_3 x-2)\geq0$
$\log_3 x\leq1$ 또는 $\log_3 x\geq2$
따라서 $0<x\leq3$ 또는 $x\geq9$

답 $0<x\leq3$ 또는 $x\geq9$

100 진수의 조건에서 $x>0$, $5-x>0$이므로 $0<x<5$이고
$\log_2 x+\log_2(5-x)>2$에서
$\log_2 x(5-x)>2$
$x(5-x)>4$
$(x-1)(x-4)<0$
따라서 $1<x<4$

답 $1<x<4$

101 진수의 조건에서 $x>0$, $4-x>0$이므로 $0<x<4$이고
$\log_{\frac{1}{3}} x+\log_{\frac{1}{3}}(4-x)<-1$에서
$\log_{\frac{1}{3}} x(4-x)<-1$
$x(4-x)>3$
$(x-1)(x-3)<0$
따라서 $1<x<3$

답 $1<x<3$

유형 완성하기

본문 34~52쪽

01 ④ **02** ③ **03** $1<a<2$ **04** -4 **05** ②
06 ④ **07** ① **08** -2 **09** ⑤ **10** $\frac{81}{4}$
11 ② **12** ① **13** ⑤ **14** ②
15 $a<a^{a^a}<a^a<a^{0.5a}$ **16** ① **17** $\frac{p}{3}$ **18** ④
19 ③ **20** ⑤ **21** 1 **22** ④ **23** $\frac{1}{9}$
24 ② **25** ③ **26** 4 **27** ① **28** ④
29 ⑤ **30** 6 **31** ③ **32** ① **33** ㄴ
34 ④ **35** ③ **36** 11 **37** ④
38 ㄱ, ㄴ, ㄹ, ㅁ **39** 12 **40** 6 **41** ⑤
42 10 **43** ③ **44** ⑤ **45** ① **46** ①
47 ② **48** ③ **49** ② **50** ④ **51** 1
52 ⑤ **53** -2 **54** $\log_6 2$ **55** 8 **56** ①
57 25 **58** ⑤ **59** 4 **60** ④ **61** ⑤
62 ④ **63** ⑤ **64** ① **65** ② **66** 8
67 ③ **68** ② **69** ③ **70** ④ **71** ②
72 22 **73** ③ **74** 1 **75** 10시간 후
76 $x>2$ **77** ③ **78** $-4\leq x\leq2$ **79** ③
80 ① **81** $\frac{3}{2}$ **82** ② **83** ④
84 $x<0$ 또는 $2+\sqrt{3}<x<4$ **85** ③ **86** ⑤
87 5장 **88** ② **89** ② **90** $0<k<\frac{1}{4}$
91 ⑤ **92** ② **93** ④ **94** ③ **95** ①
96 $x=\frac{1}{6}$ **97** ② **98** 245 **99** ④ **100** ①
101 ③ **102** 4 **103** ② **104** ④
105 $1<x\leq81$ **106** $0<x\leq\frac{1}{8}$ 또는 $x\geq1$
107 ① **108** ⑤ **109** ③
110 $0<x\leq\frac{1}{625}$ 또는 $x\geq5$ **111** ② **112** 14
113 ③ **114** ②

01 ① 그래프가 항상 점 $(0, 1)$을 지난다.
② $a>1$일 때, x의 값이 증가하면 y의 값도 증가한다.
$0<a<1$일 때, x의 값이 증가하면 y의 값은 감소한다.
③ 정의역은 실수 전체의 집합이다.
⑤ 함수 $y=a^{-x}$의 그래프는 함수 $y=a^x$의 그래프를 y축에 대하여 대칭이동한 것이다.
따라서 옳은 것은 ④이다.

답 ④

02 ㄱ. $f(-x)=a^{-x}=\left(\frac{1}{a}\right)^x=\frac{1}{a^x}=\frac{1}{f(x)}$
ㄴ. $\sqrt[3]{f(3x)}=\sqrt[3]{a^{3x}}=a^x=f(x)$

ㄷ. $f(x^5)=a^{x^5}$, $\{f(x)\}^5=a^{5x}$이므로
$f(x^5)\neq\{f(x)\}^5$
따라서 옳은 것은 ㄱ, ㄴ이다.

답 ③

03 $y=(a^2-3a+3)^x$이 x의 값이 증가할 때 y의 값은 감소하려면
$0<a^2-3a+3<1$
$a^2-3a+3=\left(a-\frac{3}{2}\right)^2+\frac{3}{4}$
이므로 모든 실수 a에 대하여 $0<a^2-3a+3$이 성립한다.
$a^2-3a+3<1$에서
$a^2-3a+2<0$, $(a-1)(a-2)<0$
따라서 $1<a<2$

답 $1<a<2$

04 함수 $y=25\times5^{3x}+6=5^{3\left(x+\frac{2}{3}\right)}+6$의 그래프는
함수 $y=5^{3x}$의 그래프를 x축의 방향으로 $-\frac{2}{3}$만큼, y축의 방향으로 6만큼 평행이동한 그래프이다.
따라서 $m=-\frac{2}{3}$, $n=6$이므로
$mn=-4$

답 -4

05 ㄱ. $y=\sqrt{3}\times3^{x-1}=3^{x-\frac{1}{2}}$
ㄴ. $y=\frac{9^x}{3}+1=9^{x-\frac{1}{2}}+1$
ㄷ. $y=-9\times3^{-x+2}-1=-3^{-(x-4)}-1$
ㄹ. $y=\frac{3^{2x}-1}{9}=9^{x-1}-\frac{1}{9}$
따라서 구하는 그래프의 식은 ㄱ, ㄷ이다.

답 ②

06 $y=4\times2^{x+2}-3=2^{x+4}-3$이므로
$m=-4$, $n=-3$
따라서 $m+n=-7$

답 ④

07 ㄱ. 함수 $y=\left(\frac{1}{9}\right)^x$의 그래프를 x축에 대하여 대칭이동한 그래프의 식은 $y=-\left(\frac{1}{9}\right)^x$이다.
ㄷ. 함수 $y=-3^{-(x-1)}+2$의 그래프의 점근선의 방정식은 $y=2$이다.
따라서 옳은 것은 ㄴ이다.

답 ①

08 함수 $y=3^x$의 그래프를 y축에 대하여 대칭이동한 후 x축의 방향으로 m만큼, y축의 방향으로 n만큼 평행이동한 그래프의 식은
$y=3^{-(x-m)}+n$이다.
점근선의 방정식이 $y=-3$이므로
$n=-3$
그래프가 원점을 지나므로
$0=3^m-3$, $m=1$
따라서 $m+n=-2$

답 -2

09 평행이동시킨 그래프의 식은 $y=3^{x-m}+n$이고, 두 점 $(1, -6)$, $(2, 12)$를 지나므로
$3^{1-m}+n=-6$ ……㉠
$3^{2-m}+n=12$
$3^{2-m}-3^{1-m}=18$, $3^{-m}(3^2-3)=18$
$3^{-m}=3$
$m=-1$
이를 ㉠에 대입하면
$3^{1-(-1)}+n=-6$
$n=-15$
따라서 $mn=15$

답 ⑤

10 $3^x=27$에서 $x=3$이므로
$P(3, 27)$
$9^x=3^{2x}=27$에서 $x=\frac{3}{2}$이므로
$Q\left(\frac{3}{2}, 27\right)$
$\overline{PQ}=3-\frac{3}{2}=\frac{3}{2}$
따라서 삼각형 OPQ의 밑변의 길이는 $\frac{3}{2}$이고 높이는 27이므로 삼각형 OPQ의 넓이는
$\frac{1}{2}\times\frac{3}{2}\times27=\frac{81}{4}$

답 $\frac{81}{4}$

11 $10^a=2$에서 $10^{4a}=2^4$
$10^b=4$에서 $10^b=2^2$
$10^c=5$에서 $10^{2c}=5^2$
$10^{4a}\div10^b\times10^{2c}=10^{4a-b+2c}$이고
$10^{4a}\div10^b\times10^{2c}=2^4\div2^2\times5^2=10^2$이므로
$4a-b+2c=2$

답 ②

12 $\overline{AB}=24$이므로
$27^a-3^a=24$
$3^a=t$라 하면
$t^3-t-24=0$
$(t-3)(t^2+3t+8)=0$
$t^2+3t+8=\left(t+\frac{3}{2}\right)^2+\frac{23}{4}>0$이므로
$t=3$, 즉 $3^a=3$
따라서 $a=1$

답 ①

13 $A=\sqrt{5^3}=5^{\frac{3}{2}}$, $B=\left(\frac{1}{5}\right)^{-1}=5^1$, $C=\sqrt[3]{25}=5^{\frac{2}{3}}$
$5>1$이므로 $5^{\frac{2}{3}}<5^1<5^{\frac{3}{2}}$
따라서 $C<B<A$

답 ⑤

14 n이 자연수일 때
$\frac{n+1}{n}=1+\frac{1}{n}$, $\frac{n+2}{n+1}=1+\frac{1}{n+1}$이고
$0<\frac{1}{n+1}<\frac{1}{n}$이므로
$1<\frac{n+2}{n+1}<\frac{n+1}{n}$이다.
따라서 $a>1$이므로 $A<C<B$

답 ②

15 $0<a<1$이므로
$0.5a<a^1<a^a<a^0$
$0.5a<a<a^a<1$
따라서 $a<a^{a^a}<a^a<a^{0.5a}$

답 $a<a^{a^a}<a^a<a^{0.5a}$

16 $f(a)=4$라 하면
$2^a=4$, $a=2$이므로
$g(4)=2$
$f(b)=\frac{1}{2}$이라 하면
$2^b=\frac{1}{2}$, $b=-1$이므로
$g\left(\frac{1}{2}\right)=-1$
따라서 $g(4)+g\left(\frac{1}{2}\right)=1$

답 ①

17 $f(p)=q$이므로
$a^p=q$
양변을 $\frac{1}{3}$제곱하면 $a^{\frac{p}{3}}=\sqrt[3]{q}$이므로
$f\left(\frac{p}{3}\right)=\sqrt[3]{q}$
따라서 $g(\sqrt[3]{q})=\frac{p}{3}$

답 $\frac{p}{3}$

18 지수함수 $y=a^{2x+k}$의 그래프와 역함수의 그래프의 교점은 직선 $y=x$ 위에 있으므로
함수 $y=a^{2x+k}$의 그래프는 두 점 $\left(\frac{1}{2}, \frac{1}{2}\right)$, $(1, 1)$을 지난다.
점 $(1, 1)$을 대입하면
$a^{2+k}=1$에서 $2+k=0$
$k=-2$
점 $\left(\frac{1}{2}, \frac{1}{2}\right)$을 대입하면
$a^{1+k}=\frac{1}{2}$에서 $a^{-1}=\frac{1}{2}$
$a=2$
따라서 $ak=2\times(-2)=-4$

답 ④

19 $0<(\text{밑})=\frac{1}{2}<1$이므로
최댓값은 $\left(\frac{1}{2}\right)^{-1}+2=4$
최솟값은 $\left(\frac{1}{2}\right)^2+2=\frac{9}{4}$
따라서 $M=4$, $m=\frac{9}{4}$이므로
$Mm=4\times\frac{9}{4}=9$

답 ③

20 $y=2^{x+k}\times3^{-x}=2^k\times\left(\frac{2}{3}\right)^x$
$0<(\text{밑})=\frac{2}{3}<1$이고 최댓값이 9이므로
$2^k\times\left(\frac{2}{3}\right)^{-2}=2^k\times\frac{9}{4}=9$
$2^k=4$, $k=2$

답 ⑤

21 $a>1$일 때, 함수 $f(x)$의 최댓값은 a^3, 최솟값은 a이므로
$a^3=25a$, $a^2=25$
$a>1$이므로
$a=5$
$0<a<1$일 때, 함수 $f(x)$의 최댓값은 a, 최솟값은 a^3이므로
$a=25a^3$, $a^2=\frac{1}{25}$
$0<a<1$이므로
$a=\frac{1}{5}$
따라서 모든 양수 a의 값의 곱은
$5\times\frac{1}{5}=1$

답 1

22 $x^2-2x+3=(x-1)^2+2$이므로
x^2-2x+3의 최댓값은 $x=-1$일 때 6, 최솟값은 $x=1$일 때 2이다.
$y=2^{-x^2+2x-3}=\left(\frac{1}{2}\right)^{x^2-2x+3}$이고
$0<\frac{1}{2}<1$이므로
$M=\left(\frac{1}{2}\right)^2=\frac{1}{4}$, $m=\left(\frac{1}{2}\right)^6=\frac{1}{64}$
따라서 $\frac{M}{m}=16$

답 ④

23 $x^2-4x+2=(x-2)^2-2$이므로
$0\le x\le3$에서 x^2-4x+2의 최솟값은 $x=2$일 때 -2, 최댓값은 $x=0$일 때 2이다.
$0<a<1$이고 a^{x^2-4x+2}의 최댓값이 9이므로
$a^{-2}=9$, $a^2=\frac{1}{9}$
$0<a<1$이므로
$a=\frac{1}{3}$

따라서 구하는 최솟값은

$\left(\frac{1}{3}\right)^2=\frac{1}{9}$

답 $\frac{1}{9}$

24
$y=a^{-x^2+2x+b}=\left(\frac{1}{a}\right)^{x^2-2x-b}=\left(\frac{1}{a}\right)^{(x-1)^2-1-b}$이고

$-1\leq x\leq 2$에서 $(x-1)^2-1-b$의 최댓값은 $x=-1$일 때 $3-b$, 최솟값은 $x=1$일 때 $-1-b$이다.

$0<\frac{1}{a}<1$이므로

$\left(\frac{1}{a}\right)^{(x-1)^2-1-b}$의 최댓값은 $\left(\frac{1}{a}\right)^{-1-b}=a^{b+1}$,

최솟값은 $\left(\frac{1}{a}\right)^{3-b}=a^{b-3}$이다.

$a^{b+1}=32$, $a^{b-3}=2$이므로

$\frac{a^{b+1}}{a^{b-3}}=\frac{32}{2}$, $a^4=16$

$a>1$이므로 $a=2$

$2^{b+1}=32=2^5$이므로 $b=4$

따라서 $a+b=6$

답 ②

25
$3^x=t\ (t>0)$이라 하면

$-2\leq x\leq 1$에서 $\frac{1}{9}\leq t\leq 3$이다.

$y=9^x-3^x+1$

$=t^2-t+1$

$=\left(t-\frac{1}{2}\right)^2+\frac{3}{4}$

이므로 주어진 함수는 $t=3$일 때 최댓값 7을 갖고, $t=\frac{1}{2}$일 때 최솟값 $\frac{3}{4}$을 갖는다.

따라서 $7+\frac{3}{4}=\frac{31}{4}$에서 $p=4$, $q=31$이므로

$p+q=35$

답 ③

26
$2^{-x}=t\ (t>0)$이라 하면

$-1\leq x\leq 2$에서 $\frac{1}{4}\leq t\leq 2$이다.

$y=4^{-x}-2^{1-x}+3$

$=(2^{-x})^2-2\times 2^{-x}+3$

$=t^2-2t+3$

$=(t-1)^2+2$

이므로 주어진 함수는 $t=2$일 때 최댓값 3을 갖고 이때 x의 값은

$2^{-x}=2$, $x=-1$

$t=1$일 때 최솟값 2를 갖고 이때 x의 값은

$2^{-x}=1$, $x=0$

따라서 $a=-1$, $b=3$, $c=0$, $d=2$이므로

$a+b+c+d=4$

답 4

27
$2^x=t\ (t>0)$이라 하면

$2\leq x\leq 3$에서 $4\leq t\leq 8$이다.

$y=4^x-2^{x+2}+k$

$=t^2-4t+k$

$=(t-2)^2+k-4$

이므로 주어진 함수는 $t=8$일 때 최댓값 36을 가지므로

$32+k=36$, $k=4$

$t=4$일 때 최솟값 k를 가지므로

최솟값은 4이다.

답 ①

28
$3^x+\left(\frac{1}{3}\right)^x\geq 2\sqrt{3^x\times\left(\frac{1}{3}\right)^x}=2$이고 등호는 $x=0$일 때 성립한다.

함수 $y=3^x+\left(\frac{1}{3}\right)^x+2$는 $x=0$일 때 최솟값 4를 가지므로

$p=0$, $q=4$

따라서 $p+q=4$

답 ④

29
$y=2^x+2^{-x+4}\geq 2\sqrt{2^x\times 2^{-x+4}}=8$이고

등호는 $2^x=2^{-x+4}$, 즉 $x=2$일 때 성립한다.

함수 $y=2^x+2^{-x+4}$은 $x=2$일 때 최솟값 8을 가지므로

$p=2$, $q=8$

따라서 $p+q=10$

답 ⑤

30
$2^x+2^{-x}\geq 2\sqrt{2^x\times 2^{-x}}=2$

$2^x+2^{-x}=t$라 하면

$4^x+4^{-x}=(2^x+2^{-x})^2-2$이므로

$y=6(2^x+2^{-x})-3(4^x+4^{-x})$

$=6t-3(t^2-2)$

$=-3t^2+6t+6$

$=-3(t-1)^2+9$

따라서 $t\geq 2$이므로 주어진 함수는 $t=2$에서 최댓값 6을 갖는다.

답 6

31
③ $y=\log_{\frac{1}{a}}\frac{1}{x}=\log_{a^{-1}}x^{-1}=\log_a x$이므로 두 함수의 그래프는 서로 일치한다.

따라서 옳지 않은 것은 ③이다.

답 ③

32
$f(9)=\log_{\frac{1}{3}}\sqrt{9}=-\log_3 3=-1$

$f(27)=\log_{\frac{1}{3}}\sqrt{27}=-\log_3 3^{\frac{3}{2}}=-\frac{3}{2}$

따라서 $f(9)-f(27)=-1-\left(-\frac{3}{2}\right)=\frac{1}{2}$

답 ①

33 ㄱ. $a>1$이다.

ㄴ. 두 함수는 서로 역함수 관계이므로 그래프가 직선 $y=x$에 대하여 대칭이다.

ㄷ. A는 함수 $y=a^x$의 그래프이고, B는 함수 $y=\log_a x$의 그래프이다.

ㄹ. 함수 $y=a^x$의 그래프는 점 $(0,\ 1)$을, 함수 $y=\log_a x$의 그래프는 점 $(1,\ 0)$을 지난다.

따라서 옳은 것은 ㄴ이다.

답 ㄴ

34 ① 함수 $y=\log_{\frac{1}{3}} \frac{1}{x-2}=\log_3 (x-2)$의 그래프는 함수 $y=\log_3 x$의 그래프를 x축의 방향으로 2만큼 평행이동한 것이다.

② 함수 $y=\log_3 (4x+5)=\log_3 4\left(x+\frac{5}{4}\right)=\log_3 \left(x+\frac{5}{4}\right)+\log_3 4$의 그래프는 함수 $y=\log_3 x$의 그래프를 x축의 방향으로 $-\frac{5}{4}$만큼, y축의 방향으로 $\log_3 4$만큼 평행이동한 것이다.

③ 함수 $y=\log_3 x$의 그래프를 직선 $y=x$에 대하여 대칭이동하면 $y=3^x$이고, 이를 x축의 방향으로 -2만큼 평행이동하면 $y=3^{x+2}$이다.

④ 함수 $y=\log_3 \sqrt[3]{x}=\frac{1}{3}\log_3 x$의 그래프는 함수 $y=\log_3 x$의 그래프를 평행이동 또는 대칭이동하여 겹칠 수 없다.

⑤ 함수 $y=\log_{\sqrt{3}} \sqrt{3x-2}=\log_3 3\left(x-\frac{2}{3}\right)=\log_3 \left(x-\frac{2}{3}\right)+1$의 그래프는 함수 $y=\log_3 x$의 그래프를 x축의 방향으로 $\frac{2}{3}$만큼, y축의 방향으로 1만큼 평행이동한 것이다.

따라서 겹칠 수 없는 것은 ④이다.

답 ④

35 ㄱ. $0<$(밑)<1이므로 x의 값이 증가하면 y의 값은 감소한다.

ㄷ. 함수 $y=\log_{0.5} (x+2)-3=-\log_2 (x+2)-3$의 그래프는 함수 $y=\log_2 x$의 그래프를 x축에 대하여 대칭이동한 후 x축의 방향으로 -2만큼, y축의 방향으로 -3만큼 평행이동한 것이다.

ㄹ. $\log_{0.5} 3-3\neq0$이므로 점 $(1,\ 0)$을 지나지 않는다.

따라서 옳은 것은 ㄴ, ㄷ이다.

답 ③

36 함수 $y=\log_3 x$의 그래프를 x축의 방향으로 a만큼 평행이동한 그래프는 $y=\log_3 (x-a)$이고 점 $(16,\ 2)$를 지나므로

$2=\log_3 (16-a)$, $16-a=3^2$

$a=7$

함수 $y=\log_b x$의 그래프가 점 $(16,\ 2)$를 지나므로

$2=\log_b 16$

$b^2=16$

$b>0$이므로 $b=4$

따라서 $a+b=11$

답 11

37

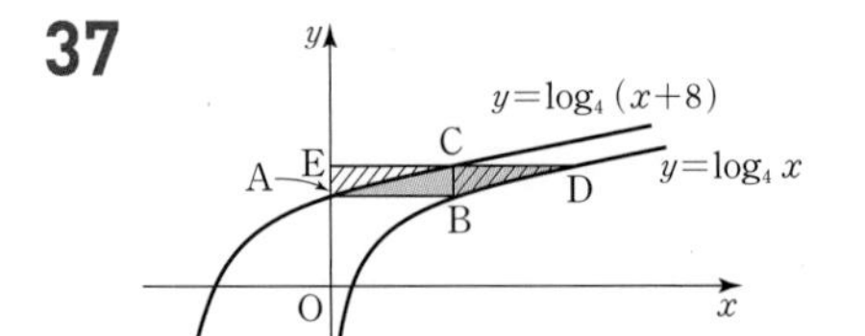

선분 CD의 연장선이 y축과 만나는 점을 E라 하자.

$\log_4 (0+8)=\frac{3}{2}$이므로

점 A의 y좌표는 $\frac{3}{2}$이다.

$\frac{3}{2}=\log_4 x$에서 $x=8$이므로

점 B의 x좌표는 8이다.

$\log_4 (8+8)=2$이므로

점 C의 y좌표는 2이다.

함수 $y=\log_4 (x+8)$의 그래프는 함수 $y=\log_4 x$의 그래프를 x축의 방향으로 -8만큼 평행이동한 것이므로 빗금 친 부분의 넓이는 서로 같다.

따라서 구하는 넓이는 사각형 ABCE의 넓이와 같으므로

$8\times\left(2-\frac{3}{2}\right)=4$

답 ④

38 ㄱ. 함수 $y=\log_4 x^2+3=\log_2 x+3$의 그래프는 함수 $y=\log_2 x$의 그래프를 y축의 방향으로 3만큼 평행이동한 것이다.

ㄴ. 함수 $y=\log_{\frac{1}{2}} 2x=-\log_2 2x=-\log_2 x-1$의 그래프는 함수 $y=\log_2 x$의 그래프를 x축에 대하여 대칭이동한 후 y축의 방향으로 -1만큼 평행이동한 것이다.

ㄷ. 함수 $y=2^{2x}-3=4^x-3$의 그래프는 함수 $y=\log_4 x$의 그래프를 직선 $y=x$에 대하여 대칭이동한 후 y축의 방향으로 -3만큼 평행이동한 것이다.

ㄹ. 함수 $y=3\times2^{x+1}-2=2^{x+1+\log_2 3}-2$의 그래프는 함수 $y=\log_2 x$의 그래프를 직선 $y=x$에 대하여 대칭이동한 후 x축의 방향으로 $-1-\log_2 3$만큼, y축의 방향으로 -2만큼 평행이동한 것이다.

ㅁ. 함수 $y=\left(\frac{1}{2}\right)^x+1=2^{-x}+1$의 그래프는 함수 $y=\log_2 x$의 그래프를 직선 $y=x$에 대하여 대칭이동한 후 y축에 대하여 대칭이동하고 y축의 방향으로 1만큼 평행이동한 것이다.

ㅂ. 함수 $y=\log_2 \sqrt{x-1}=\frac{1}{2}\log_2 (x-1)$의 그래프는 함수 $y=\log_2 x$의 그래프를 평행이동 또는 대칭이동하여 겹칠 수 없다.

따라서 겹칠 수 있는 것은 ㄱ, ㄴ, ㄹ, ㅁ이다.

답 ㄱ, ㄴ, ㄹ, ㅁ

39 함수 $y=\log_3 (x+3)+2$의 그래프는 함수 $y=\log_3 (x+3)$의 그래프를 y축의 방향으로 2만큼 평행이동한 것이므로

두 함수 $y=\log_3 (x+3)$, $y=\log_3 (x+3)+2$의 그래프와 직선 $x=6$이 만나는 두 점에서 x축에 평행한 직선을 각각 그으면 그림과 같다.

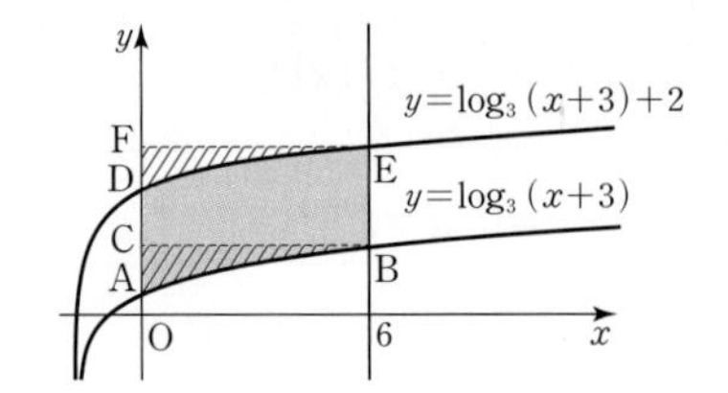

이때 빗금 친 부분의 넓이가 서로 같으므로 구하는 넓이는 사각형 CBEF의 넓이와 같다.
따라서 구하는 넓이는
$6\times\{\log_3(6+3)+2-\log_3(6+3)\}=12$

답 12

40 $\log_2 a=1$이므로 $a=2$
$\log_2 b=2$이므로 $b=4$
따라서 $a+b=6$

답 6

41 점 A의 y좌표는 $\log_2 3$이고 점 B의 y좌표는 $\log_2 24$이다.
선분 AB를 1 : 2로 내분하는 점 C의 y좌표는
$\dfrac{2\log_2 3+\log_2 24}{3}=\dfrac{1}{3}\log_2(2^3\times 3^3)=\log_2 6$이다.
점 C의 y좌표는 $\log_2 a$이므로
$\log_2 a=\log_2 6$
따라서 $a=6$

답 ⑤

42 $\log_a x^5-\log_a x^2=3\log_a x$이므로
두 점 F, G는 선분 BD와 CE를 각각 3 : 2로 내분하는 점이다.
사각형 BDEC의 넓이는 사각형 FDEG의 넓이의 $\dfrac{5}{2}$이므로
$32\times\dfrac{5}{2}=80$
$\overline{AD}:\overline{DE}=1:2$이므로 $\overline{AD}:\overline{AE}=1:3$에서 삼각형 AEC의 넓이는 삼각형 ADB의 넓이의 9배이다.
따라서 사각형 BDEC의 넓이는 삼각형 ADB의 넓이의 8배이므로
삼각형 ADB의 넓이는
$80\times\dfrac{1}{8}=10$

답 10

43 $A=-2\log_2\dfrac{1}{5}=\log_2 25$
$B=2+\log_2 5=\log_2 20$
$C=2+2\log_2 3=\log_2 36$
따라서 $B<A<C$

답 ③

44 $1<x<5$에 밑이 5인 로그를 취하면
$\log_5 1<\log_5 x<\log_5 5$, $0<\log_5 x<1$이다.
$A-B=\log_5 x(1-\log_5 x)>0$이므로
$A>B$
$B=(\log_5 x)^2>0$이고
$0<\log_5 x<1$이므로
$C=\log_5(\log_5 x)<0$에서
$B>C$
따라서 $C<B<A$

답 ⑤

45 $\log_3 a-\log_3 b>\log_3 b-\log_3 c>\log_3 c-\log_3 a$이고
$(\log_3 a-\log_3 b)+(\log_3 b-\log_3 c)+(\log_3 c-\log_3 a)=0$이므로
$\log_3 a-\log_3 b>0$, $\log_3 c-\log_3 a<0$이다.
$\log_3\dfrac{a}{b}>0$에서 $a>b$
$\log_3\dfrac{c}{a}<0$에서 $c<a$
$\log_3 b-\log_3 c$의 부호는 알 수 없으므로 b, c의 대소 관계는 알 수 없다.
따라서 항상 성립하는 것은 ㄱ뿐이다.

답 ①

46 $y=\log_9(x+1)-2$에서
$y+2=\log_9(x+1)$
$9^{y+2}=x+1$
$x=3^{2(y+2)}-1$
x와 y를 서로 바꾸면
$y=3^{2(x+2)}-1$
따라서 $a=3$, $b=2$, $c=-1$이므로 $abc=-6$

답 ①

47 $y=2^x$에서
$x=\log_2 y$
x와 y를 서로 바꾸면
$y=\log_2 x$이므로
$g(x)=\log_2 x$
$b=2^1=2$이고
$\log_2 a=2$에서 $a=4$
따라서 $\log_4 ab=\log_4 8=\dfrac{3}{2}$

답 ②

48 $y=f(x)$, 즉 $y=\log_{\frac{1}{3}}x-2$에서 $\left(\dfrac{1}{3}\right)^{y+2}=x$이므로
$g(x)=\left(\dfrac{1}{3}\right)^{x+2}$
$y=f(x-1)$, 즉 $y=\log_{\frac{1}{3}}(x-1)-2$에서
$\left(\dfrac{1}{3}\right)^{y+2}+1=x$이므로
$f(x-1)$의 역함수는
$y=\left(\dfrac{1}{3}\right)^{x+2}+1$
따라서 $f(x-1)$의 역함수는 $g(x)+1$이다.

답 ③

49 (밑)$=2>1$이므로 주어진 함수는
$x=2$일 때 최댓값 $\log_2 8-1=2$
$x=-1$일 때 최솟값 $\log_2 2-1=0$
을 갖는다.
따라서 $M=2$, $m=0$이므로 $M+m=2+0=2$

답 ②

50 $0<(\text{밑})=\frac{1}{3}<1$이므로 주어진 함수는

$x=0$일 때 최댓값 $\log_{\frac{1}{3}} 3+1=0$

$x=3$일 때 최솟값 $\log_{\frac{1}{3}} 9+1=-1$

을 갖는다.

따라서 $M=0$, $m=-1$이므로

$M+m=0+(-1)=-1$

답 ④

51 $0<(\text{밑})=\frac{1}{4}<1$이므로 주어진 함수는 $x=3$일 때 최솟값 0을 갖는다.

$\log_{\frac{1}{4}} (3-k)+1=0$

$3-k=\left(\frac{1}{4}\right)^{-1}=4$

$k=-1$

따라서 주어진 함수는 $y=\log_{\frac{1}{4}} (x+1)+1$이므로

$x=0$일 때 최댓값 $\log_{\frac{1}{4}} 1+1=1$을 갖는다.

답 1

52 $f(x)=x^2-2x+5=(x-1)^2+4$라 하면 함수 $f(x)$는

$x=3$일 때 최댓값 8, $x=1$일 때 최솟값 4를 갖는다.

$(\text{밑})=2>1$이므로 주어진 함수는 최댓값 $\log_2 8=3$,

최솟값 $\log_2 4=2$를 갖는다.

따라서 $M=3$, $m=2$이므로

$M+m=3+2=5$

답 ⑤

53 진수의 조건에 의해

$x+3>0$, $5-x>0$이므로

$-3<x<5$

$y=\log_{\frac{1}{4}} (x+3)+\log_{\frac{1}{4}} (5-x)$

$=\log_{\frac{1}{4}} (-x^2+2x+15)$

$=\log_{\frac{1}{4}} \{-(x-1)^2+16\}$

따라서 $0<(\text{밑})=\frac{1}{4}<1$이므로 주어진 함수는 $x=1$일 때 최솟값

$\log_{\frac{1}{4}} 16=-2$를 갖는다.

답 -2

54 $(g \circ f)(x)=\log_a (x^2-6x+11)$

$=\log_a \{(x-3)^2+2\}$

$(x-3)^2+2$는 $1\le x\le 4$에서

$x=1$일 때 최댓값 6, $x=3$일 때 최솟값 2를 갖는다.

$a>1$일 때, 함수 $(g \circ f)(x)$의 최댓값은 $\log_a 6$이고

$\log_a 6=1$, $a=6$이다.

$0<a<1$일 때, 함수 $(g \circ f)(x)$의 최댓값은 $\log_a 2$이고

$\log_a 2=1$, $a=2$이므로 이 경우는 성립하지 않는다.

따라서 $a=6$이고 최솟값은 $\log_6 2$이다.

답 $\log_6 2$

55 $\log_3 x=t$라 하면

$\log_3 1\le \log_3 x\le \log_3 27$에서

$0\le t\le 3$

$y=t^2-2t+3=(t-1)^2+2$이므로 주어진 함수는

$t=3$일 때 최댓값 6, $t=1$일 때 최솟값 2를 갖는다.

따라서 $M=6$, $m=2$이므로

$M+m=6+2=8$

답 8

56 $\log_5 x=t$라 하면 주어진 함수는 $y=t^2-at+b$이다.

$y=t^2-at+b=\left(t-\frac{a}{2}\right)^2-\frac{a^2}{4}+b$이고

$t=\log_5 5=1$일 때 최솟값 2를 가지므로

$\frac{a}{2}=1$, $a=2$

$-1+b=2$, $b=3$

따라서 $ab=6$

답 ①

57 $2^{\log_3 x}=t$라 하면 $x>3$이므로 $t>2$

$y=-2^{\log_3 x}\times x^{\log_3 2}+8\times 2^{\log_3 x}$

$=-2^{\log_3 x}\times 2^{\log_3 x}+8\times 2^{\log_3 x}$

즉, $y=-t^2+8t=-(t-4)^2+16$이므로

$t=4$일 때 최댓값 16을 갖는다.

$t=4$일 때 $2^{\log_3 x}=4$, $x=3^2=9$이므로

$a=9$, $b=16$

따라서 $a+b=25$

답 25

58 $y=\log_5 x^2+\log_{\sqrt{x}} 625$

$=2\log_5 x+\log_{x^{\frac{1}{2}}} 5^4$

$=2\log_5 x+\frac{2\times 4}{\log_5 x}$

$x>1$에서 $\log_5 x>0$이므로 산술평균과 기하평균의 관계에 의하여

$2\log_5 x+\frac{2\times 4}{\log_5 x}\ge 2\sqrt{2\log_5 x\times \frac{2\times 4}{\log_5 x}}$

$=2\times\sqrt{16}=8$

$\left(\text{단, 등호는 } 2\log_5 x=\frac{2\times 4}{\log_5 x},\ \log_5 x=2,\ x=25\text{일 때 성립}\right)$

따라서 구하는 최솟값은 8이다.

답 ⑤

59 $\log_{a^5} b^4+\log_{b^2} a^{10}=\frac{4}{5}\log_a b+5\log_b a$

$a>1$, $b>1$이므로 $\log_a b>0$, $\log_b a>0$이다.

따라서 산술평균과 기하평균의 관계에 의하여

$\frac{4}{5}\log_a b+5\log_b a\ge 2\sqrt{\frac{4}{5}\log_a b\times 5\log_b a}$

$=2\times\sqrt{4}=4$

$\left(\text{단, 등호는 } \frac{4}{5}\log_a b=5\log_b a,\ \log_a b=\frac{5}{2}\text{일 때 성립}\right)$

따라서 구하는 최솟값은 4이다.

답 4

60 $\log_4\left(x+\frac{1}{y}\right)+\log_4\left(y+\frac{9}{x}\right)=\log_4\left(xy+\frac{9}{xy}+10\right)$

$xy>0$이므로

$xy+\frac{9}{xy}\geq 2\sqrt{xy\times\frac{9}{xy}}$

$=2\times\sqrt{9}=6$ $\left(\text{단, 등호는 } xy=\frac{9}{xy},\ xy=3\text{일 때 성립}\right)$

따라서 $\log_4\left(xy+\frac{9}{xy}+10\right)\geq\log_4 16=2$이므로 구하는 최솟값은 2이다.

답 ④

61 $8^{2x+1}=\sqrt[3]{2}$에서 $2^{3(2x+1)}=2^{\frac{1}{3}}$

$6x+3=\frac{1}{3}$, $6x=-\frac{8}{3}$

$x=-\frac{4}{9}$

답 ⑤

62 $\frac{25^{x^2-1}}{5^x}=625$에서 $5^{2x^2-2-x}=5^4$

$2x^2-x-6=0$, $(x-2)(2x+3)=0$

$x=2$ 또는 $x=-\frac{3}{2}$

따라서 모든 실근의 곱은

$2\times\left(-\frac{3}{2}\right)=-3$

답 ④

63 $5^{x^2-3x}-25^{2x-a}=0$에서

$5^{x^2-3x}=5^{4x-2a}$

$x^2-3x=4x-2a$

$x^2-7x+2a=0$

$x^2-7x+2a=0$의 한 근이 3이므로

$9-21+2a=0$

$a=6$

$x^2-7x+12=0$에서

$(x-3)(x-4)=0$

$x=3$ 또는 $x=4$

따라서 다른 한 근은 4이다.

답 ⑤

64 $3^x=t\ (t>0)$이라 하면

$3^{x+1}+3^{2-x}=28$에서 $3t+\frac{9}{t}=28$이고

$3t^2-28t+9=0$, $(3t-1)(t-9)=0$

$t=\frac{1}{3}$ 또는 $t=9$

$t=\frac{1}{3}$일 때, $3^x=3^{-1}$, $x=-1$

$t=9$일 때, $3^x=3^2$, $x=2$

따라서 두 근을 α, β라 할 때, $\alpha+\beta$의 값은

$\alpha+\beta=2+(-1)=1$

답 ①

65 $3^x=t\ (t>0)$이라 하면

$3^{2x}-3^{x+1}+k=0$에서 $t^2-3t+k=0$

$x>0$이기 위해서는 $t>1$이어야 하므로

방정식 $3^{2x}-3^{x+1}+k=0$이 서로 다른 두 개의 양의 실근을 갖기 위해서는 방정식 $t^2-3t+k=0$이 1보다 큰 두 실근을 가져야 한다.

이 이차방정식의 판별식을 D라 하면

$D=(-3)^2-4k>0$, $k<\frac{9}{4}$

$t=1$일 때의 값이 0보다 커야 하므로

$1-3+k>0$, $k>2$

따라서 $2<k<\frac{9}{4}$에서 $\alpha=2$, $\beta=\frac{9}{4}$이므로

$\alpha\beta=2\times\frac{9}{4}=\frac{9}{2}$

답 ②

66 $a^x=t\ (t>0)$이라 하면

$a^{2x}+2a^x=8$에서 $t^2+2t-8=0$

$(t+4)(t-2)=0$

$t=-4$ 또는 $t=2$

이때 $t>0$이므로 $t=2$이다.

$a^x=2$에서

$a^{\frac{1}{3}}=2$이므로 $a=8$

답 8

67 $\frac{x^x}{x^6}=x^{x^2-4x}$에서

$x^{x-6}=x^{x^2-4x}$

$x=1$일 때, $1^{-5}=1^{-3}$이므로 성립한다.

$x\neq1$일 때, $x-6=x^2-4x$

$x^2-5x+6=0$

$(x-2)(x-3)=0$

$x=2$ 또는 $x=3$

따라서 주어진 방정식을 만족시키는 x의 값은 1, 2, 3이므로 모든 근의 합은

$1+2+3=6$

답 ③

68 $x-2=0$, 즉 $x=2$일 때 $(-3)^0=1$로 주어진 방정식이 성립하나 이 경우 $x^2-5x+3>0$인 조건을 만족시키지 않는다.

$x^2-5x+3=1$일 때, $1^{x-2}=1$이므로 주어진 방정식은 성립한다.

이차방정식 $x^2-5x+2=0$의 판별식을 D라 하면

$D=(-5)^2-4\times1\times2=17>0$

이므로 이차방정식 $x^2-5x+2=0$은 서로 다른 두 실근을 갖고, 근과 계수의 관계에 의하여 두 실근의 합은 5이다.

따라서 모든 실근의 합은

5

답 ②

69 $(\sqrt{x-1})^{2x+6}=(x-1)^{x^2-x-5}$에서
$(x-1)^{x+3}=(x-1)^{x^2-x-5}$
$x=2$일 때, $1^5=1^{-3}=1$이므로 성립한다.
$x\neq 2$일 때, $x+3=x^2-x-5$
$x^2-2x-8=0$
$(x-4)(x+2)=0$
$x=4$ 또는 $x=-2$
$x>1$이므로 $x=4$
따라서 모든 실근의 합은
$2+4=6$

답 ③

70 $2^x=a\ (a>0)$, $3^y=b\ (b>0)$이라 하면
$\begin{cases} 3a-2b=6 \\ \frac{a}{4}-\frac{b}{3}=0 \end{cases}$에서
$\begin{cases} 3a-2b=6 \\ 3a-4b=0 \end{cases}$이므로
$a=4$, $b=3$
즉, $2^x=4$, $3^y=3$이므로
$x=2$, $y=1$
따라서 $\alpha=2$, $\beta=1$이므로
$\alpha+\beta=2+1=3$

답 ④

71 $2^x=t\ (t>0)$이라 하면
$t^2-16t+16=0$을 만족시키는 두 근은 2^α, 2^β이고
$2^\alpha\times 2^\beta=16$이므로
$2^{\alpha+\beta}=2^4$
따라서 $\alpha+\beta=4$

답 ②

72 $3^x=t\ (t>0)$이라 하면
$t^2-6t+7=0$을 만족시키는 두 근은 3^α, 3^β이고
$3^\alpha+3^\beta=6$, $3^\alpha\times 3^\beta=7$이므로
$9^\alpha+9^\beta=(3^\alpha+3^\beta)^2-2\times 3^\alpha\times 3^\beta$
$=6^2-2\times 7$
$=22$

답 22

73 1 kg$=$1000 g이므로
$8=1000\times\left(\frac{1}{5}\right)^{\frac{x}{2500}}$에서
$\left(\frac{1}{5}\right)^3=\left(\frac{1}{5}\right)^{\frac{x}{2500}}$
$\frac{x}{2500}=3$
$x=7500$
따라서 이 유물은 7500년 전의 것이다.

답 ③

74 $Q(4)=Q_0(1-2^{-\frac{4}{a}})$, $Q(2)=Q_0(1-2^{-\frac{2}{a}})$이고
$2^{-\frac{1}{a}}=A\ (A>0)$이라 하면
$\frac{Q(4)}{Q(2)}=\frac{Q_0(1-A^4)}{Q_0(1-A^2)}$
$=1+A^2=\frac{5}{4}$
$A^2=\frac{1}{4}$
$2^{-\frac{2}{a}}=\frac{1}{2^{\frac{2}{a}}}=\frac{1}{2^2}$이므로
$\frac{2}{a}=2$
따라서 $a=1$

답 1

75 $2\times a^2=6$에서 $a^2=3$
$a>0$이므로 $a=\sqrt{3}$
$3\times(\sqrt{3})^x=729$에서
$3\times(\sqrt{3})^x=3^6$
$3^{\frac{x}{2}}=3^5$
$x=10$
따라서 729 g이 되는 것은 10시간 후이다.

답 10시간 후

76 $2^{x-2}>\left(\frac{1}{4}\right)^{x-2}$, $2^{x-2}>2^{-2x+4}$
(밑)$=2>1$이므로
$x-2>-2x+4$
따라서 $x>2$

답 $x>2$

77 $\left(\frac{1}{5}\right)^{x^2-5}>(\sqrt{5})^{-4x+4}$, $5^{-x^2+5}>5^{-2x+2}$
(밑)$=5>1$이므로
$-x^2+5>-2x+2$
$x^2-2x-3<0$
$(x-3)(x+1)<0$
$-1<x<3$
따라서 부등식을 만족시키는 정수 x의 개수는 0, 1, 2의 3이다.

답 ③

78 $\left(\frac{1}{2}\right)^{x+4}\le 2^{x^2-2}\le\left(\frac{1}{4}\right)^{x-3}$에서
$\left(\frac{1}{2}\right)^{x+4}\le\left(\frac{1}{2}\right)^{-x^2+2}\le\left(\frac{1}{2}\right)^{2x-6}$
$0<$(밑)$=\frac{1}{2}<1$이므로
$x+4\ge -x^2+2\ge 2x-6$

(i) $x+4\geq -x^2+2$에서

$x^2+x+2=\left(x+\frac{1}{2}\right)^2+\frac{7}{4}\geq 0$이므로 모든 실수 x에 대하여 부등식이 성립한다.

(ii) $-x^2+2\geq 2x-6$에서

$x^2+2x-8\leq 0$, $(x+4)(x-2)\leq 0$

$-4\leq x\leq 2$

(i), (ii)에서 $-4\leq x\leq 2$

답 $-4\leq x\leq 2$

79 $3^x=t\ (t>0)$이라 하면

$9^x-105\times 3^x+500<0$에서

$t^2-105t+500<0$

$(t-5)(t-100)<0$

$5<t<100$

즉, $5<3^x<100$

따라서 정수 x는 2, 3, 4이므로 그 합은 $2+3+4=9$이다.

답 ③

80 $\left(\frac{1}{6}\right)^x=t\ (t>0)$이라 하면

$\left(\frac{1}{36}\right)^x-a\left(\frac{1}{6}\right)^x+b<0$에서

$t^2-at+b<0$

주어진 부등식의 해가 $-2<x<0$이므로

$\left(\frac{1}{6}\right)^0<\left(\frac{1}{6}\right)^x<\left(\frac{1}{6}\right)^{-2}$

$1<t<36$

즉, $t^2-at+b=(t-1)(t-36)=t^2-37t+36$이므로

$a=37$, $b=36$

따라서 $a-b=37-36=1$

답 ①

81 $\left(\frac{1}{4}\right)^x=t\ (t>0)$이라 하면

$\left(\frac{1}{16}\right)^x-36\times\left(\frac{1}{4}\right)^x+128\leq 0$에서

$t^2-36t+128\leq 0$

$(t-4)(t-32)\leq 0$

$4\leq t\leq 32$

$4\leq\left(\frac{1}{4}\right)^x\leq 32$

$2^2\leq 2^{-2x}\leq 2^5$

$-\frac{5}{2}\leq x\leq -1$

따라서 $M=-1$, $m=-\frac{5}{2}$이므로

$M-m=-1-\left(-\frac{5}{2}\right)=\frac{3}{2}$

답 $\frac{3}{2}$

82 (i) $x=1$일 때,

$1^7=1^{-2}$이므로 성립하지 않는다.

(ii) $0<x<1$일 때,

$4x+3<x-3$에서 $x<-2$이므로 성립하지 않는다.

(iii) $x>1$일 때,

$4x+3>x-3$에서 $x>-2$이므로 성립하는 범위는 $x>1$이다.

따라서 x의 값의 범위는 $x>1$

답 ②

83 (i) $x=1$일 때,

$1^{-4}=1^8$이므로 성립하지 않는다.

(ii) $0<x<1$일 때,

$x-5<2+7x-x^2$에서

$x^2-6x-7<0$

$(x+1)(x-7)<0$

$-1<x<7$

이때 $0<x<1$이므로 $0<x<1$

(iii) $x>1$일 때,

$x-5>2+7x-x^2$에서

$x^2-6x-7>0$

$(x+1)(x-7)>0$

$x<-1$ 또는 $x>7$

이때 $x>1$이므로 $x>7$

따라서 x의 값의 범위는

$0<x<1$ 또는 $x>7$

답 ④

84 (i) $x^2-4x+1=1$일 때,

$x(x-4)=0$이므로

$x=0$ 또는 $x=4$

이때 $1<1$이 성립하지 않으므로 $x\neq 0$, $x\neq 4$이다.

(ii) $0<x^2-4x+1<1$일 때,

$0<x^2-4x+1$에서

$\{x-(2-\sqrt{3})\}\{x-(2+\sqrt{3})\}>0$

$x<2-\sqrt{3}$ 또는 $x>2+\sqrt{3}$ …… ㉠

$x^2-4x+1<1$에서

$x(x-4)<0$

$0<x<4$ …… ㉡

㉠, ㉡에서 $0<x<2-\sqrt{3}$ 또는 $2+\sqrt{3}<x<4$

이 범위에서 주어진 부등식은 $x-2>0$, $x>2$이므로

$2+\sqrt{3}<x<4$

(iii) $x^2-4x+1>1$일 때,

$x(x-4)>0$이므로

$x<0$ 또는 $x>4$

이 범위에서 주어진 부등식은 $x-2<0$, $x<2$이므로

$x<0$

(i), (ii), (iii)에서 x의 값의 범위는

$x<0$ 또는 $2+\sqrt{3}<x<4$

답 $x<0$ 또는 $2+\sqrt{3}<x<4$

85 $9^x-3^{x+1}+a>0$에서

$3^x=t\ (t>0)$이라 하면

$t^2-3t+a>0$

$t^2-3t+a=\left(t-\frac{3}{2}\right)^2-\frac{9}{4}+a>0$이고

$t>0$에 대하여 $\left(t-\frac{3}{2}\right)^2\geq 0$이므로 $-\frac{9}{4}+a>0$이어야 한다.

따라서 $a>\frac{9}{4}$

답 ③

86 $\left(\frac{1}{2}\right)^x=t\ (t>0)$이라 하면

$x\leq -1$이므로 $t\geq 2$이고

주어진 부등식은 $\frac{1}{4}t^2+t+k\geq 0$이다.

$t\geq 2$에서 $\frac{1}{4}(t+2)^2-1+k\geq 0$이 항상 성립해야 하므로

$f(t)=\frac{1}{4}(t+2)^2-1+k$라 하면

$f(2)\geq 0$이어야 한다.

즉, $3+k\geq 0$에서 $k\geq -3$이다.

따라서 k의 최솟값은 -3이다.

답 ⑤

87 자외선 차단 필름 한 장을 붙였을 때 통과하는 자외선은 $\frac{1}{5}$이므로

$\left(\frac{1}{5}\right)^n\leq \frac{1}{1000}$에서

$5^n\geq 1000$

$5^4=625$, $5^5=3125$이므로 최소 5장을 붙여야 한다.

답 5장

88 $2\log_3(x+2)=\log_3(2x+7)$에서

$\log_3(x+2)^2=\log_3(2x+7)$

$(x+2)^2=2x+7$

$x^2+2x-3=0$

$(x+3)(x-1)=0$

$x=-3$ 또는 $x=1$

진수의 조건에서

$x+2>0$, $2x+7>0$이므로

$x>-2$

따라서 $x=1$

답 ②

89 진수의 조건에서 $x-2>0$이므로

$x>2$ ...... ㉠

밑의 조건에서

$x^2-2x>0$이므로

$x<0$ 또는 $x>2$ ...... ㉡

$x^2-2x\neq 1$이므로

$x\neq 1\pm\sqrt{2}$ ...... ㉢

$2x-3>0$이므로

$x>\frac{3}{2}$ ...... ㉣

$2x-3\neq 1$이므로

$x\neq 2$ ...... ㉤

㉠~㉤에서 $x>2$이고 $x\neq 1+\sqrt{2}$

주어진 방정식에서 진수가 같으므로 $x-2=1$일 때 $x=3$이고, 이는 진수와 밑의 조건을 만족시킨다.

$x^2-2x=2x-3$일 때,

$x^2-4x+3=0$, $(x-1)(x-3)=0$

$x=1$ 또는 $x=3$

이때 $x=1$은 진수와 밑의 조건을 만족시키지 않는다.

따라서 구하는 해는 $x=3$이다.

답 ②

90 진수의 조건에서 $x>0$, $2-x>0$, $x+k>0$이므로

$0<x<2$, $x>-k$

$\log x+\log(2-x)=\log(x+k)$에서

$\log x(2-x)=\log(x+k)$이므로

$-x^2+2x=x+k$

$x^2-x+k=0$이 서로 다른 두 실근을 가지려면 이 이차방정식의 판별식을 D라 할 때

$D=1-4k>0$, $k<\frac{1}{4}$

진수의 조건인 $0<x<2$, $x>-k$에서 서로 다른 두 실근을 가지려면

$f(x)=x^2-x+k$일 때 $f(0)>0$, $f(2)>0$이어야 하므로

$f(0)=k>0$

$f(2)=2+k>0$, $k>-2$

즉, $k>0$

따라서 k의 값의 범위는 $0<k<\frac{1}{4}$이다.

답 $0<k<\frac{1}{4}$

91 $\log_2 x=t$라 하면

주어진 방정식은 $t^2-5t+4=0$이고

$(t-1)(t-4)=0$에서

$t=1$ 또는 $t=4$

$\log_2 x=1$ 또는 $\log_2 x=4$

$x=2$ 또는 $x=16$

따라서 두 근의 합은 $2+16=18$이다.

답 ⑤

92 $\log_5 x=t$라 하면

주어진 방정식은 $t+\frac{4}{t}-5=0$이고

$t^2-5t+4=0$에서

$(t-1)(t-4)=0$

$t=1$ 또는 $t=4$

$\log_5 x=1$ 또는 $\log_5 x=4$

$x=5$ 또는 $x=5^4$

따라서 두 근의 곱은 $5\times 5^4=5^5$이다.

답 ②

93 $\log_3 x=t$라 하면

주어진 방정식은 $(t-2)^2-8t+23=0$이고

$t^2-12t+27=0$에서 $(t-3)(t-9)=0$

$t=3$ 또는 $t=9$

$\log_3 x=3$ 또는 $\log_3 x=9$
$x=3^3$ 또는 $x=3^9$
따라서 두 근의 곱은 $3^3\times3^9=3^{12}$이다.

답 ④

94 방정식 $x^{\log_3 x}=9x$의 양변에 밑이 3인 로그를 취하면
$\log_3 x^{\log_3 x}=\log_3 9x$
$(\log_3 x)^2=\log_3 x+2$
이때 $\log_3 x=t$라 하면 $t^2-t-2=0$에서
$(t+1)(t-2)=0$
$t=-1$ 또는 $t=2$
$\log_3 x=-1$ 또는 $\log_3 x=2$
$x=\frac{1}{3}$ 또는 $x=9$
따라서 두 근의 곱은 $\frac{1}{3}\times9=3$이다.

답 ③

95 방정식 $x^{2-\log x}=\frac{1000}{x^2}$의 양변에 상용로그를 취하면
$(2-\log x)\log x=3-2\log x$
이때 $\log x=t$라 하면 $(2-t)t=3-2t$
$t^2-4t+3=0$
$(t-1)(t-3)=0$
$t=1$ 또는 $t=3$
$\log x=1$ 또는 $\log x=3$
따라서 구하는 해는 $x=10$ 또는 $x=1000$이다.

답 ①

96 $(2x)^{\log 2}-(3x)^{\log 3}=0$에서 $(2x)^{\log 2}=(3x)^{\log 3}$
양변에 상용로그를 취하면
$\log 2\times\log 2x=\log 3\times\log 3x$
$\log 2(\log 2+\log x)=\log 3(\log 3+\log x)$
$\log x(\log 2-\log 3)=-(\log 2-\log 3)(\log 2+\log 3)$
$\log x=-(\log 2+\log 3)=-\log 6=\log\frac{1}{6}$
따라서 $x=\frac{1}{6}$

답 $x=\frac{1}{6}$

97 $\log_2 x=X$, $\log_3 y=Y$라 하면
$$\begin{cases}2X+Y=9 & \cdots\cdots ㉠\\ X-Y=3 & \cdots\cdots ㉡\end{cases}$$
㉠+㉡을 하면 $3X=12$, $X=4$
$Y=1$
$\log_2 x=4$에서 $x=16$, $\log_3 y=1$에서 $y=3$이므로
$\alpha=16$, $\beta=3$
따라서 $\alpha+\beta=16+3=19$

답 ②

98 $\log_3 x\times\log_2 y=\frac{\log x}{\log 3}\times\frac{\log y}{\log 2}=\frac{\log x}{\log 2}\times\frac{\log y}{\log 3}$
$=\log_2 x\times\log_3 y$
$\log_2 x=X$, $\log_3 y=Y$라 하면
$X-Y=-4$, $XY=5$
두 식을 연립하여 풀면
$X=-5$, $Y=-1$ 또는 $X=1$, $Y=5$
즉, $x=\frac{1}{32}$, $y=\frac{1}{3}$ 또는 $x=2$, $y=3^5$
$\alpha>1$이므로 $\alpha=2$, $\beta=243$
따라서 $\alpha+\beta=245$

답 245

99 진수의 조건에서 $x>0$, $y>0$
$\log_2 x+\log_2 y=(\log_2 xy)^2$에서
$\log_2 xy=(\log_2 xy)^2$
$\log_2 xy(\log_2 xy-1)=0$이므로
$\log_2 xy=0$ 또는 $\log_2 xy=1$
$xy=1$ 또는 $xy=2$
$y=\frac{1}{x}$ 또는 $y=\frac{2}{x}$ $(x>0)$
$y=\frac{1}{x}$을 $x^2+y^2=9$에 대입하면
$x^2+\frac{1}{x^2}=9$, $x^4-9x^2+1=0$
$x^2=\frac{9\pm\sqrt{77}}{2}>0$이고, $x>0$이므로 2쌍의 해가 존재한다.
$y=\frac{2}{x}$를 $x^2+y^2=9$에 대입하면
$x^2+\frac{4}{x^2}=9$, $x^4-9x^2+4=0$
$x^2=\frac{9\pm\sqrt{65}}{2}>0$이고, $x>0$이므로 2쌍의 해가 존재한다.
따라서 위의 4쌍의 해 중 중복인 해는 없으므로 해의 개수는 4이다.

답 ④

100 두 근을 α, β라 하면 이차방정식의 근과 계수의 관계에 의하여
$\log_2\alpha+\log_2\beta=k$
$\log_2\alpha\beta=k$
두 근의 곱이 4이므로 $\alpha\beta=4$를 대입하면
$k=2$

답 ①

101 양변에 밑이 2인 로그를 취하면
$(\log_2 x)^2-2\log_2 x-4=0$
두 실근이 α, β이므로 이차방정식의 근과 계수의 관계에 의하여
$\log_2\alpha+\log_2\beta=2$
$\log_2\alpha\beta=2$
따라서 $\alpha\beta=4$

답 ③

102 주어진 방정식은 이차방정식이므로 $1-\log_2 k\neq0$에서 $k\neq2$이다. 중근을 가지려면 주어진 이차방정식의 판별식을 D라 할 때
$\frac{D}{4}=(\log_2 k-1)^2+(1-\log_2 k)=0$
$(\log_2 k)^2-3\log_2 k+2=0$
$(\log_2 k-1)(\log_2 k-2)=0$
$\log_2 k=1$ 또는 $\log_2 k=2$

$k=2$ 또는 $k=4$
$k\neq2$이므로 양수 k의 값은 4이다.

답 4

103 진수의 조건에서
$x-1>0$, $\frac{2}{3}x-1>0$이므로
$x>\frac{3}{2}$ ...... ㉠
$\log_3(x-1)-\log_3\left(\frac{2}{3}x-1\right)-1>0$에서
$\log_3(x-1)>\log_3\left(\frac{2}{3}x-1\right)+1$
$\log_3(x-1)>\log_3(2x-3)$
(밑)$=3>1$이므로 $x-1>2x-3$에서
$x<2$ ...... ㉡
㉠, ㉡에서 부등식의 해는 $\frac{3}{2}<x<2$이므로
$\alpha=\frac{3}{2}$, $\beta=2$
따라서 $\alpha\beta=\frac{3}{2}\times2=3$

답 ②

104 진수의 조건에서
$\frac{1}{x-1}>0$, $7-x>0$이므로
$1<x<7$ ...... ㉠
$2\log_3\frac{1}{x-1}<\log_{\frac{1}{3}}(7-x)$에서
$\log_3\left(\frac{1}{x-1}\right)^2<\log_3\frac{1}{7-x}$
(밑)$=3>1$이므로 $\frac{1}{(x-1)^2}<\frac{1}{7-x}$
$(x-1)^2>7-x$
$x^2-x-6>0$
$(x+2)(x-3)>0$
$x<-2$ 또는 $x>3$ ...... ㉡
㉠, ㉡에서 부등식의 해는 $3<x<7$이므로 주어진 부등식을 만족시키는 정수 x의 값은 4, 5, 6이다.
따라서 그 합은 $4+5+6=15$

답 ④

105 진수의 조건에서 $x>0$, $\log_3 x>0$이므로
$x>1$ ...... ㉠
$\log_2(\log_3 x)\leq2$에서
$\log_2(\log_3 x)\leq\log_2 4$
(밑)$=2>1$이므로
$\log_3 x\leq4$
$\log_3 x\leq\log_3 81$
(밑)$=3>1$이므로
$x\leq81$ ...... ㉡
㉠, ㉡에서 부등식의 해는 $1<x\leq81$

답 $1<x\leq81$

106 진수의 조건에서
$x>0$ ...... ㉠
$(\log_{\frac{1}{2}}x)^2-\log_{\frac{1}{2}}x^3\geq0$에서 $\log_{\frac{1}{2}}x=t$라 하면
$t^2-3t\geq0$, $t(t-3)\geq0$이므로
$t\leq0$ 또는 $t\geq3$
$0<$(밑)$=\frac{1}{2}<1$이므로
$\log_{\frac{1}{2}}x\leq0$일 때,
$x\geq1$ ...... ㉡
$\log_{\frac{1}{2}}x\geq3$일 때,
$x\leq\frac{1}{8}$ ...... ㉢
㉠, ㉡, ㉢에서 부등식의 해는
$0<x\leq\frac{1}{8}$ 또는 $x\geq1$

답 $0<x\leq\frac{1}{8}$ 또는 $x\geq1$

107 진수의 조건에서 $x>0$
$\log_{\frac{1}{9}}x\times\log_3\frac{x}{9}\geq a$에서
$-\frac{1}{2}\log_3 x\times(\log_3 x-2)\geq a$
$\log_3 x=t$라 하면 $-\frac{1}{2}t(t-2)\geq a$
$t^2-2t+2a\leq0$
부등식의 해가 $\frac{1}{9}\leq x\leq81$이므로
$\log_3\frac{1}{9}\leq t\leq\log_3 81$
$-2\leq t\leq4$
따라서 $t^2-2t+2a=(t+2)(t-4)$이므로
$2a=-8$
$a=-4$

답 ①

108 진수의 조건에서 $x>0$
$(\log_3 3x)(\log_3 9x)<6$에서
$\log_3 x=t$라 하면 $(1+t)(2+t)<6$
$t^2+3t-4<0$, $(t+4)(t-1)<0$
$-4<t<1$
$-4<\log_3 x<1$
$\frac{1}{81}<x<3$
따라서 $\alpha=\frac{1}{81}$, $\beta=3$이므로
$\alpha\beta=\frac{1}{81}\times3=\frac{1}{27}$

답 ⑤

109 진수의 조건에서 $x>0$
부등식 $x^{\log_2 x}<8x^2$의 양변에 밑이 2인 로그를 취하면
$(\log_2 x)^2<3+2\log_2 x$
$\log_2 x=t$라 하면 $t^2<3+2t$
$t^2-2t-3<0$, $(t-3)(t+1)<0$

$-1<t<3$

$-1<\log_2 x<3$

$\frac{1}{2}<x<8$

따라서 구하는 정수 x의 개수는 1, 2, 3, 4, 5, 6, 7의 7이다.

답 ③

110 진수의 조건에서

$x>0$ …… ㉠

부등식 $x^{\log_5 x+3}\geq 625$의 양변에 밑이 5인 로그를 취하면

$(\log_5 x)(\log_5 x+3)\geq 4$

$\log_5 x=t$라 하면 $t^2+3t-4\geq 0$

$(t+4)(t-1)\geq 0$

$t\leq -4$ 또는 $t\geq 1$

$\log_5 x\leq -4$ 또는 $\log_5 x\geq 1$

(밑)$=5>1$이므로

$x\leq \frac{1}{625}$ 또는 $x\geq 5$ …… ㉡

㉠, ㉡에서 부등식의 해는 $0<x\leq\frac{1}{625}$ 또는 $x\geq 5$이다.

답 $0<x\leq\frac{1}{625}$ 또는 $x\geq 5$

111 $\log_5 x$의 진수의 조건에서

$x>0$ …… ㉠

$x^{\log_5 2}=2^{\log_5 x}$이므로 주어진 부등식을

$2^{\log_5 x}\times 2^{\log_5 x}\geq 6\times 2^{\log_5 x}-8$

로 변형할 수 있다.

$(2^{\log_5 x})^2\geq 6\times 2^{\log_5 x}-8$에서 $2^{\log_5 x}=t$ $(t>0)$이라 하면

$t^2-6t+8\geq 0$, $(t-2)(t-4)\geq 0$

$t\leq 2$ 또는 $t\geq 4$

$2^{\log_5 x}\leq 2$ 또는 $2^{\log_5 x}\geq 4$

$2^{\log_5 x}\leq 2^1$ 또는 $2^{\log_5 x}\geq 2^2$

$\log_5 x\leq 1$ 또는 $\log_5 x\geq 2$

$x\leq 5$ 또는 $x\geq 25$ …… ㉡

㉠, ㉡에서 부등식의 해는 $0<x\leq 5$ 또는 $x\geq 25$이다.

답 ②

112 부등식 $\log_{x-1}(x^2+x-6)>2$의 밑의 조건에서

$x>1$, $x\neq 2$ …… ㉠

진수의 조건에서

$x^2+x-6=(x+3)(x-2)>0$

$x<-3$ 또는 $x>2$ …… ㉡

㉠, ㉡에서 $x>2$

부등식 $\log_{x-1}(x^2+x-6)>2$에서 (밑)$=x-1>1$이므로

$x^2+x-6>(x-1)^2$, $x-6>-2x+1$

$x>\frac{7}{3}$ …… ㉢

부등식 $\log_5(x-1)<1$에서 (밑)$=5>1$이므로

$x-1<5$, $x<6$

진수의 조건에서 $x-1>0$, $x>1$이므로

$1<x<6$ …… ㉣

㉢, ㉣에서 연립부등식의 해는 $\frac{7}{3}<x<6$이므로

$\alpha=\frac{7}{3}$, $\beta=6$

따라서 $\alpha\beta=14$

답 14

113 $\log x=t$라 하면

부등식 $(\log x)^2+\log 10x+k\geq 0$에서

$t^2+t+1+k\geq 0$

모든 양수 x, 즉 모든 실수 t에 대하여 이 부등식이 성립하려면 이차방정식 $t^2+t+1+k=0$의 판별식을 D라 할 때

$D=1-4(1+k)\leq 0$

따라서 $k\geq -\frac{3}{4}$

답 ③

114 $\log_2 k=t$라 하면

부등식 $x^2-2(2+\log_2 k)x-\log_2 k>0$에서

$x^2-2(2+t)x-t>0$

모든 실수 x에 대하여 이 부등식이 성립하려면 이차방정식 $x^2-2(2+t)x-t=0$의 판별식을 D라 할 때

$\frac{D}{4}=(2+t)^2+t<0$

$t^2+5t+4<0$

$(t+4)(t+1)<0$

$-4<t<-1$

따라서 $\frac{1}{16}<k<\frac{1}{2}$

답 ②

서술형 완성하기

본문 53쪽

01 8	**02** $\frac{2\sqrt{3}+1}{11}$	**03** $a=1$, $b=3$
04 $x=4$, $y=2$	**05** $3-2\sqrt{2}$	**06** $\frac{1}{9}<k<1$

01 $f(x)$는 (밑)>1이므로

최댓값은 $f(3)=8^3=2^9$ …… ❶

$g(x)$는 $0<$(밑)<1이므로

최솟값은 $g(3)=\left(\frac{1}{4}\right)^3=\frac{1}{2^6}$ …… ❷

따라서 $M=2^9$, $m=\frac{1}{2^6}$이므로

$Mm=2^9\times\frac{1}{2^6}=2^3=8$ …… ❸

답 8

단계	채점 기준	비율
❶	$f(x)$의 최댓값을 구한 경우	40 %
❷	$g(x)$의 최솟값을 구한 경우	40 %
❸	Mm의 값을 구한 경우	20 %

02
교점의 좌표는 $(2a, \sqrt{3}-\sqrt{2})$이므로

$5^{2a}=\sqrt{3}-\sqrt{2}$ …… ❶

$$\frac{f(a)+f(-a)}{f(3a)+f(-3a)}=\frac{5^a+5^{-a}}{5^{3a}+5^{-3a}}$$
$$=\frac{5^a+5^{-a}}{(5^a+5^{-a})(5^{2a}-1+5^{-2a})}$$
$$=\frac{1}{5^{2a}-1+5^{-2a}}$$ …… ❷
$$=\frac{1}{(\sqrt{3}-\sqrt{2})-1+(\sqrt{3}+\sqrt{2})}$$
$$=\frac{1}{2\sqrt{3}-1}$$
$$=\frac{2\sqrt{3}+1}{11}$$ …… ❸

답 $\frac{2\sqrt{3}+1}{11}$

단계	채점 기준	비율
❶	교점의 좌표를 이용하여 $5^{2a}=\sqrt{3}-\sqrt{2}$임을 구한 경우	20 %
❷	$\frac{f(a)+f(-a)}{f(3a)+f(-3a)}=\frac{1}{5^{2a}-1+5^{-2a}}$임을 구한 경우	50 %
❸	답을 구한 경우	30 %

03
함수 $y=3^{x+a}+b$의 그래프의 점근선의 방정식이 $y=3$이므로 $b=3$이다. …… ❶

함수 $y=f(x)$의 그래프가 점 $(-1, 12)$를 지나고 함수 $y=f(x)$의 그래프를 y축에 대하여 대칭이동하면 함수 $y=3^{x+a}+3$의 그래프가 되므로 함수 $y=3^{x+a}+3$의 그래프는 점 $(1, 12)$를 지난다. …… ❷

즉, $12=3^{1+a}+3$에서 $3^{1+a}=9$

$1+a=2$이므로

$a=1$ …… ❸

따라서 $a=1$, $b=3$이다.

답 $a=1$, $b=3$

단계	채점 기준	비율
❶	b의 값을 구한 경우	30 %
❷	함수 $y=3^{x+a}+b$의 그래프가 점 $(1, 12)$를 지남을 알아낸 경우	40 %
❸	a의 값을 구한 경우	30 %

04
진수의 조건에서

$11-2x>0$, $6-x>0$, $5-y>0$, $4-y>0$이므로

$x<\frac{11}{2}$, $x<6$, $y<5$, $y<4$에서

$x<\frac{11}{2}$, $y<4$이다. …… ❶

$\log\frac{11-2x}{6-x}=\log\frac{5-y}{4-y}$에서 $\frac{11-2x}{6-x}=\frac{5-y}{4-y}$

$(11-2x)(4-y)=(6-x)(5-y)$

$xy-3x-5y+14=0$

$(x-5)(y-3)=1$ …… ❷

x, y가 정수이므로 이를 만족시키는 x, y는

$x=6$, $y=4$ 또는 $x=4$, $y=2$ …… ❸

이때 $x<\frac{11}{2}$, $y<4$이므로

$x=4$, $y=2$가 조건을 만족시킨다. …… ❹

답 $x=4$, $y=2$

단계	채점 기준	비율
❶	진수의 조건에서 x, y의 값의 범위를 구한 경우	30 %
❷	로그의 성질을 이용하여 $(x-5)(y-3)=1$임을 구한 경우	40 %
❸	x, y가 정수임을 이용하여 해를 구한 경우	20 %
❹	x, y의 값의 범위에 해당하는 해를 구한 경우	10 %

05
점 B의 x좌표를 a라 하면

점 A의 x좌표는 $6-a$이므로

점 A의 y좌표는 $\log_5(6-a)$이고

점 B의 y좌표는 $\log_5 a$이다. …… ❶

점 C는 선분 AB의 중점이므로

$\frac{\log_5(6-a)+\log_5 a}{2}=0$

$\log_5 a(6-a)=0$

$-a^2+6a=1$

$a^2-6a+1=0$

$a=3\pm2\sqrt{2}$ …… ❷

점 B가 제4사분면 위의 점이므로

$\log_5 a<0$에서 $a<1$

따라서 $a=3-2\sqrt{2}$이므로

점 B의 x좌표는 $3-2\sqrt{2}$이다. …… ❸

답 $3-2\sqrt{2}$

단계	채점 기준	비율
❶	두 점 A, B의 x좌표와 y좌표를 미지수를 이용하여 나타낸 경우	40 %
❷	점 C가 선분 AB의 중점임을 이용하여 미지수를 구한 경우	40 %
❸	조건에 맞는 답을 구한 경우	20 %

06
진수의 조건에서

$k>0$ …… ❶

주어진 부등식이 항상 성립하려면 이차방정식

$x^2-4(2+\log_3 k)x+16-4(\log_3 k)^2=0$의 판별식을 D라 할 때

$\frac{D}{4}=4(2+\log_3 k)^2-16+4(\log_3 k)^2<0$

$\log_3 k=t$라 하면 $4(2+t)^2-16+4t^2<0$

$8t(t+2)<0$

$-2<t<0$

즉, $-2<\log_3 k<0$에서

$\frac{1}{9}<k<1$ …… ❷

이는 진수의 조건을 만족시키므로 구하는 실수 k의 값의 범위는

$\frac{1}{9}<k<1$ …… ❸

답 $\frac{1}{9}<k<1$

단계	채점 기준	비율
❶	진수의 조건에서 k의 값의 범위를 구한 경우	20 %
❷	판별식을 0보다 작게 하는 k의 값의 범위를 구한 경우	50 %
❸	조건을 만족시키는 실수 k의 값의 범위를 구한 경우	30 %

내신 + 수능 고난도 도전

본문 54쪽

01 ⑤ 02 ② 03 25 04 2

01 (i) $x-1<0$, $\frac{1}{4}\times2^x-32>0$일 때

$x<1$ …… ㉠

$\frac{1}{4}\times2^x-32=2^{x-2}-32>0$

$2^{x-2}>2^5$

$x-2>5$

$x>7$ …… ㉡

㉠, ㉡을 동시에 만족시키는 x의 값은 존재하지 않는다.

(ii) $x-1>0$, $\frac{1}{4}\times2^x-32<0$일 때

$x>1$ …… ㉢

$\frac{1}{4}\times2^x-32=2^{x-2}-32<0$

$2^{x-2}<2^5$

$x-2<5$

$x<7$ …… ㉣

㉢, ㉣에서 $1<x<7$

따라서 정수 x의 값은 2, 3, 4, 5, 6이고, 그 개수는 5이다.

답 ⑤

다른 풀이

부등식 $\frac{1}{4}\times2^x-32>0$은 부등식 $x-7>0$을 구하는 것과 같고, 부등식 $\frac{1}{4}\times2^x-32<0$은 부등식 $x-7<0$을 구하는 것과 같으므로 두 부등식의 부호는 각각 서로 동일하다.

즉, 주어진 부등식의 해는 부등식 $(x-1)(x-7)<0$의 해와 같다.

따라서 부등식의 해는 $1<x<7$ 이고, 만족시키는 정수 x의 값은 2, 3, 4, 5, 6이므로 그 개수는 5이다.

02 진수의 조건에서

$|x-a|>0$, $x-4>0$

$x\neq a$, $x>4$

$\log_5|x-a|=\log_{25}(x-4)$에서

$(x-a)^2=x-4$

$x^2-(2a+1)x+a^2+4=0$

$x=\frac{2a+1\pm\sqrt{4a-15}}{2}$

(i) $a=2$, $a=3$일 때

$4a-15<0$이므로 실근은 존재하지 않는다.

즉, $f(2)=f(3)=0$

(ii) $a=4$일 때

$x=4$ 또는 $x=5$

이때 진수의 조건에 의하여 $x=5$이므로 실근의 개수는 1이다.

즉, $f(4)=1$

(iii) $a=5$일 때

$x=\frac{11\pm\sqrt{5}}{2}$이므로 실근의 개수는 2이다.

즉, $f(5)=2$

(iv) $a=6$일 때

$x=5$ 또는 $x=8$이므로 실근의 개수는 2이다.

즉, $f(6)=2$

따라서

$f(2)+f(3)+f(4)+f(5)+f(6)=0+0+1+2+2=5$

답 ②

03 $f(x)=\frac{4^x}{4^x+2}$에서

$$f(1-x)=\frac{4^{1-x}}{4^{1-x}+2}=\frac{\frac{4}{4^x}}{\frac{4}{4^x}+2}=\frac{2}{2+4^x}$$

이므로 $f(x)+f(1-x)=1$

따라서

$$\left\{f\left(\frac{1}{51}\right)+f\left(\frac{50}{51}\right)\right\}+\left\{f\left(\frac{2}{51}\right)+f\left(\frac{49}{51}\right)\right\}+\left\{f\left(\frac{3}{51}\right)+f\left(\frac{48}{51}\right)\right\}+\cdots+\left\{f\left(\frac{25}{51}\right)+f\left(\frac{26}{51}\right)\right\}$$

$=1\times25=25$

답 25

04 점 A의 좌표는 $(2, a)$이고 삼각형 ABC가 선분 AB가 빗변인 직각이등변삼각형이므로 점 C의 좌표는 $\left(2+\frac{a}{2}, \frac{a}{2}\right)$이다.

함수 $y=a^x$의 역함수가 $y=\log_a x$이고 두 곡선은 직선 $y=x$에 대하여 대칭이므로 곡선 $y=a^{x-1}$과 곡선 $y=\log_a(x-1)$은 직선 $y=x-1$에 대하여 대칭이다.

따라서 선분 AC의 중점이 직선 $y=x-1$ 위에 있어야 한다.

선분 AC의 중점은 $\left(2+\frac{a}{4}, \frac{3}{4}a\right)$이므로

$\frac{3}{4}a=1+\frac{a}{4}$

따라서 $a=2$

답 2

Ⅱ. 삼각함수

03 삼각함수의 뜻과 그래프

개념 확인하기

본문 57~61쪽

01 풀이 참조 **02** 풀이 참조 **03** $360^\circ\times n+150^\circ$

04 $360^\circ\times n+330^\circ$ **05** $360^\circ\times n+100^\circ$

06 $360^\circ\times n+210^\circ$ **07** 제2사분면 **08** 제1사분면

09 $\frac{5}{6}\pi$ **10** 225° **11** $-\frac{4}{3}\pi$ **12** -108°

13 $2n\pi+\frac{\pi}{4}$ **14** $2n\pi+\frac{\pi}{2}$ **15** $2n\pi+\frac{5}{3}\pi$

16 $2n\pi+\frac{7}{4}\pi$ **17** $l=\pi$, $S=\pi$

18 $r=3$, $S=\frac{3}{4}\pi$ **19** $r=4$, $\theta=\frac{3}{2}$

20 $\sin\theta=\frac{3\sqrt{13}}{13}$, $\cos\theta=-\frac{2\sqrt{13}}{13}$, $\tan\theta=-\frac{3}{2}$

21 $\sin\theta=\frac{\sqrt{3}}{2}$, $\cos\theta=-\frac{1}{2}$, $\tan\theta=-\sqrt{3}$

22 $\sin\theta<0$, $\cos\theta>0$, $\tan\theta<0$

23 $\sin\theta<0$, $\cos\theta<0$, $\tan\theta>0$

24 제2사분면 **25** 제4사분면 **26** $\cos\theta=-\frac{4}{5}$, $\tan\theta=\frac{3}{4}$

27 (1) $-\frac{5}{18}$ (2) $-\frac{18}{5}$ **28** (1) 실수 전체의 집합 (2) y축 (3) 2π

29 $\frac{\sqrt{3}}{2}$ **30** $\frac{\sqrt{2}}{2}$ **31** 풀이 참조 **32** 풀이 참조

33 풀이 참조 **34** 풀이 참조 **35** $\frac{5}{2}$

36 (1) $n\pi+\frac{\pi}{2}$ (2) 원점 (3) π (4) $n\pi+\frac{\pi}{2}$ **37** 1

38 $-\frac{\sqrt{3}}{3}$ **39** 풀이 참조 **40** 풀이 참조

41 최댓값: 2, 최솟값: -2, 주기: $\frac{2}{3}\pi$

42 최댓값: $\frac{4}{3}$, 최솟값: $\frac{2}{3}$, 주기: 4π

43 최댓값: 없음, 최솟값: 없음, 주기: 4

44 π **45** 2π **46** $-\frac{\sqrt{3}}{2}$ **47** $-\frac{\sqrt{3}}{3}$

48 $\frac{\sqrt{3}}{2}$ **49** $\frac{1}{2}$ **50** $-\frac{1}{2}$ **51** 1

52 (1) $\frac{4}{5}$ (2) $\frac{3}{5}$ (3) $\frac{3}{5}$ (4) $-\frac{4}{3}$ **53** 1 **54** 1

55 풀이 참조 **56** $x=\frac{7}{6}\pi$ 또는 $x=\frac{11}{6}\pi$

57 $x=\frac{\pi}{3}$ 또는 $x=\frac{5}{3}\pi$ **58** $x=\frac{5}{6}\pi$ 또는 $x=\frac{11}{6}\pi$

59 $x=\frac{\pi}{12}$ 또는 $x=\frac{5}{12}\pi$ 또는 $x=\frac{13}{12}\pi$ 또는 $x=\frac{17}{12}\pi$

60 $x=\frac{\pi}{6}$ 또는 $x=\frac{5}{6}\pi$ **61** 풀이 참조

62 $\frac{\pi}{6}\le x\le\frac{5}{6}\pi$ **63** $\frac{5}{6}\pi<x<\frac{7}{6}\pi$

64 $0\le x\le\frac{\pi}{4}$ 또는 $\frac{3}{4}\pi\le x\le\frac{5}{4}\pi$ 또는 $\frac{7}{4}\pi\le x<2\pi$

65 $\frac{17}{12}\pi<x<\frac{23}{12}\pi$ **66** $\frac{\pi}{3}\le x\le\frac{\pi}{2}$

01

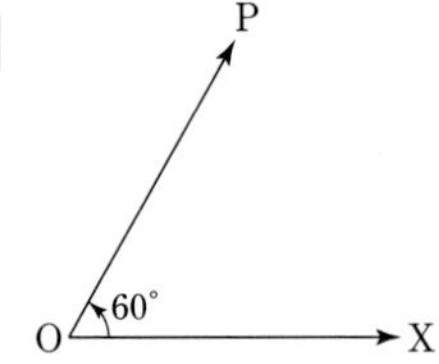

답 풀이 참조

02

답 풀이 참조

03 답 $360^\circ\times n+150^\circ$

04 답 $360^\circ\times n+330^\circ$

05 $460^\circ=360^\circ\times1+100^\circ$이므로
$360^\circ\times n+100^\circ$

답 $360^\circ\times n+100^\circ$

06 $-510^\circ=360^\circ\times(-2)+210^\circ$이므로
$360^\circ\times n+210^\circ$

답 $360^\circ\times n+210^\circ$

07 $480^\circ=360^\circ\times1+120^\circ$이므로
480°는 제2사분면의 각이다.

답 제2사분면

08 $-680^\circ=360^\circ\times(-2)+40^\circ$이므로
-680°는 제1사분면의 각이다.

답 제1사분면

09 $150^\circ=150\times\frac{\pi}{180}=\frac{5}{6}\pi$

답 $\frac{5}{6}\pi$

10 $\frac{5}{4}\pi=\frac{5}{4}\pi\times\frac{180^\circ}{\pi}=225^\circ$

답 225°

11 $-240^\circ=-240\times\frac{\pi}{180}=-\frac{4}{3}\pi$

답 $-\frac{4}{3}\pi$

12 $-\frac{3}{5}\pi=-\frac{3}{5}\pi\times\frac{180°}{\pi}=-108°$

답 $-108°$

13 $\frac{\pi}{4}=2\pi\times0+\frac{\pi}{4}$이므로

$2n\pi+\frac{\pi}{4}$

답 $2n\pi+\frac{\pi}{4}$

14 $\frac{5}{2}\pi=2\pi\times1+\frac{\pi}{2}$이므로

$2n\pi+\frac{\pi}{2}$

답 $2n\pi+\frac{\pi}{2}$

15 $-\frac{\pi}{3}=2\pi\times(-1)+\frac{5}{3}\pi$이므로

$2n\pi+\frac{5}{3}\pi$

답 $2n\pi+\frac{5}{3}\pi$

16 $-\frac{17}{4}\pi=2\pi\times(-3)+\frac{7}{4}\pi$이므로

$2n\pi+\frac{7}{4}\pi$

답 $2n\pi+\frac{7}{4}\pi$

17 $l=2\times\frac{\pi}{2}=\pi$, $S=\frac{1}{2}\times2\times\pi=\pi$

답 $l=\pi$, $S=\pi$

18 (호의 길이)$=\frac{\pi}{2}=r\times\frac{\pi}{6}$이므로

$r=3$

$S=\frac{1}{2}\times3\times\frac{\pi}{2}=\frac{3}{4}\pi$

답 $r=3$, $S=\frac{3}{4}\pi$

19 (부채꼴의 넓이)$=12=\frac{1}{2}\times r\times6$이므로

$r=4$

(호의 길이)$=6=4\times\theta$이므로

$\theta=\frac{3}{2}$

답 $r=4$, $\theta=\frac{3}{2}$

20 $\overline{\mathrm{OP}}=\sqrt{(-2)^2+3^2}=\sqrt{13}$이므로

$\sin\theta=\frac{3}{\sqrt{13}}=\frac{3\sqrt{13}}{13}$

$\cos\theta=\frac{-2}{\sqrt{13}}=-\frac{2\sqrt{13}}{13}$

$\tan\theta=-\frac{3}{2}$

답 $\sin\theta=\frac{3\sqrt{13}}{13}$, $\cos\theta=-\frac{2\sqrt{13}}{13}$, $\tan\theta=-\frac{3}{2}$

21 그림과 같이 각 $\frac{2}{3}\pi$를 나타내는 동경과 원점 O를 중심으로 하고 반지름의 길이가 1인 원과의 교점을 P라 하고 점 P에서 x축에 내린 수선의 발을 H라 하자.

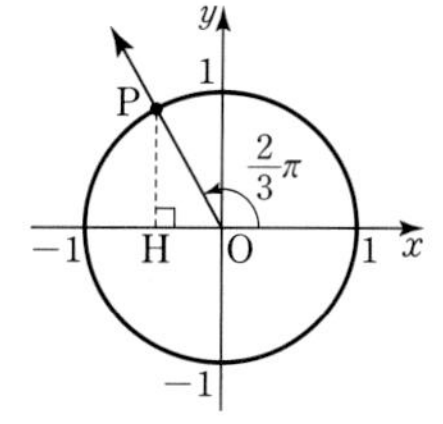

$\overline{\mathrm{OP}}=1$, $\angle\mathrm{POH}=\frac{\pi}{3}$이므로

$\overline{\mathrm{OH}}=\frac{1}{2}$, $\overline{\mathrm{PH}}=\frac{\sqrt{3}}{2}$

따라서 $\mathrm{P}\left(-\frac{1}{2}, \frac{\sqrt{3}}{2}\right)$이므로

$\sin\theta=\frac{\sqrt{3}}{2}$, $\cos\theta=-\frac{1}{2}$, $\tan\theta=-\sqrt{3}$

답 $\sin\theta=\frac{\sqrt{3}}{2}$, $\cos\theta=-\frac{1}{2}$, $\tan\theta=-\sqrt{3}$

22 $320°$는 제4사분면의 각이므로

$\sin\theta<0$, $\cos\theta>0$, $\tan\theta<0$

답 $\sin\theta<0$, $\cos\theta>0$, $\tan\theta<0$

23 $-\frac{8}{3}\pi=2\pi\times(-2)+\frac{4}{3}\pi$는 제3사분면의 각이므로

$\sin\theta<0$, $\cos\theta<0$, $\tan\theta>0$

답 $\sin\theta<0$, $\cos\theta<0$, $\tan\theta>0$

24 $\sin\theta>0$을 만족시키는 θ는 제1사분면 또는 제2사분면의 각이고, $\cos\theta<0$을 만족시키는 θ는 제2사분면 또는 제3사분면의 각이다.
따라서 θ는 제2사분면의 각이다.

답 제2사분면

25 $\cos\theta>0$을 만족시키는 θ는 제1사분면 또는 제4사분면의 각이고, $\tan\theta<0$을 만족시키는 θ는 제2사분면 또는 제4사분면의 각이다.
따라서 θ는 제4사분면의 각이다.

답 제4사분면

26 $\sin^2\theta+\cos^2\theta=1$이므로

$\cos^2\theta=1-\sin^2\theta=1-\left(-\frac{3}{5}\right)^2=\frac{16}{25}$

제3사분면에서 $\cos\theta<0$이므로

$\cos\theta=-\frac{4}{5}$

$\tan\theta=\frac{\sin\theta}{\cos\theta}=\frac{-\frac{3}{5}}{-\frac{4}{5}}=\frac{3}{4}$

답 $\cos\theta=-\frac{4}{5}$, $\tan\theta=\frac{3}{4}$

27 (1) $\sin^2\theta+\cos^2\theta=1$이므로

$$\begin{aligned}(\sin\theta+\cos\theta)^2&=\sin^2\theta+2\sin\theta\cos\theta+\cos^2\theta\\&=1+2\sin\theta\cos\theta\\&=\left(\frac{2}{3}\right)^2=\frac{4}{9}\end{aligned}$$

따라서 $2\sin\theta\cos\theta=-\frac{5}{9}$이므로

$\sin\theta\cos\theta=-\frac{5}{18}$

(2) $\frac{\sin\theta}{\cos\theta}+\frac{\cos\theta}{\sin\theta}=\frac{\sin^2\theta+\cos^2\theta}{\sin\theta\cos\theta}$

$=\frac{1}{\sin\theta\cos\theta}$

$=-\frac{18}{5}$

답 (1) $-\frac{5}{18}$ (2) $-\frac{18}{5}$

28 답 (1) 실수 전체의 집합 (2) y축 (3) 2π

29 $\sin\frac{7}{3}\pi=\sin\left(2\pi+\frac{\pi}{3}\right)=\sin\frac{\pi}{3}=\frac{\sqrt{3}}{2}$

답 $\frac{\sqrt{3}}{2}$

30 $\cos\left(-\frac{\pi}{4}\right)=\cos\frac{\pi}{4}=\frac{\sqrt{2}}{2}$

답 $\frac{\sqrt{2}}{2}$

31 함수 $y=3\sin x$의 그래프는 함수 $y=\sin x$의 그래프를 y축의 방향으로 3배 한 것으로 그림과 같다.

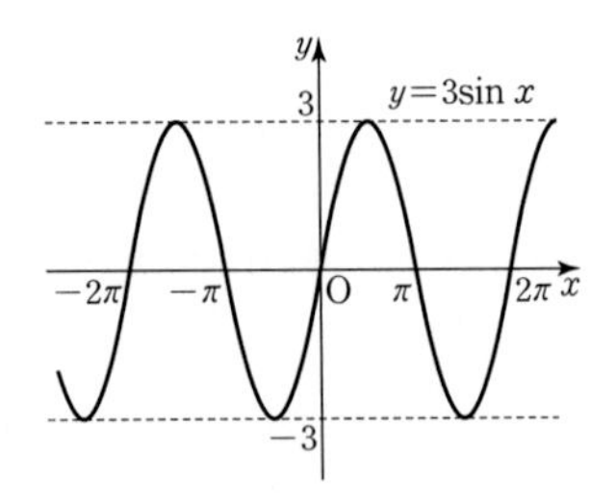

따라서 치역은 $\{y|-3\le y\le 3\}$, 주기는 2π이다.

답 풀이 참조

32 함수 $y=-\sin\left(x-\frac{\pi}{2}\right)$의 그래프는 함수 $y=\sin x$의 그래프를 x축의 방향으로 $\frac{\pi}{2}$만큼 평행이동한 후 x축에 대하여 대칭이동한 것으로 그림과 같다.

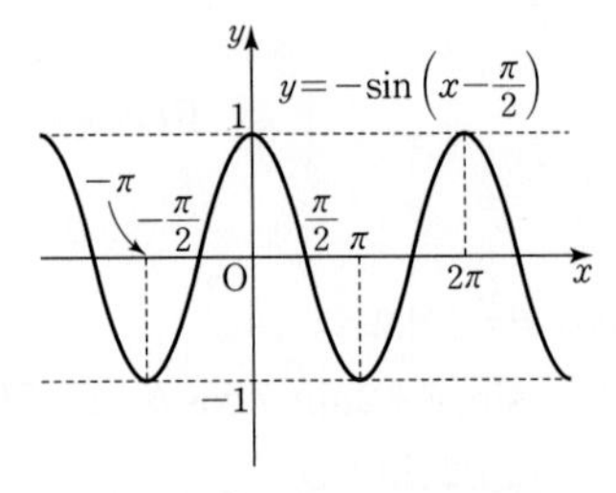

따라서 치역은 $\{y|-1\le y\le 1\}$, 주기는 2π이다.

답 풀이 참조

33 함수 $y=-\cos 2x$의 그래프는 함수 $y=\cos x$의 그래프를 x축의 방향으로 $\frac{1}{2}$배 한 후 x축에 대하여 대칭이동한 것으로 그림과 같다.

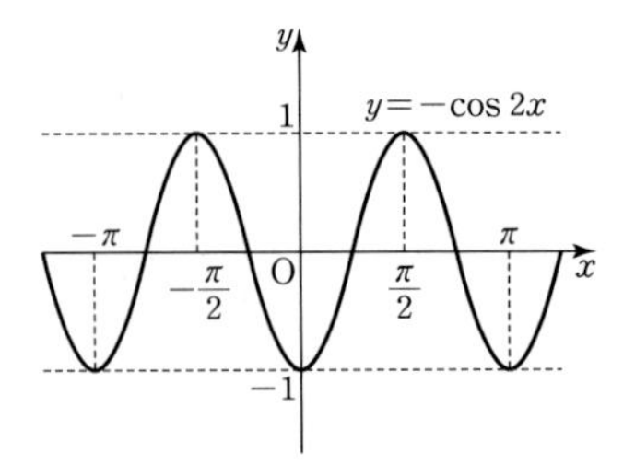

따라서 치역은 $\{y|-1\le y\le 1\}$, 주기는 π이다.

답 풀이 참조

34 함수 $y=\frac{1}{3}\cos\left(2x+\frac{\pi}{2}\right)=\frac{1}{3}\cos 2\left(x+\frac{\pi}{4}\right)$의 그래프는 함수 $y=\cos x$의 그래프를 x축의 방향으로 $\frac{1}{2}$배, y축의 방향으로 $\frac{1}{3}$배 한 후 x축의 방향으로 $-\frac{\pi}{4}$만큼 평행이동한 것으로 그림과 같다.

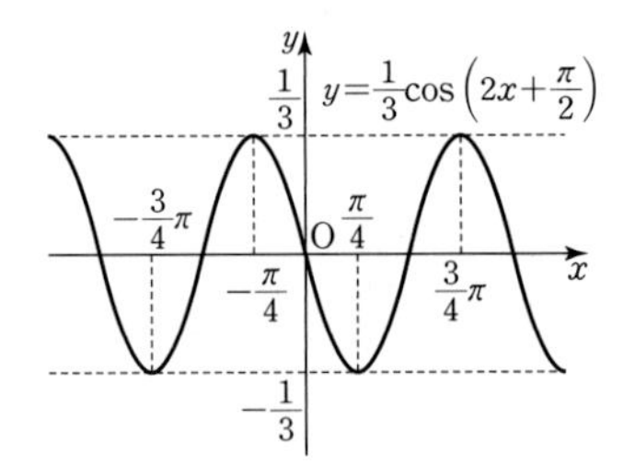

따라서 치역은 $\left\{y\middle|-\frac{1}{3}\le y\le\frac{1}{3}\right\}$, 주기는 π이다.

답 풀이 참조

35 함수 $y=-\frac{1}{2}\sin\left(3x-\frac{\pi}{2}\right)+2$의 그래프의 주기는

$\frac{2\pi}{|3|}=\frac{2}{3}\pi=a\pi$이므로

$a=\frac{2}{3}$

최댓값은 $\frac{1}{2}+2=\frac{5}{2}$, 최솟값은 $-\frac{1}{2}+2=\frac{3}{2}$이므로

치역은 $\left\{y\middle|\frac{3}{2}\le y\le\frac{5}{2}\right\}$

따라서 $b=\frac{3}{2}$, $c=\frac{5}{2}$이므로

$abc=\frac{2}{3}\times\frac{3}{2}\times\frac{5}{2}=\frac{5}{2}$

답 $\frac{5}{2}$

36 답 (1) $n\pi+\frac{\pi}{2}$ (2) 원점 (3) π (4) $n\pi+\frac{\pi}{2}$

37 $\tan\frac{5}{4}\pi=\tan\left(\pi+\frac{\pi}{4}\right)=\tan\frac{\pi}{4}=1$

답 1

38 $\tan\left(-\frac{\pi}{6}\right)=-\tan\frac{\pi}{6}=-\frac{\sqrt{3}}{3}$

답 $-\frac{\sqrt{3}}{3}$

39 함수 $y=-\tan 2x$의 그래프는 함수 $y=\tan x$의 그래프를 x축의 방향으로 $\frac{1}{2}$배 한 후 x축에 대하여 대칭이동한 것으로 그림과 같다.

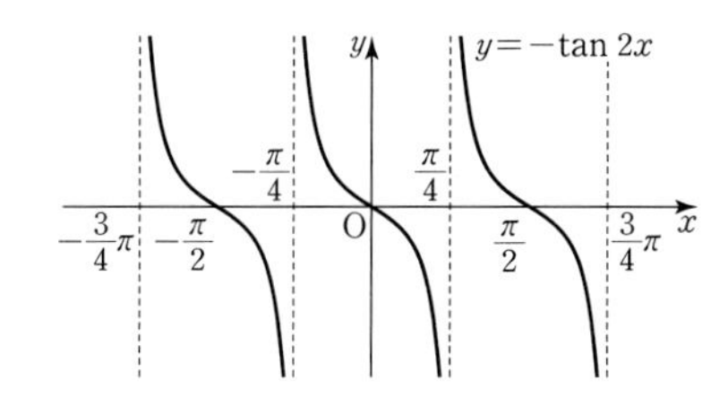

따라서 치역은 실수 전체의 집합, 주기는 $\frac{\pi}{2}$, 점근선의 방정식은 $x=\frac{n}{2}\pi+\frac{\pi}{4}$($n$은 정수)이다.

답 풀이 참조

40 함수 $y=2\tan\left(x-\frac{\pi}{2}\right)$의 그래프는 함수 $y=\tan x$의 그래프를 y축의 방향으로 2배 한 후 x축의 방향으로 $\frac{\pi}{2}$만큼 평행이동한 것으로 그림과 같다.

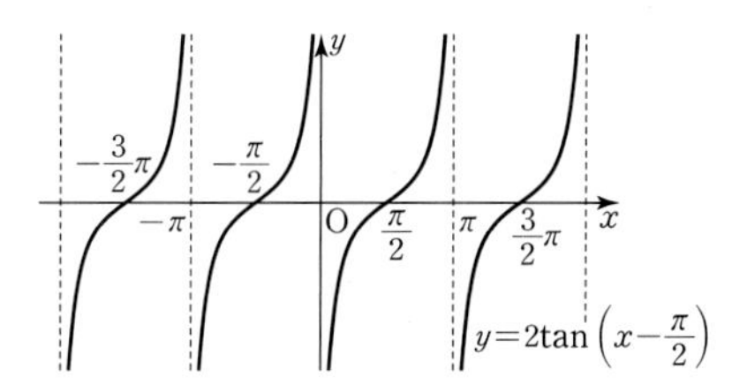

따라서 치역은 실수 전체의 집합, 주기는 π, 점근선의 방정식은 $x=n\pi$(n은 정수)이다.

답 풀이 참조

41 함수 $y=2\sin\left(3x-\frac{\pi}{6}\right)$의 최댓값은 2, 최솟값은 -2,

주기는 $\frac{2\pi}{|3|}=\frac{2}{3}\pi$

답 최댓값: 2, 최솟값: -2, 주기: $\frac{2}{3}\pi$

42 함수 $y=-\frac{1}{3}\cos\left(\frac{x}{2}-3\right)+1$의

최댓값은 $\frac{1}{3}+1=\frac{4}{3}$, 최솟값은 $-\frac{1}{3}+1=\frac{2}{3}$,

주기는 $\frac{2\pi}{\left|\frac{1}{2}\right|}=4\pi$

답 최댓값: $\frac{4}{3}$, 최솟값: $\frac{2}{3}$, 주기: 4π

43 함수 $y=-3\tan\frac{\pi}{4}x$의 최댓값과 최솟값은 없고,

주기는 $\frac{\pi}{\left|\frac{\pi}{4}\right|}=4$

답 최댓값: 없음, 최솟값: 없음, 주기: 4

44 함수 $y=|\sin x|$의 그래프는 함수 $y=\sin x$의 그래프에서 $y\geq0$인 부분은 그대로 두고 $y<0$인 부분은 x축에 대하여 대칭이동하여 그린 것으로 그림과 같다.

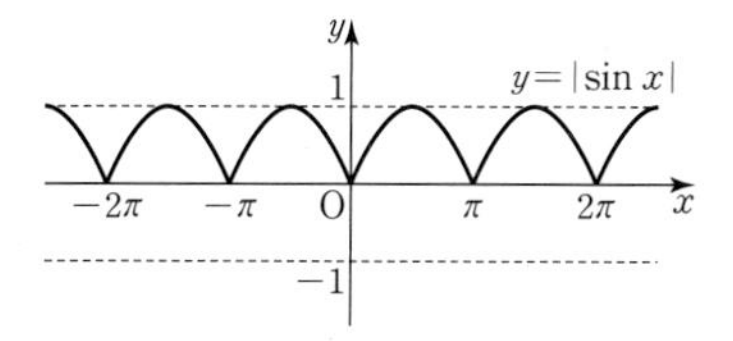

따라서 이 함수의 주기는 π이다.

답 π

45 함수 $y=\cos|x|$의 그래프는 함수 $y=\cos x$의 그래프에서 $x\geq0$인 부분은 그대로 두고 이 부분을 y축에 대하여 대칭이동하여 그린 것으로 그림과 같다.

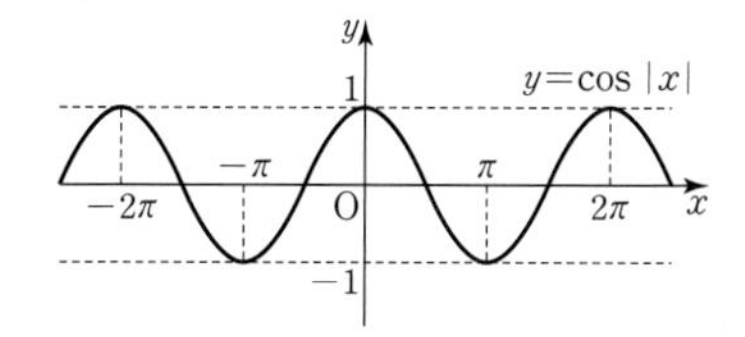

따라서 이 함수의 주기는 2π이다.

답 2π

46 $\sin\left(-\frac{\pi}{3}\right)=-\sin\frac{\pi}{3}=-\frac{\sqrt{3}}{2}$

답 $-\frac{\sqrt{3}}{2}$

47 $\tan\left(-\frac{\pi}{6}\right)=-\tan\frac{\pi}{6}=-\frac{\sqrt{3}}{3}$

답 $-\frac{\sqrt{3}}{3}$

48 $\cos 330^\circ=\cos(-330^\circ)=\cos(-330^\circ+360^\circ)$
$=\cos 30^\circ=\frac{\sqrt{3}}{2}$

답 $\frac{\sqrt{3}}{2}$

49 $\sin\frac{5}{6}\pi=\sin\left(\pi-\frac{\pi}{6}\right)=\sin\frac{\pi}{6}=\frac{1}{2}$

답 $\frac{1}{2}$

50 $\cos\frac{4}{3}\pi=\cos\left(\pi+\frac{\pi}{3}\right)=-\cos\frac{\pi}{3}=-\frac{1}{2}$

답 $-\frac{1}{2}$

51 $\tan 225^\circ=\tan(180^\circ+45^\circ)=\tan 45^\circ=1$

답 1

52 (1) $\cos(-\theta)=\cos\theta=\frac{4}{5}$

(2) $\sin(\pi+\theta)=-\sin\theta=-\left(-\frac{3}{5}\right)=\frac{3}{5}$

(3) $\cos\left(\frac{\pi}{2}+\theta\right)=-\sin\theta=-\left(-\frac{3}{5}\right)=\frac{3}{5}$

(4) $\tan\left(\frac{\pi}{2}-\theta\right)=\frac{1}{\tan\theta}=\frac{\cos\theta}{\sin\theta}$

$=\frac{\frac{4}{5}}{-\frac{3}{5}}=-\frac{4}{3}$

답 (1) $\frac{4}{5}$ (2) $\frac{3}{5}$ (3) $\frac{3}{5}$ (4) $-\frac{4}{3}$

53 $\sin\left(\frac{\pi}{2}+\theta\right)=\cos\theta$, $\cos\left(\frac{\pi}{2}-\theta\right)=\sin\theta$이므로

$\sin^2\left(\frac{\pi}{2}+\theta\right)+\cos^2\left(\frac{\pi}{2}-\theta\right)=\cos^2\theta+\sin^2\theta$

$=1$

답 1

54 $\tan(-\theta)=-\tan\theta$, $\tan\left(\frac{\pi}{2}+\theta\right)=-\frac{1}{\tan\theta}$이므로

$\tan(-\theta)\tan\left(\frac{\pi}{2}+\theta\right)=-\tan\theta\times\left(-\frac{1}{\tan\theta}\right)$

$=1$

답 1

55 주어진 식을 변형하면 $\sin x=\boxed{\frac{\sqrt{2}}{2}}$

이 방정식의 해는 함수 $y=\sin x$의 그래프와 직선 $y=\boxed{\frac{\sqrt{2}}{2}}$의 교점의 $\boxed{x}$좌표이므로

$x=\frac{\pi}{4}$ 또는 $x=\boxed{\frac{3}{4}\pi}$

답 풀이 참조

56 $\sin x=-\frac{1}{2}$의 해는 함수 $y=\sin x$의 그래프와 직선 $y=-\frac{1}{2}$의 교점의 x좌표와 같으므로 그림에서

$x=\frac{7}{6}\pi$ 또는 $x=\frac{11}{6}\pi$

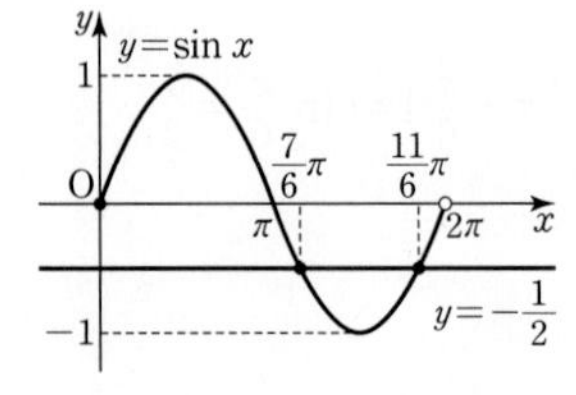

답 $x=\frac{7}{6}\pi$ 또는 $x=\frac{11}{6}\pi$

57 $2\cos x-1=0$, 즉 $\cos x=\frac{1}{2}$의 해는 함수 $y=\cos x$의 그래프와 직선 $y=\frac{1}{2}$의 교점의 x좌표와 같으므로 그림에서

$x=\frac{\pi}{3}$ 또는 $x=\frac{5}{3}\pi$

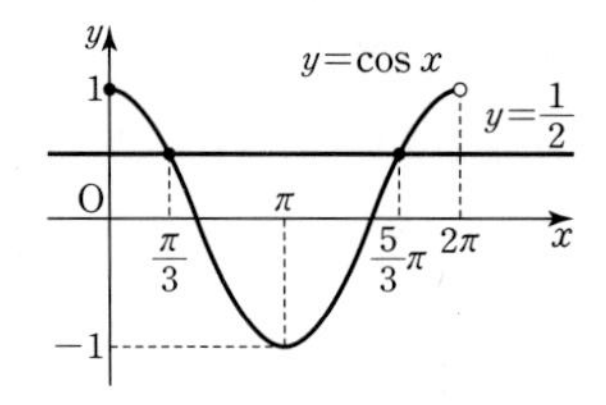

답 $x=\frac{\pi}{3}$ 또는 $x=\frac{5}{3}\pi$

58 $3\tan x+\sqrt{3}=0$, 즉 $\tan x=-\frac{\sqrt{3}}{3}$의 해는 함수 $y=\tan x$의 그래프와 직선 $y=-\frac{\sqrt{3}}{3}$의 교점의 x좌표와 같으므로 그림에서

$x=\frac{5}{6}\pi$ 또는 $x=\frac{11}{6}\pi$

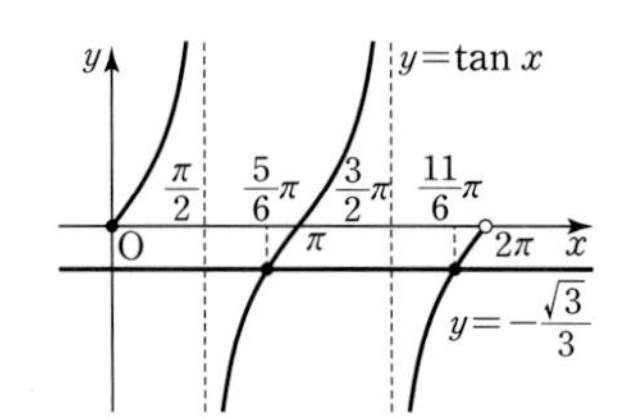

답 $x=\frac{5}{6}\pi$ 또는 $x=\frac{11}{6}\pi$

59 $2\sin 2x=1$에서 $\sin 2x=\frac{1}{2}$

$2x=t$라 하면 $0\le t<4\pi$이고 주어진 방정식은

$\sin t=\frac{1}{2}$

이 방정식의 해는 함수 $y=\sin t$의 그래프와 직선 $y=\frac{1}{2}$의 교점의 t좌표와 같으므로 그림에서

$t=\frac{\pi}{6}$ 또는 $t=\frac{5}{6}\pi$ 또는 $t=\frac{13}{6}\pi$ 또는 $t=\frac{17}{6}\pi$

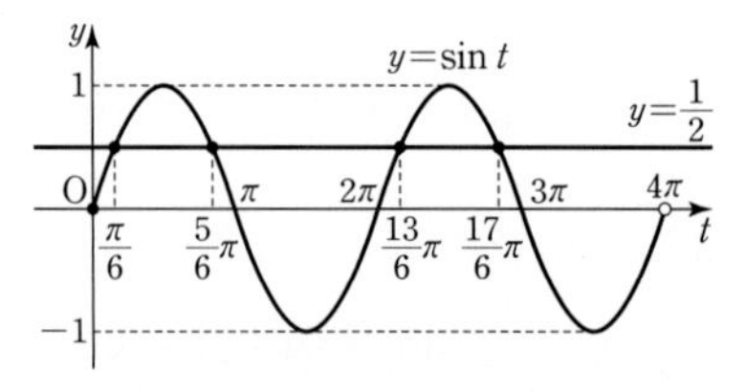

따라서 $2x=\frac{\pi}{6}$ 또는 $2x=\frac{5}{6}\pi$ 또는 $2x=\frac{13}{6}\pi$ 또는 $2x=\frac{17}{6}\pi$이므로

$x=\frac{\pi}{12}$ 또는 $x=\frac{5}{12}\pi$ 또는 $x=\frac{13}{12}\pi$ 또는 $x=\frac{17}{12}\pi$

답 $x=\frac{\pi}{12}$ 또는 $x=\frac{5}{12}\pi$ 또는 $x=\frac{13}{12}\pi$ 또는 $x=\frac{17}{12}\pi$

60 $\sin x=t$라 하면 $-1\le t\le 1$이고 주어진 방정식은

$2t^2+3t-2=0$

$(2t-1)(t+2)=0$

$-1\le t\le 1$에서 이 방정식의 해는

$t=\frac{1}{2}$

따라서 $\sin x=\frac{1}{2}$이므로 $0\le x<2\pi$에서 이를 만족시키는 x의 값은

$x=\frac{\pi}{6}$ 또는 $x=\frac{5}{6}\pi$

답 $x=\frac{\pi}{6}$ 또는 $x=\frac{5}{6}\pi$

61 주어진 식을 변형하면 $\cos x < \boxed{\frac{\sqrt{3}}{2}}$

이 부등식의 해는 함수 $y=\cos x$의 그래프가 직선 $y=\boxed{\frac{\sqrt{3}}{2}}$보다 아래쪽에 있는 부분의 x의 값의 범위이므로

$\boxed{\frac{\pi}{6}} < x < \frac{11}{6}\pi$

답 풀이 참조

62 주어진 식을 변형하면 $\sin x \geq \frac{1}{2}$

이 부등식의 해는 함수 $y=\sin x$의 그래프가 직선 $y=\frac{1}{2}$과 만나거나 직선보다 위쪽에 있는 부분의 x의 값의 범위이므로 그림에서

$\frac{\pi}{6} \leq x \leq \frac{5}{6}\pi$

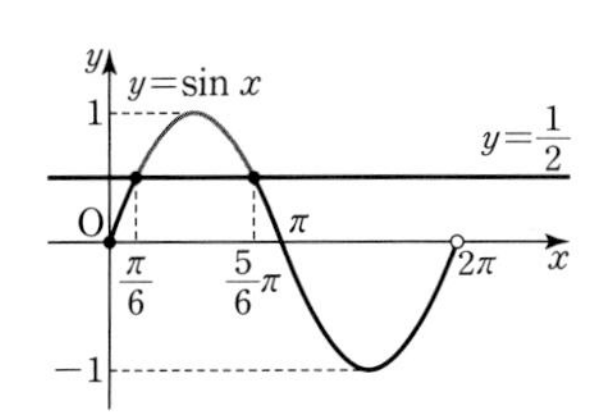

답 $\frac{\pi}{6} \leq x \leq \frac{5}{6}\pi$

63 주어진 식을 변형하면 $\cos x < -\frac{\sqrt{3}}{2}$

이 부등식의 해는 함수 $y=\cos x$의 그래프가 직선 $y=-\frac{\sqrt{3}}{2}$보다 아래쪽에 있는 부분의 x의 값의 범위이므로 그림에서

$\frac{5}{6}\pi < x < \frac{7}{6}\pi$

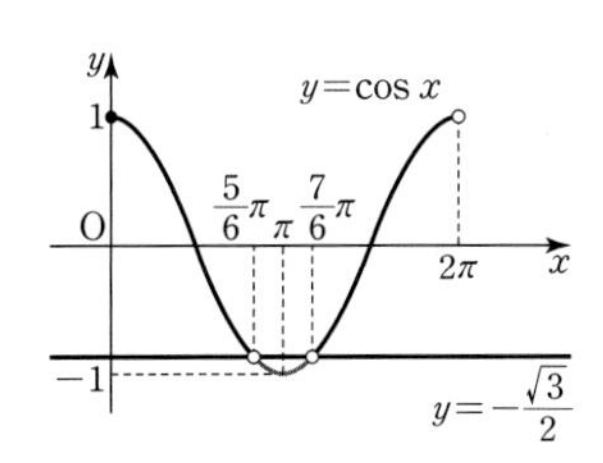

답 $\frac{5}{6}\pi < x < \frac{7}{6}\pi$

64 주어진 부등식의 해는 함수 $y=\tan x$의 그래프가 두 직선 $y=1$, $y=-1$과 만나거나 두 직선 사이에 있는 부분의 x의 값의 범위이므로 그림에서

$0 \leq x \leq \frac{\pi}{4}$ 또는 $\frac{3}{4}\pi \leq x \leq \frac{5}{4}\pi$ 또는 $\frac{7}{4}\pi \leq x < 2\pi$

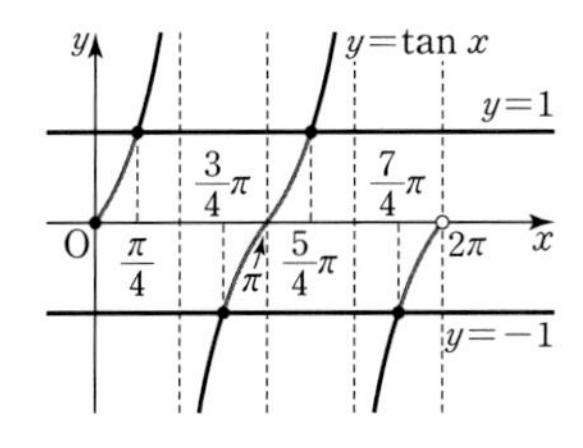

답 $0 \leq x \leq \frac{\pi}{4}$ 또는 $\frac{3}{4}\pi \leq x \leq \frac{5}{4}\pi$ 또는 $\frac{7}{4}\pi \leq x < 2\pi$

65 $x-\frac{\pi}{6}=t$라 하면 $-\frac{\pi}{6} \leq t < \frac{11}{6}\pi$이고 주어진 부등식은

$\sin t < -\frac{\sqrt{2}}{2}$

이 부등식의 해는 함수 $y=\sin t$의 그래프가 직선 $y=-\frac{\sqrt{2}}{2}$보다 아래쪽에 있는 부분의 t의 값의 범위이므로 그림에서

$\frac{5}{4}\pi < t < \frac{7}{4}\pi$

따라서 $\frac{5}{4}\pi < x-\frac{\pi}{6} < \frac{7}{4}\pi$이므로

$\frac{17}{12}\pi < x < \frac{23}{12}\pi$

답 $\frac{17}{12}\pi < x < \frac{23}{12}\pi$

66 $\sin^2 x+\cos^2 x=1$이므로 주어진 부등식을 변형하면

$2(1-\cos^2 x)+\cos x-2 \geq 0$

$2\cos^2 x-\cos x \leq 0$

$\cos x(2\cos x-1) \leq 0$이므로

$0 \leq \cos x \leq \frac{1}{2}$

$0 \leq x < \pi$에서 이를 만족시키는 x의 값의 범위는 그림에서

$\frac{\pi}{3} \leq x \leq \frac{\pi}{2}$

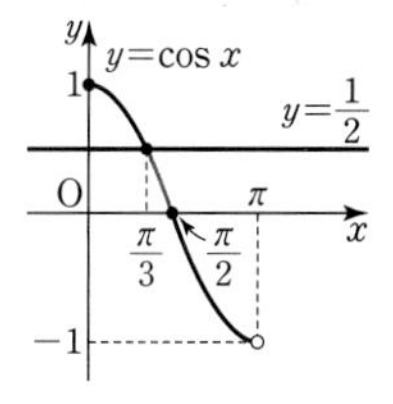

답 $\frac{\pi}{3} \leq x \leq \frac{\pi}{2}$

유형 완성하기

본문 62~75쪽

01 ④	**02** ⑤	**03** 40°, 80°, 120°, 160°		
04 ③	**05** ①	**06** $360°\times n+40°$		
07 제1, 3사분면		**08** ③	**09** ④	**10** ③
11 ⑤	**12** ㄱ, ㄷ, ㄹ	**13** ①	**14** ④	**15** ④
16 16π	**17** ②	**18** ⑤	**19** ④	**20** ①
21 2	**22** ②	**23** $1-\cos\theta$		**24** ⑤
25 ⑤	**26** (1) 1 (2) 2 (3) 1		**27** ④	**28** $-\frac{3}{8}$
29 ②	**30** ⑤	**31** ①	**32** -1	**33** 1
34 ⑤	**35** $\frac{2-\sqrt{3}}{2}$	**36** ④	**37** ④	**38** $\frac{5}{4}$
39 2	**40** 0	**41** ③	**42** π	**43** ⑤
44 ④	**45** ㄱ, ㄹ	**46** ②	**47** ①	**48** $2\sqrt{3}-1$
49 9π	**50** π	**51** ③	**52** ④	**53** ①
54 12	**55** ⑤	**56** 1	**57** ②	**58** ②
59 -2	**60** ①	**61** -15	**62** ②	**63** ④
64 ①	**65** $\frac{2-\sqrt{3}}{2}$	**66** ②	**67** ①	
68 $x=\frac{\pi}{8}$ 또는 $x=\frac{5}{8}\pi$		**69** $x=\frac{4}{3}\pi$	**70** 2π	**71** ②
72 $x=\frac{11}{6}\pi$		**73** 4π	**74** ④	**75** ①
76 ②	**77** $\frac{\pi}{2}<x<\frac{11}{6}\pi$		**78** ②	**79** ⑤
80 $0<x<\frac{\pi}{4}$		**81** ②	**82** $\frac{7}{6}\pi\le\theta\le\frac{11}{6}\pi$	
83 $\frac{\pi}{3}<\theta<\frac{2}{3}\pi$		**84** ③		

01 ① 200°는 제3사분면의 각이다.
② 330°는 제4사분면의 각이다.
③ $740°=360°\times2+20°$이므로 740°는 제1사분면의 각이다.
④ $-240°=360°\times(-1)+120°$이므로 $-240°$는 제2사분면의 각이다.
⑤ $-710°=360°\times(-2)+10°$이므로 $-710°$는 제1사분면의 각이다.
따라서 그 각을 나타내는 동경이 제2사분면에 있는 것은 ④ $-240°$이다.

답 ④

02 그림과 같이 210°를 나타내는 동경과 y축에 대하여 대칭이 되는 동경은 330°를 나타내는 동경과 일치한다.
이때 $-750°=360°\times(-3)+330°$이므로 $-750°$를 나타내는 동경은 210°를 나타내는 동경과 y축에 대하여 대칭이 된다.

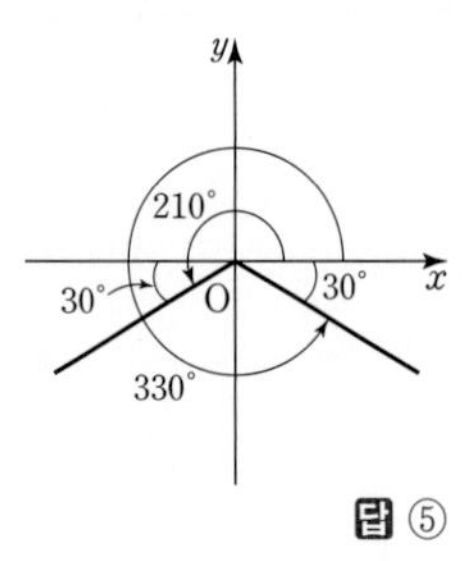

답 ⑤

03 각 θ를 나타내는 동경과 각 10θ를 나타내는 동경이 일치하려면 두 각의 차이가 360°의 정수배이어야 한다.
즉, $10\theta-\theta=9\theta=360°\times n$ (n은 정수)에서
$\theta=40°\times n$
$0°<\theta<180°$에서 이를 만족시키는 θ의 값은
40°, 80°, 120°, 160°

답 40°, 80°, 120°, 160°

04 ① $225°=360°\times0+225°$
② $420°=360°\times1+60°$
③ $765°=360°\times2+45°$
④ $-155°=360°\times(-1)+205°$
⑤ $-655°=360°\times(-2)+65°$
동경 OP가 나타내는 한 각의 크기가 45°이므로 이 동경이 나타내는 일반각은 $360°\times n+45°$(n은 정수)이다.
따라서 동경 OP가 나타낼 수 있는 각은 ③ 765°이다.

답 ③

05 ① $-700°=360°\times(-2)+20°$
② $-200°=360°\times(-1)+160°$
③ $500°=360°\times1+140°$
④ $780°=360°\times2+60°$
⑤ $1200°=360°\times3+120°$
따라서 주어진 각 중 α의 값이 가장 작은 각은 ① $-700°$이다.

답 ①

06 480°를 나타내는 동경 OP를 원점 O를 중심으로 음의 방향으로 800°만큼 회전한 동경 OP′은 $-320°$를 나타내는 동경과 일치한다.
이때 $-320°=360°\times(-1)+40°$이므로 동경 OP′이 나타내는 일반각은 $360°\times n+40°$(n은 정수)와 같다.

답 $360°\times n+40°$

07 θ가 제2사분면의 각이므로
$360°\times n+90°<\theta<360°\times n+180°$($n$은 정수)에서
$180°\times n+45°<\frac{\theta}{2}<180°\times n+90°$
정수 k에 대하여 $\frac{\theta}{2}$의 동경이 존재하는 사분면은 다음과 같다.
(i) $n=2k$일 때,
$360°\times k+45°<\frac{\theta}{2}<360°\times k+90°$
이므로 $\frac{\theta}{2}$는 제1사분면의 각이다.
(ii) $n=2k+1$일 때,
$360°\times k+225°<\frac{\theta}{2}<360°\times k+270°$
이므로 $\frac{\theta}{2}$는 제3사분면의 각이다.
(i), (ii)에서 각 $\frac{\theta}{2}$의 동경이 존재할 수 있는 사분면은 제1, 3사분면이다.

답 제1, 3사분면

08 $40°<\theta<60°$이므로
① $80°<2\theta<120°$ ⇨ 제1, 2사분면
② $120°<3\theta<180°$ ⇨ 제2사분면

③ $240° < 6\theta < 360°$ ⇨ 제3, 4사분면
④ $280° < 7\theta < 420°$ ⇨ 제1, 4사분면
⑤ $360° < 9\theta < 540°$ ⇨ 제1, 2사분면
따라서 그 동경이 제3사분면에 존재할 수 있는 각은 ③ 6θ이다.

답 ③

09 θ가 제1사분면의 각이므로
$360° \times n < \theta < 360° \times n + 90°$($n$은 정수)
각 변을 3으로 나누면
$120° \times n < \frac{\theta}{3} < 120° \times n + 30°$
(i) $n=3k$ (k는 정수)일 때,
$120° \times 3k < \frac{\theta}{3} < 120° \times 3k + 30°$
$360° \times k < \frac{\theta}{3} < 360° \times k + 30°$
따라서 각 $\frac{\theta}{3}$를 나타내는 동경이 속하는 영역은 그림과 같다. (단, 경계선은 제외한다.)

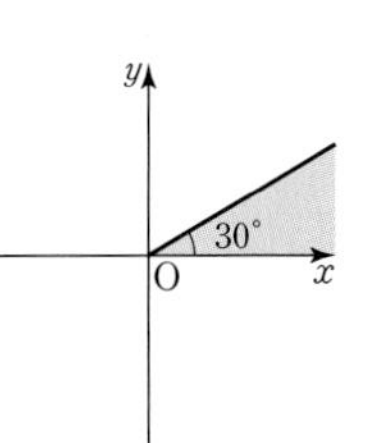

(ii) $n=3k+1$일 때,
$120° \times (3k+1) < \frac{\theta}{3} < 120° \times (3k+1) + 30°$
$360° \times k + 120° < \frac{\theta}{3} < 360° \times k + 150°$
따라서 각 $\frac{\theta}{3}$를 나타내는 동경이 속하는 영역은 그림과 같다. (단, 경계선은 제외한다.)

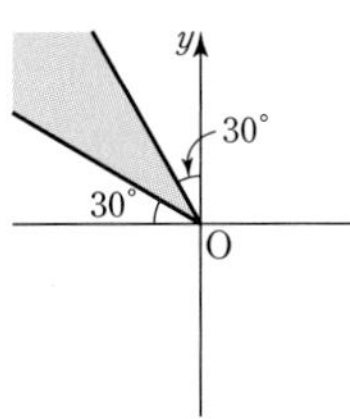

(iii) $n=3k+2$일 때,
$120° \times (3k+2) < \frac{\theta}{3} < 120° \times (3k+2) + 30°$
$360° \times k + 240° < \frac{\theta}{3} < 360° \times k + 270°$
따라서 각 $\frac{\theta}{3}$를 나타내는 동경이 속하는 영역은 그림과 같다. (단, 경계선은 제외한다.)

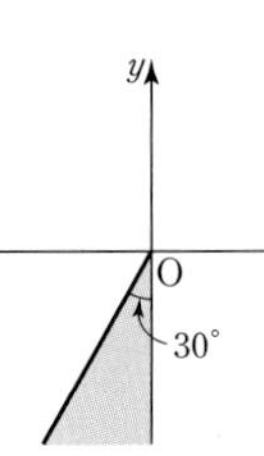

(i), (ii), (iii)에서 각 $\frac{\theta}{3}$를 나타내는 동경이 속하는 모든 영역을 나타내면 그림과 같다. (단, 경계선은 제외한다.)

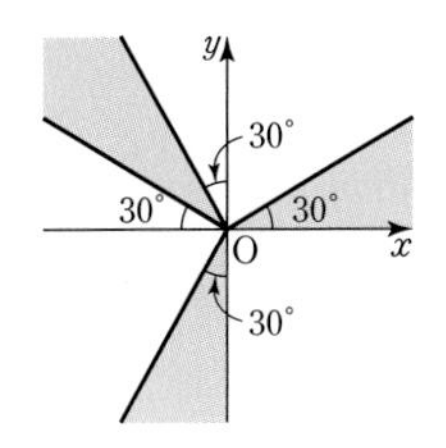

답 ④

10 ① $90° = 90 \times \frac{\pi}{180} = \frac{\pi}{2}$
② $135° = 135 \times \frac{\pi}{180} = \frac{3}{4}\pi$
③ $\frac{5}{3}\pi = \frac{5}{3}\pi \times \frac{180°}{\pi} = 300°$
④ $\frac{2}{9}\pi = \frac{2}{9}\pi \times \frac{180°}{\pi} = 40°$
⑤ $-120° = -120 \times \frac{\pi}{180} = -\frac{2}{3}\pi$
따라서 옳지 않은 것은 ③이다.

답 ③

11 ① $-240° = 360° \times (-1) + 120°$ ⇨ 제2사분면
② $-40° = 360° \times (-1) + 320°$ ⇨ 제4사분면
③ $80°$ ⇨ 제1사분면
④ $\frac{4}{5}\pi = \frac{4}{5}\pi \times \frac{180°}{\pi} = 144°$ ⇨ 제2사분면
⑤ $\frac{10}{3}\pi = \frac{10}{3}\pi \times \frac{180°}{\pi} = 600°$
$600° = 360° \times 1 + 240°$ ⇨ 제3사분면
이때 $\frac{7}{6}\pi = \frac{7}{6}\pi \times \frac{180°}{\pi} = 210°$이고, $210°$를 나타내는 동경은 제3사분면에 존재한다.
따라서 $\frac{7}{6}\pi$를 나타내는 동경과 같은 사분면에 존재하는 동경이 나타내는 각은 ⑤ $\frac{10}{3}\pi$이다.

답 ⑤

12 ㄱ. $\pi > 3$이므로 1(라디안)$= \frac{180°}{\pi} < \frac{180°}{3} = 60°$
ㄴ. $\frac{2}{3}\pi = \frac{2}{3}\pi \times \frac{180°}{\pi} = 120°$ ⇨ 제2사분면
ㄷ. $35° = 35 \times \frac{\pi}{180} = \frac{7}{36}\pi$
ㄹ. $135° = 135 \times \frac{\pi}{180} = \frac{3}{4}\pi$,
$-\frac{13}{4}\pi = 2\pi \times (-2) + \frac{3}{4}\pi$이므로
$135°$, $\frac{3}{4}\pi$, $-\frac{13}{4}\pi$를 나타내는 동경은 모두 일치한다.
따라서 옳은 것은 ㄱ, ㄷ, ㄹ이다.

답 ㄱ, ㄷ, ㄹ

13 넓이가 24π이고 호의 길이가 6π인 부채꼴의 반지름의 길이를 r, 중심각의 크기를 θ라 하면
$24\pi = \frac{1}{2} \times r \times 6\pi$에서 $r=8$
따라서 부채꼴의 중심각의 크기는
$6\pi = 8 \times \theta$에서 $\theta = \frac{3}{4}\pi$

답 ①

14 부채꼴 AOB의 반지름의 길이를 r, 넓이를 S라 하면
$2\pi = r \times \frac{\pi}{4}$에서 $r=8$
따라서 부채꼴의 넓이는
$S = \frac{1}{2} \times 8 \times 2\pi = 8\pi$

답 ④

15 둘레의 길이가 16 cm인 부채꼴의 반지름의 길이를 a cm $(0<a<8)$, 호의 길이를 l cm라 하면

$l=16-2a$

이때

(부채꼴의 넓이)$=\frac{1}{2}\times a\times(16-2a)$

$=-a^2+8a$

$=-(a-4)^2+16$

이므로 부채꼴의 반지름의 길이가 4 cm일 때, 부채꼴의 넓이의 최댓값은 16 cm^{2}가 된다.

따라서 $r=4$, $S=16$이므로

$S+r=16+4=20$

답 ④

16 원뿔의 밑면인 원의 넓이가 4π이므로 이 원의 반지름의 길이는 2이다.

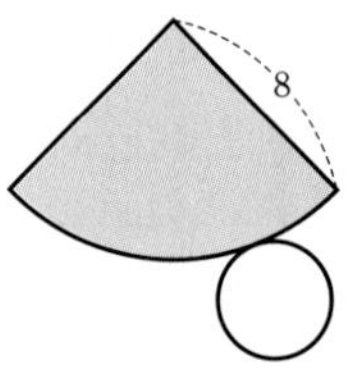

그림과 같이 원뿔의 전개도에서 부채꼴의 반지름의 길이는 8, 호의 길이는 밑면인 원의 둘레의 길이와 같으므로

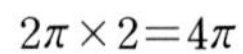

$2\pi\times2=4\pi$

따라서 원뿔의 옆면인 부채꼴의 넓이는

$\frac{1}{2}\times8\times4\pi=16\pi$

답 16π

17 그림과 같이 원뿔의 전개도에서 옆면인 부채꼴의 중심각의 크기를 θ라 하자.

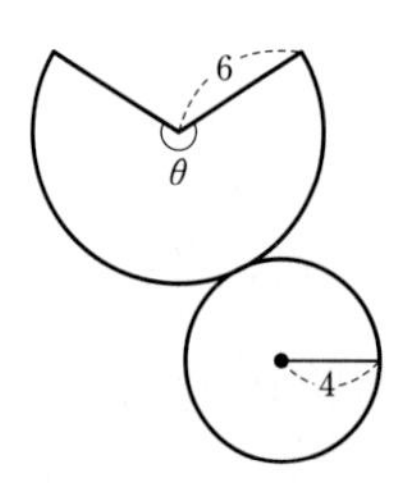

이 부채꼴의 반지름의 길이는 6, 호의 길이는 밑면인 원의 둘레의 길이와 같으므로

$2\pi\times4=8\pi$

이때 $8\pi=6\times\theta$이므로

$\theta=\frac{4}{3}\pi$

답 ②

18 그림과 같이 외접원의 중심을 O라 하면 부채꼴 BOC의 중심각 $\angle$BOC의 크기는

$\frac{\pi}{6}\times2=\frac{\pi}{3}$

부채꼴 BOC의 반지름의 길이는 4이므로

그 넓이는

$\frac{1}{2}\times4^2\times\frac{\pi}{3}=\frac{8}{3}\pi$

한편, 삼각형 BOC는 $\angle\text{BOC}=\frac{\pi}{3}$, $\overline{\text{OB}}=\overline{\text{OC}}=4$인 이등변삼각형이므로 이 삼각형은 한 변의 길이가 4인 정삼각형이고 그 넓이는

$\frac{\sqrt{3}}{4}\times4^2=4\sqrt{3}$

따라서 호 BC와 현 BC로 둘러싸인 부분의 넓이는

(부채꼴 BOC의 넓이)$-$(삼각형 BOC의 넓이)

$=\frac{8}{3}\pi-4\sqrt{3}$

$=\frac{8\pi-12\sqrt{3}}{3}$

답 ⑤

19 $\overline{\text{OP}}=\sqrt{2^2+(-\sqrt{5})^2}=3$이므로

$\sin\theta=-\frac{\sqrt{5}}{3}$, $\tan\theta=-\frac{\sqrt{5}}{2}$

따라서

$6\sin\theta+6\tan\theta=6\times\left(-\frac{\sqrt{5}}{3}\right)+6\times\left(-\frac{\sqrt{5}}{2}\right)$

$=-2\sqrt{5}-3\sqrt{5}=-5\sqrt{5}$

답 ④

20 점 P는 원 $x^2+y^2=1$과 직선 $y=-\sqrt{3}x$의 교점이므로

$y=-\sqrt{3}x$를 $x^2+y^2=1$에 대입하면

$x^2+(-\sqrt{3}x)^2=1$

$4x^2=1$, $x^2=\frac{1}{4}$에서

$x=\pm\frac{1}{2}$

이때 점 P는 제4사분면 위의 점이므로

$x>0$, 즉 $x=\frac{1}{2}$이어야 하고

이를 $y=-\sqrt{3}x$에 대입하면

$y=-\frac{\sqrt{3}}{2}$

따라서 점 $\text{P}\left(\frac{1}{2}, -\frac{\sqrt{3}}{2}\right)$이다.

이때 원의 반지름의 길이가 1이므로

$\sin\theta=-\frac{\sqrt{3}}{2}$, $\cos\theta=\frac{1}{2}$

따라서

$4\sin\theta\cos\theta=4\times\left(-\frac{\sqrt{3}}{2}\right)\times\frac{1}{2}$

$=-\sqrt{3}$

답 ①

21 $\overline{\text{OP}}=\sqrt{a^2+(-4)^2}=\sqrt{a^2+16}$이므로

$\sin\theta=\frac{-4}{\sqrt{a^2+16}}=-\frac{2\sqrt{5}}{5}$에서

$\sqrt{a^2+16}=2\sqrt{5}$

$a^2+16=20$, $a^2=4$

이때 $a<0$이므로

$a=-2$

따라서

$\tan\theta=\frac{-4}{a}=\frac{-4}{-2}=2$

답 2

22 $\sin\theta\tan\theta>0$일 때, $\sin\theta$와 $\tan\theta$의 부호가 서로 같으므로 θ는 제1사분면 또는 제4사분면의 각이다.

답 ②

23 $\sqrt{\cos\theta}\sqrt{\tan\theta}=-\sqrt{\cos\theta\tan\theta}$에서

$\cos\theta<0$, $\tan\theta<0$

즉, θ는 제2사분면의 각이므로

$\sin\theta>0$

이때 $\cos\theta+\tan\theta<0$, $1-\sin\theta\ge0$이므로

$|\sin\theta|+|\cos\theta+\tan\theta|-\sqrt{\tan^2\theta}+\sqrt{(1-\sin\theta)^2}$

$=|\sin\theta|+|\cos\theta+\tan\theta|-|\tan\theta|+|1-\sin\theta|$

$=\sin\theta-(\cos\theta+\tan\theta)-(-\tan\theta)+(1-\sin\theta)$

$=1-\cos\theta$

답 $1-\cos\theta$

24 $\sin\theta\cos\theta>0$이므로 $\sin\theta$와 $\cos\theta$의 부호는 같고,

$\sin\theta+\cos\theta<0$이므로 $\sin\theta<0$, $\cos\theta<0$

따라서 θ는 제3사분면의 각이고

$\tan\theta>0$

ㄱ. (반례) $\theta=\frac{7}{6}\pi$이면

$\sin\frac{7}{6}\pi=-\frac{1}{2}$, $\cos\frac{7}{6}\pi=-\frac{\sqrt{3}}{2}$이므로

$\sin\frac{7}{6}\pi-\cos\frac{7}{6}\pi=-\frac{1}{2}-\left(-\frac{\sqrt{3}}{2}\right)=\frac{\sqrt{3}-1}{2}>0$

ㄴ. $\tan\theta>0$, $\sin\theta<0$이므로

$\tan\theta-\sin\theta>0$

ㄷ. $\cos\theta<0$, $\tan\theta>0$이므로

$\frac{\tan\theta}{\cos\theta}<0$

따라서 옳은 것은 ㄴ, ㄷ이다.

답 ⑤

25 $\frac{\cos\theta}{1-\sin\theta}+\frac{\cos\theta}{1+\sin\theta}$

$=\frac{\cos\theta(1+\sin\theta)}{(1-\sin\theta)(1+\sin\theta)}+\frac{\cos\theta(1-\sin\theta)}{(1+\sin\theta)(1-\sin\theta)}$

$=\frac{\cos\theta(1+\sin\theta)+\cos\theta(1-\sin\theta)}{(1-\sin\theta)(1+\sin\theta)}$

$=\frac{2\cos\theta}{1-\sin^2\theta}=\frac{2\cos\theta}{\cos^2\theta}$

$=\frac{2}{\cos\theta}$

답 ⑤

26 (1) $\left(\frac{1}{\cos\theta}+1\right)\left(\frac{1}{\sin\theta}+1\right)\left(\frac{1}{\cos\theta}-1\right)\left(\frac{1}{\sin\theta}-1\right)$

$=\left(\frac{1}{\cos\theta}+1\right)\left(\frac{1}{\cos\theta}-1\right)\left(\frac{1}{\sin\theta}+1\right)\left(\frac{1}{\sin\theta}-1\right)$

$=\left(\frac{1}{\cos^2\theta}-1\right)\left(\frac{1}{\sin^2\theta}-1\right)$

$=\frac{1-\cos^2\theta}{\cos^2\theta}\times\frac{1-\sin^2\theta}{\sin^2\theta}$

$=\frac{\sin^2\theta}{\cos^2\theta}\times\frac{\cos^2\theta}{\sin^2\theta}$

$=1$

(2) $\frac{\cos^2\theta}{1+\sin\theta}+1+\sin\theta=\frac{1-\sin^2\theta}{1+\sin\theta}+1+\sin\theta$

$=\frac{(1-\sin\theta)(1+\sin\theta)}{1+\sin\theta}+1+\sin\theta$

$=1-\sin\theta+1+\sin\theta$

$=2$

(3) $\frac{2\tan^2\theta+1}{\tan^2\theta+1}-\sin^2\theta=\frac{\frac{2\sin^2\theta}{\cos^2\theta}+1}{\frac{\sin^2\theta}{\cos^2\theta}+1}-\sin^2\theta$

$=\frac{2\sin^2\theta+\cos^2\theta}{\sin^2\theta+\cos^2\theta}-\sin^2\theta$

$=2\sin^2\theta+\cos^2\theta-\sin^2\theta$

$=\sin^2\theta+\cos^2\theta$

$=1$

답 (1) 1 (2) 2 (3) 1

27 $0<\cos\theta<\sin\theta$일 때,

$\sin\theta+\cos\theta>0$, $\sin\theta-\cos\theta>0$이므로

$\frac{(\tan\theta-1)\sqrt{1+2\sin\theta\cos\theta}}{(\tan\theta+1)\sqrt{1-2\sin\theta\cos\theta}}$

$=\frac{\left(\frac{\sin\theta}{\cos\theta}-1\right)\sqrt{\sin^2\theta+\cos^2\theta+2\sin\theta\cos\theta}}{\left(\frac{\sin\theta}{\cos\theta}+1\right)\sqrt{\sin^2\theta+\cos^2\theta-2\sin\theta\cos\theta}}$

$=\frac{(\sin\theta-\cos\theta)\sqrt{(\sin\theta+\cos\theta)^2}}{(\sin\theta+\cos\theta)\sqrt{(\sin\theta-\cos\theta)^2}}$

$=\frac{(\sin\theta-\cos\theta)|\sin\theta+\cos\theta|}{(\sin\theta+\cos\theta)|\sin\theta-\cos\theta|}$

$=\frac{(\sin\theta-\cos\theta)(\sin\theta+\cos\theta)}{(\sin\theta+\cos\theta)(\sin\theta-\cos\theta)}$

$=1$

답 ④

28 $\sin\theta+\cos\theta=\frac{1}{2}$의 양변을 제곱하면

$\sin^2\theta+\cos^2\theta+2\sin\theta\cos\theta=\frac{1}{4}$

$1+2\sin\theta\cos\theta=\frac{1}{4}$

$2\sin\theta\cos\theta=-\frac{3}{4}$

$\sin\theta\cos\theta=-\frac{3}{8}$

답 $-\frac{3}{8}$

29 $\tan\theta-\frac{2}{\tan\theta}=1$의 양변에 $\tan\theta$를 곱하면

$\tan^2\theta-2=\tan\theta$

$\tan^2\theta-\tan\theta-2=0$

$(\tan\theta-2)(\tan\theta+1)=0$

$\pi<\theta<\frac{3}{2}\pi$에서 $\tan\theta>0$이므로

$\tan\theta=2$

한편, $\sin^2\theta+\cos^2\theta=1$의 양변을 $\cos^2\theta$로 나누면

$\tan^2\theta+1=\frac{1}{\cos^2\theta}$이므로

$\frac{1}{\cos^2\theta}=2^2+1=5$, $\cos^2\theta=\frac{1}{5}$

$\sin^2\theta=1-\cos^2\theta=\frac{4}{5}$

$\pi<\theta<\frac{3}{2}\pi$에서 $\sin\theta<0$, $\cos\theta<0$이므로

$\sin\theta=-\frac{2}{\sqrt{5}}$, $\cos\theta=-\frac{1}{\sqrt{5}}$

따라서

$$5\sin\theta\cos\theta=5\times\left(-\frac{2}{\sqrt{5}}\right)\times\left(-\frac{1}{\sqrt{5}}\right)=2$$

답 ②

30 $4\cos^2\theta+\frac{1}{\cos^2\theta}=4(1-\sin^2\theta)+\frac{1}{\cos^2\theta}$

$=4-4\sin^2\theta+\frac{1}{\cos^2\theta}$

$=4$

이므로

$-4\sin^2\theta+\frac{1}{\cos^2\theta}=0$, $\frac{1}{\cos^2\theta}=4\sin^2\theta$

$\sin^2\theta\cos^2\theta=\frac{1}{4}$

따라서

$\left(\sin\theta+\frac{1}{\sin\theta}\right)^2+\left(\cos\theta+\frac{1}{\cos\theta}\right)^2$

$=\left(\sin^2\theta+2+\frac{1}{\sin^2\theta}\right)+\left(\cos^2\theta+2+\frac{1}{\cos^2\theta}\right)$

$=\sin^2\theta+\cos^2\theta+4+\frac{1}{\sin^2\theta}+\frac{1}{\cos^2\theta}$

$=5+\frac{\cos^2\theta+\sin^2\theta}{\sin^2\theta\cos^2\theta}$

$=5+\frac{1}{\sin^2\theta\cos^2\theta}$

$=5+4=9$

답 ⑤

31 함수 $f(x)$의 주기가 p이므로

$f(p)=f(0)=\sin^2\frac{0}{3}-\tan 0-\cos\frac{3\times0}{2}=-1$

답 ①

32 함수 $f(x)$의 주기가 p이므로

임의의 정수 n에 대하여 $f(np)=f(0)$

즉, $f(0)=f(p)=f(2p)=f(3p)=\cdots=f(9p)$

한편,

$f(0)=\frac{\tan^2(0+\pi)-2\cos 0+1}{\sin\left(\frac{\pi}{2}-0\right)}$

$=\frac{0-2+1}{1}=-1$

이므로

$f(p)\times f(2p)\times f(3p)\times\cdots\times f(9p)$

$=f(0)\times f(0)\times f(0)\times\cdots\times f(0)$

$=\{f(0)\}^9$

$=(-1)^9=-1$

답 -1

33 조건 (나)에 의하여

$f(99)=f(97)=f(95)=\cdots=f(1)$

이때 조건 (가)에 의하여

$f(1)=\sin\frac{\pi}{2}=1$이므로

$f(99)=1$

답 1

34 ① $f(\pi)=\sin\pi=0$

② 함수 $f(x)=\sin x$의 그래프는 원점을 지난다.

③ 함수 $f(x)=\sin x$의 주기는 2π이다.

④ 함수 $f(x)=\sin x$의 최댓값은 1, 최솟값은 -1이다.

⑤ 함수 $f(x)=\sin x$의 정의역은 실수 전체의 집합, 치역은 $\{y\mid-1\le y\le1\}$이다.

따라서 옳지 않은 것은 ⑤이다.

답 ⑤

35 함수 $y=\sin x$는 원점에 대하여 대칭이므로

$\sin\left(-\frac{\pi}{3}\right)=-\sin\frac{\pi}{3}=-\frac{\sqrt{3}}{2}$

함수 $y=\tan x$의 주기가 π이므로

$\tan\frac{5}{4}\pi=\tan\left(\pi+\frac{\pi}{4}\right)=\tan\frac{\pi}{4}=1$

따라서

$\sin\left(-\frac{\pi}{3}\right)+\tan\frac{5}{4}\pi=-\frac{\sqrt{3}}{2}+1=\frac{2-\sqrt{3}}{2}$

답 $\frac{2-\sqrt{3}}{2}$

36 ① 함수 $y=\tan x$의 주기는 π이다.

② 함수 $y=\cos x$의 최솟값은 -1, 최댓값은 1이다.

③ 함수 $y=\sin x$, $y=\tan x$의 그래프는 모두 원점에 대하여 대칭이다.

④ $\frac{\pi}{4}<\theta<\frac{\pi}{2}$일 때, $\sin\theta>\cos\theta$이다.

⑤ $\frac{\pi}{4}<1$(라디안)$<\frac{\pi}{2}$이므로 그림과 같이 $\cos 1<\sin 1<\tan 1$이다.

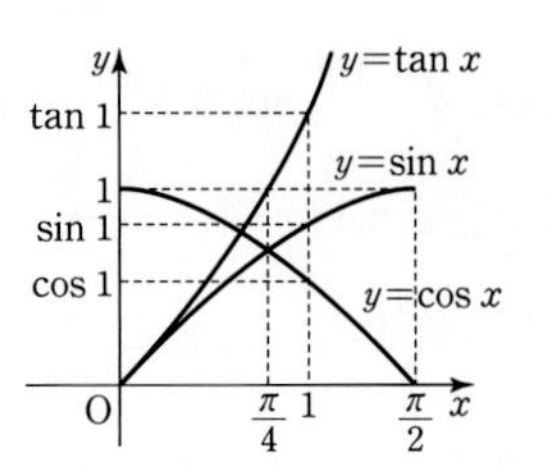

따라서 옳은 것은 ④이다.

답 ④

37 ① 주기는 $\frac{2\pi}{|3|}=\frac{2\pi}{3}$이다.

② 최댓값은 $|-2|+1=3$이다.

③ 최솟값은 $-|-2|+1=-1$이다.

④ 그래프는 함수 $f(x)=-2\sin 3x+1$의 그래프를 x축의 방향으로 $\frac{\pi}{6}$만큼 평행이동한 것이다.

⑤ $f\left(\frac{\pi}{2}\right)=-2\sin\left(\frac{3\pi}{2}-\frac{\pi}{2}\right)+1=-2\sin\pi+1=1$

따라서 옳지 않은 것은 ④이다.

답 ④

38 함수 $y=3\sin(ax+2)+b$에 대하여

주기는 $\frac{2\pi}{|a|}=8\pi$

$a>0$이므로 $a=\frac{1}{4}$

최솟값은 $-|3|+b=-2$이므로

$b=1$

따라서 $a+b=\frac{1}{4}+1=\frac{5}{4}$

답 $\frac{5}{4}$

39 함수 $y=6\sin 2x-1$의 그래프를 x축에 대하여 대칭이동하면

$y=-6\sin 2x+1$

이 그래프를 y축의 방향으로 $-\frac{4}{3}$만큼 평행이동하면

$y=-6\sin 2x-\frac{1}{3}$

$-6\sin 2x-\frac{1}{3}=a\sin 2x+b$에서

$a=-6,\ b=-\frac{1}{3}$

따라서 $ab=(-6)\times\left(-\frac{1}{3}\right)=2$

답 2

40 함수 $y=-\frac{1}{3}\cos\left(2x-\frac{\pi}{3}\right)+2$에 대하여

최댓값 M은 $\left|-\frac{1}{3}\right|+2=\frac{7}{3}$

최솟값 m은 $-\left|-\frac{1}{3}\right|+2=\frac{5}{3}$

주기 p는 $\frac{2\pi}{|2|}=\pi$

따라서

$\sin(pM+pm)=\sin\left(\frac{7}{3}\pi+\frac{5}{3}\pi\right)=\sin 4\pi=0$

답 0

41 함수 $y=2\cos\frac{\pi}{2}x$의 그래프를 x축의 방향으로 $\frac{1}{3}$만큼, y축의 방향으로 -1만큼 평행이동한 그래프가 나타내는 함수는

$y=2\cos\frac{\pi}{2}\left(x-\frac{1}{3}\right)-1$

$y=2\cos\left(\frac{\pi}{2}x-\frac{\pi}{6}\right)-1$이므로

이 함수의 주기 p는

$\frac{2\pi}{\left|\frac{\pi}{2}\right|}=4$

최솟값 m은

$-|2|-1=-3$

따라서 $p+m=4+(-3)=1$

답 ③

42 $0\le x\le\frac{\pi}{2}$에서 함수 $f(x)=-2\cos 4x$의 그래프는 그림과 같다.

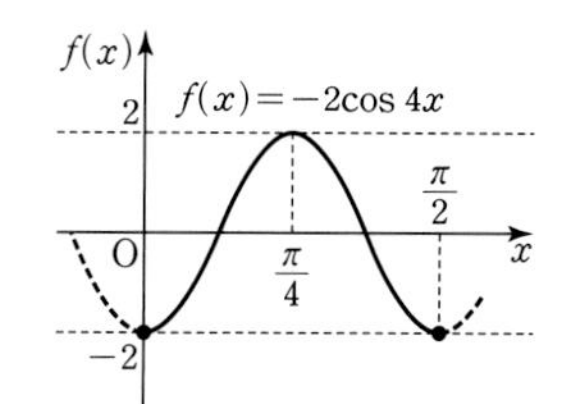

이때 함수 $f(x)$는 $x=\frac{\pi}{4}$에서 최댓값 2를 가지므로

$a=\frac{\pi}{4},\ b=2$

따라서 $2ab=2\times\frac{\pi}{4}\times2=\pi$

답 π

43 ① 주기는 $\frac{\pi}{|3|}=\frac{\pi}{3}$이다.

② 최댓값과 최솟값은 없다.

③ 함수 $f(x)=2\tan(3x-\pi)-1$의 그래프의 점근선의 방정식은 $3x-\pi=n\pi+\frac{\pi}{2}$, 즉 $x=\frac{n}{3}\pi+\frac{\pi}{2}$ (n은 정수)이다.

④ 함수 $f(x)=2\tan(3x-\pi)-1$의 그래프는 함수 $y=2\tan 3x$의 그래프를 x축의 방향으로 $\frac{\pi}{3}$만큼, y축의 방향으로 -1만큼 평행이동한 것이다.

⑤ $f\left(\frac{\pi}{4}\right)=2\tan\left(\frac{3}{4}\pi-\pi\right)-1=2\tan\left(-\frac{\pi}{4}\right)-1$

$=-2\tan\frac{\pi}{4}-1=-2-1=-3$

따라서 옳지 않은 것은 ⑤이다.

답 ⑤

44 ① 함수 $y=2\tan x-1$의 그래프는 함수 $y=2\tan 4x$의 그래프를 x축의 방향으로 4배 한 후 y축의 방향으로 -1만큼 평행이동한 것과 같다.

② 함수 $y=-\tan 4x$의 그래프는 함수 $y=2\tan 4x$의 그래프를 y축의 방향으로 $\frac{1}{2}$배 한 후 x축에 대하여 대칭이동한 것과 같다.

③ 함수 $y=2\tan 2x+3$의 그래프는 함수 $y=2\tan 4x$의 그래프를 x축의 방향으로 2배 한 후 y축의 방향으로 3만큼 평행이동한 것과 같다.

④ 함수 $y=-2\tan(4x-3)$의 그래프는 함수 $y=2\tan 4x$의 그래프를 x축에 대하여 대칭이동한 후 x축의 방향으로 $\frac{3}{4}$만큼 평행이동한 것과 같다.

⑤ 함수 $y=3\tan(4x+2)$의 그래프는 함수 $y=2\tan 4x$의 그래프를 y축의 방향으로 $\frac{3}{2}$배 한 후 x축의 방향으로 $-\frac{1}{2}$만큼 평행이동한 것과 같다.

따라서 함수 $y=2\tan 4x$의 그래프를 평행이동 또는 대칭이동하여 겹쳐질 수 있는 그래프의 식은 ④ $y=-2\tan(4x-3)$이다.

답 ④

45 ㄱ. 함수 $y=-\sin\left(\frac{2\pi}{3}x-\frac{4}{3}\pi\right)$의 주기는 $\frac{2\pi}{\left|\frac{2\pi}{3}\right|}=3$

ㄴ. 함수 $y=-3\sin\frac{\pi}{2}x+2$의 주기는 $\frac{2\pi}{\left|\frac{\pi}{2}\right|}=4$

ㄷ. 함수 $y=2\cos\frac{\pi}{3}x-1$의 주기는 $\frac{2\pi}{\left|\frac{\pi}{3}\right|}=6$

ㄹ. 함수 $y=4\tan\left(\frac{\pi}{3}x+1\right)$의 주기는 $\frac{\pi}{\left|\frac{\pi}{3}\right|}=3$

함수 $y=-3\tan\frac{\pi}{3}x+2$의 주기는 $\frac{\pi}{\left|\frac{\pi}{3}\right|}=3$이므로 이 함수와 주기가 같은 함수는 ㄱ, ㄹ이다.

답 ㄱ, ㄹ

46 $a>0$, $b>0$일 때, 함수 $y=a\sin bx+c$에 대하여
최댓값은 $a+c=4$, 최솟값은 $-a+c=0$이므로
이 두 식을 연립하면
$a=c=2$
한편 이 함수의 주기는 $\frac{2\pi}{b}=\frac{\pi}{3}$이므로
$b=6$
따라서 $abc=2\times6\times2=24$

답 ②

47 $a>0$일 때, 함수 $f(x)=a\cos\left(x-\frac{\pi}{6}\right)+b$에 대하여
최댓값은 $a+b=3$ …… ㉠
$f\left(\frac{\pi}{2}\right)=a\cos\left(\frac{\pi}{2}-\frac{\pi}{6}\right)+b$
$=a\cos\frac{\pi}{3}+b=\frac{a}{2}+b=-1$ …… ㉡
㉠과 ㉡을 연립하면
$a=8$, $b=-5$
따라서 $ab=8\times(-5)=-40$

답 ①

48 조건 (가)에 의하여 $a=2$
조건 (나)에 의하여 $f(0)=2\tan\frac{\pi}{4}+b=2+b=1$
즉, $b=-1$
따라서
$f\left(\frac{1}{6}\right)=2\tan\left(\frac{\pi}{2}\times\frac{1}{6}+\frac{\pi}{4}\right)-1$
$=2\tan\frac{\pi}{3}-1=2\sqrt{3}-1$

답 $2\sqrt{3}-1$

49 $a>0$이므로 이 함수의 최댓값은 $a=3$
주어진 그래프의 주기가 $\frac{5}{4}\pi-\frac{\pi}{4}=\pi$이고 $b>0$이므로
$\frac{2\pi}{|b|}=\frac{2\pi}{b}=\pi$에서 $b=2$
따라서 주어진 함수의 식은 $y=3\sin(2x-c)$와 같고, 주어진 그래프는 함수 $y=3\sin 2x$의 그래프를 x축의 방향으로 $\frac{3}{4}\pi$만큼 평행이동한 것과 같으므로
$3\sin 2\left(x-\frac{3}{4}\pi\right)=3\sin(2x-c)$에서
$c=\frac{3}{2}\pi$
따라서 $abc=3\times2\times\frac{3}{2}\pi=9\pi$

답 9π

50 주어진 그래프의 주기가 $\frac{\pi}{2}$이고 $a>0$이므로
$\frac{\pi}{|a|}=\frac{\pi}{a}=\frac{\pi}{2}$에서 $a=2$
따라서 주어진 함수의 식은 $y=-\tan(2x-b)$와 같고, 주어진 그래프는 함수 $y=-\tan 2x$의 그래프를 x축의 방향으로 $\frac{\pi}{4}$만큼 평행이동한 것과 같으므로
$-\tan 2\left(x-\frac{\pi}{4}\right)=-\tan(2x-b)$에서
$b=\frac{\pi}{2}$
따라서 $ab=2\times\frac{\pi}{2}=\pi$

답 π

51 주어진 그래프는 주기가 $\pi-\frac{\pi}{3}=\frac{2}{3}\pi$이고 최댓값 4, 최솟값 -2를 가지므로 이를 만족시키는 함수로 가능한 것은 ②, ③이다.

② 함수 $y=3\sin(3x-\pi)+1$의 그래프는 함수 $y=3\sin 3x$의 그래프를 x축의 방향으로 $\frac{\pi}{3}$만큼, y축의 방향으로 1만큼 평행이동한 것과 같으므로 그 그래프는 그림과 같다.

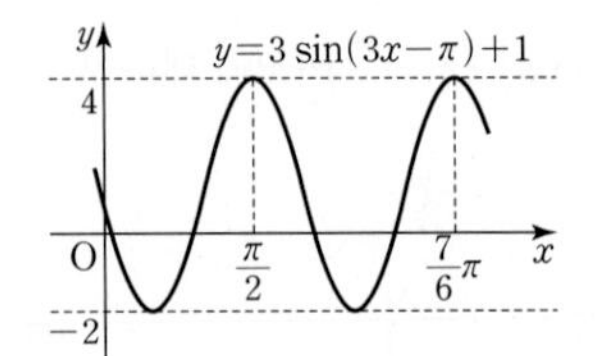

③ 함수 $y=3\cos(3x-\pi)+1$의 그래프는 함수 $y=3\cos 3x$의 그래프를 x축의 방향으로 $\frac{\pi}{3}$만큼, y축의 방향으로 1만큼 평행이동한 것과 같으므로 그 그래프는 그림과 같다.

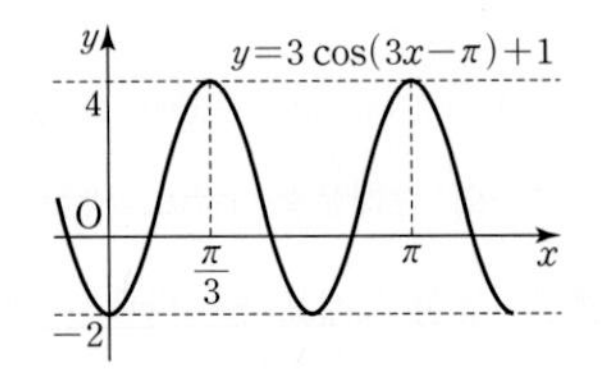

따라서 주어진 그림과 같은 그래프를 나타내는 것은
③ $f(x)=3\cos(3x-\pi)+1$이다.

답 ③

52 함수 $y=|\sin x|$의 그래프는 그림과 같다.

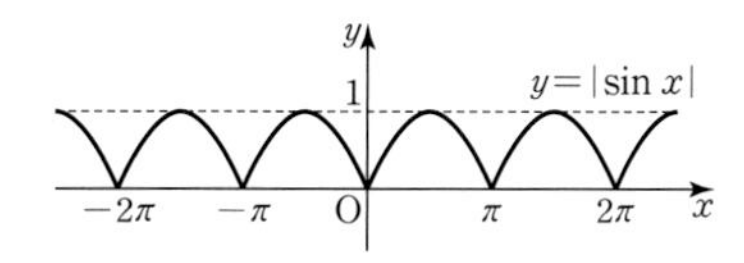

① 그래프는 y축에 대하여 대칭이다.
② 주기는 π이다.
③ 최댓값은 1, 최솟값은 0이다.
④ 함수 $y=|\sin x|$의 그래프를 x축의 방향으로 $\frac{\pi}{2}$만큼 평행이동하면

$y=\left|\sin\left(x-\frac{\pi}{2}\right)\right|=|\cos x|$

가 되므로 함수 $y=|\cos x|$의 그래프와 겹쳐질 수 있다.
⑤ $x=0$일 때, $y=|\sin 0|=0$이므로 y절편은 0이다.
따라서 옳은 것은 ④이다.

답 ④

53 함수 $y=|\tan x|$의 그래프는 그림과 같다.

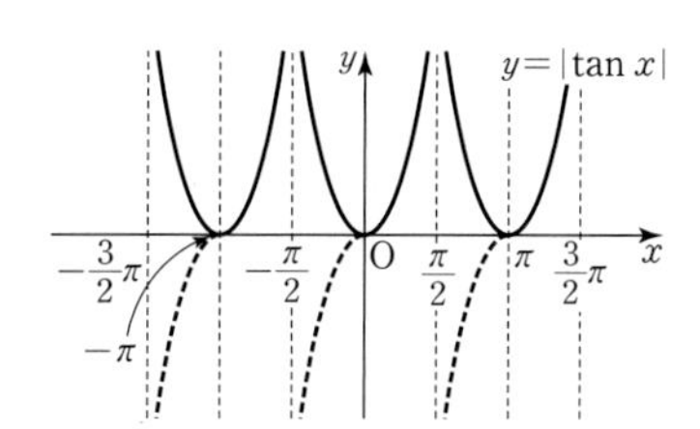

함수 $y=|\tan x|$의 주기는 π이므로
$a\pi=\pi$에서 $a=1$
한편 $0\le|\cos x|\le1$에서
$3\le2|\cos x|+3\le5$
이므로 함수 $y=2|\cos x|+3$의 최솟값은 $b=3$
따라서 $a+b=1+3=4$

답 ①

54 함수 $y=|\sin \pi x|$의 그래프와 직선 $y=x$, $y=\frac{1}{2}x$, $y=\frac{1}{3}x$를 좌표평면에 나타내면 그림과 같다.

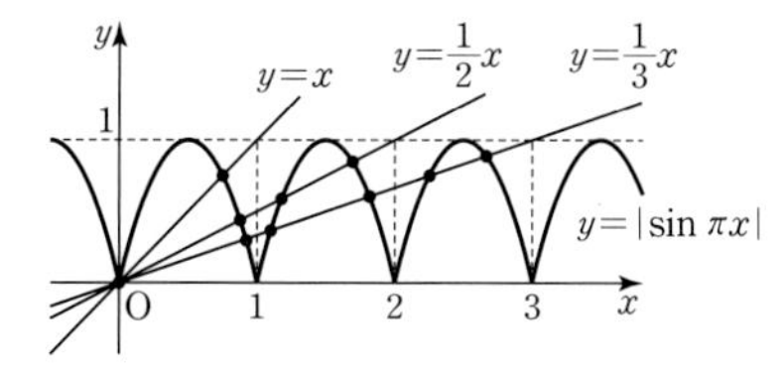

따라서 $p(1)=2$, $p(2)=4$, $p(3)=6$이므로
$p(1)+p(2)+p(3)=2+4+6=12$

답 12

55 $\sin^2\frac{7}{6}\pi+\cos^2\frac{5}{6}\pi=\sin^2\left(\pi+\frac{\pi}{6}\right)+\cos^2\left(\pi-\frac{\pi}{6}\right)$

$=\left(-\sin\frac{\pi}{6}\right)^2+\left(-\cos\frac{\pi}{6}\right)^2$

$=\sin^2\frac{\pi}{6}+\cos^2\frac{\pi}{6}=1$

답 ⑤

56 $10\theta=\frac{\pi}{2}$이므로

$\tan 9\theta=\tan(10\theta-\theta)=\tan\left(\frac{\pi}{2}-\theta\right)=\frac{1}{\tan\theta}$

마찬가지로

$\tan 8\theta=\frac{1}{\tan 2\theta}$, $\tan 7\theta=\frac{1}{\tan 3\theta}$, $\tan 6\theta=\frac{1}{\tan 4\theta}$

이고 $\tan 5\theta=\tan\frac{10\theta}{2}=\tan\frac{\pi}{4}=1$이므로

$\tan\theta\times\tan 2\theta\times\tan 3\theta\times\cdots\times\tan 9\theta$
$=\tan\theta\times\tan 2\theta\times\tan 3\theta\times\tan 4\theta\times\tan 5\theta$
$\times\frac{1}{\tan 4\theta}\times\frac{1}{\tan 3\theta}\times\frac{1}{\tan 2\theta}\times\frac{1}{\tan\theta}$
$=\tan 5\theta=1$

답 1

57 삼각형 ABC에서 $\overline{AB}=\overline{AC}$이므로 $B=C$
한편, $A+B+C=\pi$에서 $A+B=\pi-C$이므로
$\cos(A+B)=\cos(\pi-C)=-\cos C=-\frac{2}{5}$
즉, $\cos C=\frac{2}{5}$
이때 $\sin C=\sqrt{1-\left(\frac{2}{5}\right)^2}=\sqrt{\frac{21}{25}}=\frac{\sqrt{21}}{5}$이고
$B=C$이므로
$\sin B=\sin C=\frac{\sqrt{21}}{5}$

답 ②

58 $a>0$일 때, 함수 $y=a\cos 4x+b$의 최댓값은 $a+b$, 최솟값은 $-a+b$이므로
$a+b=5$, $-a+b=1$
두 식을 연립하면
$a=2$, $b=3$
따라서 $a-b=-1$

답 ②

59 $2\sin x-3<0$이므로
$y=-(2\sin x-3)+k=-2\sin x+3+k$
이 함수의 최댓값은 $2+3+k=5+k$
최솟값은 $-2+3+k=1+k$
이므로 최댓값과 최솟값의 합은 $6+2k$
따라서 $6+2k=2$이므로
$2k=-4$, $k=-2$

답 -2

60 $y=2\sin\left(\frac{\pi}{4}-x\right)+\cos\left(\frac{3}{4}\pi-x\right)+1$

$=2\sin\left(\frac{\pi}{4}-x\right)+\cos\left(\frac{\pi}{2}+\frac{\pi}{4}-x\right)+1$

$=2\sin\left(\frac{\pi}{4}-x\right)-\sin\left(\frac{\pi}{4}-x\right)+1$

$=\sin\left(\frac{\pi}{4}-x\right)+1$

이므로 이 함수의 최댓값은 $M=1+1=2$

최솟값은 $m=-1+1=0$

따라서 $M-m=2-0=2$

답 ①

61 $y=4\sin^2 x+4\cos x-8$

$=4(1-\cos^2 x)+4\cos x-8$

$=-4\cos^2 x+4\cos x-4$

$\cos x=t$라 하면 $-1\le t\le 1$이고

$y=-4t^2+4t-4$

$=-4\left(t-\frac{1}{2}\right)^2-3$

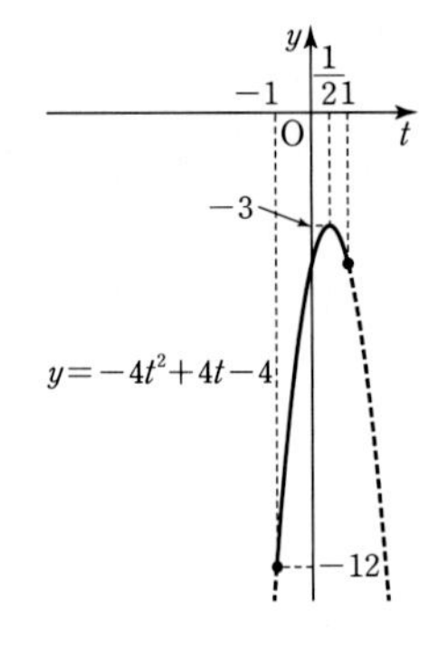

그림에서 이 함수는 $t=\frac{1}{2}$일 때 최댓값 -3,

$t=-1$일 때 최솟값 -12를 갖는다.

따라서 최댓값과 최솟값의 합은

$(-3)+(-12)=-15$

답 -15

62 $y=-3a\cos^2\theta-4a\sin\theta+b$

$=-3a(1-\sin^2\theta)-4a\sin\theta+b$

$=3a\sin^2\theta-4a\sin\theta-3a+b$

$\sin\theta=t$라 하면 $-1\le t\le 1$이고

$y=3at^2-4at-3a+b$

$=3a\left(t-\frac{2}{3}\right)^2-\frac{13}{3}a+b$

$a>0$이므로 이 함수는

$t=\frac{2}{3}$일 때 최솟값 $-\frac{13}{3}a+b=-19$ …… ㉠

$t=-1$일 때 최댓값 $4a+b=31$ …… ㉡

을 갖는다.

㉠, ㉡을 연립하면

$\frac{25}{3}a=50$, $a=6$

$a=6$을 ㉠에 대입하면 $b=7$

따라서 $a+b=13$

답 ②

63 $y=\sin^2\left(\frac{\pi}{2}-x\right)+\cos(\pi-x)+k$

$=\cos^2 x-\cos x+k$

$\cos x=t$라 하면 $-1\le t\le 1$이고

$y=t^2-t+k$

$=\left(t-\frac{1}{2}\right)^2+k-\frac{1}{4}$

이 함수는 $t=-1$일 때 최댓값 $k+2$,

$t=\frac{1}{2}$일 때 최솟값 $k-\frac{1}{4}$을 갖는다.

이때 최댓값은 $k+2=3$이므로 $k=1$

최솟값은 $k-\frac{1}{4}=1-\frac{1}{4}=\frac{3}{4}$이므로 $l=\frac{3}{4}$

따라서 $k+l=1+\frac{3}{4}=\frac{7}{4}$

답 ④

64 $\sin x=t$라 하면 $-1\le t\le 1$이고

$y=\frac{-2t+5}{t+2}=\frac{-2(t+2)+9}{t+2}$

$=\frac{9}{t+2}-2$

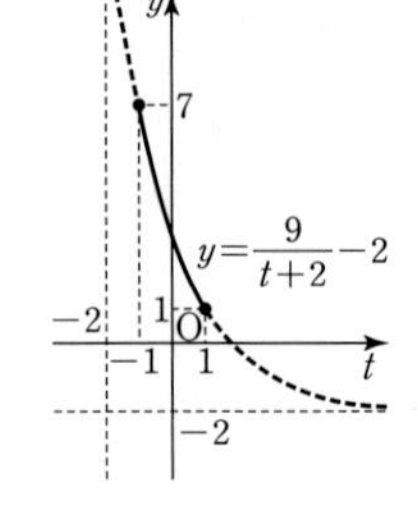

그림에서 이 함수는 $t=-1$일 때 최댓값 $M=7$,

$t=1$일 때 최솟값 $m=1$을 갖는다.

따라서 $M+m=7+1=8$

답 ①

65 $\frac{\pi}{4}\le\theta\le\frac{\pi}{3}$일 때 $1\le\tan\theta\le\sqrt{3}$이므로

$\tan\theta=t$ $(1\le t\le\sqrt{3})$이라 하면

$y=\frac{3t+4}{t+1}=\frac{3(t+1)+1}{t+1}$

$=\frac{1}{t+1}+3$

그림에서 이 함수는

$t=1$일 때 최댓값 $M=\frac{7}{2}$,

$t=\sqrt{3}$일 때 최솟값 $m=\frac{\sqrt{3}+5}{2}$를 갖는다.

따라서 $M-m=\frac{7}{2}-\frac{\sqrt{3}+5}{2}=\frac{2-\sqrt{3}}{2}$

답 $\frac{2-\sqrt{3}}{2}$

66 $\cos\theta=t$라 하면 $-1\le t\le 1$이고

$y=\frac{at+1}{t+3}$

$=\frac{a(t+3)-3a+1}{t+3}$

$=\frac{-3a+1}{t+3}+a$

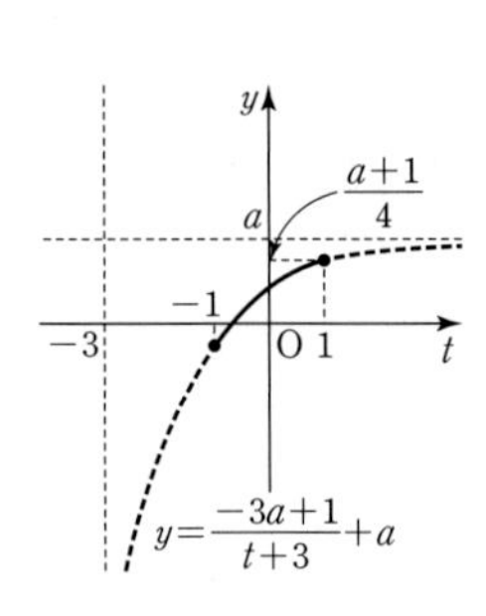

이때 $a>1$이므로 $-3a+1<0$

그림에서 이 함수는 $t=1$일 때 최댓값

$\frac{-3a+1}{4}+a=\frac{a+1}{4}$

을 갖는다.

따라서 $\frac{a+1}{4}=1$이므로

$a+1=4$, $a=3$

답 ②

67 주어진 방정식을 정리하면

$2\sin x=-\sqrt{2}$, $\sin x=-\frac{\sqrt{2}}{2}$

이므로 $0\le x<2\pi$에서

$x=\frac{5}{4}\pi$ 또는 $x=\frac{7}{4}\pi$

즉, $\alpha=\frac{5}{4}\pi$, $\beta=\frac{7}{4}\pi$이므로

$\beta-\alpha=\frac{7}{4}\pi-\frac{5}{4}\pi=\frac{\pi}{2}$

답 ①

68 $2x=t$라 하면 $0\le t<2\pi$이고
$\tan t=1$이므로
$t=\frac{\pi}{4}$ 또는 $t=\frac{5}{4}\pi$
즉, $2x=\frac{\pi}{4}$ 또는 $2x=\frac{5}{4}\pi$이므로
$x=\frac{\pi}{8}$ 또는 $x=\frac{5}{8}\pi$

답 $x=\frac{\pi}{8}$ 또는 $x=\frac{5}{8}\pi$

69 (i) $|\tan x|=\sqrt{3}$의 근
$\tan x=\pm\sqrt{3}$, 즉 $\tan x=\sqrt{3}$ 또는 $\tan x=-\sqrt{3}$
이므로 $0\le x<2\pi$에서
$x=\frac{\pi}{3}$ 또는 $x=\frac{2}{3}\pi$ 또는 $x=\frac{4}{3}\pi$ 또는 $x=\frac{5}{3}\pi$
(ii) $2\cos\left(x+\frac{\pi}{3}\right)=1$의 근
$x+\frac{\pi}{3}=t\ \left(\frac{\pi}{3}\le t<\frac{7}{3}\pi\right)$라 하면
$2\cos t=1$, $\cos t=\frac{1}{2}$이므로 $\frac{\pi}{3}\le t<\frac{7}{3}\pi$에서
$t=\frac{\pi}{3}$ 또는 $t=\frac{5}{3}\pi$
즉, $x+\frac{\pi}{3}=\frac{\pi}{3}$ 또는 $x+\frac{\pi}{3}=\frac{5}{3}\pi$이므로
$x=0$ 또는 $x=\frac{4}{3}\pi$
(i), (ii)에서 주어진 연립방정식의 근은
$x=\frac{4}{3}\pi$

답 $x=\frac{4}{3}\pi$

70 $2\sin^2\theta+3\cos\theta-3=2(1-\cos^2\theta)+3\cos\theta-3$
$=-2\cos^2\theta+3\cos\theta-1$
이므로
$\cos\theta=t$라 하면 $-1\le t\le 1$이고 주어진 방정식은
$-2t^2+3t-1=0$, $2t^2-3t+1=0$
$(2t-1)(t-1)=0$
$t=\frac{1}{2}$ 또는 $t=1$
즉, $\cos\theta=\frac{1}{2}$ 또는 $\cos\theta=1$
이므로 $0\le\theta<2\pi$에서
$\cos\theta=\frac{1}{2}$을 만족시키는 θ의 값은
$\theta=\frac{\pi}{3}$ 또는 $\theta=\frac{5}{3}\pi$
$\cos\theta=1$을 만족시키는 θ의 값은
$\theta=0$
따라서 주어진 방정식의 모든 근의 합은
$\frac{\pi}{3}+\frac{5}{3}\pi+0=2\pi$

답 2π

71 $0<x<2\pi$에서 부등식 $\tan x<0$을 만족시키려면
$\frac{\pi}{2}<x<\pi$ 또는 $\frac{3}{2}\pi<x<2\pi$ …… ㉠
한편, 주어진 방정식을 정리하면
$4\sin^2 x=3$, $\sin^2 x=\frac{3}{4}$
$\sin x=\frac{\sqrt{3}}{2}$ 또는 $\sin x=-\frac{\sqrt{3}}{2}$이므로
$0<x<2\pi$에서 이를 만족시키는 x의 값은
$x=\frac{\pi}{3}$ 또는 $x=\frac{2}{3}\pi$ 또는 $x=\frac{4}{3}\pi$ 또는 $x=\frac{5}{3}\pi$ …… ㉡
㉠, ㉡을 동시에 만족시키는 x의 값은
$x=\frac{2}{3}\pi$ 또는 $x=\frac{5}{3}\pi$
따라서 두 값의 합은
$\frac{2}{3}\pi+\frac{5}{3}\pi=\frac{7}{3}\pi$

답 ②

72 $2\log(1-\sin x)-2\log\cos x=\log 3$에서 로그의 진수 조건에 의해
$1-\sin x>0$, $\cos x>0$
$0<x<2\pi$에서 이를 만족시키는 x의 값의 범위는
$0<x<\frac{\pi}{2}$ 또는 $\frac{3}{2}\pi<x<2\pi$ …… ㉠
주어진 방정식을 정리하면
$\log(1-\sin x)^2-\log\cos^2 x=\log 3$
$\log\frac{(1-\sin x)^2}{\cos^2 x}=\log 3$
즉, $\frac{(1-\sin x)^2}{\cos^2 x}=3$이고
$\frac{(1-\sin x)^2}{\cos^2 x}=\frac{(1-\sin x)^2}{1-\sin^2 x}=\frac{(1-\sin x)^2}{(1-\sin x)(1+\sin x)}$
$=\frac{1-\sin x}{1+\sin x}$
이므로
$\frac{1-\sin x}{1+\sin x}=3$, 즉 $\sin x=-\frac{1}{2}$
$0<x<2\pi$에서 이를 만족시키는 x의 값은
$x=\frac{7}{6}\pi$ 또는 $x=\frac{11}{6}\pi$ …… ㉡
따라서 ㉠, ㉡을 동시에 만족시키는 x의 값은
$x=\frac{11}{6}\pi$

답 $x=\frac{11}{6}\pi$

73 $2x=t$라 하면 $0\le t<4\pi$이고 주어진 방정식은
$\cos t=\frac{1}{2}$
이 방정식의 실근은 함수 $y=\cos t$의 그래프와 직선 $y=\frac{1}{2}$의 교점의 t좌표와 같다.

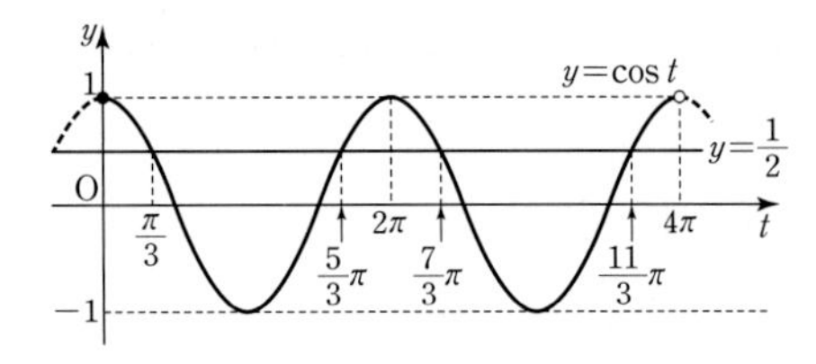

그림에서 두 그래프의 교점의 t좌표는

$t=\frac{\pi}{3}$ 또는 $t=\frac{5}{3}\pi$ 또는 $t=\frac{7}{3}\pi$ 또는 $t=\frac{11}{3}\pi$

즉, $2x=\frac{\pi}{3}$ 또는 $2x=\frac{5}{3}\pi$ 또는 $2x=\frac{7}{3}\pi$ 또는 $2x=\frac{11}{3}\pi$이므로

$x=\frac{\pi}{6}$ 또는 $x=\frac{5}{6}\pi$ 또는 $x=\frac{7}{6}\pi$ 또는 $x=\frac{11}{6}\pi$

따라서 모든 실근의 합은

$\frac{\pi}{6}+\frac{5}{6}\pi+\frac{7}{6}\pi+\frac{11}{6}\pi=4\pi$

답 4π

74 방정식 $\sin x=\frac{1}{9}x$의 서로 다른 실근의 개수는 함수 $y=\sin x$의 그래프와 직선 $y=\frac{1}{9}x$의 서로 다른 교점의 개수와 같다.

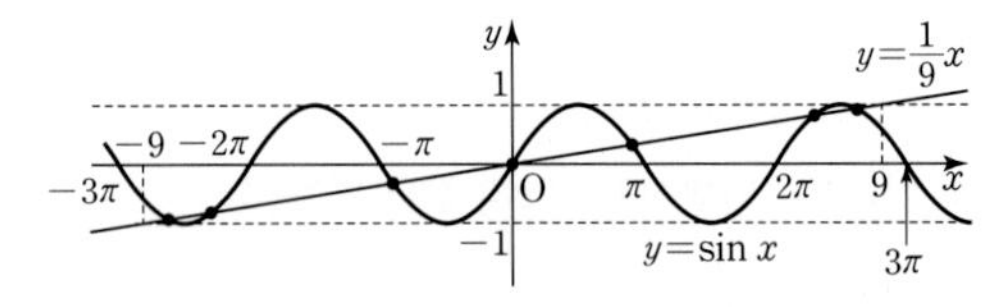

그림에서 함수 $y=\sin x$의 그래프와 직선 $y=\frac{1}{9}x$의 서로 다른 교점의 개수는 7이므로 주어진 방정식의 서로 다른 실근의 개수는 7이다.

답 ④

75 방정식 $3\cos^2 x-6\sin x-a=0$, 즉

방정식 $3\cos^2 x-6\sin x=a$가 실근을 갖기 위해서는 함수 $y=3\cos^2 x-6\sin x$의 그래프와 직선 $y=a$의 교점이 존재해야 한다.

이때

$3\cos^2 x-6\sin x$

$=3(1-\sin^2 x)-6\sin x$

$=-3\sin^2 x-6\sin x+3$

$\sin x=t$라 하면 $-1\le t\le 1$이고

$y=-3t^2-6t+3=-3(t+1)^2+6$

따라서 주어진 방정식이 실근을 갖도록 하는 a의 값의 범위는 그림에서

$-6\le a\le 6$

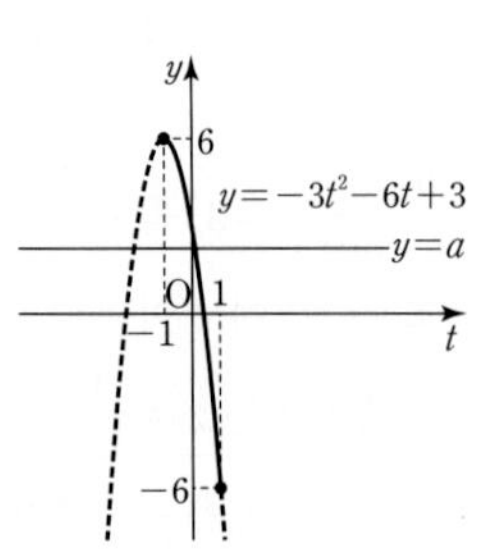

답 ①

76 그림에서 부등식 $\tan\theta\ge-\frac{\sqrt{3}}{3}$의 해는

$0\le\theta<\frac{\pi}{2}$ 또는 $\frac{5}{6}\pi\le\theta<\pi$

이므로 $\alpha=\frac{\pi}{2}$, $\beta=\frac{5}{6}\pi$

따라서 $\alpha+\beta=\frac{\pi}{2}+\frac{5}{6}\pi=\frac{4}{3}\pi$

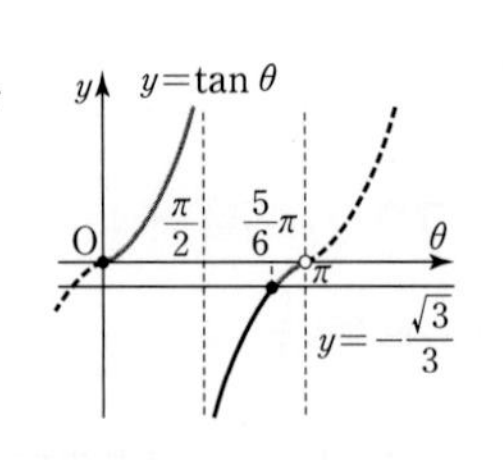

답 ②

77 $x-\frac{\pi}{6}=t$라 하면

$-\frac{\pi}{6}\le t<\frac{11}{6}\pi$이고

$\cos t<\frac{1}{2}$에서

$\frac{\pi}{3}<t<\frac{5}{3}\pi$

따라서 $\frac{\pi}{3}<x-\frac{\pi}{6}<\frac{5}{3}\pi$이므로

$\frac{\pi}{2}<x<\frac{11}{6}\pi$

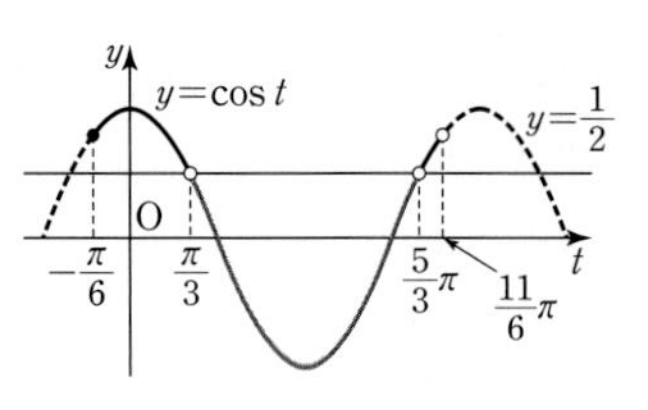

답 $\frac{\pi}{2}<x<\frac{11}{6}\pi$

78 $0\le x<2\pi$에서 $\sin x<0$을 만족시키는 x의 값의 범위는

$\pi<x<2\pi$ …… ㉠

한편, $0\le x<2\pi$에서 $\cos x>\sin x$를 만족시키는 x의 값의 범위는 그림에서

$0\le x<\frac{\pi}{4}$ 또는 $\frac{5}{4}\pi<x<2\pi$ …… ㉡

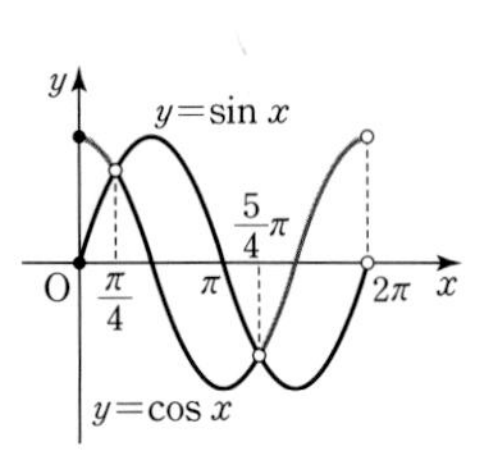

㉠, ㉡을 동시에 만족시키는 x의 값의 범위는

$\frac{5}{4}\pi<x<2\pi$

이므로 $\alpha=\frac{5}{4}\pi$, $\beta=2\pi$

따라서 $\beta-\alpha=2\pi-\frac{5}{4}\pi=\frac{3}{4}\pi$

답 ②

79 $2\cos^2 x+\sin x-1=2(1-\sin^2 x)+\sin x-1$

$=-2\sin^2 x+\sin x+1$

이므로

$\sin x=t$라 하면 $-1\le t\le 1$이고 주어진 부등식은

$-2t^2+t+1<0$

$2t^2-t-1>0$

$(2t+1)(t-1)>0$

$t<-\frac{1}{2}$ 또는 $t>1$

이때 $-1\le t\le 1$이므로

$-1\le t<-\frac{1}{2}$

즉, $-1\le\sin x<-\frac{1}{2}$이므로 이를 만족시키는 x의 값의 범위는 그림에서

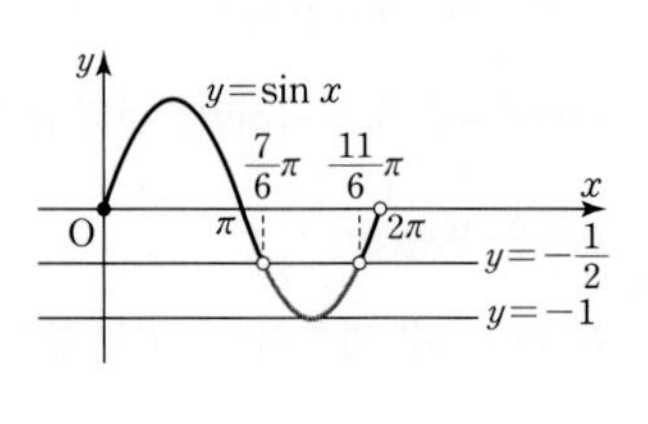

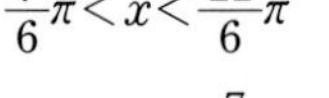

$\frac{7}{6}\pi<x<\frac{11}{6}\pi$

따라서 $\alpha=\frac{7}{6}\pi$, $\beta=\frac{11}{6}\pi$이므로

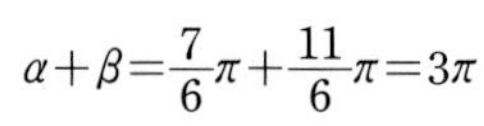

$\alpha+\beta=\frac{7}{6}\pi+\frac{11}{6}\pi=3\pi$

답 ⑤

80 $\frac{1}{\cos^2 x}-\tan x-1=\frac{\sin^2 x+\cos^2 x}{\cos^2 x}-\tan x-1$

$=\frac{\sin^2 x}{\cos^2 x}+\frac{\cos^2 x}{\cos^2 x}-\tan x-1$

$=\tan^2 x-\tan x$

$=\tan x(\tan x-1)<0$

따라서 $0<\tan x<1$이므로 $0\le x<\frac{\pi}{2}$에서 이를 만족시키는 x의 값의 범위는 그림에서

$0<x<\frac{\pi}{4}$

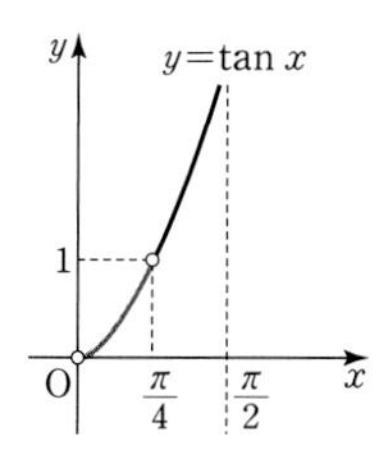

답 $0<x<\frac{\pi}{4}$

81 $-4\sin^2(\pi-\theta)-4\sin\left(\frac{\pi}{2}+\theta\right)+2$

$=-4\sin^2\theta-4\cos\theta+2$

$=-4(1-\cos^2\theta)-4\cos\theta+2$

$=4\cos^2\theta-4\cos\theta-2$

이므로

$\cos\theta=t$라 하면 $-1\le t\le 1$이고 주어진 부등식은

$4t^2-4t-2\ge k$

$4\left(t-\frac{1}{2}\right)^2-3-k\ge 0$

$f(t)=4\left(t-\frac{1}{2}\right)^2-3-k$라 하면

$-1\le t\le 1$에서 함수 $f(t)$는 $t=\frac{1}{2}$일 때 최솟값을 가지므로

$f\left(\frac{1}{2}\right)=-3-k\ge 0$

이어야 한다.

따라서 $k\le -3$이므로 k의 최댓값은 -3이다.

답 ②

82 $f(x)=2x^2-4x\cos\theta-3\sin\theta$라 하자.

모든 실수 x에 대하여 이차부등식 $f(x)\ge 0$이 항상 성립하려면 이차방정식 $f(x)=0$의 판별식 D가 0보다 작거나 같으면 된다.

$\frac{D}{4}=4\cos^2\theta-2\times(-3\sin\theta)$

$=4(1-\sin^2\theta)+6\sin\theta$

$=-4\sin^2\theta+6\sin\theta+4\le 0$

즉, $2\sin^2\theta-3\sin\theta-2\ge 0$이어야 한다.

이때 $-1\le\sin\theta\le 1$이고 $(2\sin\theta+1)(\sin\theta-2)\ge 0$이므로

$-1\le\sin\theta\le -\frac{1}{2}$

따라서 $0<\theta<2\pi$에서 이를 만족시키는 θ의 값의 범위는

$\frac{7}{6}\pi\le\theta\le\frac{11}{6}\pi$

답 $\frac{7}{6}\pi\le\theta\le\frac{11}{6}\pi$

83 이차방정식 $x^2+2x\sin\theta+\sin^2\theta+2\sin\theta-\sqrt{3}=0$이 실근을 갖지 않으려면 이 방정식의 판별식 D가 0보다 작으면 된다.

$\frac{D}{4}=\sin^2\theta-\sin^2\theta-2\sin\theta+\sqrt{3}=-2\sin\theta+\sqrt{3}<0$

즉, $\sin\theta>\frac{\sqrt{3}}{2}$이어야 한다.

따라서 $0<\theta<2\pi$에서 이를 만족시키는 θ의 값의 범위는

$\frac{\pi}{3}<\theta<\frac{2}{3}\pi$

답 $\frac{\pi}{3}<\theta<\frac{2}{3}\pi$

84 주어진 이차함수의 그래프가 x축에 접하려면 이차방정식 $f(x)=0$의 판별식 D가 0이어야 한다.

$\frac{D}{4}=(4\sin\theta+1)^2-3\times 3=16\sin^2\theta+8\sin\theta-8=0$

$2\sin^2\theta+\sin\theta-1=0$

$(2\sin\theta-1)(\sin\theta+1)=0$

$\sin\theta=\frac{1}{2}$ 또는 $\sin\theta=-1$

$0<\theta<2\pi$에서 이를 만족시키는 θ의 값은

$\theta=\frac{\pi}{6}$ 또는 $\theta=\frac{5}{6}\pi$ 또는 $\theta=\frac{3}{2}\pi$

따라서 $\theta_1=\frac{\pi}{6}$, $\theta_2=\frac{5}{6}\pi$, $\theta_3=\frac{3}{2}\pi$이므로

$\theta_3-\theta_1-\theta_2=\frac{3}{2}\pi-\frac{\pi}{6}-\frac{5}{6}\pi=\frac{\pi}{2}$

답 ③

서술형 완성하기

본문 76쪽

01 1 **02** $-\frac{\sqrt{10}}{2}$ **03** -2 **04** $a=2$, $b=4$

05 $x=\frac{\pi}{3}$ 또는 $x=\frac{5}{3}\pi$ 또는 $x=\frac{7}{3}\pi$ 또는 $x=\frac{11}{3}\pi$

06 $a<-\frac{25}{8}$

01 함수 $f(x)=\sin\frac{\pi}{2}x-3\cos\frac{\pi}{6}x$의 주기가 p이므로

$f(p)=f(0)$ …… ❶

$=\sin 0-3\cos 0$

$=-3$ …… ❷

따라서

$f(f(p))=f(-3)$

$=\sin\left(-\frac{3}{2}\pi\right)-3\cos\left(-\frac{\pi}{2}\right)$

$=-\sin\frac{3}{2}\pi-3\cos\frac{\pi}{2}$

$=1$ …… ❸

답 1

단계	채점 기준	비율
❶	$f(p)=f(0)$임을 알고 있는 경우	40 %
❷	$f(p)$의 값을 구한 경우	30 %
❸	$f(f(p))$의 값을 구한 경우	30 %

02 $2x^2-5\pi x+3\pi^2=(2x-3\pi)(x-\pi)<0$이므로

$\pi<x<\frac{3}{2}\pi$

즉, x는 제3사분면의 각이다. …… ❶

$(\sin x+\cos x)^2=1+2\sin x\cos x$

$=1+\frac{3}{2}$

$=\frac{5}{2}$ …… ❷

제3사분면에서 $\sin x+\cos x<0$이므로

$\sin x+\cos x=-\frac{\sqrt{10}}{2}$ …… ❸

답 $-\frac{\sqrt{10}}{2}$

단계	채점 기준	비율
❶	x가 제3사분면의 각임을 알고 있는 경우	40 %
❷	$(\sin x+\cos x)^2$의 값을 구한 경우	40 %
❸	$\sin x+\cos x$의 값을 구한 경우	20 %

03 $\overline{OP}=\sqrt{3^2+(-2)^2}=\sqrt{13}$이므로

$\sin(\pi+\theta)=-\sin\theta$

$=-\frac{-2}{\sqrt{13}}=\frac{2\sqrt{13}}{13}$ …… ❶

$\tan(-\theta)=-\tan\theta$

$=-\frac{-2}{3}=\frac{2}{3}$ …… ❷

따라서

$\sqrt{13}\sin(\pi+\theta)-6\tan(-\theta)=\frac{\sqrt{13}\times2\sqrt{13}}{13}-6\times\frac{2}{3}$

$=2-4=-2$ …… ❸

답 -2

단계	채점 기준	비율
❶	$\sin(\pi+\theta)$의 값을 구한 경우	40 %
❷	$\tan(-\theta)$의 값을 구한 경우	40 %
❸	$\sqrt{13}\sin(\pi+\theta)-6\tan(-\theta)$의 값을 구한 경우	20 %

04 함수 $f(x)=a\cos\frac{\pi}{2}x+b$의 최댓값이 6이므로

$a+b=6$ …… ㉠ …… ❶

$f\left(\frac{4}{3}\right)=a\cos\frac{2}{3}\pi+b$

$=-\frac{a}{2}+b=3$ …… ㉡ …… ❷

㉠, ㉡을 연립하면

$a=2$, $b=4$ …… ❸

답 $a=2$, $b=4$

단계	채점 기준	비율
❶	$a+b$의 값을 구한 경우	40 %
❷	$-\frac{a}{2}+b$의 값을 구한 경우	40 %
❸	두 상수 a, b의 값을 각각 구한 경우	20 %

05 $\sin\left(x+\frac{\pi}{2}\right)=\cos x$, $\cos(x+\pi)=-\cos x$이므로

주어진 방정식은

$4\cos^2 x-8\cos x+3=0$ …… ❶

$(2\cos x-1)(2\cos x-3)=0$

$2\cos x-3<0$이므로

$2\cos x-1=0$

$\cos x=\frac{1}{2}$ …… ❷

$0\le x<4\pi$에서 주어진 방정식을 만족시키는 x의 값은

$x=\frac{\pi}{3}$ 또는 $x=\frac{5}{3}\pi$ 또는 $x=\frac{7}{3}\pi$ 또는 $x=\frac{11}{3}\pi$ …… ❸

답 $x=\frac{\pi}{3}$ 또는 $x=\frac{5}{3}\pi$ 또는 $x=\frac{7}{3}\pi$ 또는 $x=\frac{11}{3}\pi$

단계	채점 기준	비율
❶	주어진 방정식을 $\cos x$에 대한 식으로 나타낸 경우	40 %
❷	방정식을 만족시키는 $\cos x$의 값을 구한 경우	30 %
❸	방정식의 모든 근을 구한 경우	30 %

06 $\sin^2 x=1-\cos^2 x$이므로 주어진 부등식은

$2(1-\cos^2 x)-3\cos x+a<0$

$2\cos^2 x+3\cos x-2-a>0$ …… ❶

$\cos x=t$로 치환하면

$2t^2+3t-2-a>0$

$2\left(t+\frac{3}{4}\right)^2-\frac{25}{8}-a>0$

모든 실수 x에 대하여 $-1\le t\le 1$이므로

$t=-\frac{3}{4}$일 때 주어진 부등식은 최솟값 $-\frac{25}{8}-a$를 갖는다. ⋯⋯ ❷

따라서 $-\frac{25}{8}-a>0$을 만족시켜야 하므로

$a<-\frac{25}{8}$ ⋯⋯ ❸

답 $a<-\frac{25}{8}$

단계	채점 기준	비율
❶	주어진 부등식을 $\cos x$에 대한 식으로 나타낸 경우	30 %
❷	주어진 부등식의 최솟값을 구한 경우	50 %
❸	a의 값의 범위를 구한 경우	20 %

내신 + 수능 고난도 도전

본문 77쪽

01 $-\frac{1}{2}$　02 ②　03 $\frac{1}{2}$

04 $0\le\theta\le\frac{\pi}{6}$ 또는 $\frac{2}{3}\pi\le\theta\le\pi$

01 주어진 방정식을 변형하면

$2k(\sin x+\cos x)=2k^2+1$

$2k^2+1-2k(\sin x+\cos x)=0$

$2k^2+\sin^2 x+\cos^2 x-2k(\sin x+\cos x)=0$

$\sin^2 x-2k\sin x+k^2+\cos^2 x-2k\cos x+k^2=0$

$(\sin x-k)^2+(\cos x-k)^2=0$

이므로 주어진 방정식의 실근이 존재하려면

$0<x\le 2\pi$에서 $\sin x=\cos x=k$를 만족시키는 x의 값이 존재해야 한다.

이때 $k=\frac{\sqrt{2}}{2}$이면 $\sin x=\cos x=\frac{\sqrt{2}}{2}$를 만족시키는 실근 $x=\frac{\pi}{4}$가 존재하고,

$k=-\frac{\sqrt{2}}{2}$이면 $\sin x=\cos x=-\frac{\sqrt{2}}{2}$를 만족시키는 실근 $x=\frac{5}{4}\pi$가 존재한다.

따라서 주어진 방정식의 실근이 존재하도록 하는 모든 실수 k의 값의 곱은

$\frac{\sqrt{2}}{2}\times\left(-\frac{\sqrt{2}}{2}\right)=-\frac{1}{2}$

답 $-\frac{1}{2}$

02 함수 $f(x)=2\sin\frac{\pi}{a}x$의 주기는 $\frac{2\pi}{\left|\frac{\pi}{a}\right|}=2a$이므로

그래프는 그림과 같다.

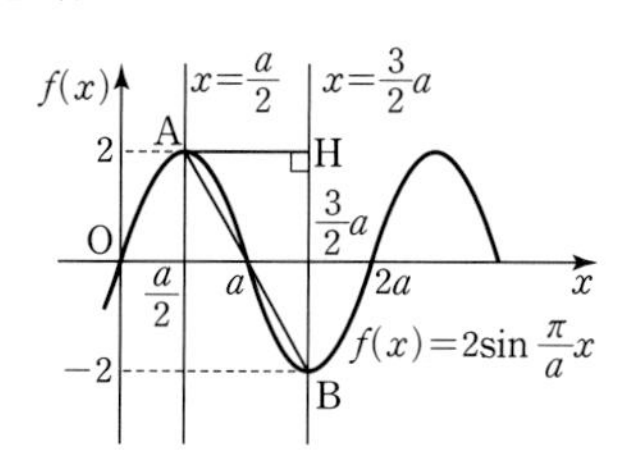

점 A에서 직선 $x=\frac{3}{2}a$에 내린 수선의 발을 H라 하면

$\overline{AH}=\frac{3}{2}a-\frac{a}{2}=a$

$\overline{BH}=2-(-2)=4$

이므로

$\overline{AB}=\sqrt{\overline{AH}^2+\overline{BH}^2}=\sqrt{a^2+16}$

따라서 선분 AB의 길이가 자연수가 되려면 a^2+16이 자연수의 제곱꼴이 되어야 하므로 이를 만족시키는 a의 최솟값은 3이다.

답 ②

03 함수 $y=\sin\pi x$의 주기는 $\frac{2\pi}{|\pi|}=2$이므로 그래프는 그림과 같다.

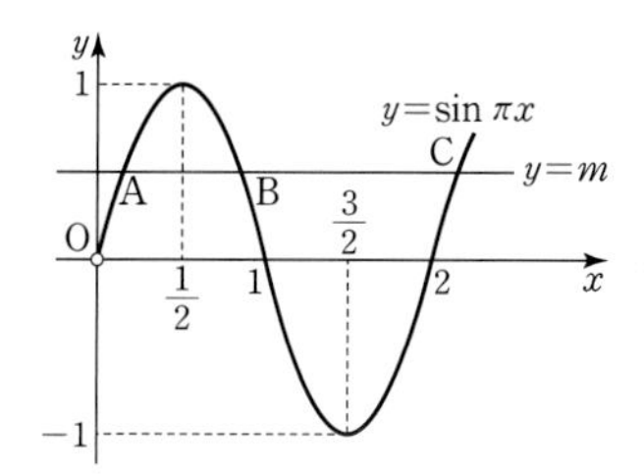

$\overline{AB}=a$라 하면 $\overline{BC}=2a\,(a>0)$

함수 $y=\sin\pi x$의 그래프는 직선 $x=\frac{1}{2}$에 대하여 대칭이므로

$A\left(\frac{1}{2}-\frac{a}{2},\ m\right)$, $B\left(\frac{1}{2}+\frac{a}{2},\ m\right)$

이때 $\overline{BC}=2a$이므로

$C\left(\frac{1}{2}+\frac{5}{2}a,\ m\right)$

함수 $y=\sin\pi x$의 그래프는 직선 $x=\frac{3}{2}$에 대하여 대칭이므로

$\frac{1}{2}\times\left\{\left(\frac{1}{2}+\frac{a}{2}\right)+\left(\frac{1}{2}+\frac{5}{2}a\right)\right\}=\frac{3}{2}$

$1+3a=3$

$a=\frac{2}{3}$

따라서 점 A의 좌표는 $\left(\frac{1}{2}-\frac{a}{2},\ m\right)$, 즉 $\left(\frac{1}{6},\ m\right)$이고 점 A는 함수 $y=\sin\pi x$의 그래프 위의 점이므로

$m=\sin\frac{\pi}{6}=\frac{1}{2}$

답 $\frac{1}{2}$

04 $f(1)=\frac{5\sqrt{3}}{6}\cos\pi-\frac{\sqrt{3}}{6}=-\sqrt{3}$

$f(2)=\frac{5\sqrt{3}}{6}\cos 2\pi-\frac{\sqrt{3}}{6}=\frac{2\sqrt{3}}{3}$

이므로

$\mathrm{A}(1,\ -\sqrt{3}),\ \mathrm{B}\left(2,\ \frac{2\sqrt{3}}{3}\right)$

이때 직선 $y=x\tan\theta$의 기울기는 $\tan\theta$이고 원점 O에 대하여

직선 OA의 기울기는

$\frac{-\sqrt{3}-0}{1-0}=-\sqrt{3}$

직선 OB의 기울기는

$\frac{\frac{2\sqrt{3}}{3}-0}{2-0}=\frac{\sqrt{3}}{3}$

이므로 직선 $y=x\tan\theta$가 선분 AB와 만나기 위한 $\tan\theta$의 값의 범위는

$-\sqrt{3}\le\tan\theta\le\frac{\sqrt{3}}{3}$

따라서 $0\le\theta\le\pi$에서 위의 식을 만족시키는 θ의 값의 범위는

$0\le\theta\le\frac{\pi}{6}$ 또는 $\frac{2}{3}\pi\le\theta\le\pi$

답 $0\le\theta\le\frac{\pi}{6}$ 또는 $\frac{2}{3}\pi\le\theta\le\pi$

04 삼각함수의 활용

개념 확인하기

본문 79쪽

01 $6\sqrt{2}$	**02** $2\sqrt{2}$	**03** 30°	**04** 60°	**05** 4
06 3	**07** 30°	**08** 90°	**09** $2\sqrt{2}$	**10** $\sqrt{13}$
11 $\sqrt{39}$	**12** 60°	**13** 120°	**14** 12	**15** $10\sqrt{2}$
16 $4\sqrt{3}$	**17** (1) $-\frac{1}{2}$ (2) $\frac{\sqrt{3}}{2}$ (3) $18\sqrt{3}$			**18** $\frac{27\sqrt{3}}{2}$
19 2	**20** 32	**21** 9	**22** 6	

01 사인법칙에 의하여

$\frac{6}{\sin 30^\circ}=\frac{b}{\sin 45^\circ}$이므로

$b=\frac{6}{\sin 30^\circ}\times\sin 45^\circ=6\times2\times\frac{\sqrt{2}}{2}=6\sqrt{2}$

답 $6\sqrt{2}$

02 $C=180^\circ-(A+B)=180^\circ-135^\circ=45^\circ$

사인법칙에 의하여

$\frac{2\sqrt{3}}{\sin 60^\circ}=\frac{c}{\sin 45^\circ}$이므로

$c=\frac{2\sqrt{3}}{\sin 60^\circ}\times\sin 45^\circ=2\sqrt{3}\times\frac{2}{\sqrt{3}}\times\frac{\sqrt{2}}{2}=2\sqrt{2}$

답 $2\sqrt{2}$

03 사인법칙에 의하여

$\frac{2\sqrt{3}}{\sin 120^\circ}=\frac{2}{\sin B}$이므로

$\sin B=\frac{2}{2\sqrt{3}}\times\sin 120^\circ=\frac{1}{\sqrt{3}}\times\frac{\sqrt{3}}{2}=\frac{1}{2}$

이때 $B<180^\circ-A$, 즉 $B<60^\circ$이므로

$B=30^\circ$

답 30°

04 사인법칙에 의하여

$\frac{2\sqrt{2}}{\sin 45^\circ}=\frac{2\sqrt{3}}{\sin C}$이므로

$\sin C=\frac{2\sqrt{3}}{2\sqrt{2}}\times\sin 45^\circ=\frac{\sqrt{3}}{\sqrt{2}}\times\frac{\sqrt{2}}{2}=\frac{\sqrt{3}}{2}$

$0^\circ<C<90^\circ$이므로

$C=60^\circ$

답 60°

05 사인법칙에 의하여

$2R=\frac{4}{\sin 30^\circ}=4\times2=8$이므로

$R=4$

답 4

06 $B=180°-(A+C)=180°-135°=45°$
사인법칙에 의하여
$2R=\frac{3\sqrt{2}}{\sin 45°}=3\sqrt{2}\times\sqrt{2}=6$이므로
$R=3$

답 3

07 사인법칙에 의하여
$\sin A=\frac{3}{2\times 3}=\frac{1}{2}$
이때 삼각형 ABC는 $a=b$인 이등변삼각형이므로 $A=B<90°$
따라서 $A=30°$

답 30°

08 사인법칙에 의하여
$\sin C=\frac{4}{2\times 2}=1$이므로
$C=90°$

답 90°

09 사인법칙에 의하여
$a:b=\sin 30°:\sin 45°$
$=\frac{1}{2}:\frac{\sqrt{2}}{2}$
$=1:\sqrt{2}$
따라서 $1:\sqrt{2}=x:4$이므로
$\sqrt{2}x=4,\ x=2\sqrt{2}$

답 $2\sqrt{2}$

10 코사인법칙에 의하여
$b^2=3^2+4^2-2\times 3\times 4\times\cos 60°$
$=9+16-12=13$
이므로 $b=\sqrt{13}$

답 $\sqrt{13}$

11 코사인법칙에 의하여
$a^2=2^2+5^2-2\times 2\times 5\times\cos 120°$
$=4+25+10=39$
이므로 $a=\sqrt{39}$

답 $\sqrt{39}$

12 코사인법칙에 의하여
$\cos A=\frac{5^2+7^2-(\sqrt{39})^2}{2\times 5\times 7}=\frac{35}{70}=\frac{1}{2}$
이므로 $A=60°$

답 60°

13 코사인법칙에 의하여
$\cos B=\frac{(\sqrt{3})^2+(\sqrt{3})^2-3^2}{2\times\sqrt{3}\times\sqrt{3}}=\frac{-3}{6}=-\frac{1}{2}$
이므로 $B=120°$

답 120°

14 $\frac{1}{2}ab\sin C=\frac{1}{2}\times 6\times 8\times\sin 30°=12$

답 12

15 $\frac{1}{2}ac\sin B=\frac{1}{2}\times 4\times 10\times\sin 45°=10\sqrt{2}$

답 $10\sqrt{2}$

16 $\frac{1}{2}bc\sin A=\frac{1}{2}\times 2\times 8\times\sin 120°=4\sqrt{3}$

답 $4\sqrt{3}$

17 (1) 코사인법칙에 의하여
$\cos B=\frac{6^2+12^2-(6\sqrt{7})^2}{2\times 6\times 12}=\frac{-72}{144}=-\frac{1}{2}$
(2) $\sin B=\sqrt{1-\cos^2 B}=\sqrt{1-\frac{1}{4}}=\frac{\sqrt{3}}{2}$
(3) $\frac{1}{2}ac\sin B=\frac{1}{2}\times 6\times 12\times\frac{\sqrt{3}}{2}=18\sqrt{3}$

답 (1) $-\frac{1}{2}$ (2) $\frac{\sqrt{3}}{2}$ (3) $18\sqrt{3}$

18 삼각형 ABC의 넓이는
$\frac{9\times 3\sqrt{7}\times 6}{4\times\sqrt{21}}=\frac{27\sqrt{3}}{2}$

답 $\frac{27\sqrt{3}}{2}$

19 삼각형 ABC의 외접원의 반지름의 길이를 R라 하면
$\frac{16\sqrt{2}}{4R}=2\sqrt{2}$이므로 $R=2$

답 2

20 삼각형 ABC의 넓이는
$\frac{1}{2}\times 4\times 16=32$

답 32

21 주어진 사각형의 넓이는
$\frac{1}{2}\times 3\sqrt{2}\times 6\times\sin 45°=9$

답 9

22 평행사변형 ABCD의 넓이는
$3\times 4\times\sin 30°=6$

답 6

유형 완성하기

본문 80~86쪽

01 ①	**02** 30°	**03** 12π	**04** ⑤	**05** ①
06 $\frac{8}{3}$	**07** ②	**08** $20\sqrt{6}$ m	**09** ①	**10** ③
11 17	**12** $8+4\sqrt{2}$	**13** 30°	**14** ④	**15** 105
16 $\sqrt{7}$ km	**17** $\sqrt{78}$	**18** $(150\sqrt{2}-50\sqrt{6})$ m		**19** 60°
20 120°	**21** ①	**22** $A=90^\circ$인 직각삼각형		**23** ②
24 ②	**25** ⑤	**26** ③	**27** $2:1$	**28** ①
29 4π	**30** $8\sqrt{3}+8$	**31** $\sqrt{3}$	**32** ③	**33** $\frac{\sqrt{3}}{6}$
34 $\frac{\sqrt{3}+1}{2}$	**35** $\frac{15+6\sqrt{3}}{2}$		**36** 5	**37** ④
38 13	**39** $\frac{16\sqrt{3}}{3}$	**40** ③	**41** 60°	**42** $\sqrt{3}$

01 $C=180^\circ-(A+B)=180^\circ-135^\circ=45^\circ$이므로
사인법칙에 의하여

$$\frac{6}{\sin 60^\circ}=\frac{c}{\sin 45^\circ}$$

$$\frac{6}{\frac{\sqrt{3}}{2}}=\frac{c}{\frac{\sqrt{2}}{2}}$$

따라서 $c=2\sqrt{6}$

답 ①

02 삼각형 ABC에서 사인법칙에 의하여

$$\frac{a}{\sin A}=\frac{b}{\sin B}$$

$$\frac{2b}{\sin A}=\frac{b}{\frac{1}{4}}=4b$$에서

$\sin A=\frac{1}{2}$

$0^\circ<A<90^\circ$이므로 $A=30^\circ$

답 30°

03 $A=2k$, $B=7k$, $C=3k\ (k>0)$이라 하면
$2k+7k+3k=12k=180^\circ$에서
$k=15^\circ$
즉, $A=30^\circ$, $B=105^\circ$, $C=45^\circ$이다.
삼각형 ABC의 외접원의 반지름의 길이를 R라 하면 사인법칙에 의하여

$$2R=\frac{c}{\sin C}=\frac{2\sqrt{6}}{\sin 45^\circ}=4\sqrt{3}$$

$R=2\sqrt{3}$
따라서 삼각형 ABC의 외접원의 넓이는
$\pi R^2=\pi\times(2\sqrt{3})^2=12\pi$

답 12π

04 $A=k\ (k>0)$이라 하면 $B=k$, $C=4k$
$A+B+C=k+k+4k=6k=180^\circ$이므로
$k=30^\circ$
그러므로 $A=B=30^\circ$, $C=120^\circ$
따라서 사인법칙에 의하여

$$\begin{aligned}a:b:c&=\sin A:\sin B:\sin C\\&=\sin 30^\circ:\sin 30^\circ:\sin 120^\circ\\&=\frac{1}{2}:\frac{1}{2}:\frac{\sqrt{3}}{2}\\&=1:1:\sqrt{3}\end{aligned}$$

답 ⑤

05 삼각형 ABC의 외접원의 둘레의 길이가 4π이므로 외접원의 반지름의 길이 $R=2$이다.
삼각형 ABC에서 사인법칙에 의하여

$\sin B=\frac{b}{2R}=\frac{2}{4}=\frac{1}{2}$이므로

$B=30^\circ$

$$\begin{aligned}C&=180^\circ-(A+B)\\&=180^\circ-(105^\circ+30^\circ)\\&=45^\circ\end{aligned}$$

따라서
$c=2R\times\sin C=4\times\sin 45^\circ=2\sqrt{2}$

답 ①

06 $A+B+C=\pi$이므로

$$\begin{aligned}&\sin(A+B):\sin(B+C):\sin(C+A)\\&=\sin(\pi-C):\sin(\pi-A):\sin(\pi-B)\\&=\sin C:\sin A:\sin B\\&=2:\sqrt{3}:3\end{aligned}$$

이때 사인법칙에 의하여

$$\begin{aligned}a:b:c&=\sin A:\sin B:\sin C\\&=\sqrt{3}:3:2\end{aligned}$$

이므로 $a=\sqrt{3}k\ (k>0)$이라 하면 $b=3k$, $c=2k$
따라서

$$\begin{aligned}\frac{a^2+b^2+c^2}{bc}&=\frac{(\sqrt{3}k)^2+(3k)^2+(2k)^2}{3k\times 2k}\\&=\frac{16k^2}{6k^2}\\&=\frac{8}{3}\end{aligned}$$

답 $\frac{8}{3}$

07 삼각형 ABC에서

$$\begin{aligned}\angle\text{ABC}&=180^\circ-(\angle\text{BAC}+\angle\text{BCA})\\&=180^\circ-60^\circ=120^\circ\end{aligned}$$

호수의 반지름의 길이를 R m라 하면 사인법칙에 의하여

$\frac{60}{\sin 120^\circ}=2R$, $R=20\sqrt{3}$

따라서 호수의 반지름의 길이는 $20\sqrt{3}$ m이다.

답 ②

08 열기구의 위치를 C라 하면
삼각형 ABC에서 $A+B+C=180^\circ$이므로
$C=180^\circ-(A+B)=180^\circ-120^\circ=60^\circ$

이때 사인법칙에 의하여

$$\frac{b}{\sin 45^\circ}=\frac{60}{\sin 60^\circ}$$

이므로

$$b=\frac{60}{\sin 60^\circ}\times\sin 45^\circ=20\sqrt{6}$$

따라서 A지점에서 열기구까지의 거리는 $20\sqrt{6}$ m이다.

답 $20\sqrt{6}$ m

09 삼각형 ABN에서

$$\angle\text{ANB}=180^\circ-(\angle\text{BAN}+\angle\text{ABN})$$
$$=180^\circ-120^\circ=60^\circ$$

이때 사인법칙에 의하여

$$\frac{\overline{\text{BN}}}{\sin 45^\circ}=\frac{300}{\sin 60^\circ}$$

이므로

$$\overline{\text{BN}}=\frac{300}{\sin 60^\circ}\times\sin 45^\circ=100\sqrt{6}$$

삼각형 MBN에서

$$\overline{\text{MN}}=\overline{\text{BN}}\times\tan 60^\circ$$
$$=100\sqrt{6}\times\sqrt{3}=300\sqrt{2}$$

따라서 건물의 높이 MN의 길이는 $300\sqrt{2}$ m이다.

답 ①

10 삼각형 ABC에서 코사인법칙에 의하여

$$(3\sqrt{3})^2=4^2+c^2-2\times4\times c\times\cos 60^\circ$$
$$=16+c^2-4c$$
$$c^2-4c-11=0$$

$c>0$이므로 $c=2+\sqrt{15}$

답 ③

11 삼각형 ABC에서 코사인법칙에 의하여

$$8^2=b^2+c^2-2\times b\times c\times\cos 120^\circ$$
$$=b^2+c^2+bc$$
$$=(b+c)^2-bc$$
$$=9^2-bc$$

따라서 $bc=81-64=17$

답 17

12 사인법칙에 의하여

$$\frac{a}{\sin 45^\circ}=4$$
$$a=4\times\sin 45^\circ=2\sqrt{2}$$

이때 $b=c$이므로 코사인법칙에 의하여

$$(2\sqrt{2})^2=b^2+b^2-2\times b\times b\times\cos 45^\circ$$
$$=2b^2-\sqrt{2}b^2$$

따라서

$$b^2=\frac{8}{2-\sqrt{2}}=8+4\sqrt{2}$$

답 $8+4\sqrt{2}$

13 세 내각 중에서 크기가 가장 작은 각을 θ라 하자.

θ는 가장 길이가 짧은 변, 즉 길이가 $\sqrt{13}$인 변과 마주보고 있으므로 코사인법칙에 의하여

$$\cos\theta=\frac{5^2+(4\sqrt{3})^2-(\sqrt{13})^2}{2\times5\times4\sqrt{3}}=\frac{\sqrt{3}}{2}$$

따라서 $\theta=30^\circ$이다.

답 30°

14 삼각형 ABD에서 코사인법칙에 의하여

$$\cos A=\frac{4^2+6^2-9^2}{2\times4\times6}=-\frac{29}{48}$$

$\angle$A와 $\angle$C는 원에 내접하는 사각형 ABCD의 마주 보는 두 각이므로

$$A+C=180^\circ$$

따라서

$$\cos C=\cos(180^\circ-A)=-\cos A=\frac{29}{48}$$

답 ④

15 $a:b:c=\sin A:\sin B:\sin C=4:5:6$이므로

$a=4k$, $b=5k$, $c=6k$ $(k>0)$이라 하자.

코사인법칙에 의하여

$$\cos A=\frac{(5k)^2+(6k)^2-(4k)^2}{2\times5k\times6k}=\frac{45k^2}{60k^2}=\frac{3}{4}$$

이므로

$$\sin A=\sqrt{1-\cos^2 A}=\sqrt{\frac{7}{16}}=\frac{\sqrt{7}}{4}$$

이때 사인법칙에 의하여

$$\frac{a}{\sin A}=2\times8\sqrt{7}$$
$$a=2\times8\sqrt{7}\times\sin A$$
$$=16\sqrt{7}\times\frac{\sqrt{7}}{4}=28$$

이므로

$4k=28$, $k=7$

따라서 삼각형 ABC의 둘레의 길이는

$$a+b+c=4k+5k+6k$$
$$=15k$$
$$=15\times7=105$$

답 105

16 두 지점 A, B 사이의 거리를 $\overline{\text{AB}}=k$ $(k>0)$이라 하면

코사인법칙에 의하여

$$k^2=2^2+3^2-2\times2\times3\times\cos 60^\circ$$
$$=7$$

따라서 $k=\sqrt{7}$(km)

답 $\sqrt{7}$ km

17 A지점에서 두 물질의 경계면에 내린 수선의 발을 F라 하면

$\overline{\text{AF}}=\overline{\text{FB}}=3$, $\angle\text{AFB}=90^\circ$이므로

$\overline{\text{AB}}=3\sqrt{2}$

이때

$\overline{AB}:\overline{BC}=3\sqrt{2}:\overline{BC}$

$=\sqrt{3}:2$

이므로 $\sqrt{3}\,\overline{BC}=6\sqrt{2}$, $\overline{BC}=2\sqrt{6}$

또한 $\angle ABC=45°+90°+15°=150°$

이므로 삼각형 ABC에서 코사인법칙에 의하여

$\overline{AC}^2=(3\sqrt{2})^2+(2\sqrt{6})^2-2\times3\sqrt{2}\times2\sqrt{6}\times\cos150°$

$=78$

따라서 $\overline{AC}=\sqrt{78}$

답 $\sqrt{78}$

18 그림과 같이 두 건물의 꼭대기 지점을 각각 A, D, 두 건물이 바닥과 닿는 지점을 각각 B, C라 하고, A에서 선분 CD에 내린 수선의 발을 E라 하자.

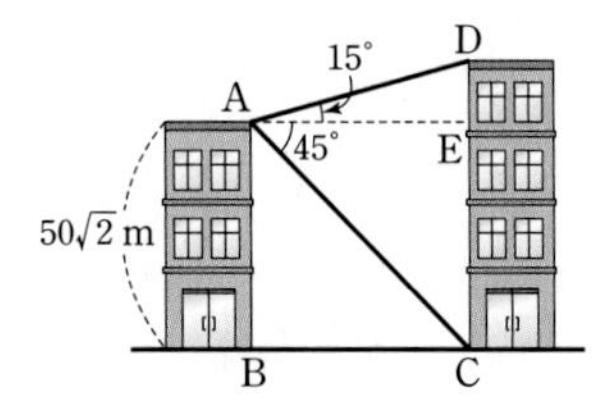

삼각형 ABC는 $\angle ABC=90°$인 직각이등변삼각형이므로

$\overline{AB}=\overline{BC}=50\sqrt{2}$, $\overline{AC}=100$

삼각형 ACD에서 $\angle DAC=60°$, $\angle ACD=45°$이므로 $\overline{AD}=k\ (k>0)$이라 하면 사인법칙에 의하여

$$\frac{k}{\sin 45°}=\frac{\overline{CD}}{\sin 60°}$$

$$\overline{CD}=\frac{k\sin 60°}{\sin 45°}=\frac{\sqrt{6}}{2}k$$

삼각형 ACD에서 코사인법칙에 의하여

$$\left(\frac{\sqrt{6}}{2}k\right)^2=k^2+100^2-2\times k\times100\times\cos60°$$

$$\frac{3}{2}k^2=k^2-100k+10000$$

$$k^2+200k-20000=0$$

$k>0$이므로

$k=-100+\sqrt{100^2+20000}=100(\sqrt{3}-1)$

따라서 옆 건물의 높이는

$$\overline{CD}=\frac{\sqrt{6}}{2}k$$

$$=\frac{\sqrt{6}}{2}\times100(\sqrt{3}-1)$$

$$=150\sqrt{2}-50\sqrt{6}\,(\text{m})$$

답 $(150\sqrt{2}-50\sqrt{6})$ m

19 $a:b:c=\sin A:\sin B:\sin C=4:5:\sqrt{21}$이므로

$a=4k$, $b=5k$, $c=\sqrt{21}k\ (k>0)$이라 하자.

코사인법칙에 의하여

$$\cos C=\frac{(4k)^2+(5k)^2-(\sqrt{21}k)^2}{2\times4k\times5k}=\frac{20k^2}{40k^2}=\frac{1}{2}$$

이므로 $C=60°$

답 $60°$

20 실수 k에 대하여

$\frac{\sin A}{3}=\frac{\sin B}{5}=\frac{\sin C}{7}=k$라 하면

$\sin A=3k$, $\sin B=5k$, $\sin C=7k$

이므로

$a:b:c=\sin A:\sin B:\sin C$

$=3k:5k:7k$

$=3:5:7$

실수 m에 대하여

$a=3m$, $b=5m$, $c=7m$이라 하면

코사인법칙에 의하여

$$\cos C=\frac{(3m)^2+(5m)^2-(7m)^2}{2\times3m\times5m}=-\frac{1}{2}$$

이므로 $C=120°$

답 $120°$

21 삼각형 ABC에서 코사인법칙에 의하여

$c^2=4^2+5^2-2\times4\times5\times\cos120°$

$=41-40\times\left(-\frac{1}{2}\right)=61$

$c=\sqrt{61}$

삼각형 ABC의 외접원의 반지름의 길이를 R라 하면 사인법칙에 의하여

$$2R=\frac{c}{\sin C}=\frac{\sqrt{61}}{\sin 120°}=\frac{2\sqrt{183}}{3}$$

$$R=\frac{\sqrt{183}}{3}$$

따라서 이 삼각형의 외접원의 넓이는

$$\pi\times R^2=\pi\times\frac{183}{9}=\frac{61}{3}\pi$$

답 ①

22 삼각형 ABC의 외접원의 반지름의 길이를 R라 하면 주어진 등식은 사인법칙과 코사인법칙에 의하여

$$\frac{a}{2R}\times\frac{a^2+c^2-b^2}{2ac}=\frac{c}{2R}$$

$$\frac{a^2+c^2-b^2}{2c}=c$$

$$a^2+c^2-b^2=2c^2$$

$$a^2=b^2+c^2$$

따라서 주어진 삼각형은 $A=90°$인 직각삼각형이다.

답 $A=90°$인 직각삼각형

23 삼각형 ABC의 외접원의 반지름의 길이를 R라 하자.

조건 (가)에서 삼각함수의 성질과 코사인법칙에 의하여

$a\cos B+b\cos(B+C)=a\cos B+b\cos(180°-A)$

$=a\cos B-b\cos A$

$$=a\times\frac{a^2+c^2-b^2}{2ac}-b\times\frac{b^2+c^2-a^2}{2bc}$$

$$=\frac{a^2+c^2-b^2}{2c}-\frac{b^2+c^2-a^2}{2c}$$

$$=\frac{2a^2-2b^2}{2c}$$

$$=\frac{a^2-b^2}{c}=0$$

이므로 $a^2=b^2$, 즉 $a=b$
조건 (나)에서
$2\sin^2 A=1-\cos^2 C=\sin^2 C$
사인법칙에 의하여
$2\times\left(\frac{a}{2R}\right)^2=\left(\frac{c}{2R}\right)^2$
$2a^2=c^2$, 즉 $c=\sqrt{2}a$
따라서 $a:b:c=1:1:\sqrt{2}$이므로
삼각형 ABC는 $C=90°$인 직각이등변삼각형이고, $A=45°$

답 ②

24 $a=n+1$, $b=n+2$, $c=n$은 삼각형의 세 변의 길이이므로
$n+(n+1)>n+2$
$n>1$ ...... ㉠
한편, 삼각형 ABC의 세 각 중 크기가 최대인 각이 $\angle B$이므로 삼각형 ABC가 둔각삼각형이 되려면
$90°<B<180°$
즉, $-1<\cos B<0$
코사인법칙에 의하여
$$\cos B=\frac{n^2+(n+1)^2-(n+2)^2}{2n(n+1)}=\frac{n^2-2n-3}{2n(n+1)}=\frac{(n+1)(n-3)}{2n(n+1)}=\frac{n-3}{2n}$$
$-1<\frac{n-3}{2n}<0$에서 $2n>0$이므로
$-2n<n-3<0$
$1<n<3$ ...... ㉡
㉠, ㉡에서 $1<n<3$
따라서 자연수 n의 값은 2이다.

답 ②

25 코사인법칙에 의하여
$(\sqrt{21})^2=b^2+5^2-2\times b\times 5\times\cos 60°$
$=b^2-5b+25$
즉, $b^2-5b+4=0$에서 $b>2$이므로
$b=4$
따라서 삼각형 ABC의 넓이는
$\frac{1}{2}bc\sin A=\frac{1}{2}\times 4\times 5\times\sin 60°$
$=5\sqrt{3}$

답 ⑤

26 삼각형 ABC의 넓이는
$\frac{1}{2}\times 6\times 4=12$
이때 $\angle BAD=45°$이므로 $\overline{AD}=k\ (k>0)$이라 하면
삼각형 ABD의 넓이는
$\frac{1}{2}\times 6\times k\times\sin 45°=\frac{3\sqrt{2}}{2}k$
한편, 선분 AD가 $\angle A$의 이등분선이므로
$\overline{AB}:\overline{AC}=\overline{BD}:\overline{DC}$
즉, $\overline{BD}:\overline{DC}=3:2$이고
(삼각형 ABD의 넓이)$=\frac{3}{5}\times$(삼각형 ABC의 넓이)
따라서
$\frac{3\sqrt{2}}{2}k=\frac{3}{5}\times 12$
$k=\frac{12\sqrt{2}}{5}$

답 ③

27 조건 (가)에서 $\overline{AD}:\overline{DB}=3:1$이므로
$\overline{AD}=3k$, $\overline{DB}=k\ (k>0)$이라 하자.
$\overline{AE}=a$, $\overline{EC}=b$라 하면
삼각형 ADE의 넓이는
$$\frac{1}{2}\times\overline{AD}\times\overline{AE}\times\sin A=\frac{1}{2}\times 3k\times a\times\sin A=\frac{3}{2}ak\sin A$$
삼각형 ABC의 넓이는
$$\frac{1}{2}\times\overline{AB}\times\overline{AC}\times\sin A=\frac{1}{2}\times 4k\times(a+b)\times\sin A=2(a+b)k\sin A$$
이때 조건 (나)에 의해
$2\times\frac{3}{2}ak\sin A=2(a+b)k\sin A$
$3a=2(a+b)$
$a=2b$
따라서 $\overline{AE}:\overline{EC}=a:b=2:1$

답 2 : 1

28 삼각형 ABC의 외접원의 반지름의 길이를 R라 하면
$\pi R^2=\frac{49}{3}\pi$에서
$R^2=\frac{49}{3}$, $R=\frac{7\sqrt{3}}{3}$
따라서 삼각형 ABC의 넓이는
$$\frac{5\times 7\times 8}{4R}=\frac{280}{\frac{28\sqrt{3}}{3}}=10\sqrt{3}$$

답 ①

29 삼각형 ABC의 외접원의 반지름의 길이를 R라 하면
$3+\sqrt{3}=2R^2\times\frac{\sqrt{2}}{2}\times\frac{\sqrt{3}}{2}\times\frac{\sqrt{6}+\sqrt{2}}{4}$
이므로
$R^2=4$, $R=2$
따라서 삼각형 ABC의 외접원의 넓이는
$\pi\times 2^2=4\pi$

답 4π

30 $a:b:c=\sin A:\sin B:\sin C=2:\sqrt{2}:\sqrt{3}+1$이므로
$a=2k,\ b=\sqrt{2}k,\ c=(\sqrt{3}+1)k\ (k>0)$이라 하자.
코사인법칙에 의하여

$$\cos A=\frac{(\sqrt{2}k)^2+\{(\sqrt{3}+1)k\}^2-(2k)^2}{2\times\sqrt{2}k\times(\sqrt{3}+1)k}$$
$$=\frac{2(\sqrt{3}+1)k^2}{2\sqrt{2}(\sqrt{3}+1)k^2}=\frac{\sqrt{2}}{2}$$

이므로 $A=45^\circ$

따라서 $\sin A=\sin 45^\circ=\frac{\sqrt{2}}{2}$이고

사인법칙에 의하여

$a=2\times 4\sqrt{2}\times\sin A=8\sqrt{2}\times\frac{\sqrt{2}}{2}=8$

즉, $2k=8$이므로 $k=4$

따라서 $b=4\sqrt{2},\ c=4(\sqrt{3}+1)$이므로 삼각형 ABC의 넓이는

$$\frac{1}{2}bc\sin A=\frac{1}{2}\times 4\sqrt{2}\times 4(\sqrt{3}+1)\times\frac{\sqrt{2}}{2}$$
$$=8\sqrt{3}+8$$

답 $8\sqrt{3}+8$

31 삼각형 ABC의 넓이는

$$\frac{1}{2}bc\sin A=\frac{1}{2}\times 8\times 7\times\sin 120^\circ$$
$$=28\times\frac{\sqrt{3}}{2}=14\sqrt{3}$$

이때 삼각형 ABC의 내접원의 반지름의 길이를 r라 하면
삼각형 ABC의 넓이는

$\frac{1}{2}\times r\times(13+8+7)=14r$

따라서 $14\sqrt{3}=14r$이므로
$r=\sqrt{3}$

답 $\sqrt{3}$

32 코사인법칙에 의하여

$\cos A=\frac{5^2+8^2-7^2}{2\times 5\times 8}=\frac{1}{2}$

이므로 $A=60^\circ$
삼각형 ABC의 넓이는

$\frac{1}{2}bc\sin A=\frac{1}{2}\times 5\times 8\times\sin 60^\circ=10\sqrt{3}$

이때 삼각형 ABC의 내접원의 반지름의 길이를 r라 하면
삼각형 ABC의 넓이는

$\frac{1}{2}\times r\times(7+5+8)=10r$

$10\sqrt{3}=10r$에서 $r=\sqrt{3}$
따라서 삼각형 ABC의 내접원의 넓이는
$\pi\times(\sqrt{3})^2=3\pi$

답 ③

33

삼각형 ABC에서 코사인법칙에 의하여
$6^2=a^2+b^2-2ab\cos 60^\circ$이므로
$36=a^2+b^2-ab=(a+b)^2-3ab=49-3ab$에서
$3ab=13,\ ab=\frac{13}{3}$

따라서 삼각형 ABC의 넓이는

$\frac{1}{2}ab\sin 60^\circ=\frac{1}{2}\times\frac{13}{3}\times\frac{\sqrt{3}}{2}=\frac{13\sqrt{3}}{12}$

이때 삼각형 ABC의 내접원의 반지름의 길이를 r라 하면
삼각형 ABC의 넓이는

$\frac{1}{2}r(a+b+c)=\frac{13}{2}r$

따라서 $\frac{13\sqrt{3}}{12}=\frac{13}{2}r$이므로

$r=\frac{\sqrt{3}}{6}$

답 $\frac{\sqrt{3}}{6}$

34 삼각형 ABC의 넓이는

$\frac{1}{2}\times\sqrt{3}\times 2\times\sin 30^\circ=\frac{\sqrt{3}}{2}$

삼각형 ACD의 넓이는

$\frac{1}{2}\times\sqrt{2}\times 1\times\sin 45^\circ=\frac{1}{2}$

사각형 ABCD의 넓이는 삼각형 ABC의 넓이와 삼각형 ACD의 넓이의 합과 같으므로

$\frac{\sqrt{3}+1}{2}$

답 $\frac{\sqrt{3}+1}{2}$

35 $\overline{AC}=a$라 하면 삼각형 ABC에서 코사인법칙에 의하여
$a^2=4^2+3^2-2\times 4\times 3\times\cos 60^\circ=13$
$a=\sqrt{13}$
또한 $\overline{AD}=b$라 하면 삼각형 ACD에서 코사인법칙에 의하여
$(\sqrt{13})^2=b^2+(3\sqrt{2})^2-2\times b\times 3\sqrt{2}\times\cos 45^\circ$
$b^2-6b+5=0$
이때 $\overline{AD}>3$이므로
$b=5$
한편, 삼각형 ABC의 넓이는

$\frac{1}{2}\times 4\times 3\times\sin 60^\circ=3\sqrt{3}$

삼각형 ACD의 넓이는

$\frac{1}{2}\times 3\sqrt{2}\times 5\times\sin 45^\circ=\frac{15}{2}$

사각형 ABCD의 넓이는 삼각형 ABC의 넓이와 삼각형 ACD의 넓이의 합과 같으므로

$\frac{15+6\sqrt{3}}{2}$

답 $\frac{15+6\sqrt{3}}{2}$

36 $\overline{AC}=k\ (k>0)$이라 하면 삼각형 ABC에서 코사인법칙에 의하여
$k^2=(2\sqrt{2})^2+(2+2\sqrt{3})^2-2\times 2\sqrt{2}\times(2+2\sqrt{3})\times\cos 45^\circ$
$=16$
이므로 $k=4$

삼각형 ABC에서 사인법칙에 의하여

$\frac{4}{\sin 45^\circ}=\frac{2\sqrt{2}}{\sin(\angle ACB)}$

$\sin(\angle ACB)=\frac{2\sqrt{2}}{4}\times\sin 45^\circ=\frac{1}{2}$이고

$\angle ACB<75^\circ$이므로 $\angle ACB=30^\circ$

따라서

$\angle ACD=\angle BCD-\angle ACB=75^\circ-30^\circ=45^\circ$

한편, 삼각형 ABC의 넓이는

$\frac{1}{2}\times 2\sqrt{2}\times(2+2\sqrt{3})\times\sin 45^\circ=2+2\sqrt{3}$

삼각형 ACD의 넓이는

$\frac{1}{2}\times 4\times 3\times\sin 45^\circ=3\sqrt{2}$

사각형 ABCD의 넓이는 삼각형 ABC의 넓이와 삼각형 ACD의 넓이의 합과 같으므로

$2+3\sqrt{2}+2\sqrt{3}$

이때 $2+3\sqrt{2}+2\sqrt{3}=2+m\sqrt{2}+n\sqrt{3}$에서

$m=3$, $n=2$

따라서 $m+n=5$

답 5

37 사각형 ABCD의 넓이는

$\frac{1}{2}\times 5\times 12\times\sin 120^\circ=15\sqrt{3}$

답 ④

38 사각형 ABCD의 넓이는

$\frac{1}{2}ab\sin 60^\circ=\frac{\sqrt{3}}{4}ab=\frac{3\sqrt{3}}{2}$이므로

$ab=6$

따라서

$a^2+b^2=(a+b)^2-2ab=5^2-12=13$

답 13

39 선분 AC와 선분 DB의 교점을 E라 하면

사각형 ABCD는 등변사다리꼴이므로

삼각형 EDA와 삼각형 EBC는 서로 닮은 이등변삼각형이고, 그 닮음비는 1 : 3이다.

따라서 $\overline{EA}=\overline{ED}=k\,(k>0)$이라 하면 $\overline{EB}=\overline{EC}=3k$

삼각형 EBC에서 코사인법칙에 의하여

$6^2=(3k)^2+(3k)^2-2\times 3k\times 3k\times\cos 120^\circ$

$=27k^2$

$k^2=\frac{36}{27}=\frac{4}{3}$

따라서 사각형 ABCD의 넓이는

$\frac{1}{2}\times\overline{AC}\times\overline{DB}\times\sin 120^\circ=\frac{1}{2}\times 4k\times 4k\times\frac{\sqrt{3}}{2}$

$=4\sqrt{3}\times k^2$

$=4\sqrt{3}\times\frac{4}{3}$

$=\frac{16\sqrt{3}}{3}$

답 $\frac{16\sqrt{3}}{3}$

40 평행사변형 ABCD의 넓이는

$6\times 8\times\sin 60^\circ=24\sqrt{3}$

답 ③

41 평행사변형 ABCD의 넓이는

$10\times 3\sqrt{3}\times\sin B=30\sqrt{3}\sin B=45$이므로

$\sin B=\frac{45}{30\sqrt{3}}=\frac{\sqrt{3}}{2}$

이때 $0^\circ<B<90^\circ$이므로

$B=60^\circ$

답 60°

42 $\overline{AB}=a$, $\overline{BC}=2a\,(a>0)$이라 하면 삼각형 ABC에서 코사인법칙에 의하여

$(\sqrt{3})^2=a^2+(2a)^2-2\times a\times 2a\times\cos 60^\circ$

$=5a^2-2a^2=3a^2$

이므로 $a^2=1$, $a=1$

따라서 평행사변형 ABCD의 넓이는

$a\times 2a\times\sin 60^\circ=1\times 2\times\frac{\sqrt{3}}{2}=\sqrt{3}$

답 $\sqrt{3}$

서술형 완성하기

본문 87쪽

01 $\frac{\sqrt{6}-\sqrt{2}}{4}$ **02** $\frac{26\sqrt{3}}{3}\pi$ **03** $\cos B=\frac{1}{7}$, $\cos C=\frac{11}{14}$

04 $6\sqrt{2}$ **05** (1) $\frac{2\sqrt{6}}{5}$ (2) $6\sqrt{6}$ **06** 2

01 $A=3k$, $B=k$, $C=8k\,(k>0)$이라 하면

$A+B+C=3k+k+8k=12k=180^\circ$

$k=15^\circ$이므로

$A=45^\circ$, $B=15^\circ$, $C=120^\circ$ …… ❶

코사인법칙에 의하여

$2^2=b^2+(\sqrt{6})^2-2\times b\times\sqrt{6}\times\cos 45^\circ$

$=b^2-2\sqrt{3}b+6$

$b^2-2\sqrt{3}b+2=0$

$b=\sqrt{3}\pm 1$

이때 $\sin 45^\circ:\sin 15^\circ=a:b$에서

$a>b$, 즉 $2>b$이므로

$b=\sqrt{3}-1$ …… ❷

사인법칙에 의하여

$\frac{2}{\sin 45^\circ}=\frac{\sqrt{3}-1}{\sin B}$

$\sin B=(\sqrt{3}-1)\times\frac{\sin 45^\circ}{2}$

$=\frac{\sqrt{3}-1}{2\sqrt{2}}=\frac{\sqrt{6}-\sqrt{2}}{4}$ …… ❸

답 $\frac{\sqrt{6}-\sqrt{2}}{4}$

단계	채점 기준	비율
❶	세 각의 크기를 구한 경우	20 %
❷	b의 값을 구한 경우	40 %
❸	$\sin B$의 값을 구한 경우	40 %

02 코사인법칙에 의하여

$\cos A=\frac{8^2+7^2-13^2}{2\times8\times7}=-\frac{1}{2}$

이므로 $A=120°$ …… ❶

삼각형 ABC의 외접원의 반지름의 길이를 R라 하면 사인법칙에 의하여

$2R=\frac{13}{\sin 120°}=\frac{26\sqrt{3}}{3}$

$R=\frac{13\sqrt{3}}{3}$ …… ❷

따라서 삼각형 ABC의 외접원의 둘레의 길이는

$2\times\pi\times\frac{13\sqrt{3}}{3}=\frac{26\sqrt{3}}{3}\pi$ …… ❸

답 $\frac{26\sqrt{3}}{3}\pi$

단계	채점 기준	비율
❶	A를 구한 경우	40 %
❷	외접원의 반지름의 길이를 구한 경우	40 %
❸	외접원의 둘레의 길이를 구한 경우	20 %

03 코사인법칙에 의하여

$a^2=8^2+5^2-2\times8\times5\times\cos 60°=49$

$a=7$ …… ❶

따라서

$\cos B=\frac{7^2+5^2-8^2}{2\times7\times5}=\frac{1}{7}$ …… ❷

$\cos C=\frac{7^2+8^2-5^2}{2\times7\times8}=\frac{11}{14}$ …… ❸

답 $\cos B=\frac{1}{7}$, $\cos C=\frac{11}{14}$

단계	채점 기준	비율
❶	a의 값을 구한 경우	40 %
❷	$\cos B$의 값을 구한 경우	30 %
❸	$\cos C$의 값을 구한 경우	30 %

04 삼각형 ABC에서 $A+B+C=\pi$이므로

$\cos(A+C)=\cos(\pi-B)=-\cos B=-\frac{\sqrt{7}}{3}$

즉, $\cos B=\frac{\sqrt{7}}{3}$ …… ❶

$\sin B>0$이므로

$\sin B=\sqrt{1-\cos^2 B}$

$=\sqrt{1-\left(\frac{\sqrt{7}}{3}\right)^2}$

$=\frac{\sqrt{2}}{3}$ …… ❷

따라서 삼각형 ABC의 넓이는

$\frac{1}{2}ac\sin B=\frac{1}{2}\times9\times4\times\frac{\sqrt{2}}{3}$

$=6\sqrt{2}$ …… ❸

답 $6\sqrt{2}$

단계	채점 기준	비율
❶	$\cos B$의 값을 구한 경우	30 %
❷	$\sin B$의 값을 구한 경우	30 %
❸	삼각형 ABC의 넓이를 구한 경우	40 %

05 (1) 삼각형 ABC에서 코사인법칙에 의하여

$\cos B=\frac{6^2+5^2-7^2}{2\times6\times5}=\frac{1}{5}$이므로 …… ❶

$\sin B=\sqrt{1-\cos^2 B}=\sqrt{1-\frac{1}{25}}=\frac{2\sqrt{6}}{5}$ …… ❷

(2) (삼각형 ABC의 넓이)$=\frac{1}{2}ac\sin B$

$=\frac{1}{2}\times6\times5\times\frac{2\sqrt{6}}{5}$

$=6\sqrt{6}$ …… ❸

답 (1) $\frac{2\sqrt{6}}{5}$ (2) $6\sqrt{6}$

단계	채점 기준	비율
❶	$\cos B$의 값을 구한 경우	30 %
❷	$\sin B$의 값을 구한 경우	30 %
❸	삼각형 ABC의 넓이를 구한 경우	40 %

06 평행사변형 ABCD의 넓이는

$\overline{AB}\times\overline{BC}\times\sin B=3\times\sqrt{7}\times\sin B=3\sqrt{3}$이므로

$\sin B=\frac{\sqrt{21}}{7}$ …… ❶

이때 $0°<B<90°$이므로

$\cos B=\sqrt{1-\sin^2 B}$

$=\sqrt{1-\left(\frac{\sqrt{21}}{7}\right)^2}=\frac{2\sqrt{7}}{7}$ …… ❷

선분 AC의 길이를 $k\,(k>0)$이라 하면

삼각형 ABC에서 코사인법칙에 의하여

$k^2=3^2+(\sqrt{7})^2-2\times3\times\sqrt{7}\times\cos B$

$=9+7-6\sqrt{7}\times\frac{2\sqrt{7}}{7}$

$=4$

즉, $k=2$

따라서 선분 AC의 길이는 2이다. …… ❸

답 2

단계	채점 기준	비율
❶	$\sin B$의 값을 구한 경우	30 %
❷	$\cos B$의 값을 구한 경우	30 %
❸	선분 AC의 길이를 구한 경우	40 %

내신 + 수능 고난도 도전

본문 88쪽

01 $\frac{\sqrt{34}}{3}$ 02 ⑤ 03 128π

01 선분 BC와 선분 AD가 한 원의 평행한 두 현이므로
삼각형 BCP와 삼각형 DAP는 서로 닮음인 이등변삼각형이고 그 닮음비는 $1:2$이다.
$\overline{PC}=\overline{PB}=a\,(a>0)$이라 하면
$\overline{PD}=\overline{PA}=2a$
삼각형 BCP에서 코사인법칙에 의하여

$$\cos(\angle BCP)=\frac{3^2+a^2-a^2}{2\times3\times a}=\frac{3}{2a}$$

삼각형 BAD에서 코사인법칙에 의하여

$$\cos(\angle BDA)=\frac{(3a)^2+6^2-4^2}{2\times3a\times6}=\frac{9a^2+20}{36a}$$

원주각의 성질에 의하여
$\angle BCP=\angle BDA$이므로
$\cos(\angle BCP)=\cos(\angle BDA)$
즉, $\frac{3}{2a}=\frac{9a^2+20}{36a}$에서
$9a^2=34$
$a=\frac{\sqrt{34}}{3}$
따라서 선분 PC의 길이는 $\frac{\sqrt{34}}{3}$이다.

답 $\frac{\sqrt{34}}{3}$

02 그림과 같이 $\angle BCD=\alpha°$라 하면
$\angle ACE=180°-\alpha°$

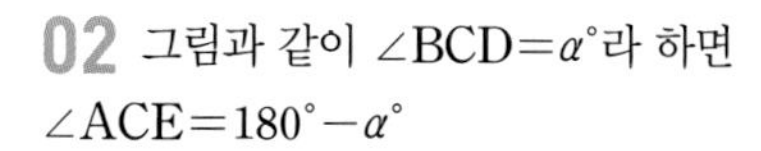

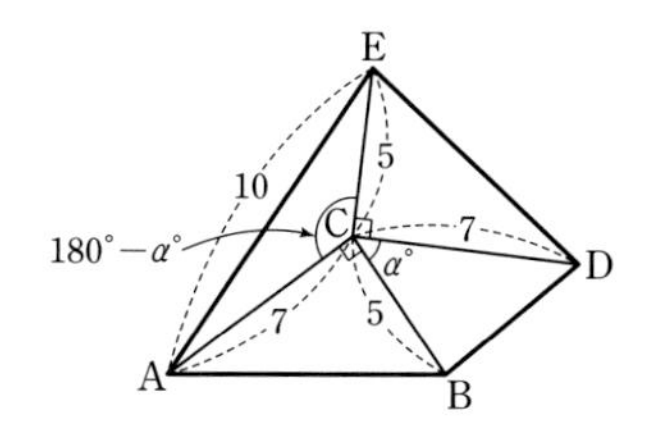

삼각형 ACE에서 코사인법칙에 의하여

$$\cos(180°-\alpha°)=\frac{7^2+5^2-10^2}{2\times7\times5}=-\frac{13}{35}$$

$\overline{BD}=k\ (k>0)$이라 하면 삼각형 BDC에서 코사인법칙에 의하여

$$\cos\alpha°=\frac{7^2+5^2-k^2}{2\times7\times5}=\frac{74-k^2}{70}$$

이때 $\cos(180°-\alpha°)=-\cos\alpha°$이므로

$$-\frac{13}{35}=-\frac{74-k^2}{70}$$

즉, $k^2=48$에서
$k=4\sqrt{3}$
따라서 선분 BD의 길이는 $4\sqrt{3}$이다.

답 ⑤

03 그림과 같이 원 O에서 호 AB의 외부에 점 E를 잡으면 각 AEB는 호 AB에 대한 원주각이므로

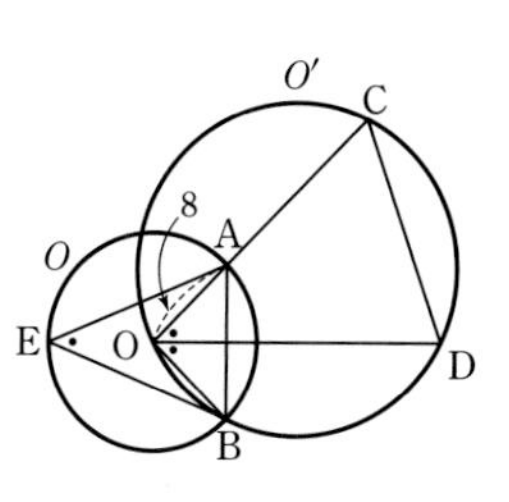

$\angle AEB=\frac{1}{2}\angle AOB=\angle COD$
삼각형 AEB에서 사인법칙에 의하여

$$\frac{\overline{AB}}{\sin(\angle AEB)}=2\times8=16$$

원 O'의 반지름의 길이를 R라 하면
삼각형 COD에서 사인법칙에 의하여

$$\frac{\overline{CD}}{\sin(\angle COD)}=2R \qquad \cdots\cdots ㉠$$

한편, $\overline{AB}:\overline{CD}=1:\sqrt{2}$, 즉 $\overline{CD}=\sqrt{2}\,\overline{AB}$이므로

$$\frac{\overline{CD}}{\sin(\angle COD)}=\frac{\sqrt{2}\,\overline{AB}}{\sin(\angle AEB)}=\sqrt{2}\times\frac{\overline{AB}}{\sin(\angle AEB)}=\sqrt{2}\times16=16\sqrt{2} \qquad \cdots\cdots ㉡$$

㉠, ㉡에 의하여
$2R=16\sqrt{2}$, $R=8\sqrt{2}$
따라서 원 O'의 넓이는
$\pi R^2=\pi\times(8\sqrt{2})^2=128\pi$

답 128π

III. 수열

05 등차수열과 등비수열

개념 확인하기

본문 91~93쪽

01 5, 14　**02** 2, -1　**03** $\frac{1}{2}$, $\frac{1}{5}$　**04** 1, 3, 5, 7

05 2, $\frac{3}{2}$, $\frac{4}{3}$, $\frac{5}{4}$　**06** 2, 6, 12, 20　**07** $a_n=3n$

08 $a_n=(-1)^n$　**09** $a_n=\frac{n}{n+1}$　**10** 4, 6

11 5, -4　**12** -4　**13** 2　**14** $a_n=3n-2$

15 $a_n=-3n+7$　**16** 7　**17** (1) -33 (2) 10째항

18 13　**19** -3　**20** 160　**21** 225　**22** 272

23 $a_n=2n+1$　**24** $a_n=\begin{cases} 1 & (n=1) \\ -\frac{1}{n(n-1)} & (n\ge 2) \end{cases}$

25 4, 8　**26** -4, $\frac{1}{2}$　**27** -2　**28** $\frac{1}{3}$　**29** 4

30 2　**31** $a_n=4\times\left(\frac{1}{3}\right)^{n-1}$　**32** $a_n=-\left(\frac{1}{5}\right)^{n-3}$

33 $a_n=2\times(-1)^n$　**34** (1) $\frac{1}{256}$ (2) 7째항　**35** 12

36 $\pm 2\sqrt{2}$　**37** 189　**38** 31　**39** $-\frac{85}{4}$

40 85　**41** $\frac{255}{128}$　**42** 189　**43** $a_n=2\times 3^{n-1}$

44 $a_n=\begin{cases} 0 & (n=1) \\ 2^{n-1} & (n\ge 2) \end{cases}$

01　답 5, 14

02　답 2, -1

03　답 $\frac{1}{2}$, $\frac{1}{5}$

04 $a_n=2n-1$에
$n=1, 2, 3, 4$를 차례대로 대입하면
$a_1=1$, $a_2=3$, $a_3=5$, $a_4=7$

답 1, 3, 5, 7

05 $a_n=\frac{n+1}{n}$에
$n=1, 2, 3, 4$를 차례대로 대입하면
$a_1=2$, $a_2=\frac{3}{2}$, $a_3=\frac{4}{3}$, $a_4=\frac{5}{4}$

답 2, $\frac{3}{2}$, $\frac{4}{3}$, $\frac{5}{4}$

06 $a_n=n^2+n$에 $n=1, 2, 3, 4$를 차례대로 대입하면
$a_1=2$, $a_2=6$, $a_3=12$, $a_4=20$

답 2, 6, 12, 20

07　답 $a_n=3n$

08　답 $a_n=(-1)^n$

09　답 $a_n=\frac{n}{n+1}$

10 $2-0=2$이므로
0, 2, [4], [6], 8, ⋯

답 4, 6

11 $-1-2=-3$이므로
[5], 2, -1, [-4], -7, ⋯

답 5, -4

12 $7-11=3-7=\cdots=-4$에서 공차는 -4이다.

답 -4

13 $-2-(-4)=0-(-2)=\cdots=2$에서 공차는 2이다.

답 2

14 첫째항이 1, 공차가 $4-1=3$이므로
$a_n=1+(n-1)\times 3=3n-2$이다.

답 $a_n=3n-2$

15 첫째항이 4, 공차가 -3이므로
$a_n=4+(n-1)\times(-3)=-3n+7$이다.

답 $a_n=-3n+7$

16 첫째항이 -3, 공차가 2이므로 제6항은
$-3+(6-1)\times 2=7$

답 7

17 첫째항이 5, 공차가 -2이므로
$a_n=5+(n-1)\times(-2)=-2n+7$이다.
(1) $a_{20}=-33$
(2) $-2n+7=-13$에서 $2n=20$, $n=10$
따라서 -13은 10째항이다.

답 (1) -33 (2) 10째항

18 $2\times 8=3+x$에서 $x=13$

답 13

19 $2\times x=(-11)+5$에서 $x=-3$

답 -3

20 $\frac{10\times\{2\times(-2)+(10-1)\times 4\}}{2}=160$

답 160

21 $\frac{15\times(4+26)}{2}=225$

답 225

22 첫째항이 2, 끝항이 32, 항의 개수가 16인 등차수열의 합이므로

$2+4+6+\cdots+32=\frac{16\times(2+32)}{2}=272$

답 272

23 $a_1=S_1=3$ ...... ㉠

$n\geq2$일 때

$a_n=S_n-S_{n-1}$

$=(n^2+2n)-\{(n-1)^2+2(n-1)\}$

$=2n+1$ ...... ㉡

㉡에 $n=1$을 대입하면 ㉠에서 구한 값과 같으므로

$a_n=2n+1$

답 $a_n=2n+1$

24 $a_1=S_1=1$ ...... ㉠

$n\geq2$일 때

$a_n=S_n-S_{n-1}$

$=\frac{1}{n}-\frac{1}{n-1}$

$=-\frac{1}{n(n-1)}$ ...... ㉡

㉡에 $n=1$을 대입하면 ㉠에서 구한 값과 다르므로

$$a_n=\begin{cases}1 & (n=1)\\ -\frac{1}{n(n-1)} & (n\geq2)\end{cases}$$

답 $a_n=\begin{cases}1 & (n=1)\\ -\frac{1}{n(n-1)} & (n\geq2)\end{cases}$

25 $2\div1=2$이므로

1, 2, [4], [8], 16, $\cdots$

답 4, 8

26 $(-1)\div2=-\frac{1}{2}$이므로

[-4], 2, -1, [$\frac{1}{2}$], $-\frac{1}{4}$, $\cdots$

답 -4, $\frac{1}{2}$

27 $(-2)\div1=4\div(-2)=\cdots=-2$이므로

공비는 -2이다.

답 -2

28 $1\div3=\frac{1}{3}\div1=\cdots=\frac{1}{3}$이므로

공비는 $\frac{1}{3}$이다.

답 $\frac{1}{3}$

29 $\frac{12}{3}=\frac{48}{12}=\cdots=4$이므로

$\frac{a_{n+1}}{a_n}=4$

답 4

30 $\frac{-4}{-2}=\frac{-8}{-4}=\cdots=2$이므로

$\frac{a_{n+1}}{a_n}=2$

답 2

31 첫째항이 4, 공비가 $\frac{1}{3}$이므로

$a_n=4\times\left(\frac{1}{3}\right)^{n-1}$

답 $a_n=4\times\left(\frac{1}{3}\right)^{n-1}$

32 첫째항이 -25, 공비가 $\frac{1}{5}$이므로

$a_n=(-25)\times\left(\frac{1}{5}\right)^{n-1}=-\left(\frac{1}{5}\right)^{-2}\times\left(\frac{1}{5}\right)^{n-1}=-\left(\frac{1}{5}\right)^{n-3}$

답 $a_n=-\left(\frac{1}{5}\right)^{n-3}$

33 첫째항이 -2, 공비가 -1이므로

$a_n=(-2)\times(-1)^{n-1}=2\times(-1)^n$

답 $a_n=2\times(-1)^n$

34 첫째항이 64, 공비가 $-\frac{1}{2}$이므로

$a_n=64\times\left(-\frac{1}{2}\right)^{n-1}$

(1) $a_{15}=\frac{1}{2^8}=\frac{1}{256}$

(2) $a_n=1$에서

$64\times\left(-\frac{1}{2}\right)^{n-1}=1$, $\left(-\frac{1}{2}\right)^{n-1}=\left(\frac{1}{2}\right)^6=\left(-\frac{1}{2}\right)^6$이므로

$n=7$

따라서 1은 7째항이다.

답 (1) $\frac{1}{256}$ (2) 7째항

35 $6^2=3x$에서 $x=12$

답 12

36 $x^2=2\times4$에서 $x=\pm2\sqrt{2}$

답 $\pm2\sqrt{2}$

37 $\frac{3\times(2^6-1)}{2-1}=189$

답 189

38 $\frac{16\times\left\{1-\left(\frac{1}{2}\right)^5\right\}}{1-\frac{1}{2}}=31$

답 31

39 첫째항이 $\frac{1}{4}$, 공비가 -2인 등비수열의 첫째항부터 제8항까지의 합이므로

$$\frac{\frac{1}{4}\times\{1-(-2)^8\}}{1-(-2)}=-\frac{85}{4}$$

답 $-\frac{85}{4}$

40 첫째항이 $\frac{1}{3}$, 공비가 2인 등비수열의 첫째항부터 제8항까지의 합이므로

$$\frac{\frac{1}{3}\times(2^8-1)}{2-1}=85$$

답 85

41 첫째항이 1, 공비가 $\frac{1}{2}$, 항의 개수가 8인 등비수열의 합이므로

$$1+\frac{1}{2}+\frac{1}{4}+\cdots+\frac{1}{128}=\frac{1-\left(\frac{1}{2}\right)^8}{1-\frac{1}{2}}=\frac{255}{128}$$

답 $\frac{255}{128}$

42 첫째항이 3, 공비가 2, 항의 개수가 6인 등비수열의 합이므로

$$3+6+12+\cdots+96=\frac{3\times(2^6-1)}{2-1}=189$$

답 189

43 $a_1=S_1=2$ …… ㉠

$n\ge2$일 때

$$\begin{aligned}a_n&=S_n-S_{n-1}\\&=(3^n-1)-(3^{n-1}-1)\\&=3\times3^{n-1}-3^{n-1}\\&=2\times3^{n-1}\quad\cdots\cdots ㉡\end{aligned}$$

㉡에 $n=1$을 대입하면 ㉠에서 구한 값과 같으므로

$a_n=2\times3^{n-1}$

답 $a_n=2\times3^{n-1}$

44 $a_1=S_1=0$ …… ㉠

$n\ge2$일 때

$$\begin{aligned}a_n&=S_n-S_{n-1}\\&=(2^n-2)-(2^{n-1}-2)\\&=2\times2^{n-1}-2^{n-1}\\&=2^{n-1}\quad\cdots\cdots ㉡\end{aligned}$$

㉡에 $n=1$을 대입하면 ㉠에서 구한 값과 다르므로

$$a_n=\begin{cases}0 & (n=1)\\ 2^{n-1} & (n\ge2)\end{cases}$$

답 $a_n=\begin{cases}0 & (n=1)\\ 2^{n-1} & (n\ge2)\end{cases}$

유형 완성하기

본문 94~108쪽

01 ①	02 ③	03 ⑤	04 $-\frac{15}{2}$	05 ③
06 ②	07 ①	08 ①	09 ①	10 ②
11 ②	12 ③	13 ②	14 ③	15 ②
16 ④	17 ⑤	18 ④	19 ②	20 ③
21 ③	22 ①	23 ②	24 ①	25 ③
26 ④	27 ②	28 ②	29 ③	30 ⑤
31 ②	32 ④	33 ⑤	34 ②	35 ④
36 ①	37 ②	38 ③	39 ①	40 ②
41 ④	42 ④	43 ③	44 ②	45 ④
46 ③	47 ①	48 ②	49 ②	50 ②
51 $\frac{1}{2}$	52 ④	53 $\frac{33}{4}$	54 ⑤	55 ②
56 ②	57 ③	58 ④	59 ⑤	60 ⑤
61 ②	62 ③	63 ⑤	64 ②	65 ⑤
66 ④	67 ④	68 ②	69 ③	70 ⑤
71 ④	72 ①	73 25	74 0.5	75 ④
76 ②	77 ②	78 ③	79 ①	80 ②
81 ③	82 ①	83 ④	84 ④	85 ②
86 ④	87 ②	88 $\frac{255}{128}$	89 ⑤	90 $\frac{27\sqrt{3}}{4}$

01 주어진 수열의 첫째항을 a, 공차를 d라 하면

제4항이 5이므로 $a+3d=5$

제9항이 25이므로 $a+8d=25$

위의 두 식을 연립하면

$a=-7$, $d=4$

따라서 구하는 첫째항은 -7이다.

답 ①

02 수열 $\{a_n\}$의 첫째항을 a, 공차를 d라 하면

$a_2=4$에서 $a+d=4$

$a_5=13$에서 $a+4d=13$

위의 두 식을 연립하면

$a=1$, $d=3$

이므로 $a_n=1+(n-1)\times3=3n-2$

따라서 $a_{10}=28$

답 ③

03 $a_n=3n+p$이므로

등차수열 $\{a_n\}$의 공차는 3이다.

$a_1=3+p$이므로

$(3+p)+3=0$에서

$p=-6$

$a_n=3n-6$이므로

$a_7=15$

답 ⑤

04 수열 $\{a_n\}$의 일반항은
$a_n=3+(n-1)d_1=d_1n+3-d_1$ ...... ㉠
수열 $\{2a_n+3\}$에서 제2항이 4이므로
$2a_2+3=4$
$a_2=\frac{1}{2}$
㉠에 $n=2$를 대입하면
$d_1+3=\frac{1}{2}$
$d_1=-\frac{5}{2}$
$a_n=-\frac{5}{2}n+\frac{11}{2}$이므로
$2a_n+3=-5n+14$
즉, 등차수열 $\{2a_n+3\}$의 공차는 -5이므로
$d_2=-5$
따라서 $d_1+d_2=-\frac{15}{2}$

답 $-\frac{15}{2}$

05 수열 $\{a_n\}$의 첫째항을 a, 공차를 d라 하면
$a_3=7$에서
$a+2d=7$ ...... ㉠
$a_5+a_{10}=41$에서
$(a+4d)+(a+9d)=41$
$2a+13d=41$ ...... ㉡
㉠, ㉡을 연립하면
$a=1$, $d=3$
따라서 구하는 공차는 3이다.

답 ③

06 수열 $\{a_n\}$의 첫째항을 a, 공차를 d라 하면
$a_2+a_6=20$에서
$(a+d)+(a+5d)=20$
$2a+6d=20$ ...... ㉠
$2a_3-a_5=-2$에서
$2(a+2d)-(a+4d)=-2$
$a=-2$
이를 ㉠에 대입하면
$d=4$
$a_n=-2+(n-1)\times4=4n-6$이므로
$a_4=10$

답 ②

07 수열 $\{a_n\}$의 첫째항을 a, 공차를 d라 하면
$a_2 : a_4=1 : 4$에서
$(a+d):(a+3d)=1:4$
$a+3d=4a+4d$
$3a+d=0$
$d=-3a$ ...... ㉠
$a_3^{\,2}=a_5+a_6$에서
$(a+2d)^2=(a+4d)+(a+5d)$
$(a+2d)^2=2a+9d$
㉠에 의하여
$(-5a)^2=-25a$
$25a^2=-25a$
$a(a+1)=0$
$a=0$이면 $d=0$이므로 주어진 조건을 만족시키지 않는다.
즉, $a=-1$이므로 $d=3$이고
$a_n=3n-4$
따라서 $a_{10}=26$

답 ①

08 수열 $\{a_n\}$의 첫째항을 a, 공차를 d라 하면
$a_3=21$에서 $a+2d=21$
$a_8=6$에서 $a+7d=6$
위의 두 식을 연립하면
$a=27$, $d=-3$
$a_n=27+(n-1)\times(-3)=-3n+30$
$-3n+30<0$에서
$n>10$
따라서 처음으로 음수가 되는 항은 a_{11}이므로
$a_{11}=-3$

답 ①

09 공차가 양수이므로 가장 작은 항은 첫째항이다.
즉, 수열 $\{a_n\}$은 첫째항이 -25이고 공차가 4인 등차수열이다.
$a_n=-25+(n-1)\times4=4n-29$
$a_ka_{k+1}<0$에서
$(4k-29)(4k-25)<0$
$\frac{25}{4}<k<\frac{29}{4}$
k는 자연수이므로
$k=7$

답 ①

10 수열 $\{a_n\}$의 첫째항을 a, 공차를 d라 하면
$a_6-a_2=12$에서
$(a+5d)-(a+d)=12$
$d=3$
$a_n=a+(n-1)\times3=3n-3+a$
$|a_k|\le a_k$에서 $a_k\ge0$이다.
$|a_k|\le a_k$를 만족시키는 자연수 k의 최솟값이 11이므로
$a_{10}<0$, $a_{11}\ge0$
$27+a<0$, $30+a\ge0$
$-30\le a<-27$
따라서 구하는 a_1의 최솟값은 -30이다.

답 ②

11 주어진 등차수열의 공차를 d라 하면 첫째항이 -4, 제7항이 14이므로

$-4+6d=14$

$6d=18$

$d=3$

이때 a_3은 주어진 수열의 제4항이므로

$-4+3\times3=5$

답 ②

12 주어진 등차수열의 공차를 d라 하면 첫째항이 -3, 제$(n+2)$항이 6이므로

$-3+(n+1)d=6$

$(n+1)d=9$ …… ㉠

a_4는 주어진 수열의 제5항이므로

$-3+4d=-1$

$4d=2$

$d=\frac{1}{2}$

이를 ㉠에 대입하면

$(n+1)\times\frac{1}{2}=9$

따라서 $n=17$

답 ③

13 주어진 등차수열의 공차를 d라 하면 첫째항이 a, 제13항이 20이므로

$a+12d=20$ …… ㉠

a_7, a_9는 각각 주어진 수열의 제8항, 제10항이므로

$a+a_7+a_9=0$에서

$a+(a+7d)+(a+9d)=0$

$3a+16d=0$ …… ㉡

㉠, ㉡을 연립하면

$a=-16$, $d=3$

a_6은 주어진 수열의 제7항이므로

$a_6=a+6d=2$

답 ②

14 세 수 $\frac{a}{2}$, $a+2$, $2a-1$이 이 순서대로 등차수열을 이루므로

$2(a+2)=\frac{a}{2}+2a-1$

$2a+4=\frac{5}{2}a-1$

$\frac{a}{2}=5$

따라서 $a=10$

답 ③

15 세 수 a, b, 13이 이 순서대로 등차수열을 이루므로

$2b=a+13$

$a-2b=-13$ …… ㉠

세 수 $a-1$, 8, $b+3$도 이 순서대로 등차수열을 이루므로

$16=(a-1)+(b+3)$

$a+b=14$ …… ㉡

㉠, ㉡을 연립하면

$a=5$, $b=9$

따라서 $ab=45$

답 ②

16 세 수 $\frac{m}{x}$, 6, x가 이 순서대로 등차수열을 이루므로

$12=\frac{m}{x}+x$

$x^2-12x+m=0$

방정식 $x^2-12x+m=0$의 판별식을 D라 하면

$\frac{D}{4}=36-m\geq0$

$0<m\leq36$

즉, m의 최댓값은 36이다.

방정식 $x^2-12x+36=0$에서

$x=6$

세 수 6, 6, n이 이 순서대로 등차수열을 이루므로

$12=6+n$

따라서 $n=6$

답 ④

17 합이 15인 세 수가 등차수열을 이루므로 세 수를 각각 $a-d$, a, $a+d$라 하자.

$(a-d)+a+(a+d)=15$에서

$3a=15$

$a=5$

세 수의 곱이 80이므로

$5(5-d)(5+d)=80$

$25-d^2=16$

$d^2=9$

$d=\pm3$

따라서 가장 큰 수는 8이다.

답 ⑤

18 합이 3인 네 수가 등차수열을 이루므로 네 수를 각각 $a-3d$, $a-d$, $a+d$, $a+3d$라 하자. (단, $d>0$)

$(a-3d)+(a-d)+(a+d)+(a+3d)=3$에서

$4a=3$

$a=\frac{3}{4}$

가장 큰 수가 $\frac{9}{4}$이므로

$\frac{3}{4}+3d=\frac{9}{4}$

$3d=\frac{3}{2}$

$d=\frac{1}{2}$

네 수의 곱은

$(a-d)(a+d)(a-3d)(a+3d)$

$=(a^2-d^2)(a^2-9d^2)$

$=\left(\frac{9}{16}-\frac{1}{4}\right)\left(\frac{9}{16}-\frac{9}{4}\right)$

$=\frac{5}{16}\times\left(-\frac{27}{16}\right)=-\frac{135}{256}$

답 ④

19 합이 48인 네 수 a_4, a_5, a_6, a_7이 등차수열을 이루므로

a_4, a_5, a_6, a_7을 각각 $a-3d$, $a-d$, $a+d$, $a+3d$라 하자.

$(a-3d)+(a-d)+(a+d)+(a+3d)=48$에서

$4a=48$

$a=12$

$a_4\times a_7=108$에서

$(12-3d)(12+3d)=108$

$144-9d^2=108$

$9d^2=36$

$d^2=4$

따라서

$a_5\times a_6=(12-d)(12+d)$

$\quad=144-d^2=140$

답 ②

20 주어진 수열은 첫째항이 2, 공차가 3인 등차수열이다.

따라서 수열 $\{3n-1\}$의 첫째항부터 제13항까지의 합은

$\frac{13\times(2\times2+12\times3)}{2}=260$

답 ③

다른 풀이

첫째항이 2, 제13항이 38인 등차수열의 첫째항부터 제13항까지의 합은

$\frac{13\times(2+38)}{2}=260$

21 등차수열 $\{a_n\}$의 첫째항을 a, 공차를 d라 하면

$a_2=5$에서 $a+d=5$

$a_{13}=27$에서 $a+12d=27$

두 식을 연립하면

$a=3$, $d=2$

이므로 등차수열 $\{a_n\}$의 첫째항부터 제15항까지의 합은

$\frac{15\times(2\times3+14\times2)}{2}=255$

답 ③

22 등차수열 $\{a_n\}$의 첫째항부터 제k항까지의 합이 -160이므로

$\frac{k\{5+(-25)\}}{2}=-160$

$k=16$

주어진 수열의 공차를 d라 하면

$a_{16}=-25$에서

$5+15d=-25$

$d=-2$

따라서 $a_{2k}=a_{32}=5+31\times(-2)=-57$

답 ①

23 등차수열 $\{a_n\}$의 첫째항을 a라 하면 공차도 a이므로

$a_4=3a_7+34$에서

$a+3a=3(a+6a)+34$

$17a=-34$

$a=-2$

$a_n=-2+(n-1)\times(-2)=-2n$

따라서 구하는 합은

$\frac{11\times\{2\times(-2)+10\times(-2)\}}{2}=-132$

답 ②

24 a_3은 a_2, a_4의 등차중항이므로

$a_3=\frac{a_2+a_4}{2}=11$

a_{13}은 a_{12}, a_{14}의 등차중항이므로

$a_{13}=\frac{a_{12}+a_{14}}{2}=-9$

따라서 제3항부터 제13항까지의 합은

$\frac{11\times\{11+(-9)\}}{2}=11$

답 ①

25 등차수열 $\{a_n\}$의 일반항은

$a_n=20+(n-1)\times(-3)=-3n+23$

$a_n>0$에서

$3n<23$

$n<\frac{23}{3}=7.\times\times\times$

$a_7>0$, $a_8<0$이므로

$S_{15}=|a_1|+|a_2|+\cdots+|a_{15}|$

$=(a_1+a_2+\cdots+a_7)-(a_8+a_9+\cdots+a_{15})$

$=\frac{7(a_1+a_7)}{2}-\frac{8(a_8+a_{15})}{2}$

$=\frac{7\times(20+2)}{2}-\frac{8\times(-1-22)}{2}$

$=77-(-92)$

$=169$

답 ③

26 주어진 식의 값은 첫째항이 25, 제17항이 -21인 등차수열의 첫째항부터 제17항까지의 합이므로

$25+a_1+a_2+\cdots+a_{15}+(-21)$

$=\frac{17\times\{25+(-21)\}}{2}=34$

답 ④

27 주어진 부등식의 좌변은 첫째항이 31, 제$(n+2)$항이 -17인 등차수열의 첫째항부터 제$(n+2)$항까지의 합이므로

$31+a_1+a_2+\cdots+a_n+(-17)$

$=\frac{(n+2)\{31+(-17)\}}{2}$

$=7n+14$

$7n+14>150$에서

$n>\frac{136}{7}=19.\times\times\times$

따라서 주어진 조건을 만족시키는 자연수 n의 최솟값은 20이다.

답 ②

28 주어진 등차수열의 공차를 d라 하면 첫째항은 -22이고
a_4는 제5항이므로 $a_4=6$에서
$-22+4d=6$
$d=7$
41은 제$(n+2)$항이므로
$-22+(n+1)\times 7=41$에서
$7(n+1)=63$
$n=8$
$a_1=-22+7=-15$, $a_8=-22+8\times 7=34$이므로
$a_1+a_2+\cdots+a_8=\frac{8\times(-15+34)}{2}=76$

답 ②

29 주어진 조건에서 수열 $\{a_n+b_n\}$은 첫째항이 8이고 공차가 3인 등차수열이다.
$(a_1+a_2+\cdots+a_{10})+(b_1+b_2+\cdots+b_{10})$
$=(a_1+b_1)+(a_2+b_2)+\cdots+(a_{10}+b_{10})$
이므로 구하는 값은 수열 $\{a_n+b_n\}$의 첫째항부터 제10항까지의 합이다.
$(a_1+a_2+\cdots+a_{10})+(b_1+b_2+\cdots+b_{10})$
$=\frac{10\times(2\times 8+9\times 3)}{2}$
$=215$

답 ③

30 두 수열 $\{a_n\}$, $\{b_n\}$이 등차수열이므로 수열 $\{a_n-b_n\}$도 등차수열이다.
수열 $\{a_n-b_n\}$의 첫째항을 a, 공차를 d라 하면
$a_2-b_2=5$에서
$a+d=5$ ⋯⋯ ㉠
$a_6-b_6=13$에서
$a+5d=13$ ⋯⋯ ㉡
㉠, ㉡을 연립하면
$a=3$, $d=2$
$(a_1+a_2+\cdots+a_{15})-(b_1+b_2+\cdots+b_{15})$
$=(a_1-b_1)+(a_2-b_2)+\cdots+(a_{15}-b_{15})$
$=\frac{15\times(2\times 3+14\times 2)}{2}$
$=255$

답 ⑤

31 주어진 수열의 홀수 번째 항을 차례대로 나열하면
$-2, 0, 2, 4, 6, \cdots$
이 수열을 $\{a_n\}$이라 하면 수열 $\{a_n\}$은 첫째항이 -2이고 공차가 2인 등차수열이다.
주어진 수열의 짝수 번째 항을 차례대로 나열하면
$-4, -1, 2, 5, 8, \cdots$
이 수열을 $\{b_n\}$이라 하면 수열 $\{b_n\}$은 첫째항이 -4이고 공차가 3인 등차수열이다.
주어진 수열의 첫째항부터 제30항까지의 합은
수열 $\{a_n+b_n\}$의 첫째항부터 제15항까지의 합과 같다.
수열 $\{a_n+b_n\}$은 첫째항이 -6이고 공차가 5인 등차수열이므로 구하는 합은
$\frac{15\times\{2\times(-6)+14\times 5\}}{2}=435$

답 ②

32 등차수열 $\{a_n\}$의 첫째항을 a, 공차를 d라 하면
$S_5=35$에서
$\frac{5(2a+4d)}{2}=35$
$a+2d=7$ ⋯⋯ ㉠
$S_{13}=-13$에서
$\frac{13(2a+12d)}{2}=-13$
$a+6d=-1$ ⋯⋯ ㉡
㉠, ㉡을 연립하면
$a=11$, $d=-2$
$S_{20}=\frac{20\times\{2\times 11+19\times(-2)\}}{2}=-160$

답 ④

33 등차수열 $\{a_n\}$의 첫째항을 a, 공차를 d라 하고, 첫째항부터 제n항까지의 합을 S_n이라 하면 주어진 조건으로부터
$S_7=-140$, $S_{14}-S_7=7$
즉, $S_7=-140$, $S_{14}=-133$
$S_7=-140$에서
$\frac{7(2a+6d)}{2}=-140$
$a+3d=-20$ ⋯⋯ ㉠
$S_{14}=-133$에서
$\frac{14(2a+13d)}{2}=-133$
$2a+13d=-19$ ⋯⋯ ㉡
㉠, ㉡을 연립하면
$a=-29$, $d=3$
$S_{21}=\frac{21\times\{2\times(-29)+20\times 3\}}{2}=21$

답 ⑤

34 등차수열 $\{a_n\}$의 첫째항을 a, 공차를 $2a$라 하면 주어진 조건으로부터
$S_8=128$에서
$\frac{8(2a+7\times 2a)}{2}=128$
$64a=128$
$a=2$
수열 $\{a_n\}$은 첫째항이 2, 공차가 4인 등차수열이므로
$S_k=\frac{k\{2\times 2+(k-1)\times 4\}}{2}=2k^2=242$
$k^2=121$
따라서 $k=11$

답 ②

35 등차수열 $\{a_n\}$의 첫째항을 a, 공차를 d라 하면
$a_5=23$에서
$a+4d=23$ ...... ㉠
$S_{10}=220$에서
$\frac{10(2a+9d)}{2}=220$
$2a+9d=44$ ...... ㉡
㉠, ㉡을 연립하면
$a=31$, $d=-2$
$a_n<0$에서
$31+(n-1)\times(-2)<0$
$-2n+33<0$
$n>\frac{33}{2}=16.5$
즉, 등차수열 $\{a_n\}$은 제17항에서 처음으로 음수가 되므로 S_n의 최댓값은
$S_{16}=\frac{16\times\{2\times31+15\times(-2)\}}{2}=256$

답 ④

36 등차수열 $\{a_n\}$의 공차를 d라 하면
$a_8-a_3=15$에서
$(a+7d)-(a+2d)=15$
$5d=15$
$d=3$
$a_n<0$에서
$-25+(n-1)\times3<0$
$3n-28<0$
$n<\frac{28}{3}=9.\times\times\times$
즉, 등차수열 $\{a_n\}$은 제10항에서 처음으로 양수가 되므로
$a_1+a_2+a_3+\cdots+a_n$은 $n=9$일 때 최솟값을 갖는다.
따라서 $k=9$

답 ①

37 등차수열 $\{a_n\}$의 첫째항을 a, 공차를 d라 하면
$S_{11}=S_{12}$에서 $a_{12}=0$이므로
$a+11d=0$ ...... ㉠
$S_{11}=-198$에서
$\frac{11(2a+10d)}{2}=-198$
$a+5d=-18$ ...... ㉡
㉠, ㉡을 연립하면
$a=-33$, $d=3$
따라서 $S_5=\frac{5\times\{2\times(-33)+4\times3\}}{2}=-135$

답 ②

38 15부터 연속하는 n개의 자연수는 첫째항이 15이고 공차가 1인 등차수열로 생각할 수 있다. n개의 수의 합이 195이므로
$\frac{n\{2\times15+(n-1)\}}{2}=195$
$n(n+29)=390$
$n^2+29n-390=0$
$(n-10)(n+39)=0$
n은 자연수이므로 $n=10$이다.

답 ③

39 30개의 홀수 중 가장 작은 수를 m이라 하면 30개의 홀수는 첫째항이 m이고 공차가 2인 등차수열을 이룬다.
30개의 홀수의 합이 960이므로
$\frac{30(2\times m+29\times2)}{2}=960$
$2m+58=64$
$2m=6$
$m=3$

답 ①

40 k번째 열까지 각 열의 좌석 수는 첫째항이 20이고 공차가 5인 등차수열을 이룬다.
k번째 열까지 모든 좌석의 수 S는 등차수열의 합과 같으므로
$S=\frac{k\{2\times20+(k-1)\times5\}}{2}=\frac{k(5k+35)}{2}$
$S\geq500$에서
$k(k+7)\geq200$ ...... ㉠
㉠에서
$k=11$이면 좌변은 198이고
$k=12$이면 좌변은 228이므로
$k\geq12$
따라서 적어도 12번째 열까지는 좌석을 만들어야 한다.

답 ②

41 첫날에 푸는 문제의 개수를 a라 하면 20일간 풀게 되는 문제의 개수는 첫째항이 a, 공차가 3인 등차수열을 이룬다. 20일간 풀게 되는 문제의 총 개수를 m이라 하면
$m=\frac{20(2a+19\times3)}{2}=20a+570$
$m\geq1000$에서
$20a+570\geq1000$
$2a\geq43$
$a\geq\frac{43}{2}=21.5$
$a\geq22$
따라서 학생 A는 첫날에 최소한 22개의 문제를 풀어야 한다.

답 ④

42 n층을 이루는 벽돌의 개수를 a_n이라 하면
a_1, a_2, $\cdots$, a_{13}
은 첫째항이 49이고 공차가 $-d$인 등차수열을 이룬다.
$a_{13}=1$에서
$49+12\times(-d)=1$
$12d=48$
$d=4$

따라서 1층부터 7층까지를 이루는 벽돌의 개수는

$a_1+a_2+a_3+\cdots+a_7$

$=\frac{7\times\{2\times49+6\times(-4)\}}{2}$

$=259$

답 ④

43 자연수 n에 대하여 두 점 P_n, Q_n의 좌표는 각각

$\mathrm{P}_n(n, 2n+3)$, $\mathrm{Q}_n(n, -3n+1)$

이므로 $\overline{\mathrm{P}_n\mathrm{Q}_n}=|(2n+3)-(-3n+1)|=5n+2$

즉, $\overline{\mathrm{P}_n\mathrm{Q}_n}$은 첫째항이 7이고 공차가 5인 등차수열을 이루므로

$\overline{\mathrm{P}_1\mathrm{Q}_1}+\overline{\mathrm{P}_2\mathrm{Q}_2}+\cdots+\overline{\mathrm{P}_{15}\mathrm{Q}_{15}}$

$=\frac{15\times(2\times7+14\times5)}{2}$

$=630$

답 ③

44 30과 110 사이에 있는 자연수 중에서 7의 배수를 작은 것부터 차례대로 나열하면

35, 42, 49, $\cdots$, 105

이다. 이때 $105=35+(11-1)\times7$이므로 구하는 합은 첫째항이 35, 끝항이 105, 항의 개수가 11인 등차수열의 합과 같다.

즉, $n=11$이고

$M=\frac{11\times(35+105)}{2}=770$이므로

$n+M=781$

답 ②

45 150 이하의 자연수 중에서 13으로 나누었을 때 나머지가 3인 수를 작은 것부터 차례대로 나열하면

3, 16, 29, $\cdots$, 146

이다. 이때 $146=3+(12-1)\times13$이므로 구하는 합은 첫째항이 3, 끝항이 146, 항의 개수가 12인 등차수열의 합과 같다.

따라서 구하는 합은

$\frac{12\times(3+146)}{2}=894$

답 ④

46 50 이하의 자연수 중에서 3의 배수를 작은 것부터 차례대로 나열하면

3, 6, 9, $\cdots$, 48 $\cdots\cdots$ ㉠

이다. 이때 $48=3+(16-1)\times3$이므로 ㉠은 첫째항이 3, 끝항이 48, 항의 개수가 16인 등차수열이고 그 합은

$\frac{16\times(3+48)}{2}=408$

50 이하의 자연수 중에서 4의 배수를 작은 것부터 차례대로 나열하면

4, 8, 12, $\cdots$, 48 $\cdots\cdots$ ㉡

이다. 이때 $48=4+(12-1)\times4$이므로 ㉡은 첫째항이 4, 끝항이 48, 항의 개수가 12인 등차수열이고 그 합은

$\frac{12\times(4+48)}{2}=312$

50 이하의 자연수 중에서 3과 4의 최소공배수인 12의 배수를 작은 것부터 차례대로 나열하면

12, 24, 36, 48

이고 그 합은

$\frac{4\times(12+48)}{2}=120$

따라서 구하는 합은

$408+312-120=600$

답 ③

47 $S_n=n^2+\frac{1}{n}$에서

$a_1=S_1=2$

$n\geq2$일 때

$a_n=S_n-S_{n-1}$

$=\left(n^2+\frac{1}{n}\right)-\left\{(n-1)^2+\frac{1}{n-1}\right\}$

$=2n-1+\frac{1}{n}-\frac{1}{n-1}$

$a_3=5+\frac{1}{3}-\frac{1}{2}=5-\frac{1}{6}$

$a_6=11+\frac{1}{6}-\frac{1}{5}=11-\frac{1}{30}$

따라서 $a_1+a_3+a_6=18-\frac{1}{5}=\frac{89}{5}$

답 ①

48 $S_n=n^2+2n+1$에서

$a_1=S_1=4$ $\cdots\cdots$ ㉠

$n\geq2$일 때

$a_n=S_n-S_{n-1}$

$=(n^2+2n+1)-\{(n-1)^2+2(n-1)+1\}$

$=(n^2+2n+1)-n^2$

$=2n+1$ $\cdots\cdots$ ㉡

㉡에 $n=1$을 대입하면 ㉠에서 구한 값과 다르므로

$a_n=\begin{cases}4 & (n=1)\\ 2n+1 & (n\geq2)\end{cases}$

즉, a_3, a_5, $\cdots$, a_{15}는 첫째항이 7, 끝항이 31, 항의 개수가 7인 등차수열과 같다.

따라서 구하는 값은

$a_1+a_3+\cdots+a_{15}$

$=4+\frac{7\times(7+31)}{2}$

$=137$

답 ②

49 S_n이 n에 대한 이차식이고 $2a_2=a_1+a_3$이므로

수열 $\{a_n\}$은 첫째항부터 등차수열을 이룬다.

$a_1=S_1=2A+1$

$n\geq2$일 때

$a_n=S_n-S_{n-1}$

$=(3n^2+An+A-2)-\{3(n-1)^2+A(n-1)+A-2\}$

$=6n-3+A$ $\cdots\cdots$ ㉠

$2a_2=a_1+a_3$에서
$2(9+A)=(2A+1)+(15+A)$
$A=2$
따라서 수열 $\{a_n\}$의 일반항은
$a_n=6n-1$
이므로 $a_{10}=59$이다.

답 ②

다른 풀이
S_n이 n에 대한 이차식이고 $2a_2=a_1+a_3$이므로
수열 $\{a_n\}$은 첫째항부터 등차수열을 이룬다.
즉, S_n에서 상수항은 0이므로 $A=2$이다.

50 주어진 등비수열의 첫째항을 a, 공비를 r라 하면
제3항이 18이므로
$ar^2=18$ ······ ㉠
제6항이 486이므로
$ar^5=486$ ······ ㉡
㉡÷㉠에서
$r^3=27$
$r=3$
㉠에서 $a=2$
따라서 주어진 수열의 제2항은
$ar=6$

답 ②

51 수열 $\{a_n\}$의 첫째항을 a, 공비를 r라 하면
$a_2=16$에서
$ar=16$ ······ ㉠
$a_5=2$에서
$ar^4=2$ ······ ㉡
㉡÷㉠에서
$r^3=\frac{1}{8}$
$r=\frac{1}{2}$
㉠에서 $a=32$
따라서 구하는 값은
$a_7=32\times\left(\frac{1}{2}\right)^6=\frac{1}{2}$

답 $\frac{1}{2}$

52 일반항이 $a_n=(p+1)p^n$이므로 양수 p에 대하여 등비수열 $\{a_n\}$의 첫째항은 $p(p+1)$이고 공비는 p이다.
$p(p+1)+p=8$에서
$p^2+2p-8=0$
$(p+4)(p-2)=0$
따라서 양수 p의 값은 $p=2$이다.

답 ④

53 등비수열 $\{a_n\}$의 일반항은
$a_n=4\times\left(\frac{1}{2}\right)^{n-1}$
이므로 수열 $\{a_na_{n+1}\}$의 일반항은
$a_na_{n+1}=4^2\times\left(\frac{1}{2}\right)^{n-1}\left(\frac{1}{2}\right)^n=8\times\left(\frac{1}{4}\right)^{n-1}$
이다. 즉, 수열 $\{a_na_{n+1}\}$은 첫째항이 8이고 공비가 $\frac{1}{4}$인 등비수열이다.
$a=8$, $r=\frac{1}{4}$이므로
$a+r=\frac{33}{4}$

답 $\frac{33}{4}$

54 등비수열 $\{a_n\}$의 첫째항을 a, 공비를 r라 하면
$a_3=1$에서
$ar^2=1$ ······ ㉠
$\frac{a_7}{a_5}=4$에서
$\frac{ar^6}{ar^4}=4$
$r^2=4$ ······ ㉡
㉠, ㉡에서
$a=a_1=\frac{1}{4}$

답 ⑤

55 등비수열 $\{a_n\}$의 첫째항을 a, 공비를 r $(r>0)$이라 하면
$a_2+a_4=50$에서
$ar+ar^3=50$
$ar(r^2+1)=50$ ······ ㉠
$a_5+a_7=400$에서
$ar^4+ar^6=400$
$ar^4(r^2+1)=400$ ······ ㉡
㉡÷㉠에서
$r^3=8$
$r=2$
따라서 $\frac{a_{100}}{a_{99}}=\frac{ar^{99}}{ar^{98}}=r=2$

답 ②

56 수열 $\{a_n\}$의 첫째항을 a, 공비를 r라 하면
$\frac{{a_2}^2}{a_3}=3$에서
$\frac{(ar)^2}{ar^2}=3$
$a=3$
$a_2a_3=27\sqrt{3}$에서
$ar\times ar^2=27\sqrt{3}$

$9r^3=27\sqrt{3}$
$r^3=3\sqrt{3}$
$r=\sqrt{3}$
수열 $\{a_n\}$의 일반항은
$a_n=3\times(\sqrt{3})^{n-1}$이므로
$a_k=243$에서
$3\times(\sqrt{3})^{k-1}=243$
$(\sqrt{3})^{k-1}=81$
$(\sqrt{3})^{k-1}=(\sqrt{3})^8$
$k-1=8$
따라서 $k=9$

답 ②

57 주어진 조건에서 수열 $\{a_n\}$의 일반항은
$a_n=\frac{1}{2}\times(\sqrt{2})^{n-1}$
$a_k>200$에서
$\frac{1}{2}\times(\sqrt{2})^{k-1}>200$
$2^{\frac{k-1}{2}}>400$
$2^9>400>2^8$이므로
$\frac{k-1}{2}\geq 9$
$k\geq 19$
따라서 자연수 k의 최솟값은 19이다.

답 ③

58 주어진 조건에서 등비수열 $\{a_n\}$의 일반항은
$a_n=8\times\left(\frac{2}{3}\right)^{n-1}$
$a_n<1$에서
$8\times\left(\frac{2}{3}\right)^{n-1}<1$
$2^{n+2}<3^{n-1}$ ...... ㉠
$n=6$일 때 ㉠의 좌변은 256, 우변은 243이므로 부등식은 성립하지 않는다.
$n=7$일 때 ㉠의 좌변은 512, 우변은 729이므로 부등식은 성립한다.
즉, $n\geq 7$이므로 수열 $\{a_n\}$에서 처음으로 1보다 작아지는 항은 제7항이고, 그 값은
$8\times\left(\frac{2}{3}\right)^6=\frac{512}{729}$
$p=729$, $q=512$
따라서 $p-q=217$

답 ④

59 수열 $\{a_n\}$의 첫째항을 a, 공비를 r $(r>0)$이라 하면
$a_3=\frac{1}{4}$에서
$ar^2=\frac{1}{4}$ ...... ㉠
$a_4+a_5=\frac{3}{2}$에서 $ar^3+ar^4=\frac{3}{2}$
$ar^2(r+r^2)=\frac{3}{2}$
㉠에 의하여
$\frac{1}{4}(r+r^2)=\frac{3}{2}$
$r^2+r-6=0$
$(r-2)(r+3)=0$
$r=2$
㉠에서
$a=\frac{1}{16}$
수열 $\{a_n\}$의 일반항은
$a_n=\frac{1}{16}\times 2^{n-1}=2^{n-5}$
$a_n>100$에서
$2^{n-5}>100$
$2^7>100>2^6$
이므로
$n-5\geq 7$
$n\geq 12$
따라서 구하는 n의 최솟값은 12이다.

답 ⑤

60 주어진 등비수열의 공비를 r라 하면
첫째항이 3, 제6항이 96이므로
$3r^5=96$
$r^5=32$
$r=2$
두 수 b, c는 각각 제3항, 제4항이므로
$b=3\times 2^2=12$, $c=3\times 2^3=24$
따라서 $b+c=36$

답 ⑤

61 주어진 등비수열의 공비를 r라 하면
제2항이 6, 제5항이 162이므로
$ar=6$, $ar^4=162$
$r^3=\frac{162}{6}=27$
$r=3$
$\frac{7a+4}{a}=\frac{ar^2}{a}=r^2=9$이므로
$9a=7a+4$
$a=2$
b는 제4항이므로
$b=2\times 3^3=54$
따라서 $a+b=56$

답 ②

62 주어진 등비수열의 공비를 r라 하면
첫째항이 5, 제$(n+2)$항이 405이므로
$5r^{n+1}=405$
$r^{n+1}=81$ ...... ㉠
a_4는 제5항이므로
$a_4=45$에서
$5r^4=45$
$r^4=9$
$r^8=81$ ...... ㉡
㉠, ㉡에서
$r^{n+1}=r^8$
$n+1=8$
$n=7$
㉡에서 $r^2=3$이므로
$\frac{a_n}{a_1}=\frac{a_7}{a_1}=\frac{5r^7}{5r}=r^6=(r^2)^3=3^3=27$

답 ③

63 세 수 a, $a+8$, $40-a$가 이 순서대로 등비수열을 이루므로
$(a+8)^2=a(40-a)$
$a^2+16a+64=40a-a^2$
$2a^2-24a+64=0$
$a^2-12a+32=0$
$(a-8)(a-4)=0$
따라서 $a=4$ 또는 $a=8$이므로 모든 a의 값의 합은 12이다.

답 ⑤

64 세 수 a, 4, b가 이 순서대로 등비수열을 이루므로
$16=ab$
이를 만족시키는 서로 다른 두 자연수 a, b의 모든 순서쌍은
$(1, 16)$, $(2, 8)$, $(8, 2)$, $(16, 1)$
이다. 각 순서쌍에 대하여 $a+3b$의 값은
49, 26, 14, 19
이므로 구하는 최솟값은 14이다.

답 ②

65 세 수 a^2, b, 36이 이 순서대로 등비수열을 이루므로
$b^2=36a^2$
$ab>0$이므로
$b=6a$ ...... ㉠
세 수 a, a^2, $b+4$가 이 순서대로 등차수열을 이루므로
$2a^2=a+b+4$
㉠에 의하여
$2a^2=7a+4$
$2a^2-7a-4=0$
$(2a+1)(a-4)=0$
$a=-\frac{1}{2}$이면 $b=-3$
$a=4$이면 $b=24$
따라서 구하는 $a+b$의 최댓값은 28이다.

답 ⑤

66 등비수열을 이루는 세 실수를 각각 $\frac{a}{r}$, a, ar라 하면
세 실수의 곱이 125이므로
$\frac{a}{r}\times a\times ar=125$
$a^3=125$
$a=5$
세 실수의 합이 31이므로
$\frac{5}{r}+5+5r=31$
$5r^2-26r+5=0$
$(5r-1)(r-5)=0$
$r=\frac{1}{5}$ 또는 $r=5$
따라서 등비수열을 이루는 세 실수는 1, 5, 25이므로 가장 큰 수와 가장 작은 수의 차는 24이다.

답 ④

67 $r>1$인 실수 r에 대하여
$a=\frac{b}{r}$, $c=br$라 하면
$abc=1$에서
$\frac{b}{r}\times b\times br=1$
$b^3=1$
$b=1$
$b+c=8$에서
$1+r=8$
$r=7$
$a=\frac{1}{7}$, $b=1$, $c=7$이므로
$\frac{bc}{a}=49$

답 ④

68 양수 a와 $r>1$인 실수 r에 대하여 세 실수를
a, ar, ar^2
이라 하면 $a<ar<ar^2$이다.
세 양수의 합이 7이므로
$a+ar+ar^2=7$
$a(r^2+r+1)=7$ ...... ㉠
가장 큰 수와 가장 작은 수의 차가 5이므로
$ar^2-a=5$
$a(r^2-1)=5$
$a=\frac{5}{r^2-1}$ ...... ㉡
㉡을 ㉠에 대입하면
$\frac{5(r^2+r+1)}{r^2-1}=7$
$5(r^2+r+1)=7(r^2-1)$
$2r^2-5r-12=0$
$(2r+3)(r-4)=0$
$r=4$

ⓛ에서 $a=\frac{1}{3}$

따라서 두 번째로 큰 수는 $ar=\frac{4}{3}$이다.

답 ②

69 정사각형 R_n의 한 변의 길이를 a_n이라 하면
$a_1=\sqrt{16}=4$
a_2는 세 변의 길이가 2, 2, a_2인 직각이등변삼각형의 빗변의 길이이므로
$a_2=\sqrt{2^2+2^2}=2\sqrt{2}$
a_3은 세 변의 길이가 $\sqrt{2}$, $\sqrt{2}$, a_3인 직각이등변삼각형의 빗변의 길이이므로
$a_3=\sqrt{(\sqrt{2})^2+(\sqrt{2})^2}=2$
⋮
이와 같은 과정을 반복하면
수열 $\{a_n\}$은 첫째항이 4, 공비가 $\frac{\sqrt{2}}{2}$인 등비수열을 이루므로
정사각형 R_n의 둘레의 길이는 첫째항이 16, 공비가 $\frac{\sqrt{2}}{2}$인 등비수열을 이룬다.
따라서 구하는 정사각형 R_9의 둘레의 길이는
$16\times\left(\frac{\sqrt{2}}{2}\right)^8=1$

답 ③

70 정삼각형 T_n의 한 변의 길이를 a_n이라 하면
$a_1=6$
정삼각형 T_1은 T_2와 합동인 4개의 삼각형으로 나누어지므로
$a_2=\frac{a_1}{2}=3$
정삼각형 T_2는 T_3과 합동인 4개의 삼각형으로 나누어지므로
$a_3=\frac{a_2}{2}=\frac{3}{2}$
⋮
이와 같은 과정을 반복하면
수열 $\{a_n\}$은 첫째항이 6, 공비가 $\frac{1}{2}$인 등비수열을 이루므로
정삼각형 T_n의 넓이는 첫째항이 $9\sqrt{3}$, 공비가 $\frac{1}{4}$인 등비수열을 이룬다.
따라서 정삼각형 T_8의 넓이 S는
$S=9\sqrt{3}\times\left(\frac{1}{4}\right)^7$
이고
$\log_2\frac{\sqrt{3}S}{27}$
$=\log_2\left(\frac{1}{4}\right)^7$
$=\log_2 2^{-14}$
$=-14$

답 ⑤

71 점 A_2는 선분 A_1B를 1 : 2로 내분하는 점이므로
$\overline{A_2B}=\frac{2}{3}\overline{A_1B}=2\times\frac{2}{3}$
점 A_3은 선분 A_2B를 1 : 2로 내분하는 점이므로
$\overline{A_3B}=\frac{2}{3}\overline{A_2B}=2\times\left(\frac{2}{3}\right)^2$
점 A_4는 선분 A_3B를 1 : 2로 내분하는 점이므로
$\overline{A_4B}=\frac{2}{3}\overline{A_3B}=2\times\left(\frac{2}{3}\right)^3$
⋮
이와 같은 과정을 반복하면
선분 A_nB의 길이는 첫째항이 2, 공비가 $\frac{2}{3}$인 등비수열을 이루므로
$\overline{A_7A_8}=\overline{A_7B}-\overline{A_8B}$
$=2\times\left(\frac{2}{3}\right)^6-2\times\left(\frac{2}{3}\right)^7$
$=2\times\left(\frac{2}{3}\right)^6\left(1-\frac{2}{3}\right)$
$=\left(\frac{2}{3}\right)^7$

답 ④

72 정육면체 C_n의 한 모서리의 길이를 a_n이라 하면 $a_1=32$이다.
$a_1^2 : a_2^2=4 : 1$, 즉 $a_1 : a_2=2 : 1$이므로
$a_2=16$
$a_2^2 : a_3^2=4 : 1$, 즉 $a_2 : a_3=2 : 1$이므로
$a_3=8$
⋮
이와 같은 과정을 반복하면
수열 $\{a_n\}$은 첫째항이 32, 공비가 $\frac{1}{2}$인 등비수열을 이루므로
정육면체 C_n의 부피는 첫째항이 32^3, 공비가 $\frac{1}{8}$인 등비수열을 이룬다.
따라서 구하는 정육면체 C_{10}의 부피는
$32^3\times\left(\frac{1}{8}\right)^9=2^{15}\times\frac{1}{2^{27}}=\frac{1}{2^{12}}$

답 ①

73 삼각형 A_1A_2B, A_2A_3B, A_3A_4B, …는 모두 ∠B를 공유하는 직각삼각형이므로 서로 닮음인 삼각형이다.
$\overline{A_1B}=\sqrt{3^2+4^2}=5$이고, 삼각형 A_1A_2B의 넓이는 $\frac{1}{2}\times3\times4=6$이므로
$\frac{1}{2}\times\overline{A_1B}\times\overline{A_2A_3}=6$에서 $\overline{A_2A_3}=\frac{12}{5}$이다.
$\overline{A_1A_2} : \overline{A_2A_3}=3 : \frac{12}{5}=5 : 4$이므로
두 삼각형 A_1A_2B, A_2A_3B는 닮음비가 5 : 4인 서로 닮음인 삼각형이고, 넓이의 비는 25 : 16이다.
삼각형 $A_nA_{n+1}B$의 넓이를 a_n이라 하면 수열 $\{a_n\}$은 첫째항이 6이고 공비가 $\frac{16}{25}$인 등비수열을 이룬다.
삼각형 A_5A_6B의 넓이는
$a_5=6\times\left(\frac{16}{25}\right)^4=3\times\frac{2^{17}}{5^8}$
이므로 $k=17$, $l=8$이다.
따라서 $k+l=25$

답 25

74 현재 인구를 a, 매년 인구의 증가율을 r라 하자.
3년 전 인구가 현재 인구의 $\frac{4}{5}$이므로
$\left(\frac{4}{5}a\right)(1+r)^3=a$
$(1+r)^3=\frac{5}{4}$
이 도시의 15년 후 인구는
$a(1+r)^{15}=a\{(1+r)^3\}^5=a\left(\frac{5}{4}\right)^5$
이므로
$k=\left(\frac{5}{4}\right)^5$
$\log k=5\log\frac{5}{4}$
$=5(1-\log 8)$
$=5(1-3\log 2)$
$=5(1-0.9)$
$=0.5$

답 0.5

75 처음 방사능의 양을 a, 옷감 한 장을 통과시킬 때마다 방사능이 감소하는 비율을 r라 하자.
옷감을 12장 통과한 후 방사능의 양이 처음 방사능의 양보다 87.5% 감소했으므로
$a(1-r)^{12}=a-\frac{875}{1000}a$
$a(1-r)^{12}=\frac{125}{1000}a$
$(1-r)^{12}=\frac{1}{8}$ …… ㉠
옷감 4장을 통과한 후 방사능의 양은
$a(1-r)^4=a\left(\frac{1}{8}\right)^{\frac{1}{3}}=\frac{a}{2}$
이므로 처음 방사능의 양의 50 %이다.

답 ④

76 그 해 1월의 매출액을 a, 매월 매출액의 증가율을 r라 하자.
어느 해 4월의 매출액이 그 해 1월의 매출액의 1.5배이므로
$a(1+r)^3=\frac{3}{2}a$
$(1+r)^3=\frac{3}{2}$ …… ㉠
그 해 1월부터 n개월 후 매출액을 a_n이라 하면
$a_n=a(1+r)^n$
$a_n>3a$에서
$a(1+r)^n>3a$
$\{(1+r)^3\}^{\frac{n}{3}}>3$
㉠에 의하여
$\left(\frac{3}{2}\right)^{\frac{n}{3}}>3$
$\frac{n}{3}\log\frac{3}{2}>\log 3$
$n(\log 3-\log 2)>3\log 3$
$n(0.48-0.30)>3\times 0.48$
$0.18n>1.44$
$n>8$
따라서 9개월 후 처음으로 1월의 매출액의 3배를 초과한다.

답 ②

77 등비수열 $\{a_n\}$의 첫째항을 a, 공비를 r $(r>0)$이라 하면
$a_3=5$에서
$ar^2=5$ …… ㉠
$a_7=80$에서
$ar^6=80$ …… ㉡
㉡÷㉠에서
$r^4=16$
$r=2$
㉠에서 $a=\frac{5}{4}$
수열 $\{a_n\}$의 첫째항부터 제6항까지의 합은
$\frac{5}{4}\times\frac{2^6-1}{2-1}=\frac{315}{4}$

답 ②

78 등비수열 $\{a_n\}$의 첫째항을 a $(a>0)$, 공비를 r $(r>0)$이라 하면
$a_5-a_3=0$에서
$ar^4-ar^2=0$
$ar^2(r^2-1)=0$
$r^2-1=0$, $r^2=1$
$r=1$
$a_7+a_{10}=8$에서
$a+a=8$
$a=4$
따라서 구하는 합은
$15\times 4=60$

답 ③

79 등비수열 $\{a_n\}$의 첫째항을 a, 공비를 r라 하면
$ar=0$일 때 $a_1+a_3=12$를 만족시키지 않으므로 $ar\neq 0$이다.
$a_2a_3=4a_4$에서
$ar\times ar^2=4ar^3$
$a^2r^3=4ar^3$
$a=4$
$a_1+a_3=12$에서
$4+4r^2=12$
$r^2=2$
$a_n=a\times r^{n-1}$에서 $a_n^{\ 2}=a^2(r^2)^{n-1}$이므로
수열 $\{a_n^{\ 2}\}$은 첫째항이 16, 공비가 2인 등비수열이다.
$a_1^{\ 2}+a_2^{\ 2}+a_3^{\ 2}+\cdots+a_9^{\ 2}$
$=\frac{16\times(2^9-1)}{2-1}$
$=2^{13}-2^4$

답 ①

80 등비수열 $\{a_n\}$의 첫째항을 a, 공비를 r라 하면

$S_3=9$에서

$\frac{a(r^3-1)}{r-1}=9$ ...... ㉠

$S_6=-63$에서

$\frac{a(r^6-1)}{r-1}=-63$

$\frac{a(r^3-1)(r^3+1)}{r-1}=-63$ ...... ㉡

㉡÷㉠에서

$r^3+1=-7$

$r^3=-8$

$r=-2$

㉠에서 $a=3$

$a_n=3\times(-2)^{n-1}$이므로 $a_8=-384$

답 ②

81 등비수열 $\{a_n\}$의 첫째항을 a, 공비를 r라 하면

(i) $r=1$인 경우

$a_n=a$, $S_n=\sum_{k=1}^{n}a=na$이므로

$2S_2=3S_1$에서

$2\times2a=3\times a$

$a=0$

$\frac{1}{a_1}+\frac{1}{a_2}+\frac{1}{a_3}+\cdots+\frac{1}{a_7}=635$에서

$a\neq0$이므로 조건에 모순이다.

(ii) $r\neq1$인 경우

$S_1=a$이므로 $2S_2=3S_1$에서

$2\times\frac{a(r^2-1)}{r-1}=3a$

$2(r+1)=3$

$r=\frac{1}{2}$

수열 $\left\{\frac{1}{a_n}\right\}$은 첫째항이 $\frac{1}{a}$, 공비가 2인 등비수열이므로

$\frac{1}{a_1}+\frac{1}{a_2}+\frac{1}{a_3}+\cdots+\frac{1}{a_7}=635$에서

$\frac{1}{a}\times\frac{2^7-1}{2-1}=635$

$a=\frac{127}{635}=\frac{1}{5}$

따라서 수열 $\{a_n\}$의 첫째항은 $\frac{1}{5}$이므로

$S_2=\frac{3}{2}\times S_1=\frac{3}{2}\times a=\frac{3}{10}$

답 ③

82 등비수열 $\{a_n\}$의 첫째항을 a, 공비를 r라 하고, 첫째항부터 제n항까지의 합을 S_n이라 하면 주어진 조건으로부터

$S_k=-6$, $S_{2k}-S_k=48$

즉, $S_k=-6$, $S_{2k}=42$

$S_k=-6$에서

$\frac{a(r^k-1)}{r-1}=-6$ ...... ㉠

$S_{2k}=42$에서

$\frac{a(r^{2k}-1)}{r-1}=42$

$\frac{a(r^k-1)(r^k+1)}{r-1}=42$ ...... ㉡

㉡÷㉠에서

$r^k+1=-7$

$r^k=-8$ ...... ㉢

$S_{3k}=\frac{a(r^{3k}-1)}{r-1}$

$=\frac{a(r^k-1)(r^{2k}+r^k+1)}{r-1}$

$=\frac{a(r^k-1)}{r-1}\times(r^{2k}+r^k+1)$

㉠, ㉢에 의하여

$S_{3k}=(-6)\times\{(-8)^2+(-8)+1\}=-342$

답 ①

83 $S_n=\frac{4^{n-1}}{3}+5$이므로

$n\geq2$일 때

$a_n=S_n-S_{n-1}$

$=\left(\frac{4^{n-1}}{3}+5\right)-\left(\frac{4^{n-2}}{3}+5\right)$

$=\frac{4^{n-1}}{3}-\frac{4^{n-2}}{3}$

$=\frac{4}{3}\times4^{n-2}-\frac{1}{3}\times4^{n-2}$

$=4^{n-2}$

$n\geq2$일 때 $a_n=4^{n-2}$이므로 모든 자연수 n에 대하여

$a_{2n}=4^{2n-2}=16^{n-1}$

따라서 수열 $\{a_{2n}\}$은 첫째항이 1, 공비가 16인 등비수열을 이룬다.

$\frac{a_{2022}}{a_{2020}}$는 수열 $\{a_{2n}\}$의 공비와 같으므로

$\frac{a_{2022}}{a_{2020}}=16$

답 ④

84 $S_n=3\times2^n+4$이므로

$a_1=S_1=10$ ...... ㉠

$n\geq2$일 때

$a_n=S_n-S_{n-1}$

$=(3\times2^n+4)-(3\times2^{n-1}+4)$

$=3\times2^n-3\times2^{n-1}$

$=6\times2^{n-1}-3\times2^{n-1}$

$=3\times2^{n-1}$ ...... ㉡

㉡에 $n=1$을 대입하면 ㉠에서 구한 값과 다르므로

$a_n=\begin{cases}10 & (n=1)\\ 3\times2^{n-1} & (n\geq2)\end{cases}$

$a_2, a_4, a_6, \cdots, a_{14}$는 첫째항이 6, 공비가 4, 항의 개수가 7인 등비수열과 같다.
따라서 구하는 값은
$a_1+a_2+a_4+a_6+\cdots+a_{14}$
$=10+\frac{6\times(4^7-1)}{4-1}$
$=10+2\times(4^7-1)$
$=2^{15}+2^3$

답 ④

85 $S_n=p\times 2^{n-1}+4$이므로
$a_1=S_1=p+4$
$n\geq 2$일 때
$a_n=S_n-S_{n-1}$
$=(p\times 2^{n-1}+4)-(p\times 2^{n-2}+4)$
$=p\times 2^{n-1}-p\times 2^{n-2}$
$=2p\times 2^{n-2}-p\times 2^{n-2}$
$=p\times 2^{n-2}$
$a_2^2=a_1a_3$에서
$p^2=2p(p+4)$
$p^2+8p=0$
$p(p+8)=0$
$p=-8$
따라서 $a_2=-8$

답 ②

다른 풀이
$S_n=p\times 2^{n-1}+4$이므로 수열 $\{a_n\}$은 둘째항부터 등비수열을 이룬다.
$a_2^2=a_1a_3$이므로 수열 $\{a_n\}$은 첫째항부터 등비수열을 이룬다.
$S_n=\frac{p}{2}\times 2^n+4$에서
$\frac{p}{2}+4=0$이므로
$p=-8$
$a_2=S_2-S_1=-8$

86 정사각형 R_1의 한 변의 길이가 4이므로
$a_1=\sqrt{4^2+4^2}=4\sqrt{2}$
정사각형 R_2의 한 변의 길이는 정사각형 R_1의 한 변의 길이의 $\frac{1}{2}$이므로 2이다.
$a_2=\sqrt{2^2+2^2}=2\sqrt{2}$
정사각형 R_3의 한 변의 길이는 정사각형 R_2의 한 변의 길이의 $\frac{1}{2}$이므로 1이다.
$a_3=\sqrt{1^2+1^2}=\sqrt{2}$
⋮
이와 같은 과정을 반복하면
수열 $\{a_n\}$은 첫째항이 $4\sqrt{2}$, 공비가 $\frac{1}{2}$인 등비수열을 이루므로
$a_1+a_2+\cdots+a_7$
$=\frac{4\sqrt{2}\times\left\{1-\left(\frac{1}{2}\right)^7\right\}}{1-\frac{1}{2}}$
$=8\sqrt{2}\times\left\{1-\left(\frac{1}{2}\right)^7\right\}$
$=8\sqrt{2}\times\frac{127}{128}$
$=\frac{127\sqrt{2}}{16}$
따라서 $k=127$

답 ④

87 올해 광물 A의 채굴량은 3만 t이고 한 해 목표 채굴량은 전년도의 채굴량보다 30 %씩 늘어나므로 올해로부터 n년 후의 광물 A의 총 채굴량은
$$\frac{3\left\{\left(1+\frac{30}{100}\right)^{n+1}-1\right\}}{\left(1+\frac{30}{100}\right)-1}=10\{(1.3)^{n+1}-1\}$$
총 채굴량이 현재 매장량보다 커지면 목표 채굴량을 달성하지 못하게 된다.
$10\{(1.3)^{n+1}-1\}\geq 90$
$(1.3)^{n+1}-1\geq 9$
$(1.3)^{n+1}\geq 10$
$(n+1)\log 1.3\geq 1$
$0.11(n+1)\geq 1$
$n+1\geq\frac{1}{0.11}=9.\times\times\times$
따라서 9년 후에 처음으로 목표 채굴량을 달성하지 못하게 된다.

답 ②

88 $\overline{A_0A_1}=1$이므로 수직선에서 점 A_2의 좌표는
$\left(1+\frac{1}{2}, 0\right)$
$\overline{A_0A_2}=1+\frac{1}{2}$이므로 수직선에서 점 A_3의 좌표는
$\left(1+\frac{1}{2}\left(1+\frac{1}{2}\right), 0\right)$, 즉 $\left(1+\frac{1}{2}+\frac{1}{4}, 0\right)$
$\overline{A_0A_3}=1+\frac{1}{2}+\frac{1}{4}$이므로 수직선에서 점 A_4의 좌표는
$\left(1+\frac{1}{2}\left(1+\frac{1}{2}+\frac{1}{4}\right), 0\right)$, 즉 $\left(1+\frac{1}{2}+\frac{1}{4}+\frac{1}{8}, 0\right)$
⋮
이와 같은 과정을 반복하면 선분 A_0A_n의 길이는 첫째항이 1이고 공비가 $\frac{1}{2}$인 등비수열의 첫째항부터 제n항까지의 합이다.
따라서
$$\overline{A_0A_8}=\frac{1-\left(\frac{1}{2}\right)^8}{1-\frac{1}{2}}=2-\frac{1}{2^7}=\frac{255}{128}$$

답 $\frac{255}{128}$

89 올해 1월에 저축한 금액을 a원, 매월 일정하게 증가하는 비율을 r라 하자.
올해 n월 $(1\le n\le 11)$에 저축하는 금액은
$a(1+r)^{n-1}$
이다. 올해 1월부터 5월까지 저축한 금액은 k원이므로
$\frac{a\{(1+r)^5-1\}}{(1+r)-1}=k$
$\frac{a\{(1+r)^5-1\}}{r}=k$ …… ㉠
올해 6월부터 10월까지 저축한 금액은 $3k$원이므로
올해 1월부터 10월까지 저축한 금액은 $4k$원이다.
$\frac{a\{(1+r)^{10}-1\}}{(1+r)-1}=4k$
$\frac{a\{(1+r)^{10}-1\}}{r}=4k$
$\frac{a\{(1+r)^5-1\}\{(1+r)^5+1\}}{r}=4k$ …… ㉡
㉡÷㉠에서
$(1+r)^5+1=4$
$(1+r)^5=3$
올해 11월에 저축할 금액은
$a(1+r)^{10}=a\{(1+r)^5\}^2=9a$
이므로 올해 11월에 저축할 금액은 1월에 저축한 금액의 9배이다.

답 ⑤

90 삼각형 $A_1A_2C_2$에서
$\overline{A_1A_2}=\frac{2}{3}\times\overline{A_1B_1}=\frac{2}{3}\times 9=6$
$\overline{A_1C_2}=\frac{1}{3}\times\overline{A_1C_1}=\frac{1}{3}\times 9=3$
이므로
$\overline{A_1A_2}=2\times\overline{A_1C_2}$
이다. $\angle A_2A_1C_2=60°$이므로 삼각비에 의하여
$\angle A_2C_2A_1=90°$이다.
$\overline{A_2C_2}=\sqrt{6^2-3^2}=3\sqrt{3}$ …… ㉠
이므로
$S_1=\frac{1}{2}\times 3\times 3\sqrt{3}=\frac{9\sqrt{3}}{2}$
㉠에서 삼각형 $A_2B_2C_2$는 한 변의 길이가 $3\sqrt{3}$인 정삼각형이므로
두 삼각형 $A_1B_1C_1$, $A_2B_2C_2$는 닮음비가 $\sqrt{3}:1$이므로 넓이의 비는 $3:1$이다. 즉
$S_2=\frac{1}{3}\times S_1=\frac{3\sqrt{3}}{2}$
이와 같은 과정을 반복하면
수열 $\{S_n\}$은 첫째항이 $\frac{9\sqrt{3}}{2}$이고 공비가 $\frac{1}{3}$인 등비수열을 이룬다.
$$S_1+S_2+\cdots+S_8=\frac{\frac{9\sqrt{3}}{2}\times\left\{1-\left(\frac{1}{3}\right)^8\right\}}{1-\frac{1}{3}}=\frac{27\sqrt{3}}{4}\times\left\{1-\left(\frac{1}{3}\right)^8\right\}$$
따라서 $k=\frac{27\sqrt{3}}{4}$

답 $\frac{27\sqrt{3}}{4}$

서술형 완성하기

본문 109쪽

01 제32항	**02** -6	**03** $a_n=6n-23$
04 -42, 78	**05** $2\sqrt{10}$	**06** 첫째항: 8, 공비: 16

01 주어진 등차수열의 첫째항은 100이고 공차는 $97-100=-3$이다. …… ❶
즉, 주어진 수열의 일반항 a_n은
$a_n=100+(n-1)\times(-3)=-3n+103$ …… ❷
$a_n<10$에서
$-3n+103<10$
$3n>93$
$n>31$
따라서 구하는 항은 제32항이다. …… ❸

답 제32항

단계	채점 기준	비율
❶	등차수열의 첫째항과 공차를 구한 경우	30 %
❷	등차수열의 일반항을 구한 경우	30 %
❸	조건에 맞는 답을 구한 경우	40 %

02 주어진 등차수열에 대하여 제k항부터 제15항까지의 합은 첫째항이 14, 끝항이 -26, 항의 개수가 $(16-k)$인 등차수열의 합과 같으므로
$\frac{(16-k)(14-26)}{2}=-66$
$16-k=11$
$k=5$ …… ❶
주어진 등차수열의 첫째항을 a, 공차를 d라 하면
제5항이 14이므로
$a+4d=14$ …… ㉠
제15항이 -26이므로
$a+14d=-26$ …… ㉡
㉠, ㉡을 연립하면
$a=30$, $d=-4$ …… ❷
따라서 구하는 제$2k$항, 즉 제10항은
$30+9\times(-4)=-6$ …… ❸

답 -6

단계	채점 기준	비율
❶	k의 값을 구한 경우	40 %
❷	등차수열의 첫째항과 공차를 구한 경우	40 %
❸	제$2k$항을 구한 경우	20 %

03 $a_5+a_4+a_3=3$이므로
$S_5-S_2=3$
$(75+5k)-(12+2k)=3$
$63+3k=3$
$k=-20$ …… ❶
$S_n=3n^2-20n$이므로
$a_1=S_1=-17$ …… ㉠ …… ❷

$n\geq 2$일 때

$a_n=S_n-S_{n-1}$

$=(3n^2-20n)-\{3(n-1)^2-20(n-1)\}$

$=6n-23$ ...... ㉡

㉡에 $n=1$을 대입하면 ㉠이 성립하므로

$a_n=6n-23$

이다. ...... ❸

답 $a_n=6n-23$

단계	채점 기준	비율
❶	k의 값을 구한 경우	40 %
❷	a_1의 값을 구한 경우	20 %
❸	일반항 a_n을 구한 경우	40 %

04 주어진 등비수열의 첫째항을 2, 공비를 r $(r>0)$이라 하면 제5항이 162이므로

$2r^4=162$

$r^4=81$

$r=-3$ 또는 $r=3$ ...... ❶

구하는 세 수의 합 M은

$2r+2r^2+2r^3$이므로

(i) $r=-3$인 경우

$M=(-6)+18+(-54)=-42$ ...... ❷

(ii) $r=3$인 경우

$M=6+18+54=78$ ...... ❸

(i), (ii)에서 M의 값은 -42, 78이다.

답 -42, 78

단계	채점 기준	비율
❶	주어진 등비수열의 공비를 구한 경우	40 %
❷	공비가 음수인 경우의 M의 값을 구한 경우	30 %
❸	공비가 양수인 경우의 M의 값을 구한 경우	30 %

05 a_6은 a_4, a_8의 등비중항이므로

$a_6=\sqrt{a_4a_8}=\sqrt{\dfrac{20}{a}}$ ...... ❶

a_8은 a_3, a_{13}의 등비중항이므로

$a_8=\sqrt{a_3a_{13}}=\sqrt{80a}$ ...... ❷

a_7은 a_6, a_8의 등비중항이므로

$a_7=\sqrt{a_6a_8}=\sqrt{\sqrt{\dfrac{20}{a}}\times\sqrt{80a}}$

$=\sqrt{\sqrt{1600}}=\sqrt{40}=2\sqrt{10}$ ...... ❸

답 $2\sqrt{10}$

단계	채점 기준	비율
❶	등비중항을 이용하여 a_6을 a에 대한 식으로 나타낸 경우	30 %
❷	등비중항을 이용하여 a_8을 a에 대한 식으로 나타낸 경우	30 %
❸	등비중항을 이용하여 a_7의 값을 구한 경우	40 %

06 수열 $\{a_n\}$의 첫째항을 a $(a>0)$, 공비를 r $(r>0)$이라 하면 $a_n=ar^{n-1}$이다.

$\log_2 a_n=\log_2 a+(n-1)\log_2 r$

이므로 수열 $\{\log_2 a_n\}$은 첫째항이 $\log_2 a$이고 공차가 $\log_2 r$인 등차수열이다. ...... ❶

$S_n=n(2n+1)$에서

$a_1=S_1=3$이므로

$\log_2 a=3$에서 $a=8$ ...... ❷

$a_2=S_2-S_1=10-3=7$이고

$a_2-a_1=4$이므로

$\log_2 r=4$

$r=16$ ...... ❸

따라서 등비수열 $\{a_n\}$의 첫째항은 8이고 공비는 16이다.

답 첫째항: 8, 공비: 16

단계	채점 기준	비율
❶	두 수열 $\{a_n\}$, $\{\log_2 a_n\}$의 관계를 파악한 경우	30 %
❷	수열 $\{a_n\}$의 첫째항을 구한 경우	35 %
❸	수열 $\{a_n\}$의 공비를 구한 경우	35 %

내신 + 수능 고난도 도전

본문 110~111쪽

01 ④ 02 ② 03 ② 04 ④ 05 $\dfrac{11}{100}$
06 ③ 07 255 08 ②

01 수열 $\{a_n\}$을 나열하면

2, 5, 8, 11, 14, 17, 20, 23, ⋯

이고, 수열 $\{b_n\}$을 나열하면

2, 7, 12, 17, 22, 27, ⋯

이다. 두 수열의 공차 3, 5의 최소공배수는 15이므로

$a_1=b_1=2$

$a_6=b_4=17$

$a_{11}=b_7=32$

$a_{16}=b_{10}=47$

⋮

임을 알 수 있다.

즉, 주어진 조건을 만족시키는 k의 값을 작은 순서대로 나열하면

1, 6, 11, 16, ⋯, 96

이므로 구하는 값은 첫째항이 1, 끝항이 96, 항의 개수가 20인 등차수열의 합과 같다.

$k_1+k_2+\cdots+k_m$

$=\dfrac{20\times(1+96)}{2}$

$=970$

답 ④

02 주어진 수열의 공차를 d라 하면
68은 첫째항이 4, 공차가 d인 등차수열의 제$(3n+3)$항이다.
$4+(3n+2)d=68$에서
$d=\frac{64}{3n+2}$
d가 자연수이므로 $3n+2$는 $64=2^6$의 약수이다.
$0\le k\le 6$인 정수 k에 대하여
$3n+2=2^k$
이라 하자.
$3n=2^k-2$
$3n=2(2^{k-1}-1)$
3과 2는 서로소이므로 3은 $2^{k-1}-1$의 약수이다.
$0\le k\le 6$인 정수 k에 대하여 $2^{k-1}-1$이 3의 배수인 경우는
$k=3$, $k=5$
이다.
(i) $k=3$인 경우
$3n=6$이므로
$n=2$
$d=\frac{64}{3\times 2+2}=8$
x는 제4항이므로
$x=4+3\times 8=28$
(ii) $k=5$인 경우
$3n=30$이므로
$n=10$
$d=\frac{64}{3\times 10+2}=2$
x는 제12항이므로
$x=4+11\times 2=26$
(i), (ii)에서 모든 x의 값의 합은
$28+26=54$

답 ②

03 수열 $\{a_n\}$의 공차를 d $(d>0)$이라 하면
$a_n=3+(n-1)d=dn+3-d$
$S_n=\frac{n\{2\times 3+(n-1)d\}}{2}=\frac{n(dn+6-d)}{2}$
수열 $\left\{\frac{S_n}{a_n}\right\}$이 등차수열이므로
$\frac{S_n}{a_n}=\frac{n(dn+6-d)}{2(dn+3-d)}$는 n에 대한 일차식이다.
$6-d\neq 3-d$이므로 $3-d=0$이다.
$d=3$이므로 $a_n=3n$
따라서 구하는 값은
$a_4=12$

답 ②

04 등차수열 $\{a_n\}$의 첫째항을 a, 공차를 d라 하면
$S_8=S_{18}$에서
$\frac{8(2a+7d)}{2}=\frac{18(2a+17d)}{2}$
$8a+28d=18a+153d$
$10a+125d=0$
$2a+25d=0$ …… ㉠
S_n은 n에 대한 이차식이고 $\frac{8+18}{2}=13$은 자연수이므로
$S_8=S_{18}$에서 S_n은 $n=13$일 때 최솟값을 갖는 것을 알 수 있다.
$S_{13}=-338$에서
$\frac{13(2a+12d)}{2}=-338$
$a+6d=-26$ …… ㉡
㉠, ㉡을 연립하면
$a=-50$, $d=4$
$a_{10}=-50+9\times 4=-14$

답 ④

참고
㉠에서 $2a=-25d$이므로
$S_n=\frac{n\{2a+(n-1)d\}}{2}$
$=\frac{d}{2}(n^2-26n)=\frac{d}{2}(n-13)^2-\frac{169}{2}d$
따라서 S_n은 $n=13$에서 최솟값을 갖는다.

05 $a_1=S_1=18$ …… ㉠
$n\ge 2$일 때
$a_n=S_n-S_{n-1}$
$=3n(n+1)(n+2)-3n(n-1)(n+1)$
$=3n(n+1)\{(n+2)-(n-1)\}$
$=9n(n+1)$ …… ㉡
㉡에 $n=1$을 대입하면 ㉠을 만족시키므로
$a_n=9n(n+1)$
$\frac{1}{a_n}=\frac{1}{9n(n+1)}=\frac{1}{9}\left(\frac{1}{n}-\frac{1}{n+1}\right)$이므로
수열 $\left\{\frac{1}{a_n}\right\}$의 첫째항부터 제99항까지의 합은
$\frac{1}{a_1}+\frac{1}{a_2}+\cdots+\frac{1}{a_{99}}$
$=\frac{1}{9}\times\left(1-\frac{1}{2}\right)+\frac{1}{9}\times\left(\frac{1}{2}-\frac{1}{3}\right)+\cdots+\frac{1}{9}\times\left(\frac{1}{99}-\frac{1}{100}\right)$
$=\frac{1}{9}\times\left(1-\frac{1}{100}\right)=\frac{1}{9}\times\frac{99}{100}$
$=\frac{11}{100}$

답 $\frac{11}{100}$

06 서로 다른 세 모서리의 길이가 k로 모두 같으면
$k^3=125$, $6k^2=175$
이므로 조건을 만족시키는 양수 k는 존재하지 않는다.
즉, 세 모서리의 길이는 모두 다르다.
세 모서리의 길이가 등비수열을 이루므로 두 상수 a, r $(r>1)$에 대하여 세 모서리의 길이를 각각
$\frac{a}{r}$, a, ar
라 하자.

직육면체의 부피가 125이므로

$\frac{a}{r}\times a\times ar=125$

$a^3=125$에서

$a=5$

직육면체의 겉넓이가 175이므로

$2\left(\frac{5}{r}\times 5+5\times 5r+\frac{5}{r}\times 5r\right)=175$

$2\left(\frac{1}{r}+r+1\right)=7$

$2(r^2+r+1)=7r$

$2r^2-5r+2=0$

$(2r-1)(r-2)=0$

$r>1$이므로 $r=2$

따라서 세 모서리의 길이는

$\frac{5}{2}$, 5, 10

이므로 가장 긴 모서리의 길이는 10이다.

답 ③

07 두 수열 $\{a_n\}$, $\{b_n\}$의 공비를 각각 r_1, r_2 $(r_1>0,\ r_2>0)$이라 하면

$a_n=r_1^{\ n-1}$, $b_n=r_2^{\ n-1}$

조건 (가)에 의하여

$\frac{a_2+b_2}{a_1+b_1}=\frac{a_3+b_3}{a_2+b_2}$

$\frac{r_1+r_2}{1+1}=\frac{r_1^{\ 2}+r_2^{\ 2}}{r_1+r_2}$

$(r_1+r_2)^2=2(r_1^{\ 2}+r_2^{\ 2})$

$(r_1-r_2)^2=0$

$r_1=r_2$

$a_nb_n=r_1^{\ n-1}\times r_1^{\ n-1}=(r_1^{\ 2})^{n-1}$이므로 조건 (나)에 의하여

$r_1^{\ 2}=4$

$r_1=2$

$a_1+b_2+a_3+b_4+\cdots+a_7+b_8$

$=a_1+a_2+a_3+a_4+\cdots+a_7+a_8$

$=\frac{2^8-1}{2-1}$

$=255$

답 255

08 수열 $\{a_n\}$의 첫째항을 a, 공비를 r라 하면

(i) $r=1$인 경우

$a_n=a$이고 수열 $\left\{\frac{a_n}{k}\right\}$은 첫째항과 공비가 같은 등비수열이므로

$\frac{a_1}{k}=\frac{\frac{a_2}{k}}{\frac{a_1}{k}}$, $\frac{a_1}{k}=1$

$a_1=k$

$a=k$

$S_1-k=a-k=0$이므로 조건에 모순이다.

(ii) $r\neq 1$인 경우

$S_n=\frac{a(r^n-1)}{r-1}=\frac{ar}{r-1}r^{n-1}-\frac{a}{r-1}$

수열 $\{S_n-k\}$가 등비수열이므로

$-\frac{a}{r-1}-k=0$에서

$k=-\frac{a}{r-1}$

$k=\frac{a}{1-r}$

$S_1-k=8$이므로

$\frac{ar}{r-1}=8$ ...... ㉠

$\frac{a_n}{k}=\frac{ar^{n-1}}{\frac{a}{1-r}}=(1-r)r^{n-1}$

수열 $\left\{\frac{a_n}{k}\right\}$은 첫째항과 공비가 같은 등비수열을 이루므로

$1-r=r$에서

$r=\frac{1}{2}$

㉠에 의하여 $a=-8$

따라서 $a_n=(-8)\times\left(\frac{1}{2}\right)^{n-1}$이므로

$a_6=-\frac{1}{4}$

답 ②

06 수열의 합

개념 확인하기

본문 113쪽

01 $2+4+6+8$ **02** $1^2+2^2+3^2+4^2+5^2+6^2$
03 $2+2^2+2^3$ **04** $1+\frac{1}{2}+\frac{1}{3}+\frac{1}{4}$
05 $\sum_{k=1}^{n}(2k-1)$ **06** $\sum_{k=1}^{n}\sqrt{k}$ **07** $\sum_{k=1}^{10}k(k+1)$
08 $\sum_{k=1}^{7}\frac{1}{2k}$ **09** 10 **10** 19 **11** 57 **12** 65
13 14 **14** 110 **15** 133 **16** 70 **17** 120
18 $\frac{n(n+1)(2n+7)}{6}$ **19** $\frac{n^2(n+1)^2}{16}$ **20** 162
21 80 **22** $\frac{10}{11}$ **23** $\frac{7}{9}$ **24** 9
25 $\frac{-1+\sqrt{15}}{2}$

01

답 $2+4+6+8$

02

답 $1^2+2^2+3^2+4^2+5^2+6^2$

03

답 $2+2^2+2^3$

04

답 $1+\frac{1}{2}+\frac{1}{3}+\frac{1}{4}$

05

답 $\sum_{k=1}^{n}(2k-1)$

06

답 $\sum_{k=1}^{n}\sqrt{k}$

07 주어진 식은 수열 $\{n(n+1)\}$의 첫째항부터 제10항까지의 합이므로

$1\times2+2\times3+3\times4+\cdots+10\times11=\sum_{k=1}^{10}k(k+1)$

답 $\sum_{k=1}^{10}k(k+1)$

08 주어진 식은 수열 $\left\{\frac{1}{2n}\right\}$의 첫째항부터 제7항까지의 합이므로

$\frac{1}{2}+\frac{1}{4}+\frac{1}{6}+\cdots+\frac{1}{14}=\sum_{k=1}^{7}\frac{1}{2k}$

답 $\sum_{k=1}^{7}\frac{1}{2k}$

09 $\sum_{k=1}^{10}(2a_k+b_k)=2\sum_{k=1}^{10}a_k+\sum_{k=1}^{10}b_k$

$=2\times7-4=10$

답 10

10 $\sum_{k=1}^{10}(a_k-3b_k)=\sum_{k=1}^{10}a_k-3\sum_{k=1}^{10}b_k$

$=7-3\times(-4)=19$

답 19

11 $\sum_{k=1}^{10}(a_k+5)=\sum_{k=1}^{10}a_k+\sum_{k=1}^{10}5$

$=7+10\times5=57$

답 57

12 $\sum_{k=1}^{10}(3a_k-b_k+4)=3\sum_{k=1}^{10}a_k-\sum_{k=1}^{10}b_k+\sum_{k=1}^{10}4$

$=3\times7-(-4)+10\times4$

$=65$

답 65

13 $\sum_{k=1}^{7}(a_k-2)+\sum_{k=1}^{7}(4-a_k)=\sum_{k=1}^{7}\{(a_k-2)+(4-a_k)\}$

$=\sum_{k=1}^{7}2=14$

답 14

14 $\sum_{k=1}^{10}2k=2\sum_{k=1}^{10}k$

$=2\times\frac{10\times11}{2}$

$=110$

답 110

15 $\sum_{k=1}^{7}(4k+3)=4\sum_{k=1}^{7}k+\sum_{k=1}^{7}3$

$=4\times\frac{7\times8}{2}+7\times3$

$=112+21=133$

답 133

16 $\sum_{k=1}^{6}(k^2-k)=\sum_{k=1}^{6}k^2-\sum_{k=1}^{6}k$

$=\frac{6\times7\times13}{6}-\frac{6\times7}{2}$

$=91-21=70$

답 70

17 $\sum_{k=1}^{4}(k^3+2k)=\sum_{k=1}^{4}k^3+2\sum_{k=1}^{4}k$

$=\left(\frac{4\times5}{2}\right)^2+2\times\frac{4\times5}{2}$

$=100+20=120$

답 120

18 주어진 식은 수열 $\{n(n+2)\}$의 첫째항부터 제n항까지의 합이므로

$1\times3+2\times4+3\times5+\cdots+n(n+2)$

$=\sum_{k=1}^{n}k(k+2)$

$=\sum_{k=1}^{n}(k^2+2k)$

$=\frac{n(n+1)(2n+1)}{6}+2\times\frac{n(n+1)}{2}$

$=\frac{n(n+1)(2n+1)}{6}+\frac{6n(n+1)}{6}$

$=\frac{n(n+1)\{(2n+1)+6\}}{6}$

$=\frac{n(n+1)(2n+7)}{6}$

답 $\frac{n(n+1)(2n+7)}{6}$

19 주어진 식은 수열 $\left\{\frac{n^3}{4}\right\}$의 첫째항부터 제$n$항까지의 합이므로

$$\frac{1^3}{4}+\frac{2^3}{4}+\frac{3^3}{4}+\cdots+\frac{n^3}{4}$$
$$=\sum_{k=1}^{n}\frac{k^3}{4}$$
$$=\frac{1}{4}\sum_{k=1}^{n}k^3$$
$$=\frac{1}{4}\times\left\{\frac{n(n+1)}{2}\right\}^2$$
$$=\frac{n^2(n+1)^2}{16}$$

답 $\frac{n^2(n+1)^2}{16}$

20 주어진 식은 수열 $\left\{\left(\frac{n}{2}\right)^3\right\}$의 첫째항부터 제8항까지의 합이므로

$$\left(\frac{1}{2}\right)^3+\left(\frac{2}{2}\right)^3+\left(\frac{3}{2}\right)^3+\cdots+\left(\frac{8}{2}\right)^3$$
$$=\sum_{k=1}^{8}\left(\frac{k}{2}\right)^3$$
$$=\frac{1}{8}\sum_{k=1}^{8}k^3$$
$$=\frac{1}{8}\times\left(\frac{8\times9}{2}\right)^2$$
$$=\frac{8^2\times9^2}{8\times4}$$
$$=2\times81$$
$$=162$$

답 162

21 주어진 식은 수열 $\{(n+1)^2-n^2\}$의 첫째항부터 제8항까지의 합이므로

$$(2^2-1^2)+(3^2-2^2)+(4^2-3^2)+\cdots+(9^2-8^2)$$
$$=\sum_{k=1}^{8}\{(k+1)^2-k^2\}$$
$$=\sum_{k=1}^{8}(2k+1)$$
$$=2\sum_{k=1}^{8}k+\sum_{k=1}^{8}1$$
$$=2\times\frac{8\times9}{2}+8\times1$$
$$=72+8=80$$

답 80

22 $\sum_{k=1}^{10}\frac{1}{k(k+1)}$

$$=\sum_{k=1}^{10}\left(\frac{1}{k}-\frac{1}{k+1}\right)$$
$$=\left(1-\frac{1}{2}\right)+\left(\frac{1}{2}-\frac{1}{3}\right)+\left(\frac{1}{3}-\frac{1}{4}\right)+\cdots+\left(\frac{1}{10}-\frac{1}{11}\right)$$
$$=1-\frac{1}{11}$$
$$=\frac{10}{11}$$

답 $\frac{10}{11}$

23 $\sum_{k=1}^{7}\frac{2}{(k+1)(k+2)}$

$$=2\sum_{k=1}^{7}\left(\frac{1}{k+1}-\frac{1}{k+2}\right)$$
$$=2\times\left\{\left(\frac{1}{2}-\frac{1}{3}\right)+\left(\frac{1}{3}-\frac{1}{4}\right)+\left(\frac{1}{4}-\frac{1}{5}\right)+\cdots+\left(\frac{1}{8}-\frac{1}{9}\right)\right\}$$
$$=2\times\left(\frac{1}{2}-\frac{1}{9}\right)$$
$$=2\times\frac{7}{18}$$
$$=\frac{7}{9}$$

답 $\frac{7}{9}$

24 $\sum_{k=1}^{15}\frac{3}{\sqrt{k}+\sqrt{k+1}}$

$$=3\sum_{k=1}^{15}\frac{\sqrt{k}-\sqrt{k+1}}{(\sqrt{k}+\sqrt{k+1})(\sqrt{k}-\sqrt{k+1})}$$
$$=3\sum_{k=1}^{15}\frac{\sqrt{k}-\sqrt{k+1}}{-1}$$
$$=3\sum_{k=1}^{15}(-\sqrt{k}+\sqrt{k+1})$$
$$=3\times\{(-1+\sqrt{2})+(-\sqrt{2}+\sqrt{3})+\cdots+(-\sqrt{15}+\sqrt{16})\}$$
$$=3\times(-1+\sqrt{16})$$
$$=9$$

답 9

25 $\sum_{k=1}^{7}\frac{1}{\sqrt{2k-1}+\sqrt{2k+1}}$

$$=\sum_{k=1}^{7}\frac{\sqrt{2k-1}-\sqrt{2k+1}}{(\sqrt{2k-1}+\sqrt{2k+1})(\sqrt{2k-1}-\sqrt{2k+1})}$$
$$=\sum_{k=1}^{7}\frac{\sqrt{2k-1}-\sqrt{2k+1}}{-2}$$
$$=\frac{1}{2}\sum_{k=1}^{7}(-\sqrt{2k-1}+\sqrt{2k+1})$$
$$=\frac{1}{2}\times\{(-1+\sqrt{3})+(-\sqrt{3}+\sqrt{5})+\cdots+(-\sqrt{13}+\sqrt{15})\}$$
$$=\frac{1}{2}\times(-1+\sqrt{15})$$
$$=\frac{-1+\sqrt{15}}{2}$$

답 $\frac{-1+\sqrt{15}}{2}$

유형 완성하기

본문 114~121쪽

01 ②	02 ⑤	03 10	04 ④	05 ②
06 ⑤	07 ③	08 ①	09 ①	10 ⑤
11 ④	12 ①	13 ②	14 ④	15 ②
16 ①	17 ④	18 ②	19 ②	20 ①
21 ③	22 ④	23 ④	24 ⑤	25 ③
26 ⑤	27 ②	28 ②	29 $\frac{1}{3}$	30 ①
31 ③	32 ②	33 ②	34 ④	35 ⑤
36 ②	37 ①	38 ②	39 $\frac{28}{57}$	40 ⑤
41 ②	42 ①	43 ①	44 ③	45 ⑤
46 ②	47 ③	48 ⑤		

01 $\sum_{k=1}^{8} a_{k+1}=a_2+a_3+a_4+\cdots+a_9$ …… ㉠

$\sum_{k=1}^{8} a_k=a_1+a_2+a_3+\cdots+a_8$ …… ㉡

㉠, ㉡에 의하여

$\sum_{k=1}^{8} a_{k+1}-\sum_{k=1}^{8} a_k$

$=-a_1+a_9$

$=-\sin\frac{\pi}{6}+\sin\frac{3}{2}\pi$

$=-\frac{1}{2}-1$

$=-\frac{3}{2}$

답 ②

02 수열 $\{a_n\}$에 대하여

$a_2=a_4=a_6=\cdots=-1$

이므로

$\sum_{k=1}^{15} a_{2k}=a_2+a_4+a_6+\cdots+a_{30}$

$=15\times(-1)=-15$

답 ⑤

03 $a_n=-3\cos n\pi$에서

$a_1=a_3=a_5=\cdots=3$

이므로

$\sum_{k=1}^{m} a_{2k+1}=a_3+a_5+a_7+\cdots+a_{2m+1}=3m$

$\sum_{k=1}^{m} a_{2k+1}=30$에서 $3m=30$

따라서 $m=10$

답 10

04 $\sum_{k=1}^{10} a_k=a_1+a_2+a_3+\cdots+a_{10}$

$=(a_1+a_2)+(a_3+a_4)+\cdots+(a_9+a_{10})$

$=\sum_{k=1}^{5}(a_{2k-1}+a_{2k})$

$=5^2-5+1$

$=21$

답 ④

05 수열 $\{a_n\}$의 제4항부터 제12항까지의 합은

$a_4+a_5+a_6+\cdots+a_{12}$

$=\sum_{k=4}^{12} a_k$

$=\sum_{k=1}^{12} a_k-\sum_{k=1}^{3} a_k$

$=\left(\frac{3}{12}+12\right)-(1+3)$

$=\frac{1}{4}+8$

$=\frac{33}{4}$

답 ②

06 $\sum_{k=1}^{n} a_{2k-1}=\sum_{k=1}^{n}\frac{(a_{2k-1}+a_{2k})+(a_{2k-1}-a_{2k})}{2}$

$=\frac{1}{2}\left\{\sum_{k=1}^{n}(a_{2k-1}+a_{2k})+\sum_{k=1}^{n}(a_{2k-1}-a_{2k})\right\}$

$=\frac{1}{2}\{n^2+(n+2)\}$

$=\frac{1}{2}(n^2+n+2)$

$\sum_{k=1}^{n} a_{2k}=\sum_{k=1}^{n}\frac{(a_{2k-1}+a_{2k})-(a_{2k-1}-a_{2k})}{2}$

$=\frac{1}{2}\left\{\sum_{k=1}^{n}(a_{2k-1}+a_{2k})-\sum_{k=1}^{n}(a_{2k-1}-a_{2k})\right\}$

$=\frac{1}{2}\{n^2-(n+2)\}$

$=\frac{1}{2}(n^2-n-2)$

$\sum_{k=1}^{14}\left\{\frac{3}{2}-\frac{(-1)^k}{2}\right\}a_k$

$=2a_1+a_2+2a_3+a_4+\cdots+2a_{13}+a_{14}$

$=2(a_1+a_3+\cdots+a_{13})+(a_2+a_4+\cdots+a_{14})$

$=2\sum_{k=1}^{7} a_{2k-1}+\sum_{k=1}^{7} a_{2k}$

$=2\times\frac{1}{2}\times(49+7+2)+\frac{1}{2}\times(49-7-2)$

$=58+20$

$=78$

답 ⑤

07 $\sum_{k=1}^{7}(4a_k+p)=182$에서

$4\sum_{k=1}^{7} a_k+\sum_{k=1}^{7} p=182$

$4\times35+7p=182$

$7p=42$

$p=6$

답 ③

08 $\sum_{k=1}^{10}(3a_k-2b_k)=3\sum_{k=1}^{10} a_k-2\sum_{k=1}^{10} b_k$

$=3\times34-2\times12$

$=102-24$

$=78$

답 ①

09 $\sum_{k=1}^{11}(2a_k-1)^2=\sum_{k=1}^{11}(4a_k^2-4a_k+1)$

$=4\sum_{k=1}^{11}a_k^2-4\sum_{k=1}^{11}a_k+\sum_{k=1}^{11}1$

$=4\times131-4\times12+11\times1$

$=524-48+11$

$=487$

답 ①

10 $\sum_{k=1}^{n}(a_k-b_k)^2=2n-4$에서

$\sum_{k=1}^{n}(a_k^2-2a_kb_k+b_k^2)=2n-4$ …… ㉠

$\sum_{k=1}^{n}(a_k+b_k)^2=n^2-6n$에서

$\sum_{k=1}^{n}(a_k^2+2a_kb_k+b_k^2)=n^2-6n$ …… ㉡

㉡－㉠에서

$\sum_{k=1}^{n}4a_kb_k=n^2-8n+4$

$4\sum_{k=1}^{n}a_kb_k=n^2-8n+4$

$\sum_{k=1}^{n}a_kb_k=\frac{n^2-8n+4}{4}$

따라서 구하는 값은

$\sum_{k=1}^{20}a_kb_k=\frac{20^2-8\times20+4}{4}=\frac{244}{4}=61$

답 ⑤

11 $2(2a_n+b_n)+(3a_n-2b_n)=7a_n$에서

$\sum_{k=1}^{15}7a_k=2\sum_{k=1}^{15}(2a_k+b_k)+\sum_{k=1}^{15}(3a_k-2b_k)$

$7\sum_{k=1}^{15}a_k=2\times35+21$

$\sum_{k=1}^{15}a_k=13$ …… ㉠

㉠에 의하여

$\sum_{k=1}^{15}(2a_k+b_k)=35$

$2\sum_{k=1}^{15}a_k+\sum_{k=1}^{15}b_k=35$

$2\times13+\sum_{k=1}^{15}b_k=35$

$\sum_{k=1}^{15}b_k=9$ …… ㉡

㉠, ㉡에 의하여

$\sum_{k=1}^{15}(a_k-b_k)=\sum_{k=1}^{15}a_k-\sum_{k=1}^{15}b_k$

$=13-9$

$=4$

답 ④

12 $\sum_{k=1}^{5}(ta_k-2)^2=\sum_{k=1}^{5}(t^2a_k^2-4ta_k+4)$

$=t^2\sum_{k=1}^{5}a_k^2-4t\sum_{k=1}^{5}a_k+\sum_{k=1}^{5}4$

$=6t^2+4t+20$

$=6\left(t+\frac{1}{3}\right)^2+\frac{58}{3}$

따라서 구하는 최솟값은 $\frac{58}{3}$이다.

답 ①

13 모든 자연수 n에 대하여

$a_{3n-2}=1,\ a_{3n-1}=-2,\ a_{3n}=3$이므로

$\sum_{k=1}^{n}(a_{3k-2}+a_{3k-1}+a_{3k})=\sum_{k=1}^{n}2=2n$

$\sum_{k=1}^{80}a_k=a_{79}+a_{80}+\sum_{k=1}^{26}(a_{3k-2}+a_{3k-1}+a_{3k})$

$=1+(-2)+2\times26$

$=51$

답 ②

14 $a_1=2,\ a_2=4,\ a_3=8,\ a_4=6,\ a_5=2,\ a_6=4,\ \cdots$

이므로 모든 자연수 n에 대하여

$a_{4n-3}=2,\ a_{4n-2}=4,\ a_{4n-1}=8,\ a_{4n}=6$

$\sum_{k=1}^{n}(a_{4k-3}+a_{4k-2}+a_{4k-1}+a_{4k})$

$=\sum_{k=1}^{n}20$

$=20n$

$\sum_{n=1}^{50}a_n=a_{49}+a_{50}+\sum_{n=1}^{12}(a_{4n-3}+a_{4n-2}+a_{4n-1}+a_{4n})$

$=2+4+20\times12$

$=246$

답 ④

15 $a_1=\sin^2\frac{\pi}{3}=\frac{3}{4}$

$a_2=\sin^2\frac{2\pi}{3}=\frac{3}{4}$

$a_3=\sin^2\pi=0$

$a_4=\sin^2\frac{4\pi}{3}=\frac{3}{4}$

$a_5=\sin^2\frac{5\pi}{3}=\frac{3}{4}$

$a_6=\sin^2 2\pi=0$

⋮

이므로 모든 자연수 n에 대하여

$a_{3n-2}=\frac{3}{4},\ a_{3n-1}=\frac{3}{4},\ a_{3n}=0$

$\sum_{k=1}^{n}(a_{3k-2}+a_{3k-1}+a_{3k})$

$=\sum_{k=1}^{n}\frac{3}{2}$

$=\frac{3}{2}n$

$\frac{3}{2}n=102$에서

$n=68$

$\sum_{k=1}^{68}(a_{3k-2}+a_{3k-1}+a_{3k})=\sum_{k=1}^{204}a_k$이고

$a_{202}=\frac{3}{4},\ a_{203}=\frac{3}{4},\ a_{204}=0$

따라서 주어진 조건을 만족시키는 모든 자연수 m의 값의 합은

$203+204=407$

답 ②

16 $\sum_{k=1}^{11}(k-1)(k+2)=\sum_{k=1}^{11}(k^2+k-2)$

$=\sum_{k=1}^{11}k^2+\sum_{k=1}^{11}k-\sum_{k=1}^{11}2$

$=\frac{11\times12\times23}{6}+\frac{11\times12}{2}-11\times2$

$=506+66-22$

$=550$

답 ①

17 $\sum_{k=1}^{7}\frac{k^4}{k^2+1}-\sum_{k=1}^{7}\frac{1}{k^2+1}=\sum_{k=1}^{7}\frac{k^4-1}{k^2+1}$

$=\sum_{k=1}^{7}\frac{(k^2+1)(k^2-1)}{k^2+1}$

$=\sum_{k=1}^{7}(k^2-1)$

$=\sum_{k=1}^{7}k^2-\sum_{k=1}^{7}1$

$=\frac{7\times8\times15}{6}-7$

$=140-7$

$=133$

답 ④

18 $f(m)=\sum_{k=1}^{m}(2k-7)$

$=2\sum_{k=1}^{m}k-\sum_{k=1}^{m}7$

$=2\times\frac{m(m+1)}{2}-7m$

$=m^2-6m$

$f(m)=(m-3)^2-9$이므로

$f(m_1)=f(m_2)$에서

$\frac{m_1+m_2}{2}=3$

$m_1+m_2=6$

m_1, m_2가 서로 다른 두 자연수이므로 가능한 순서쌍 $(m_1,\ m_2)$는

$(1,\ 5)$, $(2,\ 4)$, $(4,\ 2)$, $(5,\ 1)$

의 4개이다.

답 ②

19 주어진 등차수열의 일반항 a_n은

$a_n=3+(n-1)\times d=dn+3-d$

$\sum_{k=1}^{15}(a_{2k}-3)=450$이므로

$\sum_{k=1}^{15}(a_{2k}-3)$

$=\sum_{k=1}^{15}\{(2dk+3-d)-3\}$

$=\sum_{k=1}^{15}(2dk-d)$

$=2d\times\frac{15\times16}{2}-15d$

$=240d-15d=450$

$225d=450$

$d=2$

답 ②

20 $\sum_{k=1}^{5}\frac{2^k-1}{3^k}=\sum_{k=1}^{5}\left\{\left(\frac{2}{3}\right)^k-\left(\frac{1}{3}\right)^k\right\}$

$=\sum_{k=1}^{5}\left(\frac{2}{3}\right)^k-\sum_{k=1}^{5}\left(\frac{1}{3}\right)^k$

$=\frac{\frac{2}{3}\times\left\{1-\left(\frac{2}{3}\right)^5\right\}}{1-\frac{2}{3}}-\frac{\frac{1}{3}\times\left\{1-\left(\frac{1}{3}\right)^5\right\}}{1-\frac{1}{3}}$

$=2\times\left\{1-\left(\frac{2}{3}\right)^5\right\}-\frac{1}{2}\times\left\{1-\left(\frac{1}{3}\right)^5\right\}$

$=\left(2-\frac{64}{243}\right)-\left(\frac{1}{2}-\frac{1}{486}\right)$

$=\frac{972-128-243+1}{486}$

$=\frac{602}{486}=\frac{301}{243}$

답 ①

21 주어진 등비수열의 일반항 a_n은

$a_n=a\times2^{n-1}$

$\sum_{k=1}^{6}(2a_k-6)=342$이므로

$\sum_{k=1}^{6}(2a_k-6)$

$=2\sum_{k=1}^{6}a_k-\sum_{k=1}^{6}6$

$=2\times\frac{a(2^6-1)}{2-1}-36$

$=126a-36=342$

$126a=378$

$a=3$

답 ③

22 등차수열 $\{a_n\}$의 첫째항을 a, 공차를 d라 하면

$\sum_{k=1}^{5}(a_{2k-1}+a_{2k})=\sum_{k=1}^{10}a_k$이므로

$\sum_{k=1}^{5}(a_{2k-1}+a_{2k})=615$에서

$615=\frac{10(2a+9d)}{2}$

$2a+9d=123$

$a_n=a+(n-1)d$이므로

$a_5+a_6=(a+4d)+(a+5d)$

$=2a+9d=123$

답 ④

23 등비수열 $\{a_n\}$의 첫째항을 a, 공비를 r라 하면

$a_n=ar^{n-1}$이므로

$\sum_{k=1}^{9}a_{2k}=\sum_{k=1}^{9}{a_k}^2$에서

$\sum_{k=1}^{9}ar^{2k-1}=\sum_{k=1}^{9}a^2(r^2)^{k-1}$

$\sum_{k=1}^{9}(ar\times r^{2k-2})=\sum_{k=1}^{9}a^2r^{2k-2}$

$(a^2-ar)\sum_{k=1}^{9}r^{2k-2}=0$ $\cdots\cdots$ ㉠

$|a_2|>|a_1|$에서 $\left|\frac{a_2}{a_1}\right|>1$이므로 $|r|>1$이다.

$\sum_{k=1}^{9} r^{2k-2}=\frac{r^{18}-1}{r^2-1}\neq 0$

이므로 ㉠에서

$a^2-ar=0$

$a(a-r)=0$

$a=0$이면 $a_2-a_1=0$이므로 $a=r$이다.

$a_2-a_1=2$에서

$r^2-r=2$

$r^2-r-2=0$

$(r+1)(r-2)=0$

$|r|>1$이므로 $r=2$

$a_n=2\times 2^{n-1}=2^n$이므로

$\sum_{k=1}^{6} a_k=\frac{2\times(2^6-1)}{2-1}=126$

답 ④

24 $(a_3-3)^2+(a_3-a_2-5)^2=0$에서

$a_3=3$, $a_3-a_2=5$이므로

등차수열 $\{a_n\}$은 첫째항이 $3-2\times5=-7$, 공차가 5이다.

$a_n=-7+(n-1)\times5=5n-12$이므로

$\sum_{k=1}^{n} a_{2k+1}=\sum_{k=1}^{n}\{5(2k+1)-12\}$

$=\sum_{k=1}^{n}(10k-7)$

$=10\sum_{k=1}^{n}k-\sum_{k=1}^{n}7$

$=10\times\frac{n(n+1)}{2}-7n$

$=5n^2-2n$

$5n^2-2n>600$ …… ㉠

$n=11$이면 ㉠의 좌변은 583이므로 주어진 부등식을 만족시키지 않는다.

$n=12$이면 ㉠의 좌변은 696이므로 주어진 부등식을 만족시킨다.

따라서 구하는 자연수 n의 최솟값은 12이다.

답 ⑤

25 주어진 수열의 일반항은

$a_k=k(2k+1)$이고

$a_k=10\times21$에서 끝항은 제10항임을 알 수 있다.

따라서 구하는 수열의 합은

$\sum_{k=1}^{10} a_k=\sum_{k=1}^{10} k(2k+1)$

$=\sum_{k=1}^{10}(2k^2+k)$

$=2\times\frac{10\times11\times21}{6}+\frac{10\times11}{2}$

$=770+55$

$=825$

답 ③

26 자연수 n에 대하여

$1+2+3+\cdots+n=\frac{n(n+1)}{2}$이므로

주어진 수열의 일반항은

$a_k=\frac{\frac{k(k+1)}{2}}{k}=\frac{k+1}{2}$

$a_k=\frac{1+2+3+\cdots+12}{12}$에서 끝항은 제12항임을 알 수 있다.

따라서 구하는 수열의 합은

$\sum_{k=1}^{12} a_k=\sum_{k=1}^{12}\frac{k+1}{2}$

$=\frac{1}{2}\times\left(\frac{12\times13}{2}+12\right)$

$=\frac{1}{2}\times(78+12)$

$=\frac{1}{2}\times90$

$=45$

답 ⑤

27 $2^1-1=1$, $2^2-1=3$, $2^3-1=7$, $2^4-1=15$, …이므로

주어진 수열의 일반항 a_k는

$a_k=\left(\frac{1}{2}\right)^k\times(2^k-1)=1-\left(\frac{1}{2}\right)^k$

$S_n=\sum_{k=1}^{n}\left\{1-\left(\frac{1}{2}\right)^k\right\}$

$=n-\frac{\frac{1}{2}\left\{1-\left(\frac{1}{2}\right)^n\right\}}{1-\frac{1}{2}}$

$=n-1+\left(\frac{1}{2}\right)^n$

$=\frac{2^n(n-1)+1}{2^n}$

$S_m=\frac{321}{2^m}$에서

$\frac{2^m(m-1)+1}{2^m}=\frac{321}{2^m}$

$2^m(m-1)+1=321$

$2^m(m-1)=320$

$2^m(m-1)=2^6\times5$ …… ㉠

m은 자연수이고 ㉠의 우변에 소인수 2의 지수는 6이므로

$m\leq6$이다.

$m\leq6$일 때, $m-1\leq5$이므로

㉠을 만족시키는 자연수 m의 값은 6이다.

답 ②

28 $a_k=\frac{2k}{n}$라 하면

$f(n)=\sum_{k=1}^{n} a_k$

$$\sum_{k=1}^{n} a_k=\sum_{k=1}^{n}\frac{2k}{n}$$
$$=\frac{2}{n}\sum_{k=1}^{n}k$$
$$=\frac{2}{n}\times\frac{n(n+1)}{2}$$
$$=n+1$$

$f(n)$은 일차식이고 최고차항의 계수는 1이므로

$m=1$, $l=1$

따라서 $m+l=2$

답 ②

29 $a_k=k(n-k)$라 하면

$$f(n)=\sum_{k=1}^{n-1}a_k$$
$$\sum_{k=1}^{n-1}a_k=\sum_{k=1}^{n-1}k(n-k)$$
$$=\sum_{k=1}^{n-1}(nk-k^2)$$
$$=n\sum_{k=1}^{n-1}k-\sum_{k=1}^{n-1}k^2$$
$$=n\times\frac{n(n-1)}{2}-\frac{n(n-1)(2n-1)}{6}$$
$$=\frac{n(n-1)\{3n-(2n-1)\}}{6}$$
$$=\frac{n(n-1)(n+1)}{6}$$
$$=\frac{n^3}{6}-\frac{n}{6}$$

$f(n)=\frac{n^3}{6}-\frac{n}{6}$이므로

$a=\frac{1}{6}$, $b=0$, $c=-\frac{1}{6}$, $d=0$

따라서 $a-b-c+d=\frac{1}{3}$

답 $\frac{1}{3}$

30 $a_k=\frac{k^2}{2n+1}$이라 하면

$$f(n)=\sum_{k=1}^{n}a_k$$
$$\sum_{k=1}^{n}a_k=\sum_{k=1}^{n}\frac{k^2}{2n+1}$$
$$=\frac{1}{2n+1}\sum_{k=1}^{n}k^2$$
$$=\frac{1}{2n+1}\times\frac{n(n+1)(2n+1)}{6}$$
$$=\frac{n(n+1)}{6}$$

연속한 두 자연수의 곱은 반드시 짝수이므로 n 또는 $(n+1)$이 3의 배수이면 $f(n)$은 자연수이다.

n을 3으로 나누었을 때의 나머지를 r_n이라 하면

$n\le50$이고 $r_n=0$인 n은 3, 6, 9, $\cdots$, 48의 16개이고,

$n\le50$이고 $r_n=2$인 n은 2, 5, 8, $\cdots$, 50의 17개이다.

따라서 구하는 모든 자연수 n의 개수는

$16+17=33$

답 ①

31 수열 $\{a_n\}$의 첫째항부터 제n항까지의 합을 S_n이라 하면

$$S_n=\sum_{k=1}^{n}a_k$$

$a_1=S_1=\frac{3}{2}$

$n\ge2$일 때

$$a_n=S_n-S_{n-1}$$
$$=\frac{2n+1}{n+1}-\frac{2n-1}{n}$$
$$=\frac{n(2n+1)-(n+1)(2n-1)}{n(n+1)}$$
$$=\frac{(2n^2+n)-(2n^2+n-1)}{n(n+1)}$$
$$=\frac{1}{n(n+1)}$$

$a_3=\frac{1}{12}$, $a_5=\frac{1}{30}$이므로

$$\frac{a_1a_5}{a_3}=\frac{3}{2}\times\frac{1}{30}\times12=\frac{3}{5}$$

답 ③

32 수열 $\{a_n\}$의 첫째항부터 제n항까지의 합을 S_n이라 하면

$$S_n=\sum_{k=1}^{n}a_k=3n-1$$

$n\ge2$일 때

$$a_n=S_n-S_{n-1}$$
$$=(3n-1)-(3n-4)$$
$$=3$$
$$\sum_{k=1}^{10}a_{2k}=\sum_{k=1}^{10}3=30$$

답 ②

33 수열 $\{a_n\}$의 첫째항부터 제n항까지의 합을 S_n이라 하면

$$S_n=\sum_{k=1}^{n}a_k=n^2-2n+3$$

$n\ge2$일 때

$$a_n=S_n-S_{n-1}$$
$$=(n^2-2n+3)-\{(n-1)^2-2(n-1)+3\}$$
$$=(n^2-2n+3)-(n^2-4n+6)$$
$$=2n-3$$

$a_4=5$, $a_8=13$이므로

수열 $\{a_{4n}\}$은 첫째항이 5, 공차가 8인 등차수열이다.

$a=5$, $d=8$이므로

$ad=40$

답 ②

34 수열 $\{a_n\}$의 첫째항부터 제n항까지의 합을 S_n이라 하면

$$S_n=\sum_{k=1}^{n}a_k=3^n$$

$a_1=S_1=3$ $\cdots\cdots$ ㉠

$n\ge2$일 때

$$a_n=S_n-S_{n-1}$$
$$=3^n-3^{n-1}$$
$$=2\times3^{n-1}$$ $\cdots\cdots$ ㉡

ⓛ에 $n=1$을 대입하면 ㉠에서 구한 값과 다르므로

$$a_n=\begin{cases} 3 & (n=1) \\ 2\times 3^{n-1} & (n\geq 2) \end{cases}$$

$$\sum_{k=1}^{5}\frac{1}{a_k}=\frac{1}{a_1}+\sum_{k=2}^{5}\frac{1}{2\times 3^{k-1}}$$

$$=\frac{1}{3}+\frac{\frac{1}{6}\times\left\{1-\left(\frac{1}{3}\right)^4\right\}}{1-\frac{1}{3}}$$

$$=\frac{1}{3}+\frac{1}{4}\times\left\{1-\left(\frac{1}{3}\right)^4\right\}$$

$$=\frac{1}{3}+\frac{1}{4}-\frac{1}{324}$$

$$=\frac{108+81-1}{324}$$

$$=\frac{188}{324}=\frac{47}{81}$$

답 ④

35 수열 $\{a_n\}$의 첫째항부터 제n항까지의 합을 S_n이라 하면

$S_n=\sum_{k=1}^{n}a_k=m\times 2^{n-1}-4$

$a_1=S_1=m-4$ …… ㉠

$n\geq 2$일 때

$a_n=S_n-S_{n-1}$

$=(m\times 2^{n-1}-4)-(m\times 2^{n-2}-4)$

$=2m\times 2^{n-2}-m\times 2^{n-2}$

$=m\times 2^{n-2}$ …… ㉡

수열 $\{a_n\}$이 등비수열이므로 ㉡에 $n=1$을 대입하면 ㉠에서 구한 값과 같아야 한다.

$m-4=\frac{m}{2}$

$m=8$

$a_n=8\times 2^{n-2}=2^{n+1}$이므로

$a_8=2^9$

답 ⑤

다른 풀이

$S_n=m\times 2^{n-1}-4$에서

$S_n=\frac{m}{2}\times 2^n-4$

수열 $\{a_n\}$이 등비수열을 이루므로

$\frac{m}{2}-4=0$에서

$m=8$

$a_8=S_8-S_7$

$=(8\times 2^7-4)-(8\times 2^6-4)$

$=8\times 2^6=2^9$

36 $\sum_{k=1}^{n}a_{2k}=n^2$이므로

$a_2=1$ …… ㉠

$n\geq 2$일 때

$a_{2n}=\sum_{k=1}^{n}a_{2k}-\sum_{k=1}^{n-1}a_{2k}$

$=n^2-(n-1)^2$

$=2n-1$ …… ㉡

ⓛ에 $n=1$을 대입하면 ㉠에서 구한 값과 같으므로

$a_{2n}=2n-1$

$\sum_{k=1}^{n}a_{2k-1}=2^n-1$이므로

$a_1=1$ …… ㉢

$n\geq 2$일 때

$a_{2n-1}=\sum_{k=1}^{n}a_{2k-1}-\sum_{k=1}^{n-1}a_{2k-1}$

$=(2^n-1)-(2^{n-1}-1)$

$=2\times 2^{n-1}-2^{n-1}$

$=2^{n-1}$ …… ㉣

㉣에 $n=1$을 대입하면 ㉢에서 구한 값과 같으므로

$a_{2n-1}=2^{n-1}$

$\sum_{k=1}^{4}a_{3k}=a_3+a_6+a_9+a_{12}$

$=2+5+16+11$

$=34$

답 ②

37 $\frac{1}{2^2-2}+\frac{1}{3^2-3}+\frac{1}{4^2-4}+\cdots+\frac{1}{29^2-29}$

$=\frac{1}{2(2-1)}+\frac{1}{3(3-1)}+\cdots+\frac{1}{29(29-1)}$

$=\sum_{k=1}^{28}\frac{1}{(k+1)k}$

$=\sum_{k=1}^{28}\left(\frac{1}{k}-\frac{1}{k+1}\right)$

$=\left(1-\frac{1}{2}\right)+\left(\frac{1}{2}-\frac{1}{3}\right)+\cdots+\left(\frac{1}{28}-\frac{1}{29}\right)$

$=1-\frac{1}{29}$

$=\frac{28}{29}$

따라서 $p=29$, $q=28$이므로

$p+q=57$

답 ①

38 $\sum_{k=1}^{10}\frac{1}{k(k+2)}$

$=\frac{1}{2}\sum_{k=1}^{10}\left(\frac{1}{k}-\frac{1}{k+2}\right)$

$=\frac{1}{2}\times\left\{\left(1-\frac{1}{3}\right)+\left(\frac{1}{2}-\frac{1}{4}\right)+\left(\frac{1}{3}-\frac{1}{5}\right)+\cdots+\left(\frac{1}{9}-\frac{1}{11}\right)+\left(\frac{1}{10}-\frac{1}{12}\right)\right\}$

$=\frac{1}{2}\times\left(1+\frac{1}{2}-\frac{1}{11}-\frac{1}{12}\right)$

$=\frac{1}{2}+\frac{1}{4}-\frac{1}{22}-\frac{1}{24}$

$=\frac{132+66-12-11}{264}$

$=\frac{175}{264}$

답 ②

39 등차수열 $\{a_n\}$의 일반항은

$a_n=3+(n-1)\times2=2n+1$

$\sum_{k=1}^{8}\frac{100}{a_ka_{k+1}}$

$=\sum_{k=1}^{8}\frac{100}{(2k+1)(2k+3)}$

$=50\sum_{k=1}^{8}\left(\frac{1}{2k+1}-\frac{1}{2k+3}\right)$

$=50\times\left\{\left(\frac{1}{3}-\frac{1}{5}\right)+\left(\frac{1}{5}-\frac{1}{7}\right)+\cdots+\left(\frac{1}{17}-\frac{1}{19}\right)\right\}$

$=50\times\left(\frac{1}{3}-\frac{1}{19}\right)$

$=50\times\frac{16}{57}$

$=\frac{800}{57}$

$=14+\frac{2}{57}$

따라서 $a=14$, $b=\frac{2}{57}$이므로

$ab=\frac{28}{57}$

답 $\frac{28}{57}$

40 $\sum_{k=1}^{n}\frac{1}{\sqrt{2k-1}+\sqrt{2k+1}}$

$=\sum_{k=1}^{n}\frac{\sqrt{2k-1}-\sqrt{2k+1}}{(\sqrt{2k-1}+\sqrt{2k+1})(\sqrt{2k-1}-\sqrt{2k+1})}$

$=\sum_{k=1}^{n}\frac{\sqrt{2k-1}-\sqrt{2k+1}}{(2k-1)-(2k+1)}$

$=\frac{1}{2}\sum_{k=1}^{n}(-\sqrt{2k-1}+\sqrt{2k+1})$

$=\frac{1}{2}\{(-1+\sqrt{3})+(-\sqrt{3}+\sqrt{5})+\cdots+(-\sqrt{2n-1}+\sqrt{2n+1})\}$

$=\frac{1}{2}(-1+\sqrt{2n+1})$

$\frac{1}{2}(-1+\sqrt{2n+1})=6$에서

$\sqrt{2n+1}=13$

$2n+1=169$

$n=84$

답 ⑤

41 방정식 $x^2-2\sqrt{n}x-1=0$에서 근의 공식을 이용하면

$x=\sqrt{n}\pm\sqrt{(\sqrt{n})^2-(-1)}$

$=\sqrt{n}\pm\sqrt{n+1}$

a_n은 양의 실근이므로

$a_n=\sqrt{n}+\sqrt{n+1}$

$\sum_{k=1}^{24}\frac{1}{a_k}=\sum_{k=1}^{24}\frac{1}{\sqrt{k}+\sqrt{k+1}}$

$=\sum_{k=1}^{24}\frac{\sqrt{k}-\sqrt{k+1}}{(\sqrt{k}+\sqrt{k+1})(\sqrt{k}-\sqrt{k+1})}$

$=\sum_{k=1}^{24}(-\sqrt{k}+\sqrt{k+1})$

$=(-1+\sqrt{2})+(-\sqrt{2}+\sqrt{3})+\cdots+(-\sqrt{24}+\sqrt{25})$

$=-1+\sqrt{25}$

$=4$

답 ②

42 수열 $\{a_n\}$의 일반항은

$a_n=1+(n-1)\times d$

$\sum_{k=1}^{11}\frac{d}{\sqrt{a_k}+\sqrt{a_{k+1}}}$

$=d\sum_{k=1}^{11}\frac{\sqrt{a_k}-\sqrt{a_{k+1}}}{(\sqrt{a_k}+\sqrt{a_{k+1}})(\sqrt{a_k}-\sqrt{a_{k+1}})}$

$=d\sum_{k=1}^{11}\frac{\sqrt{a_k}-\sqrt{a_{k+1}}}{a_k-a_{k+1}}$

$=\sum_{k=1}^{11}(-\sqrt{a_k}+\sqrt{a_{k+1}})$

$=(-\sqrt{a_1}+\sqrt{a_2})+(-\sqrt{a_2}+\sqrt{a_3})+\cdots+(-\sqrt{a_{11}}+\sqrt{a_{12}})$

$=-1+\sqrt{a_{12}}$ ...... ㉠

㉠의 값이 정수이므로 자연수 m에 대하여

$a_{12}=m^2$

이다.

$11d+1=m^2$

$11d=m^2-1$

$11d=(m-1)(m+1)$ ...... ㉡

11은 소수이므로 ㉡에서 $(m-1)$ 또는 $(m+1)$이 11의 배수이어야 한다.

$m+1=11$, $m-1=9$이면 $d=9$

$m-1=11$, $m+1=13$이면 $d=13$

$m+1=22$, $m-1=20$이면 $d=40$

$m-1=22$, $m+1=24$이면 $d=48$

⋮

따라서 $b_1=9$, $b_2=13$, $b_3=40$, $b_4=48$이므로

$\sum_{k=1}^{4}b_k=9+13+40+48=110$

답 ①

43 주어진 조건에서

$a_n=8\times2^{n-1}=2^{n+2}$이므로

$\sum_{k=1}^{20}\log_4 a_k=\sum_{k=1}^{20}\log_4 2^{k+2}$

$=\sum_{k=1}^{20}\frac{k+2}{2}$

$=\frac{1}{2}\sum_{k=1}^{20}(k+2)$

$=\frac{1}{2}\times\left(\frac{20\times21}{2}+20\times2\right)$

$=\frac{1}{2}\times(210+40)$

$=125$

답 ①

44 $\sum_{k=1}^{n}\log_3\frac{k+2}{k}$
$=\sum_{k=1}^{n}\{-\log_3 k+\log_3(k+2)\}$
$=(-\log_3 1+\log_3 3)+(-\log_3 2+\log_3 4)+\cdots$
$\quad+\{-\log_3(n-1)+\log_3(n+1)\}+\{-\log_3 n+\log_3(n+2)\}$
$=-\log_3 1-\log_3 2+\log_3(n+1)+\log_3(n+2)$
$=\log_3\frac{(n+1)(n+2)}{2}$
$\log_3\frac{(n+1)(n+2)}{2}=\log_3 78$에서
$(n+1)(n+2)=156$
$(n+1)(n+2)=12\times13$
따라서 $n=11$

답 ③

45 수열 $\{a_n\}$의 첫째항부터 제n항까지의 합을 S_n이라 하면
$S_n=\sum_{k=1}^{n}a_k=2^{n+2}$이므로
$a_1=S_1=8$ …… ㉠
$n\geq2$일 때
$a_n=S_n-S_{n-1}$
$=2^{n+2}-2^{n+1}$
$=2^{n+1}$ …… ㉡
㉡에 $n=1$을 대입하면 ㉠에서 구한 값과 다르므로
$a_n=\begin{cases}8 & (n=1)\\ 2^{n+1} & (n\geq2)\end{cases}$
$\sum_{k=1}^{m}\log_2 a_k=\log_2 a_1+\sum_{k=2}^{m}\log_2 2^{k+1}$
$=\log_2 8+\sum_{k=2}^{m}(k+1)$
$=3+(-2)+\sum_{k=1}^{m}(k+1)$
$=1+\frac{m(m+1)}{2}+m$
$=\frac{m^2+3m+2}{2}$
$\frac{m^2+3m+2}{2}>100$에서
$(m+1)(m+2)>200$ …… ㉢
$m=12$이면 ㉢의 좌변은 182이므로 주어진 조건을 만족시키지 않는다.
$m=13$이면 ㉢의 좌변은 210이므로 주어진 조건을 만족시킨다.
따라서 구하는 자연수 m의 최솟값은 13이다.

답 ⑤

46 $\sum_{k=1}^{8}\left(\sum_{i=1}^{k}2i\right)=\sum_{k=1}^{8}\left\{2\times\frac{k(k+1)}{2}\right\}$
$=\sum_{k=1}^{8}(k^2+k)$
$=\frac{8\times9\times17}{6}+\frac{8\times9}{2}$
$=204+36$
$=240$

답 ②

47 $\sum_{k=1}^{6}\left(\sum_{i=1}^{6}ki\right)=\sum_{k=1}^{6}\left(k\sum_{i=1}^{6}i\right)$
$=\sum_{k=1}^{6}\left(k\times\frac{6\times7}{2}\right)$
$=21\sum_{k=1}^{6}k$
$=21\times\frac{6\times7}{2}$
$=441$

답 ③

48 $\sum_{k=1}^{n}\left\{\sum_{i=1}^{k}(2i-k)\right\}=\sum_{k=1}^{n}\left\{2\times\frac{k(k+1)}{2}-k^2\right\}$
$=\sum_{k=1}^{n}k$
$=\frac{n(n+1)}{2}$
$\frac{n(n+1)}{2}=91$에서
$n(n+1)=182$
따라서 $13\times14=182$이므로 $n=13$이다.

답 ⑤

서술형 완성하기

본문 122쪽

01 680 **02** -11 **03** 44 **04** $-\frac{77}{2}$ **05** 51
06 474

01 주어진 수열의 일반항을 a_n이라 하면
$a_n=1+2+\cdots+n=\frac{n(n+1)}{2}$ …… ❶
주어진 식은 첫째항부터 제15항까지의 합이므로 …… ❷
$\sum_{k=1}^{15}\frac{k(k+1)}{2}$
$=\frac{1}{2}\sum_{k=1}^{15}(k^2+k)$
$=\frac{1}{2}\times\left(\frac{15\times16\times31}{6}+\frac{15\times16}{2}\right)$
$=\frac{1}{2}\times(1240+120)$
$=680$ …… ❸

답 680

단계	채점 기준	비율
❶	주어진 수열의 합에서 일반항 a_n을 구한 경우	30 %
❷	끝항 a_k에 대하여 k의 값을 구한 경우	20 %
❸	주어진 식의 값을 구한 경우	50 %

02 $\sum_{k=1}^{n}(-2a_k+3b_k)=-2\sum_{k=1}^{n}a_k+3\sum_{k=1}^{n}b_k$
$=-2(4n+2)+3(n^2-2n+3)$
$=3n^2-14n+5$
$=3\left(n-\frac{7}{3}\right)^2-\frac{34}{3}$ …… ㉠ …… ❶

㉠이 이차식이고, $\frac{7}{3}=2+\frac{1}{3}$이므로

$\sum_{k=1}^{n}(-2a_k+3b_k)$의 값은 $n=2$일 때 최소이다. ...... ❷

따라서 구하는 최솟값은 -11이다. ...... ❸

답 -11

단계	채점 기준	비율
❶	주어진 식을 n에 대한 식으로 나타낸 경우	50 %
❷	이차식의 성질을 이용하여 최소가 되는 n의 값을 구한 경우	20 %
❸	최솟값을 구한 경우	30 %

03 $a_1, a_2, \cdots, a_{15}$의 15개의 항 중에서 항의 값이 $-\sqrt{2}$, $\sqrt{2}$, 2인 항의 개수를 각각 a, b, c라 하면

$a+b+c=15$ ...... ❶

$\sum_{k=1}^{15}a_k=14$에서

$-\sqrt{2}a+\sqrt{2}b+2c=14$ ...... ㉠

㉠의 우변은 자연수이므로 $a=b$이어야 한다.

$2c=14$

$c=7$, $a+b=8$ ...... ❷

$$\begin{aligned}\sum_{k=1}^{15}a_k^2&=(-\sqrt{2})^2a+(\sqrt{2})^2b+4c\\&=2(a+b)+4c\\&=2\times8+4\times7\\&=44\end{aligned}$$ ...... ❸

답 44

단계	채점 기준	비율
❶	항의 값의 개수에 따라 관계식을 세운 경우	20 %
❷	항의 값이 2인 항의 개수를 구한 경우	40 %
❸	$\sum_{k=1}^{15}a_k^2$의 값을 구한 경우	40 %

04 $2n^2+\sum_{k=1}^{n}a_k^2=\sum_{k=1}^{n}(a_k-2)^2$에서

$2n^2+\sum_{k=1}^{n}a_k^2=\sum_{k=1}^{n}(a_k^2-4a_k+4)$

$\sum_{k=1}^{n}(4a_k-4)=-2n^2$

$4\sum_{k=1}^{n}a_k-4n=-2n^2$

$4\sum_{k=1}^{n}a_k=-2n^2+4n$

$\sum_{k=1}^{n}a_k=-\frac{n^2}{2}+n$ ...... ❶

$\sum_{k=4}^{10}a_k=\sum_{k=1}^{10}a_k-\sum_{k=1}^{3}a_k$이므로 ...... ❷

$$\begin{aligned}\sum_{k=4}^{10}a_k&=\left(-\frac{10^2}{2}+10\right)-\left(-\frac{3^2}{2}+3\right)\\&=(-40)-\left(-\frac{3}{2}\right)\\&=-\frac{77}{2}\end{aligned}$$ ...... ❸

답 $-\frac{77}{2}$

단계	채점 기준	비율
❶	$\sum_{k=1}^{n}a_k$를 n에 대한 식으로 나타낸 경우	50 %
❷	$\sum_{k=4}^{10}a_k$를 $\sum_{k=1}^{10}a_k$와 $\sum_{k=1}^{3}a_k$로 나타낸 경우	20 %
❸	$\sum_{k=4}^{10}a_k$의 값을 구한 경우	30 %

05 등차수열 $\{a_n\}$의 첫째항을 a, 공차를 d라 하면

$\sum_{k=1}^{5}(a_{2k}-a_{2k-1})=12$에서

$\sum_{k=1}^{5}d=12$

$5d=12$

$d=\frac{12}{5}$ ...... ❶

수열 $\{a_{2n-1}\}$은 첫째항이 a, 공차가 $2d$인 등차수열이므로

$\sum_{k=1}^{6}a_{2k-1}=90$에서

$\frac{6(2a+5\times2d)}{2}=90$

$2a+5\times\frac{24}{5}=30$

$2a=6$

$a=3$ ...... ❷

$a_n=3+(n-1)\times\frac{12}{5}$이므로

$a_{21}=3+20\times\frac{12}{5}=51$ ...... ❸

답 51

단계	채점 기준	비율
❶	수열 $\{a_n\}$의 공차를 구한 경우	40 %
❷	수열 $\{a_n\}$의 첫째항을 구한 경우	40 %
❸	a_{21}의 값을 구한 경우	20 %

06 수열 $\{a_n\}$의 첫째항부터 제n항까지의 합을 S_n이라 하면

$S_n=\sum_{k=1}^{n}a_k=(n+2)(n-3)$

$a_1=S_1=-6$ ...... ㉠ ...... ❶

$n\ge2$일 때

$$\begin{aligned}a_n&=S_n-S_{n-1}\\&=(n+2)(n-3)-(n+1)(n-4)\\&=(n^2-n-6)-(n^2-3n-4)\\&=2n-2\end{aligned}$$ ...... ㉡

㉡에 $n=1$을 대입하면 ㉠에서 구한 값과 다르므로

$a_n=\begin{cases}-6 & (n=1)\\2n-2 & (n\ge2)\end{cases}$ ...... ❷

$$\begin{aligned}\sum_{k=1}^{9}ka_k&=(-6)+\sum_{k=2}^{9}(2k^2-2k)\\&=(-6)+\sum_{k=1}^{9}(2k^2-2k)\\&=(-6)+2\times\frac{9\times10\times19}{6}-2\times\frac{9\times10}{2}\\&=(-6)+570-90\\&=474\end{aligned}$$ ...... ❸

답 474

단계	채점 기준	비율
❶	S_1을 이용하여 a_1의 값을 구한 경우	20 %
❷	a_n을 구한 경우	40 %
❸	$\sum_{k=1}^{9} ka_k$의 값을 구한 경우	40 %

내신 + 수능 고난도 도전

본문 123쪽

01 100 **02** ② **03** ② **04** 525

01 $\sum_{k=1}^{5} a_k=1$, $\sum_{k=1}^{5} b_k=4$이므로

$\sum_{k=1}^{5} (pa_k+qb_k)=8n$에서

$p\sum_{k=1}^{5} a_k+q\sum_{k=1}^{5} b_k=8n$

$p+4q=8n$

$p=8n-4q$ …… ㉠

㉠의 우변이 4의 배수이므로 p는 4의 배수이다.

q가 자연수이므로

$p\le 8n-4$ …… ㉡

㉡을 만족시키는 p가 4의 배수이면 ㉠을 만족시키는 q도 반드시 하나만 존재한다.

즉, ㉡을 만족시키는 4의 배수의 개수는 $(2n-1)$이므로

$c_n=2n-1$

$\sum_{k=1}^{10} (2k-1)$

$=2\times\frac{10\times 11}{2}-10$

$=100$

답 100

02 $S_n=\sum_{k=1}^{2n} a_k$, $T_n=\sum_{k=1}^{n} (a_{2k-1}-a_{2k})$라 하자.

$\sum_{k=1}^{2n} a_k=n^2-n+1$, $\sum_{k=1}^{n} (a_{2k-1}-a_{2k})=2^n$이므로

$a_1+a_2=S_1=1$ …… ㉠

$a_1-a_2=T_1=2$ …… ㉡

㉠, ㉡에서

$a_1=\frac{3}{2}$

$n\ge 2$일 때

$a_{2n-1}+a_{2n}=S_n-S_{n-1}$

$=(n^2-n+1)-\{(n-1)^2-(n-1)+1\}$

$=(n^2-n+1)-(n^2-3n+3)$

$=2n-2$ …… ㉢

$n\ge 2$일 때

$a_{2n-1}-a_{2n}=T_n-T_{n-1}$

$=2^n-2^{n-1}$

$=2^{n-1}$ …… ㉣

㉢, ㉣에서

$a_{2n-1}=n-1+2^{n-2}$ $(n\ge 2)$

$a_{2n}=n-1-2^{n-2}$ $(n\ge 2)$

따라서 구하는 값은

$a_1+a_4+a_7+a_{10}$

$=\frac{3}{2}+0+7+(-4)$

$=\frac{9}{2}$

답 ②

03 주어진 등차수열의 공차가 음수이므로 $a_1<0$이면

모든 자연수 m에 대하여

$a_m<0$이고, $\sum_{k=1}^{m} a_k<\sum_{k=1}^{m} |a_k|$

즉, 조건 (나)를 만족시키지 않는다.

$a_1\ge 0$이므로

$\sum_{k=1}^{m} a_k\ge\sum_{k=1}^{m} |a_k|$이면 $a_m\ge 0$이다.

주어진 조건에서

$a_{10}\ge 0$, $a_{11}<0$

$a_1+9\times\left(-\frac{3}{2}\right)\ge 0$, $a_1+10\times\left(-\frac{3}{2}\right)<0$

$\frac{27}{2}\le a_1<15$

a_1은 정수이므로 $a_1=14$이다.

답 ②

04 조건 (나)에서

$b_1=-\frac{1}{2}$, $b_2=0$, $b_3=-\frac{1}{2}$, $b_4=1$,

$b_5=-\frac{1}{2}$, $b_6=0$, $b_7=-\frac{1}{2}$, $b_8=1$, …

이므로

모든 자연수 n에 대하여

$b_{4n-3}=-\frac{1}{2}$, $b_{4n-2}=0$, $b_{4n-1}=-\frac{1}{2}$, $b_{4n}=1$ …… ㉠

조건 (가)에서 $a_n=2^{4b_n}$이므로

모든 자연수 n에 대하여

$a_{4n-3}=\frac{1}{4}$, $a_{4n-2}=1$, $a_{4n-1}=\frac{1}{4}$, $a_{4n}=16$ …… ㉡

㉠, ㉡에서

$\sum_{k=1}^{120} (a_k+b_k)$

$=\sum_{k=1}^{120} a_k+\sum_{k=1}^{120} b_k$

$=\sum_{k=1}^{30} (a_{4k-3}+a_{4k-2}+a_{4k-1}+a_{4k})+\sum_{k=1}^{30} (b_{4k-3}+b_{4k-2}+b_{4k-1}+b_{4k})$

$=\sum_{k=1}^{30} \frac{35}{2}+\sum_{k=1}^{30} 0$

$=30\times\frac{35}{2}+30\times 0$

$=525$

답 525

07 수학적 귀납법

개념 확인하기

본문 125쪽

01 10　02 −2　03 16　04 21　05 −158
06 $a_n=3n$　07 $a_n=7n-9$　08 $a_n=-(-2)^n$
09 $a_n=3^{n-1}$　10 ㄴ, ㄷ　11 풀이 참조　12 풀이 참조

01 $a_{n+1}=a_n+n$이므로
$a_1=4$에서 $a_2=a_1+1=5$
$a_2=5$에서 $a_3=a_2+2=7$
$a_3=7$에서 $a_4=a_3+3=10$

답 10

02 $a_{n+1}=na_n+1$이므로
$a_1=-2$에서 $a_2=1\times a_1+1=-1$
$a_2=-1$에서 $a_3=2\times a_2+1=-1$
$a_3=-1$에서 $a_4=3\times a_3+1=-2$

답 −2

03 $a_{n+1}=2^{a_n}$이므로
$a_1=1$에서 $a_2=2^{a_1}=2$
$a_2=2$에서 $a_3=2^{a_2}=4$
$a_3=4$에서 $a_4=2^{a_3}=16$

답 16

04 $a_{n+2}=a_{n+1}+a_n$이므로
$a_1=2,\ a_2=3$에서 $a_3=a_2+a_1=5$
$a_2=3,\ a_3=5$에서 $a_4=a_3+a_2=8$
$a_3=5,\ a_4=8$에서 $a_5=a_4+a_3=13$
$a_4=8,\ a_5=13$에서 $a_6=a_5+a_4=21$

답 21

05 $a_{n+2}=a_{n+1}a_n-2$이므로
$a_1=1,\ a_2=-2$에서 $a_3=a_2a_1-2=-4$
$a_2=-2,\ a_3=-4$에서 $a_4=a_3a_2-2=6$
$a_3=-4,\ a_4=6$에서 $a_5=a_4a_3-2=-26$
$a_4=6,\ a_5=-26$에서 $a_6=a_5a_4-2=-158$

답 −158

06 $a_{n+1}=a_n+3$에서 수열 $\{a_n\}$은 공차가 3인 등차수열이다.
첫째항이 3이므로
$a_n=3+(n-1)\times 3=3n$

답 $a_n=3n$

07 $2a_{n+1}=a_n+a_{n+2}$에서 수열 $\{a_n\}$은 등차수열이다.
첫째항이 −2이고, $a_2-a_1=7$에서 공차가 7이므로
$a_n=-2+(n-1)\times 7=7n-9$

답 $a_n=7n-9$

08 $a_{n+1}=-2a_n$에서 수열 $\{a_n\}$은 공비가 −2인 등비수열이다.
첫째항이 2이므로
$a_n=2\times(-2)^{n-1}=2\times\left(-\frac{1}{2}\right)\times(-2)^n=-(-2)^n$

답 $a_n=-(-2)^n$

09 $a_{n+1}{}^2=a_na_{n+2}$에서 수열 $\{a_n\}$은 등비수열이다.
첫째항이 1이고, $\frac{a_2}{a_1}=3$에서 공비가 3이므로
$a_n=3^{n-1}$

답 $a_n=3^{n-1}$

10 $p(2)$가 참이므로 (나)에 의하여
$p(4),\ p(6),\ p(8),\ \cdots$이 모두 참임을 알 수 있다.
즉, 짝수 m에 대하여 $p(m)$은 참이다.
ㄱ. 주어진 조건으로 알 수 없다.
ㄴ. 참
ㄷ. 참
ㄹ. 주어진 조건으로 알 수 없다.
따라서 참인 것은 ㄴ, ㄷ이다.

답 ㄴ, ㄷ

11 (i) $n=1$일 때,
(좌변)$=1$, (우변)$=\frac{1\times 2}{2}=1$
이므로 $n=1$일 때 등식 (*)이 성립한다.
(ii) $n=k$일 때,
주어진 등식이 성립한다고 가정하면
$1+2+3+\cdots+k=\frac{k(k+1)}{2}$
양변에 $\boxed{k+1}$을 더하면
$1+2+3+\cdots+k+(k+1)$
$=\frac{k(k+1)}{2}+(k+1)=\frac{\boxed{(k+1)(k+2)}}{2}$
이므로 $n=k+1$일 때도 주어진 등식이 성립한다.
따라서 모든 자연수 n에 대하여 등식 (*)이 성립한다.

답 풀이 참조

12 (i) $n=1$일 때,
(좌변)$=\boxed{2}$, (우변)$=\boxed{2}$
이므로 $n=1$일 때 부등식 (*)이 성립한다.
(ii) $n=k$일 때,
주어진 부등식이 성립한다고 가정하면
$2^k\geq k+1$
양변에 $\boxed{2}$를 곱하면
$2\times 2^k\geq 2(k+1)\geq k+2$
즉, $2^{k+1}\geq(k+1)+1$이므로 $n=k+1$일 때도 주어진 부등식이 성립한다.
따라서 모든 자연수 n에 대하여 부등식 (*)이 성립한다.

답 풀이 참조

유형 완성하기 본문 126~134쪽

01 ②	**02** ①	**03** ①	**04** ④	**05** ⑤
06 ③	**07** ②	**08** ⑤	**09** ②	**10** ⑤
11 ①	**12** ④	**13** ③	**14** ⑤	**15** 10
16 ②	**17** ②	**18** ①	**19** ④	**20** ①
21 2	**22** ②	**23** ⑤	**24** ④	**25** ④
26 ③	**27** ①	**28** 5	**29** 12	**30** ③
31 ⑤	**32** 30	**33** 51	**34** ①	**35** 16
36 4	**37** ④	**38** 30	**39** 43	**40** ①
41 풀이 참조		**42** 390		

01 $a_{n+1}-a_n=4$에서
$a_{n+1}=a_n+4$이므로 수열 $\{a_n\}$은 공차가 4인 등차수열이다.
$a_1=15$이므로
$a_n=15+(n-1)\times 4=4n+11$
$a_{15}=4\times 15+11=71$

답 ②

02 $a_{n+1}=\dfrac{a_n+a_{n+2}}{2}$에서
$2a_{n+1}=a_n+a_{n+2}$이므로 수열 $\{a_n\}$은 등차수열이다.
첫째항이 -20이고 공차가 $a_2-a_1=3$이므로
$a_n=-20+(n-1)\times 3=3n-23$
$a_{10}=3\times 10-23=7$

답 ①

03 $a_{n+1}-a_n-7=0$에서
$a_{n+1}=a_n+7$이므로 수열 $\{a_n\}$은 공차가 7인 등차수열이다.
$a_1=a$이므로
$a_n=a+(n-1)\times 7=7n+a-7$
$a_{12}=63$이므로
$84+a-7=63$
$a=-14$

답 ①

04 $2a_{n+1}=a_n+a_{n+2}$이므로 수열 $\{a_n\}$은 등차수열이다.
$a_2=3$이 방정식 $x^2-4x+k=0$의 실근이므로
$3^2-4\times 3+k=0$
$k=3$
$x^2-4x+3=0$에서
$(x-1)(x-3)=0$
$x=1$ 또는 $x=3$
즉, $a_1=1$
등차수열 $\{a_n\}$의 첫째항이 1, 공차가 $a_2-a_1=2$이므로
$a_n=1+(n-1)\times 2=2n-1$
$a_{10}=19$

답 ④

05 $b_n=a_{2n-1}$이라 하자.
$b_1=a_1=-2$, $b_2=a_3=1$이고
$a_{n+2}-a_n=a_{n+4}-a_{n+2}$에서
$2a_{n+2}=a_n+a_{n+4}$ …… ㉠
모든 자연수 n에 대하여 ㉠이 성립하므로
㉠에 $n=2k-1$을 대입하면
$2a_{2k+1}=a_{2k-1}+a_{2k+3}$
$2b_{k+1}=b_k+b_{k+2}$
즉, 수열 $\{b_k\}$는 첫째항이 -2, 공차가 $b_2-b_1=3$인 등차수열이므로
$b_k=-2+(k-1)\times 3=3k-5$
$\sum_{k=1}^{10} a_{2k-1}=\sum_{k=1}^{10} b_k$
$=\sum_{k=1}^{10}(3k-5)$
$=3\times\dfrac{10\times 11}{2}-10\times 5$
$=165-50$
$=115$

답 ⑤

06 $|a_4|-a_1$의 값은 일정하므로
$a_{n+1}-a_n=|a_4|-a_1$에서
수열 $\{a_n\}$은 등차수열이다.
수열 $\{a_n\}$의 첫째항을 a, 공차를 d라 하자.
(i) $a_4\ge 0$인 경우
$a_{n+1}-a_n=|a_4|-a_1$에서
$a_{n+1}-a_n=a_4-a_1$
$d=(a+3d)-a$
$d=3d$
$d=0$
이때 $a_{n+1}-a_n=0$이므로 주어진 조건을 만족시키지 않는다.
(ii) $a_4<0$인 경우
$a_{n+1}-a_n=|a_4|-a_1$에서
$a_{n+1}-a_n=-a_4-a_1$
$d=(-a-3d)-a$
$4d=-2a$
$a+2d=0$ …… ㉠
$a_2=4$이므로
$a+d=4$ …… ㉡
㉠, ㉡을 연립하면
$a=8$, $d=-4$
$a_n=8+(n-1)\times(-4)=-4n+12$
$a_6=-12$

답 ③

07 $a_{n+1}=3a_n$이므로 수열 $\{a_n\}$은 공비가 3인 등비수열이다.
$a_1=4$이므로
$a_n=4\times 3^{n-1}$
따라서 제5항은 $4\times 3^4=324$이다.

답 ②

08 ${a_{n+1}}^2=a_na_{n+2}$이므로 수열 $\{a_n\}$은 등비수열이다.
첫째항이 8이고 공비가 $\frac{a_2}{a_1}=2$이므로
$a_n=8\times 2^{n-1}=2^{n+2}$
$\log_2 a_{10}$
$=\log_2 2^{12}$
$=12$

답 ⑤

09 $a_{n+1}=\sqrt{a_na_{n+2}}$에서
${a_{n+1}}^2=a_na_{n+2}$이므로 수열 $\{a_n\}$은 등비수열이다.
등비수열 $\{a_n\}$의 공비를 r라 하면 첫째항이 3이므로
$a_2a_3=72$에서
$3r\times 3r^2=72$
$r^3=8$
$r=2$
$a_n=3\times 2^{n-1}$이므로
$a_8=3\times 2^7=384$
$a_9=3\times 2^8=768$
$a_{10}=3\times 2^9=1536$
따라서 $k=9$

답 ②

10 $2a_{n+1}=3a_n$에서
$a_{n+1}=\frac{3}{2}a_n$이므로 수열 $\{a_n\}$은 공비가 $\frac{3}{2}$인 등비수열이다.
수열 $\{a_n\}$의 모든 항이 양수이므로 등비중항을 이용하면
$a_2a_4=64$에서 $a_3=\sqrt{64}=8$
$a_5a_7=k$에서 $a_6=\sqrt{k}$
$a_3\times\left(\frac{3}{2}\right)^3=a_6$이므로
$8\times\left(\frac{3}{2}\right)^3=\sqrt{k}$
$27=\sqrt{k}$
$k=729$

답 ⑤

11 $\frac{a_{n+1}}{a_n}-\frac{a_{n+1}}{a_{n+2}}=\frac{a_{n+2}-a_n}{a_{n+1}}$에서
$a_{n+1}\left(\frac{1}{a_n}-\frac{1}{a_{n+2}}\right)=\frac{a_{n+2}-a_n}{a_{n+1}}$
$\frac{a_{n+2}-a_n}{a_na_{n+2}}=\frac{a_{n+2}-a_n}{{a_{n+1}}^2}$
$a_n<a_{n+1}$에서 $a_{n+2}-a_n\neq 0$이므로
$\frac{1}{a_na_{n+2}}=\frac{1}{{a_{n+1}}^2}$
${a_{n+1}}^2=a_na_{n+2}$
즉, 수열 $\{a_n\}$은 등비수열이다.
수열 $\{a_n\}$의 첫째항은 8이므로 공비를 r라 하면
$a_4=27$에서
$8r^3=27$
$r^3=\frac{27}{8}$
$r=\frac{3}{2}$
$a_n=8\times\left(\frac{3}{2}\right)^{n-1}$
$\sum_{k=1}^{6}4a_k=4\sum_{k=1}^{6}a_k$
$=4\times\frac{8\times\left\{\left(\frac{3}{2}\right)^6-1\right\}}{\frac{3}{2}-1}$
$=2^6\times\left\{\left(\frac{3}{2}\right)^6-1\right\}$
$=3^6-2^6$
$=665$

답 ①

12 $\log_2 a_{n+1}+\log_{\frac{1}{2}} a_n=-1$에서
$\log_2 a_{n+1}-\log_2 a_n=-1$
$\log_2\frac{a_{n+1}}{a_n}=-1$
$\frac{a_{n+1}}{a_n}=\frac{1}{2}$
$a_{n+1}=\frac{a_n}{2}$이므로 수열 $\{a_n\}$은 첫째항이 a이고 공비가 $\frac{1}{2}$인 등비수열이다.
$a_n=a\times\left(\frac{1}{2}\right)^{n-1}$
a_6이 자연수이므로 a는 2^5을 약수로 갖는다.
a_6의 양의 약수의 개수가 2이므로 소수 p에 대하여
$a=p\times 2^5$
이다.
또 a_6이 한 자리의 자연수이므로 가능한 p의 값은
2, 3, 5, 7
이다.
따라서 구하는 모든 a의 값의 합은
$(2+3+5+7)\times 2^5=544$

답 ④

13 $a_{n+1}=2a_n-4$이므로
$a_1=3$에서 $a_2=2a_1-4=2$
$a_2=2$에서 $a_3=2a_2-4=0$
$a_3=0$에서 $a_4=2a_3-4=-4$
$a_4=-4$에서 $a_5=2a_4-4=-12$
$a_5=-12$에서 $a_6=2a_5-4=-28$

답 ③

14 $a_{n+1}=\frac{n}{n+1}a_n$이므로
$a_1=2$에서 $a_2=\frac{1}{2}a_1=1$
$a_2=1$에서 $a_3=\frac{2}{3}a_2=\frac{2}{3}$
$a_3=\frac{2}{3}$에서 $a_4=\frac{3}{4}a_3=\frac{1}{2}$
$a_4=\frac{1}{2}$에서 $a_5=\frac{4}{5}a_4=\frac{2}{5}$

답 ⑤

15 $a_{n+1}=1+(-1)^n a_n$이고
$a_1=1$이므로 $a_2=1+(-1)\times a_1=0$
$a_2=0$이므로 $a_3=1+(-1)^2\times a_2=1$
$a_3=1$이므로 $a_4=1+(-1)^3\times a_3=0$
$a_4=0$이므로 $a_5=1+(-1)^4\times a_4=1$
⋮
n이 홀수이면 $a_n=1$, n이 짝수이면 $a_n=0$이므로
$\sum_{k=1}^{20} a_k=10$

답 10

16 $a_2=t$라 하자.
$a_{n+2}=3a_{n+1}-a_n$이고 $a_1=3$이므로
$a_3=3a_2-a_1=3t-3$
$a_4=3a_3-a_2=3(3t-3)-t=8t-9$
$a_5=3a_4-a_3=3(8t-9)-(3t-3)=21t-24$
$a_5=81$에서
$21t-24=81$
$21t=105$
$t=5$
$a_3=3\times5-3=12$

답 ②

17 $a_{n+1}=\begin{cases} a_n-3 & (a_n>2) \\ 2a_n & (a_n\le2) \end{cases}$이고
$a_1=5>2$이므로 $a_2=a_1-3=2$
$a_2=2\le2$이므로 $a_3=2a_2=4$
$a_3=4>2$이므로 $a_4=a_3-3=1$
$a_4=1\le2$이므로 $a_5=2a_4=2$
$a_5=2\le2$이므로 $a_6=2a_5=4$
⋮
$n\ge2$일 때
$a_{n+3}=a_n$이므로
$a_{20}=a_{17}=\cdots=a_2=2$

답 ②

18 $a_k a_{k+1}=4^{k+2}$이므로
$\log_2 a_k+\log_2 a_{k+1}=2k+4$
$\log_2 a_k=b_k$라 하면
$b_k+b_{k+1}=2k+4$
$b_{2k-1}+b_{2k}=2(2k-1)+4$
$b_{2k-1}+b_{2k}=4k+2$

$$\begin{aligned}\sum_{k=1}^{30}\log_2 a_k&=\sum_{k=1}^{30} b_k\\&=\sum_{k=1}^{15}(b_{2k-1}+b_{2k})\\&=\sum_{k=1}^{15}(4k+2)\\&=4\times\frac{15\times16}{2}+15\times2\\&=480+30\\&=510\end{aligned}$$

답 ①

19 지금으로부터 n시간 후의 미생물의 수를 a_n이라 하자.
$(n+1)$시간 후의 미생물의 수는
n시간 후의 미생물의 수에서 3마리가 죽고 2배가 되므로
$a_{n+1}=2(a_n-3)=2a_n-6$
현재 10마리의 미생물이 있으므로
$a_1=2\times10-6=14$
$a_1=14$이므로 $a_2=2\times14-6=22$
$a_2=22$이므로 $a_3=2\times22-6=38$
$a_3=38$이므로 $a_4=2\times38-6=70$
따라서 4시간이 지난 후 남아 있는 미생물 A의 수는 70이다.

답 ④

20 오늘부터 n일째 되는 날의 기름의 양을 a_n L라 하자.
$(n+1)$일째 되는 날의 기름의 양은
n일째 되는 날의 기름의 양의 80 %에 500 L를 더한 것과 같으므로
$a_{n+1}=\frac{4}{5}a_n+500$
오늘부터 3일째 되는 날의 기름의 양은 a_3과 같다.
현재 8000 L의 기름이 들어 있으므로
$a_1=\frac{4}{5}\times8000+500=6900$
$a_1=6900$이므로 $a_2=\frac{4}{5}\times6900+500=6020$
$a_2=6020$이므로 $a_3=\frac{4}{5}\times6020+500=5316$
따라서 오늘부터 3일째 되는 날에 연료 탱크에 남아 있는 기름의 양은 5316 L이다.

답 ①

21 n개의 직선이 있는 평면에 1개의 직선이 더해지면 이 새로운 직선은 기존의 n개의 직선과 각각 한 번씩 만난다.
직선 1개는 평면을 2개의 영역으로 나누고 다른 직선과 만날 때마다 추가로 영역을 1개씩 더 나누게 되므로 n개의 직선에 1개의 직선을 추가하면 $(n+1)$개의 영역이 더 생긴다.
따라서 모든 자연수 n에 대하여
$a_{n+1}=a_n+n+1$
$p=1$, $f(n)=n+1$이므로
$f(p)=f(1)=2$

답 2

22 $(n+1)$개의 원에 1개의 원을 추가하면 이 원은 기존의 $(n+1)$개의 원과 각각 최대 두 점에서 만날 수 있으므로 추가로 생기는 교점의 최댓값은 $2(n+1)$이다.
모든 자연수 n에 대하여 $a_{n+1}=a_n+2(n+1)$이므로
$a_1=2$에서 $a_2=a_1+2\times2=6$
$a_2=6$에서 $a_3=a_2+2\times3=12$
$a_3=12$에서 $a_4=a_3+2\times4=20$
$a_4=20$에서 $a_5=a_4+2\times5=30$
따라서 $\sum_{k=1}^{5} a_k=2+6+12+20+30=70$

답 ②

23 $(n+2)$칸의 계단을 오르는 방법은 $(n+1)$번째 칸에서 1칸 오르거나 n번째 칸에서 한 번에 2칸을 오르는 것이다.
따라서 모든 자연수 n에 대하여
$a_{n+2}=a_{n+1}+a_n$
$a_1=1$, $a_2=2$이므로
$a_3=2+1=3$
$a_4=3+2=5$
$a_5=5+3=8$
$a_6=8+5=13$
$a_7=13+8=21$
$a_8=21+13=34$

답 ⑤

24 n회의 시행이 끝난 후 컵에 있는 소금의 양을 a_n이라 하자.
1회의 시행에서 소금물의 100g을 덜어내므로 소금의 양은 $\frac{1}{2}$이 되고, 농도가 $a\%$인 소금물 100g을 추가하므로 소금의 양이 ag만큼 추가된다.
따라서
$a_{n+1}=\frac{a_n}{2}+a$
처음 소금의 양은 $200\times\frac{20}{100}=40(\text{g})$이므로
$a_1=\frac{1}{2}\times40+a=20+a$
$a_2=\frac{1}{2}\times a_1+a=10+\frac{3}{2}a$
$a_3=\frac{1}{2}\times a_2+a=5+\frac{7}{4}a$
$a_4=\frac{1}{2}\times a_3+a=\frac{5}{2}+\frac{15}{8}a$
$a_4\geq200\times\frac{275}{1000}$에서
$\frac{5}{2}+\frac{15}{8}a\geq55$
$\frac{15}{8}a\geq\frac{105}{2}$
$a\geq28$
따라서 a의 최솟값은 28이다.

답 ④

25 $S_{n+1}=3a_n+n$에서
$S_{n+2}=3a_{n+1}+n+1$이므로
$S_{n+2}-S_{n+1}=(3a_{n+1}+n+1)-(3a_n+n)$
$a_{n+2}=3a_{n+1}-3a_n+1$
$a_1=2$, $a_2=5$이므로 $a_3=3a_2-3a_1+1=10$
$a_2=5$, $a_3=10$이므로 $a_4=3a_3-3a_2+1=16$
$a_3=10$, $a_4=16$이므로 $a_5=3a_4-3a_3+1=19$

답 ④

26 $a_1=S_1=3$ ······ ㉠
$n\geq2$일 때,
$a_n=S_n-S_{n-1}$
$a_n=(2a_n-3)-(2a_{n-1}-3)$
$a_n=2a_n-2a_{n-1}$
$a_n=2a_{n-1}$ ······ ㉡
㉠, ㉡에서 수열 $\{a_n\}$은 첫째항이 3, 공비가 2인 등비수열이므로
$a_n=3\times2^{n-1}$
$a_8=3\times2^7=384$
$a_9=3\times2^8=768$이므로
조건을 만족시키는 k의 최솟값은 9이다.

답 ③

27 $S_{n+2}=3S_n+a_{n+2}$에서
$S_{n+1}+a_{n+2}=3S_n+a_{n+2}$
$S_{n+1}=3S_n$
수열 $\{S_n\}$은 첫째항이 S_1이고 공비가 3인 등비수열이다.
$\sum_{k=1}^{5}a_k=324$에서 $S_5=324$이므로
$S_1\times3^4=324$
$S_1=4$
$a_1=S_1=4$이고 $S_2=4\times3=12$이므로
$a_1+a_2=12$에서
$a_2=8$

답 ①

28 (i) $n=$ 1 일 때, $p(n)$이 성립함을 보인다.
(ii) $n=k$일 때, $p(n)$이 성립한다고 가정하고
$n=$ $k+2$ 일 때도 $p(n)$이 성립함을 보인다.
$a=1$, $f(k)=k+2$이므로
$f(a+2)=f(3)=5$

답 5

29 (i) $n=$ 2 일 때, $p(n)$이 성립함을 보인다.
(ii) $n=k$일 때, $p(n)$이 성립한다고 가정하고
$n=$ $k+3$ 일 때도 $p(n)$이 성립함을 보인다.
$a=2$, $f(k)=k+3$이므로
$af(3)=2\times6=12$

답 12

30 $p(1)$이 참이므로 조건 (나)에 의하여
m이 자연수일 때, $p(3^m)$은 모두 참이다.
$p(2)$가 참이므로 조건 (나)에 의하여
m이 자연수일 때, $p(2\times3^m)$은 모두 참이다.
① $158=2\times79$
② $160=2^5\times5$
③ $162=2\times3^4$
④ $164=2^2\times41$
⑤ $166=2\times83$
이므로 반드시 참인 명제는 ③ $p(162)$이다.

답 ③

31 (i) $n=\boxed{1}$일 때,

$4^1-1=3$은 3의 배수이므로 $p(1)$이 성립한다.

(ii) $n=k$일 때, $p(k)$가 성립한다고 가정하면

4^k-1은 3의 배수이다.

$4^{k+1}-1=4\times(\boxed{4^k-1})+3$

이고, $\boxed{4^k-1}$, 3이 모두 3의 배수이므로 $4^{k+1}-1$이 3의 배수이다.

즉, $p(k+1)$이 성립한다.

따라서 모든 자연수 n에 대하여 명제 $p(n)$이 성립한다.

$a=1$, $f(k)=4^k-1$이므로

$a+f(4)=1+(4^4-1)=256$

답 ⑤

32 (i) $n=\boxed{2}$일 때,

$(\boxed{2})^3-\boxed{2}=6$은 6의 배수이므로

$p(2)$가 성립한다.

(ii) $n=k$일 때, $p(k)$가 성립한다고 가정하면

$\boxed{k^3-k}$는 6의 배수이다.

$$\begin{aligned}(k+1)^3-(k+1)&=(k+1)\{(k+1)^2-1\}\\&=(k+1)(k^2+2k)\\&=\boxed{k(k+1)(k+2)}\end{aligned}$$

$(k+1)^3-(k+1)$이 연속한 세 자연수의 곱이므로 2의 배수이고 3의 배수이다.

즉, $p(k+1)$이 성립한다.

따라서 2 이상의 모든 자연수 n에 대하여 명제 $p(n)$이 성립한다.

$a=2$, $f(k)=k^3-k$, $g(k)=k(k+1)(k+2)$이므로

$f(a)+g(a)=f(2)+g(2)=6+24=30$

답 30

33 (i) $n=1$일 때, $\dfrac{2^3+6}{7}=\boxed{2}$이므로 $p(1)$이 성립한다.

(ii) $n=k$일 때, $p(k)$가 성립한다고 가정하면

$\dfrac{2^{3k}+6}{7}$이 자연수이므로 $2^{3k}+6$은 $\boxed{7}$의 배수이다.

$2^{3(k+1)}+6=8\times(2^{3k}+6)-\boxed{42}$

$2^{3k}+6$, $\boxed{42}$가 모두 $\boxed{7}$의 배수이므로 $p(k+1)$이 성립한다.

따라서 모든 자연수 n에 대하여 명제 $p(n)$이 성립한다.

$a=2$, $b=7$, $c=42$이므로

$a+b+c=51$

답 51

34 (i) $n=1$일 때,

(좌변)$=1^2=1$, (우변)$=\dfrac{1\times2\times3}{6}=1$

이므로 등식 $(*)$이 성립한다.

(ii) $n=k$일 때, 등식 $(*)$이 성립한다고 가정하면

$1^2+2^2+3^2+\cdots+k^2=\dfrac{k(k+1)(2k+1)}{6}$

양변에 $\boxed{(k+1)^2}$을 더하면

$$\begin{aligned}&1^2+2^2+3^2+\cdots+k^2+\boxed{(k+1)^2}\\&=\frac{k(k+1)(2k+1)}{6}+\boxed{(k+1)^2}\\&=\frac{(k+1)\{k(2k+1)+6(k+1)\}}{6}\\&=\frac{(k+1)\times(\boxed{2k^2+7k+6})}{6}\\&=\frac{(k+1)(k+2)\times(\boxed{2k+3})}{6}\quad\cdots\cdots ㉠\end{aligned}$$

㉠은 등식 $(*)$의 우변에서 n에 $k+1$을 대입한 것과 같으므로

$n=k+1$일 때도 등식 $(*)$이 성립한다.

따라서 모든 자연수 n에 대하여 등식 $(*)$이 성립한다.

$f(k)=(k+1)^2$, $g(k)=2k^2+7k+6$, $h(k)=2k+3$이므로

$f(2)+g(3)+h(4)=9+45+11=65$

답 ①

35 (i) $n=1$일 때, (좌변)$=\dfrac{1}{2}=$(우변)

이므로 등식 $(*)$이 성립한다.

(ii) $n=k$일 때, 등식 $(*)$이 성립한다고 가정하면

$\displaystyle\sum_{i=1}^{k}\frac{1}{i(i+1)}=\frac{k}{k+1}$

양변에 $\boxed{\dfrac{1}{(k+1)(k+2)}}$을 더하면

(좌변)$=\boxed{\dfrac{1}{(k+1)(k+2)}}+\displaystyle\sum_{i=1}^{k}\frac{1}{i(i+1)}=\sum_{i=1}^{k+1}\frac{1}{i(i+1)}$

(우변)$=\dfrac{k}{k+1}+\boxed{\dfrac{1}{(k+1)(k+2)}}=\boxed{\dfrac{k+1}{k+2}}$

이므로 $n=k+1$일 때도 등식 $(*)$이 성립한다.

따라서 모든 자연수 n에 대하여 등식 $(*)$이 성립한다.

$f(k)=\dfrac{1}{(k+1)(k+2)}$, $g(k)=\dfrac{k+1}{k+2}$이므로

$g(3)\div f(3)=\dfrac{4}{5}\div\dfrac{1}{4\times5}=16$

답 16

36 (i) $n=1$일 때, (좌변)$=\boxed{1}=$(우변)

이므로 등식 $(*)$이 성립한다.

(ii) $n=k$일 때, 등식 $(*)$이 성립한다고 가정하면

$\displaystyle\sum_{i=1}^{k}i\times2^{i-1}=(k-1)2^k+1$

양변에 $\boxed{(k+1)2^k}$을 더하면

(좌변)$=\boxed{(k+1)2^k}+\displaystyle\sum_{i=1}^{k}i\times2^{i-1}=\sum_{i=1}^{k+1}i\times2^{i-1}$

(우변)$=(k-1)2^k+1+\boxed{(k+1)2^k}$

$=k\times2^{k+1}+1$

이므로 $n=k+1$일 때도 등식 $(*)$이 성립한다.

따라서 모든 자연수 n에 대하여 등식 $(*)$이 성립한다.

$a=1$, $f(k)=(k+1)2^k$이므로

$f(a)=f(1)=4$

답 4

37 (i) $n=2$일 때,

(좌변)$=\frac{1}{2}+\frac{1}{4}=\frac{3}{4}$, (우변)$=\frac{2}{2+1}=\frac{2}{3}$

$\frac{3}{4}=\frac{9}{12}>\frac{8}{12}=\frac{2}{3}$이므로 부등식 (*)이 성립한다.

(ii) $n=k$일 때, 부등식 (*)이 성립한다고 가정하면

$\frac{1}{2}+\frac{1}{4}+\frac{1}{6}+\cdots+\frac{1}{2k}>\frac{k}{k+1}$

양변에 $\boxed{\frac{1}{2k+2}}$을 더하면

$\frac{1}{2}+\frac{1}{4}+\frac{1}{6}+\cdots+\frac{1}{2k}+\boxed{\frac{1}{2k+2}}>\frac{k}{k+1}+\boxed{\frac{1}{2k+2}}=\boxed{\frac{2k+1}{2k+2}}$

$(2k+1)(k+2)>\boxed{(2k+2)(k+1)}$에서

$\boxed{\frac{2k+1}{2k+2}}>\frac{k+1}{k+2}$

이므로 $n=k+1$일 때도 주어진 부등식이 성립한다.

따라서 2 이상의 모든 자연수 n에 대하여 부등식 (*)이 성립한다.

$f(k)=\frac{1}{2k+2}$, $g(k)=\frac{2k+1}{2k+2}$, $h(k)=(2k+2)(k+1)$이므로

$f(1)\times g(2)\times h(3)=\frac{1}{4}\times\frac{5}{6}\times 8\times 4=\frac{20}{3}$

답 ④

38 (i) $n=\boxed{4}$일 때,

(좌변)$=\boxed{24}$, (우변)$=2^{\boxed{4}}$

이므로 부등식 (*)이 성립한다.

(ii) $n=k$일 때, 부등식 (*)이 성립한다고 가정하면

$k!>2^k$

양변에 $\boxed{k+1}$을 곱하면

$(k+1)!>(\boxed{k+1})\times 2^k$

$k\geq 4$이므로 $\boxed{k+1}\geq 2$이다. 즉,

$(\boxed{k+1})\times 2^k>2^{k+1}$

이므로 $n=k+1$일 때도 주어진 부등식이 성립한다.

따라서 4 이상의 모든 자연수 n에 대하여 부등식 (*)이 성립한다.

$a=4$, $b=24$, $f(k)=k+1$이므로

$f(a)+f(b)=5+25=30$

답 30

39 (i) $n=5$일 때,

(좌변)$=\boxed{32}$, (우변)$=5^2=25$

이므로 부등식 (*)이 성립한다.

(ii) $n=k$일 때, 부등식 (*)이 성립한다고 가정하면

$2^k>k^2$

양변에 2를 곱하면

$2^{k+1}>2k^2$ …… ㉠

$k\geq 5$이므로

$2k^2-\boxed{(k+1)^2}=(\boxed{k-1})^2-2>0$ …… ㉡

㉠, ㉡에서

$2^{k+1}>2k^2>\boxed{(k+1)^2}$

이므로 $n=k+1$일 때도 주어진 부등식이 성립한다.

따라서 모든 자연수 n에 대하여 부등식 (*)이 성립한다.

$a=32$, $f(k)=(k+1)^2$, $g(k)=k-1$이므로

$a+f(2)+g(3)=32+9+2=43$

답 43

40 (i) $n=1$일 때,

$a_1=\frac{1+1}{1}=2$

이므로 (*)이 성립한다.

(ii) $n=k$일 때, (*)이 성립한다고 가정하면

$a_k=\boxed{\frac{k+1}{k}}$

이다. 모든 자연수 n에 대하여

$a_{n+1}=\frac{na_n+1}{na_n}$이므로

$a_{k+1}=\frac{ka_k+1}{ka_k}$

$=1+\frac{1}{ka_k}$

$=1+\boxed{\frac{1}{k+1}}=\boxed{\frac{k+2}{k+1}}$

이므로 $n=k+1$일 때도 (*)이 성립한다.

따라서 수열 $\{a_n\}$의 일반항은 $a_n=\frac{n+1}{n}$이다.

$f(k)=\frac{k+1}{k}$, $g(k)=\frac{1}{k+1}$, $h(k)=\frac{k+2}{k+1}$이므로

$f(2)\times g(3)\times h(4)=\frac{3}{2}\times\frac{1}{4}\times\frac{6}{5}=\frac{9}{20}$

답 ①

41 (i) $n=1$일 때,

$a_1=\frac{5}{1}=5$이므로

$a_n=\frac{5}{n}$ …… ㉠

가 성립한다.

(ii) $n=k$일 때, ㉠이 성립한다고 가정하면

$a_k=\frac{5}{k}$

이다. 모든 자연수 n에 대하여

$a_{n+1}=\frac{n}{n+1}a_n$이므로

$a_{k+1}=\frac{k}{k+1}a_k$

$=\frac{k}{k+1}\times\frac{5}{k}$

$=\frac{5}{k+1}$

즉, $n=k+1$일 때도 ㉠이 성립한다.

따라서 수열 $\{a_n\}$의 일반항은 $a_n=\frac{5}{n}$이다.

답 풀이 참조

42 (i) $n=1$일 때,

$a_4=2a_3+a_2=\boxed{84}$

이므로 a_4는 12의 배수이다.

(ii) $n=k$일 때, a_{4k}가 12의 배수라고 가정하면

$a_{4k}=12m$ (m은 자연수)

이다.

$a_{4(k+1)}=2a_{\boxed{4k+3}}+a_{4k+2}$

$=2(2a_{4k+2}+a_{4k+1})+a_{4k+2}$

$=5a_{4k+2}+2a_{4k+1}$

$=5(2a_{4k+1}+a_{4k})+2a_{4k+1}$

$=\boxed{12}\times a_{4k+1}+5a_{4k}$

$=\boxed{12}\times(a_{4k+1}+5m)$

$(a_{4k+1}+5m)$이 자연수이므로 $a_{4(k+1)}$도 12의 배수이다.

따라서 모든 자연수 n에 대하여 a_{4n}은 12의 배수이다.

$a=84$, $b=12$, $f(k)=4k+3$이므로

$f(a)+f(b)=f(84)+f(12)=339+51=390$

답 390

서술형 완성하기

본문 135쪽

01 $a_n=\frac{10}{3}n-\frac{5}{3}$ **02** 125 **03** 3

04 40 **05** 풀이 참조 **06** 풀이 참조

01 $a_{n+1}-a_n=2a_1$에서

$a_{n+1}=a_n+2a_1$이므로

수열 $\{a_n\}$은 공차가 $2a_1$인 등차수열이다. …… ❶

수열 $\{a_n\}$의 첫째항을 a, 공차를 d라 하자.

$d=2a$ …… ㉠

$a_2=5$에서

$a+d=5$ …… ㉡ …… ❷

㉠, ㉡을 연립하면

$a=\frac{5}{3}$, $d=\frac{10}{3}$

$a_n=\frac{5}{3}+(n-1)\times\frac{10}{3}=\frac{10}{3}n-\frac{5}{3}$ …… ❸

답 $a_n=\frac{10}{3}n-\frac{5}{3}$

단계	채점 기준	비율
❶	수열 $\{a_n\}$이 등차수열임을 추론한 경우	20 %
❷	수열 $\{a_n\}$의 첫째항과 공차의 관계식을 구한 경우	40 %
❸	수열 $\{a_n\}$의 일반항을 구한 경우	40 %

02 $a_na_{n+2}=a_{n+1}{}^2$이므로 수열 $\{a_n\}$은 등비수열이다. …… ❶

두 수 a_1, a_2가 모두 5의 양의 약수이므로

$a_1\geq a_2$이면 $a_2<a_3$을 만족시키지 않는다.

즉, $a_1<a_2$이므로 $a_1=1$, $a_2=5$이다. …… ❷

수열 $\{a_n\}$의 첫째항이 1, 공비가 $\frac{a_2}{a_1}=5$이므로

$a_n=5^{n-1}$

$a_4=5^3=125$ …… ❸

답 125

단계	채점 기준	비율
❶	수열 $\{a_n\}$이 등비수열임을 추론한 경우	20 %
❷	a_1, a_2의 값을 구한 경우	30 %
❸	a_4의 값을 구한 경우	50 %

03 $a_{n+1}=ka_n-1$에서

$a_2=ka_1-1=2k-1$

$a_3=ka_2-1=2k^2-k-1$

$a_4=ka_3-1=2k^3-k^2-k-1$

$a_4=41$에서

$2k^3-k^2-k-1=41$ …… ❶

$2k^3-k^2-k-42=0$ …… ㉠ …… ❷

$f(k)=2k^3-k^2-k-42$라 하면

$f(3)=54-9-3-42=0$이므로

조립제법을 이용하면

3	2	−1	−1	−42
		6	15	42
	2	5	14	0

이므로 $f(k)=(k-3)(2k^2+5k+14)$

㉠에서 $(k-3)(2k^2+5k+14)=0$

따라서 $k=3$ …… ❸

답 3

단계	채점 기준	비율
❶	a_4를 k에 대한 식으로 나타낸 경우	40 %
❷	k에 대한 방정식을 세운 경우	20 %
❸	조립제법을 이용하여 실수 k의 값을 구한 경우	40 %

04 $S_n=\frac{a_n}{2}+4n$에서

$S_1=\frac{a_1}{2}+4$

$a_1=\frac{a_1}{2}+4$

$a_1=8$ …… ❶

$S_{n+1}=\frac{a_{n+1}}{2}+4(n+1)$이므로

$S_{n+1}-S_n=\left(\frac{a_{n+1}}{2}+4n+4\right)-\left(\frac{a_n}{2}+4n\right)$

$a_{n+1}=\frac{a_{n+1}}{2}-\frac{a_n}{2}+4$

$a_{n+1}=-a_n+8$ …… ❷

$a_1=8$이므로 $a_2=-a_1+8=0$

$a_2=0$이므로 $a_3=-a_2+8=8$

$a_3=8$이므로 $a_4=-a_3+8=0$

$a_4=0$이므로 $a_5=-a_4+8=8$

⋮

즉, 모든 자연수 n에 대하여 $a_{2n-1}+a_{2n}=8$이므로

$\sum_{k=1}^{10} a_k=\sum_{k=1}^{5}(a_{2k-1}+a_{2k})=\sum_{k=1}^{5} 8=40$ …… ❸

답 40

단계	채점 기준	비율
❶	a_1의 값을 구한 경우	30 %
❷	이웃한 두 항의 관계식을 구한 경우	30 %
❸	수열 $\{a_n\}$의 규칙성을 찾아 $\sum_{k=1}^{10} a_k$의 값을 구한 경우	40 %

05 (i) $n=2$일 때,

(좌변)$=\frac{1}{1^2}+\frac{1}{2^2}=\frac{5}{4}$, (우변)$=2-\frac{1}{2}=\frac{3}{2}$

$\frac{5}{4}<\frac{3}{2}$이므로 주어진 부등식이 성립한다. …… ❶

(ii) $n=k$일 때, 주어진 부등식이 성립한다고 가정하면

$\sum_{i=1}^{k}\frac{1}{i^2}<2-\frac{1}{k}$

양변에 $\frac{1}{(k+1)^2}$을 더하면

$\frac{1}{(k+1)^2}+\sum_{i=1}^{k}\frac{1}{i^2}<2-\frac{1}{k}+\frac{1}{(k+1)^2}$ …… ❷

$\sum_{i=1}^{k+1}\frac{1}{i^2}<2-\frac{1}{k}+\frac{1}{(k+1)^2}$

$=2-\frac{(k+1)^2-k}{k(k+1)^2}$

$=2-\frac{k^2+k+1}{k(k+1)^2}$

$<2-\frac{k^2+k}{k(k+1)^2}$

$=2-\frac{1}{k+1}$

이므로 $n=k+1$일 때도 주어진 부등식이 성립한다. …… ❸

따라서 2 이상의 모든 자연수 n에 대하여 $\sum_{i=1}^{n}\frac{1}{i^2}<2-\frac{1}{n}$이 성립한다.

답 풀이 참조

단계	채점 기준	비율
❶	$n=2$일 때, 주어진 부등식이 성립함을 보인 경우	20 %
❷	양변에 $\frac{1}{(k+1)^2}$을 더한 경우	30 %
❸	$n=k+1$일 때, 주어진 부등식이 성립함을 보인 경우	50 %

06 (i) $n=1$일 때,

$a_1=\frac{1}{3\times1-4}=-1$

이므로

$a_n=\frac{1}{3n-4}$ …… (*)

이 성립한다. …… ❶

(ii) $n=k$일 때, (*)이 성립한다고 가정하면

$a_k=\frac{1}{3k-4}$

모든 자연수 n에 대하여

$a_{n+1}=\frac{a_n}{3a_n+1}$이므로

$a_{k+1}=\frac{a_k}{3a_k+1}$

$=\frac{\frac{1}{3k-4}}{3\times\frac{1}{3k-4}+1}$ …… ❷

$=\frac{\frac{1}{3k-4}}{\frac{3+(3k-4)}{3k-4}}$

$=\frac{1}{3k-1}=\frac{1}{3(k+1)-4}$

이므로 $n=k+1$일 때도 (*)이 성립한다. …… ❸

따라서 수열 $\{a_n\}$의 일반항은 $a_n=\frac{1}{3n-4}$이다.

답 풀이 참조

단계	채점 기준	비율
❶	$n=1$일 때, 일반항이 성립함을 보인 경우	30 %
❷	$a_k=\frac{1}{3k-4}$, $a_{k+1}=\frac{a_k}{3a_k+1}$의 관계식을 추론한 경우	30 %
❸	$n=k+1$일 때, 일반항이 성립함을 보인 경우	40 %

내신 + 수능 고난도 도전

본문 136쪽

01 ③ **02** 24 **03** ④ **04** 240

01 수열 $\{a_n\}$은 첫째항이 p, 공차가 q인 등차수열이므로

$a_n=p+(n-1)q$

$\sum_{k=1}^{12} a_k=300$에서

$\frac{12\times(2p+11q)}{2}=300$

$2p+11q=50$

$p=\frac{50-11q}{2}$

p가 자연수이므로 q는 4 이하의 짝수이다.

$q=2$이면 $p=14$

$q=4$이면 $p=3$

따라서 $p+q$의 최댓값은 16이다.

답 ③

02 $0<a\le 1$이면

$a_1=a,\ a_2=a,\ a_3=a,\ a_4=a,\ a_5=a$에서

$a=-1$이므로 주어진 조건을 만족시키지 않는다.

$1<a\le 4$이면 $a-3\le 1$이므로

$a_1=a,\ a_2=a-3,\ a_3=a,\ a_4=a-3,\ a_5=a$에서

$a=-1$이므로 주어진 조건을 만족시키지 않는다.

즉, $a>4$에서 $a-3>1$이므로

$a_1=a$

$a_2=a-3$

$a_3=a-6$

이때 $a_3\le 1$이면

$a_4=a$

$a_5=a-3=-1$에서 $a=2$이므로 $a>4$를 만족시키지 않는다.

$a_3>1$이므로

$a_4=a-9$ …… ㉠

$a_4\le 1$이면 $a_5=-1$에서

$a<0$이므로 주어진 조건을 만족시키지 않는다.

$a_4>1$이므로 $a_4=2$ …… ㉡

㉠, ㉡에서

$a-9=2$

$a=11$

$a_1=11,\ a_2=8,\ a_3=5,\ a_4=2,\ a_5=-1,$

$a_6=11,\ \cdots$

이므로

$a_{16}+a_{17}+a_{18}=a_1+a_2+a_3=24$

답 24

03 $S_n=2a_n-n$에서

$S_{n+1}=2a_{n+1}-(n+1)$

$S_{n+1}-S_n=\{2a_{n+1}-(n+1)\}-(2a_n-n)$

$a_{n+1}=2a_{n+1}-2a_n-1$

$a_{n+1}=2a_n+1$ …… ㉠

$a_{n+1}-a_n=a_n+1$

$$\sum_{k=1}^{5}\frac{a_k+1}{a_ka_{k+1}}$$

$$=\sum_{k=1}^{5}\frac{a_{k+1}-a_k}{a_ka_{k+1}}$$

$$=\sum_{k=1}^{5}\left(\frac{1}{a_k}-\frac{1}{a_{k+1}}\right)$$

$$=\left(\frac{1}{a_1}-\frac{1}{a_2}\right)+\left(\frac{1}{a_2}-\frac{1}{a_3}\right)+\cdots+\left(\frac{1}{a_5}-\frac{1}{a_6}\right)$$

$$=\frac{1}{a_1}-\frac{1}{a_6}$$

㉠에서

$a_1=1$이므로 $a_2=2\times a_1+1=3$

$a_2=3$이므로 $a_3=2\times a_2+1=7$

$a_3=7$이므로 $a_4=2\times a_3+1=15$

$a_4=15$이므로 $a_5=2\times a_4+1=31$

$a_5=31$이므로 $a_6=2\times a_5+1=63$

따라서 구하는 값은

$$\sum_{k=1}^{5}\frac{a_k+1}{a_ka_{k+1}}=\frac{1}{a_1}-\frac{1}{a_6}=\frac{62}{63}$$

답 ④

04 조건 (가)에 의하여 모든 자연수 s에 대하여

$p(5+sa)$는 참이다.

조건 (나)에 의하여

$sa+5\ne 100$이므로 모든 자연수 s에 대하여

$sa\ne 95$

이다. 즉, a는 95의 약수가 아니다.

$p(195)$가 참이므로 어떤 자연수 t에 대하여

$ta+5=195$

$ta=190$

a는 190의 약수이고 $95=5\times 19$, $190=2\times 5\times 19$이므로

조건을 만족시키는 a의 값은

2, 10, 38, 190

따라서 구하는 모든 a의 값의 합은

$2+10+38+190=240$

답 240

memo

EBS 올림포스 유형편

수학 I

올림포스
고교 수학
커리큘럼

내신기본	올림포스
유형기본	올림포스 유형편
기출	올림포스 전국연합학력평가 기출문제집
심화	올림포스 고난도

정답과 풀이

고1~2, 내신 중점

구분	고교 입문 >		기초 >	기본 >	특화	+ 단기
국어	고등예비 과정	내 등급은?	윤혜정의 개념의 나비효과 입문 편 + 워크북 어휘가 독해다! 수능 국어 어휘	기본서 올림포스	국어 특화: 국어 독해의 원리 / 국어 문법의 원리	단기 특강
영어			정승익의 수능 개념 잡는 대박구문 주혜연의 해석공식 논리 구조편	올림포스 전국연합 학력평가 기출문제집	영어 특화: Grammar POWER / Listening POWER / Reading POWER / Voca POWER 영어 특화: 고급영어독해	
수학			기초: 50일 수학 + 기출 워크북 매쓰 디렉터의 고1 수학 개념 끝장내기	유형서 올림포스 유형편	고급: 올림포스 고난도 수학 특화: 수학의 왕도	
한국사 사회				기본서 개념완성	고등학생을 위한 多담은 한국사 연표	
과학			50일 과학	개념완성 문항편	인공지능: 수학과 함께하는 고교 AI 입문 / 수학과 함께하는 AI 기초	

과목	시리즈명	특징	난이도	권장 학년
전 과목	고등예비과정	예비 고등학생을 위한 과목별 단기 완성		예비 고1
국/영/수	내 등급은?	고1 첫 학력평가 + 반 배치고사 대비 모의고사		예비 고1
	올림포스	내신과 수능 대비 EBS 대표 국어·수학·영어 기본서		고1~2
	올림포스 전국연합학력평가 기출문제집	전국연합학력평가 문제 + 개념 기본서		고1~2
	단기 특강	단기간에 끝내는 유형별 문항 연습		고1~2
한/사/과	개념완성&개념완성 문항편	개념 한 권 + 문항 한 권으로 끝내는 한국사·탐구 기본서		고1~2
국어	윤혜정의 개념의 나비효과 입문 편 + 워크북	윤혜정 선생님과 함께 시작하는 국어 공부의 첫걸음		예비 고1~고2
	어휘가 독해다! 수능 국어 어휘	학평·모평·수능 출제 필수 어휘 학습		예비 고1~고2
	국어 독해의 원리	내신과 수능 대비 문학·독서(비문학) 특화서		고1~2
	국어 문법의 원리	필수 개념과 필수 문항의 언어(문법) 특화서		고1~2
영어	정승익의 수능 개념 잡는 대박구문	정승익 선생님과 CODE로 이해하는 영어 구문		예비 고1~고2
	주혜연의 해석공식 논리 구조편	주혜연 선생님과 함께하는 유형별 지문 독해		예비 고1~고2
	Grammar POWER	구문 분석 트리로 이해하는 영어 문법 특화서		고1~2
	Reading POWER	수준과 학습 목적에 따라 선택하는 영어 독해 특화서		고1~2
	Listening POWER	유형 연습과 모의고사·수행평가 대비 올인원 듣기 특화서		고1~2
	Voca POWER	영어 교육과정 필수 어휘와 어원별 어휘 학습		고1~2
	고급영어독해	영어 독해력을 높이는 영미 문학/비문학 읽기		고2~3
수학	50일 수학 + 기출 워크북	50일 만에 완성하는 초·중·고 수학의 맥		예비 고1~고2
	매쓰 디렉터의 고1 수학 개념 끝장내기	스타강사 강의, 손글씨 풀이와 함께 고1 수학 개념 정복		예비 고1~고1
	올림포스 유형편	유형별 반복 학습을 통해 실력 잡는 수학 유형서		고1~2
	올림포스 고난도	1등급을 위한 고난도 유형 집중 연습		고1~2
	수학의 왕도	직관적 개념 설명과 세분화된 문항 수록 수학 특화서		고1~2
한국사	고등학생을 위한 多담은 한국사 연표	연표로 흐름을 잡는 한국사 학습		예비 고1~고2
과학	50일 과학	50일 만에 통합과학의 핵심 개념 완벽 이해		예비 고1~고1
기타	수학과 함께하는 고교 AI 입문/AI 기초	파이선 프로그래밍, AI 알고리즘에 필요한 수학 개념 학습		예비 고1~고2